Les Néandertaliens du talon

Technologie lithique et mobilité au Paléolithique moyen dans le Salento (Pouilles, Italie méridionale)

Enza E. Spinapolice

Archaeopress Archaeology

ARCHAEOPRESS PUBLISHING LTD
Gordon House
276 Banbury Road
Oxford OX2 7ED

www.archaeopress.com

ISBN 978 1 78491 821 7
ISBN 978 1 78491 822 4 (e-Pdf)

Cover image: View of the Uluzzo C Cave (Porto Selvaggio, Nardò, Italy), during the 2017 field season.
Photo by A. Fiorini 2017

Printed in England by Oxuniprint, Oxford
This book is available direct from Archaeopress or from our website www.archaeopress.com

À Amilcare Bietti

Contents

Troisième partie

Quatrième partie

Liste des figures

Liste des graphiques

Liste des tableaux

Introduction

Ce livre est la publication quasi intégrale d'une thèse soutenue il y a quelques années (Spinapolice 2008). Bien que le temps se soit écoulé depuis sa soutenance, et que les résultats ici présentés ayant été l'objet de nombreuses publications internationales (Spinapolice 2009, 2012, 2018 ; Douka et Spinapolice 2012), les conclusions et les perspectives de recherches que ce travail a ouvertes, sont encore actuelles, si non innovantes. De ça descends l'exigence de rendre tout le matériel accessible aux spécialistes, en un seul livre.

La principale question de recherche à laquelle ce livre répond regarde les stratégies d'approvisionnement en matières premières par les Néandertaliens qui ont habité le Salento durant le Pléistocène supérieur. En particulière, la question est si les Néandertaliens avaient accès à des sources locales de matière premières ou non. Et, deuxièmement, si l'accès n'était pas garanti, quelle étaient les stratégies mises en œuvre pour combler ce manque.

Le Salento, à l'extrémité sud orientale de l'Italie, est l'une des régions faisant l'objet de recherches paléolithiques dès les débuts de cette discipline en Italie. Des précurseurs tels U. Botti et E. Stasi, ont exploré de nombreuses cavités salentines dès la fin du XIXe siècle, débouchant sur la découverte de sites tels que Grotta Romanelli.

L'intention idéale de ce travail, c'est-à-dire proposer une analyse la plus complète possible des occupations humaines du Pléistocène supérieur dans les Pouilles méridionales afin de répondre à notre question de recherche, a dû naturellement s'adapter à de nombreuses circonstances qui en ont restreint les contours. Ainsi, le choix des échantillons relève plus des disponibilités des séries lithiques et des autres contraintes spatiales et temporaires que d'une planification stricte de l'échantillonnage. Cependant, nous avons eu l'occasion d'examiner les vestiges relevant d'un certain nombre de séries lithiques, qui feront l'objet de la troisième partie de cette thèse. Certaines d'entre elles, tels que les assemblages de **Grotta dei Giganti** et de **Grotta Titti**, n'ont jamais été publiées auparavant. D'autres, telles que la série de **Grotta Romanelli**, ont fait l'objet de publications importantes, situant ainsi notre étude dans le cadre d'une révision des anciennes études. Enfin, d'autres séries (**Grotta Uluzzo C**, **Mario Bernardini** et **Torre dell' Alto**) n'ont été publiées que partiellement par leurs inventeurs et notre étude comble ainsi un manque d'information sur certaines parties de l'assemblage, notamment du matériel non retouché.

Les séries examinées se trouvent essentiellement dans le dépôt de l'Istituto Italiano di Paleontologia Umana, et ensuite le dépôt de la Soprintendenza Archeologia Belle Arti e Paesaggio per le Province di Brindisi, Lecce e Taranto (SABAP), à Tarente.

Première partie
Théorie et méthodologie

I.I Les outils interpretatifs

I.1 Introduction

L'objectif de ce chapitre est d'éclairer les approches théoriques qui structurent la présente recherche et de définir ainsi les outils interprétatifs qui seront utilisés dans la partie dédiée à l'analyse et à l'interprétation des données.

Tout d'abord, il faut souligner que notre approche doit beaucoup aux écoles écologiques -culturelles car notre intention est avant tout celle d'étudier l'homme en tant qu'agent dans la nature. Nous croyons que, malgré la puissance de l'outil *culture*, les actions humaines sont soumises aux lois de la nature et que la séparation de l'Homme du restant du royaume animal n'est qu'un grand péché d'orgueil. Ainsi, nous allons essayer d'insérer les groupes humains dans leur contexte environnemental afin de caractériser les modalités des occupations durant un temps donné, dans un endroit défini.

Ceci dit, nous sommes conscientes que la culture humaine n'est pas qu'un simple ensemble d'adaptations physiques. La culture est, oui, une « *extrasomatic adaptation to the environment* », mais cette adaptation passe à travers des choix. Ces choix sont soumis aux lois sociales partagées par le groupe dans lequel l'individu agit. De plus, elles sont fortement influencées par la tradition culturelle qui fournit le cadre de vie dans lequel les acteurs sociaux agissent.

Nous allons ainsi essayer de saisir, dans le cadre écologique dont nous parlions plus haut, les choix culturels qui ont été mises en œuvre par les groupes humains qui sont les acteurs de l'histoire que nous essayons d'appréhender.

Malheureusement, dans les études qui concernent le Paléolithique moyen, l'individu est insaisissable. Bien que ces choix, ces actions, ces déplacements aient été opérés par des individus, la qualité et la quantité des données disponibles à l'heure actuelle ne nous permettent pas de les cerner. Mais, nous sommes conscients de la présence de ces hommes et c'est la nécessité et la curiosité d'appréhender leurs modes de vie qui nous a poussé à entreprendre ce travail.

Nous sommes parmi ces « chercheurs pressés » (Gallay 1992 ; Pétrequin et Pétrequin 2006) qui ne peuvent pas commencer un travail sans une hypothèse et une définition rigoureuse des théories qui fondent les interprétations (Bietti 1986, 1991). Ainsi, nous croyons que ce chapitre est une partie fondamentale de ce travail.

I.2 Les problématiques du Paléolithique moyen

Tel qu'il est défini sur la base de critères technologiques et typologiques, le Paléolithique moyen correspond à une longue période comprise entre les stades isotopiques 7 et 3. Il est subdivisé par des critères chronostratigraphiques en Paléolithique moyen ancien (OIS 7 et 6) et récent (OIS de 5 à 3). En Europe, le Paléolithique moyen est traditionnellement associé à une seule espèce humaine : l'homme de Néandertal. La fin de cette période coïncide traditionnellement avec la disparition du Moustérien.

Les capacités cognitives des Néandertaliens ont été débattues depuis la découverte des premiers restes fossiles en 1857 (voire par exemple Hayden 1993 ; Conard 1994 ; Foley 1996).

La période du Pléistocène supérieur est particulièrement importante pour l'étude des comportements humains, notamment concernant les utilisations des appellations « culture » ou « protoculture » et leur rapport avec la disparition de l'Homme de Néandertal et l'apparition en Europe de l'*Homo sapiens.* Parmi les éléments qui sont débattus par les auteurs à ce propos, l'un des plus intéressants de notre point de vue est l'« anticipation des besoins », qui, d'après L. Binford peut être considéré comme un critère de démarcation entre protoculture et culture (Binford 1989).

L'organisation de la technologie paléolithique et les anticipations des besoins ont été discutés à des nombreuses reprises (voir par exemple Roebroeks *et al.* 1988, Conard (ed.) 2001) en questionnant les capacités des hommes de Néandertal à la planification. Toutefois, cette perspective, qui a été défendue longuement par L. Binford (1982), a été mise en cause par les études des dernières années.

Les arguments qui concernent la planification des actions de la part des hominidés du Pléistocène se basent sur le déplacement des artefacts (Roebroeks *et al.* 1988). Si des artefacts en matière première « exotique » sont des éléments portables, petits, qui montrent l'évidence d'un usage avant leur arrivée dans le site, probablement ils appartiennent à un *personal gear* (*cf. infra*). La présence d'un tel outillage, plus que de sa distance des sources de matière première, est indicatrice d'une certaine anticipation des besoins (Kuhn 1992).

De plus, l'identification au niveau archéologique d'un certain degré d'anticipation représente seulement la première étape dans l'évaluation de la nature et de l'importance de la planification chez les hominidés. Une synthèse des données qui concernent le Paléolithique moyen est disponible dans l'œuvre de Féblot-Augustins (1997), ainsi que dans d'autres études (par exemple Roebroeks *et al.* 1988).

Les Néandertaliens semblent avoir transporté des objets lithiques surtout sur des distances moyennes comprises entre 20 et 40 km. Les sources les plus utilisées sont souvent les plus proches (> 5 km). Des déplacements de 100 km et plus sont tout à fait anecdotiques (voir par exemple Cep et Waiblinger 2001 ; Rabmann *et al.* 2001 ; Moncel 2004) et ils n'excèdent jamais 120 km en Europe occidentale. En Europe centrale, ces distances augmentent parfois jusqu'à 300 km, mais toujours par de faibles quantités.

Les objets les plus fréquemment déplacés sont des outils finis ou fortement retouchés (voir pour exemple Meignen 1988 ; Jaubert 2001 ; Bourguignon *et al.* 2002 ; Faivre 2006 ; Porraz et Peresani 2006). Le transport de nucléus et d'éclats non retouchés semble beaucoup moins fréquent.

La variabilité des différentes roches utilisées nous montre que les Néandertaliens utilisaient plus fréquemment des roches de mauvaise qualité, par rapport aux hommes du Paléolithique supérieur (Demars 1982 ; Torti-Zannoli 1983).

Les trajets sont circonscrits et trois zones d'approvisionnement peuvent être définies (Féblot-Augustins 1997) :

- 0-6 km : zone proche des sites
- 6-20 km : zone intermédiaire
- >20 km : zone éloignée.

Les travaux de Geneste (1985, 1991) ont beaucoup contribué à préciser la complexité des comportements techno - économiques au Moustérien. On perçoit une occupation structurée de l'espace régional à travers l'existence de sites à faciès économique différencié (voir aussi Conard et Adler 1997).

Ainsi, la qualité des matières premières varie souvent en fonction de l'éloignement de leur source d'approvisionnement : les matières locales sont de qualité médiocre, le silex d'origine semi-locale est de plutôt bonne qualité et les matières d'origine lointaine sont d'excellente qualité.

Des sites d'extraction, de production, à activités temporaires ou sporadiques, et à activités mixtes ont été analysés (Geneste 1985). Les sites liés à l'exploitation ou à l'extraction sont toutefois peu nombreux (voir aussi Turq 1992 ; Jaubert *et al.* 1990 ; Del Lucchese *et al.* 2003 ; Negrino *et al.* 2005). De plus, une morphologie rayonnante des déplacements est décrite, qui évoque selon Féblot-Augustins (1993) des apports successifs de groupes venant de directions différentes.

Une interprétation originale de l'exploitation de matières premières de mauvaise qualité est fournie par Richter (2001). Dans le site de Sesselfesgrotte, deux couches qui présentent deux différents cycles d'utilisation de matières premières ont été fouillées, l'un à large spectre et l'autre plus spécialisé. La présence de l'assemblage à large spectre a été expliquée de deux façons. La première hypothèse est l'absence d'un « homme sage » (*no-wise-old-man* explication*)* qui pouvait indiquer les meilleures matières premières et donc l'absence d'une tradition de connaissance de la région, qui engageait la nécessité de tester tous les matériaux présents. La deuxième hypothèse implique une saisonnalité de l'exploitation qui profite des ressources les plus diverses pendant que les meilleures matières premières sont cachées par la neige ou inaccessibles du fait du permafrost.

De façon générale, les données disponibles montrent quelque biais, car les travaux les plus complets sur la question ont été conduits le plus souvent sur des régions très riches en matières premières (Demars 1982 ; Geneste 1985). Sauf quelques exceptions (Svoboda 1988, Svoboda *et al.* 1996), les informations sur les contextes pauvres en ressources rocheuses sont plutôt rares. Le travail présent vient ainsi s'insérer dans cette carence et constituera un essai pour combler ce biais.

De plus, les types de transport sont difficiles à intégrer dans les modalités d'occupation du territoire, qui sont rarement bien expliqués dans les contextes du Paléolithique moyen.

Le tableau qui se dégage est celui de groupes mobiles qui effectuent des trajets plus ou moins longs, munis d'un équipement de route témoignant de besoins peu élaborés (Féblot-Augustins 1997 ; Park 2007). Des données plus récentes semblent souvent confirmer cette tendance (Bernard-Guelle 2005), illustrant une fréquentation de territoires géographiquement limités, avec des circulations nombreuses mais réduites dans l'espace. D'autres études soulignent au contraire que les Néandertaliens ont eu recours à des sources plus lointaines (Loodts 1998 ; Slimak 2004 ; Porraz 2005 ; Chalard *et al.* 2007 Porraz et Negrino 2008).

Cependant, ces données concernant le transport démontrent que les Néandertaliens anticipaient régulièrement leurs besoins.

La fragmentation des chaînes opératoires en fonction de l'accessibilité des zones d'approvisionnement, associée à une décroissance de la représentation quantitative des matériaux, montre un comportement structuré. Le transport sur des distances moyennes à longues de produits finis confectionnés à partir de matières premières de qualité, et la nature de ces outils et de leurs supports, suggèrent une sélection de ceux-ci en vue d'un usage prolongé.

Probablement, les outils transportés étaient utilisés et raffûtés tout au long des déplacements et ils pouvaient ainsi bien correspondre à la définition de *personal gear*. En effet, les nouvelles recherches sur la mobilité des matières premières montrent que les catégories de produits mobiles sur de longues distances sont plus diversifiées qu'on le pensait. Une forte mobilité est reconnue pour les objets techniquement élaborés (Bourguignon *et al.* 2006), tandis que les nucléus et les produits corticaux sont considérés comme non ou peu mobiles. Cependant, l'évidence de déplacements occasionnels de nucléus montre un approvisionnement des sites en matières premières ou l'existence de «*mobil cores*» (Kuhn 1992). Tous ces produits transportés sur de longues distances semblent fonctionner comme des « matrices » (Bourguignon *et al.* 2006), c'est-à-dire comme des volumes potentiellement exploitables. Ce sont les potentialités de ces matrices à destination polyvalente qui ont conduit les Paléolithiques à les sélectionner pour la circulation. Elles constituent des réserves de matières premières aptes à répondre à des besoins variés et immédiats. Ces matrices pourraient être l'expression d'un « *provisioning of individuals* » sensu Kuhn (1992, 1995, *cf. infra*). Des exemples de ce comportement sont issus pour la plupart de travaux récents. Parmi les exemples, l'on peut citer un éclat Levallois en silex allochtone dont l'exploitation de la face inférieure a permis l'obtention de deux éclats Kombewa dans le site de La Folie (Bourguignon *et al.* 2002). Souvent ce double statut est avéré pour des bifaces, qui peuvent servir de matrice pour l'obtention de supports (voir Kelly 1988) : ce comportement est avéré à La Rochette, Les Fieux et à l'Abri Brouillaud, parmi autres (Geneste 1985 ; Soressi 2002 ; Faivre 2006).

Pour résumer, les caractéristiques principales qui ont été soulignées pour la gestion des ressources au Paléolithique moyen peuvent se décrire comme suit :

- équipement technique sous des formes très variées ;
- circulation de « matrices » (sensu Bourguignon *et al.* 2006) polyvalentes ;
- matrices généralement, mais pas exclusivement, sur matériaux allochtones ;
- approvisionnement en matériaux bruts quasi exclusivement sur matières premières locales.

En termes de fréquence, il semble que la mobilité ait été élevée (Churchill 2014). Kuhn (1992) affirme que les données disponibles montrent la capacité des Néandertaliens à une planification du jour pour le lendemain, reflétant une mobilité résidentielle très fréquente. La notion d'opportunisme est ainsi souvent évoquée sans être vraiment explicitée. Nous verrons que ce travail peut démontrer une planification plus importante qui met en cause la notion d'opportunisme appliquée aux Néandertaliens.

Quelles sont les bases méthodologiques et théoriques des interprétations courantes portées sur les occupations humaines du Paléolithique moyen ?

I.3 Forme, style et fonction

Les objets lithiques constituent la catégorie la plus commune des vestiges archéologiques relatifs aux sociétés de chasseurs-cueilleurs.

L'interprétation des industries lithiques du Paléolithique a été abordée, en Europe et aux États Unis, selon deux principaux axes de recherche (Jelinek 1976) :

- La manière selon laquelle les artefacts peuvent être liés à des groupes culturels différents spatialement ou chronologiquement ;
- La manière selon laquelle les outils montrent différentes tâches ou des types particuliers de traitement des ressources.

Dans une perspective traditionnelle (voir par exemple Bordes 1961) les outils ont souvent été classés suivant des fonctions qui étaient censées représenter fidèlement les activités du passé. Cela implique une relation univoque entre la forme de l'outil et sa fonction. La typologie de Bordes se base majoritairement sur des stigmates morphologiques (*i.e.* pointe, etc.) ou fonctionnels (*i.e.* racloirs), bien que la base classificatoire soit la morphologie. Bordes (1965) considérait les formes des outils comme des produits consciemment ou inconsciemment recherchés qui représentaient les formes idéales qui existaient par la pensée chez les artisans. Cette idée avait été déjà évoquée par Spaulding (1953) et en général, relève de la tradition d'études qui remonte aux débuts de l'archéologie préhistorique.

Selon une perspective traditionnelle, les types sont des idées platoniques de spécimens approximatifs (Flenniken 1985 ; Bisson 2000 ; Shott 2005) et une variation de leur morphologie est implicite en leur définition. La forme et la taille ont été des éléments fondamentaux de la classification typologique et aucune continuité n'est censée exister entre des types différents, pas plus qu'elle existe entre un couteau et une fourchette.

Ce paradigme a basculé à partir des années 1960, surtout sous l'impulsion de l'école américaine.

De nombreuses études ethnographiques à partir des années 60 (Tindale 1965 ; Clastres 1972 ; Gould 1968, 1968a, 1978, 1980 et Hayden 1979) et archéologiques (Semenov 1964 ; Frison 1968 ; Dibble 1984, par exemple), continuant jusqu'à l'heure actuelle (Britz *et al.* 2005 ; Brugal et Mourre 2005), ont démontré que cette équation n'est pas universellement valable. En effet, des outils regroupés selon leur morphologie remplissent de multiples fonctions et non une seule et unique.

Le « *Frison effect* » (Frison 1968 ; Jelinek 1976) est le phénomène qui considère les matériaux lithiques retrouvés dans un site comme le résultat d'une série de modifications des outils à travers les différentes tâches pour lesquelles ils ont été utilisés.

Dibble (1984, 1987, 1995) a par exemple formulé une hypothèse de réduction progressive des racloirs qui modifierait leur morphologie par un raffûtage continu (*cf. infra*).

De plus, les analyses tracéologiques ont souvent montré une corrélation plutôt faible entre la morphologie (typologie) des outils et leur fonction spécifique (Beyries 1987 ; Anderson Gerfaud 1993). Ainsi, même si les outils qu'on retrouve dans les assemblages archéologiques ont sans doute une signification liée au comportement de leurs auteurs, il est difficile de trouver une signification figée dans les morphologies qui ont été définies par les typologies.

Un autre facteur qui peut influencer la morphologie des pièces archéologiques est la taphonomie (par exemple Hiscock 1985). Là encore, les outils lithiques ne constituent souvent qu'une partie minime d'une technologie *latu senso* et sont à considérer comme un sous-système dans l'activité technique des hommes du passé (Tixier 1978).

La forme finale d'un outil semble être dépendante de deux principaux types de facteurs. Premièrement, il y a ceux qui dépendent de l'objectif pour lequel l'outil a été conçu ; et deuxièmement les choix de l'auteur de l'artefact parmi une variété de manières de faire.

D'après Sackett (1973, 1977), les premiers sont appelés fonctionnels, les deuxièmes stylistiques. Selon un point de vue théorique, chaque caractéristique d'une pièce lithique peut potentiellement correspondre à l'un ou à l'autre domaine et ainsi elle doit être examinée selon les deux perspectives. Jelinek (1976) remarque que le statut de chaque attribut est lié à la question que l'archéologue se pose.

Dans le domaine du style rentre ce que Tixier appelle la « contrainte de la tradition » (Tixier 1978, p. 5). Il s'agit de la « *perduration d'un choix très antérieur parmi les solutions possibles aux problèmes fondamentaux de la survie et de l'équilibre d'un groupe dans un milieu donné. Ce choix est un instant d'évolution qui disparaît très vite et la solution choisie devient, même si la source en a été sitôt oubliée, habitude traditionnelle* » (ibidem). En effet, les capacités qui sont apprises participent au maintien de la tradition et contribuent à la formation de ce que Bourdieu appelle habitus (Bourdieu 1977). Les traditions technologiques, relevant de styles différents, pourraient donc être propres à des unités sociales et les frontières entre un habitus et un autre, exprimer une frontière sociale. Ces processus ont été bien examinés dans le domaine de la production céramique (voir par exemple Roux 2007). Dans les dernières années, la composante sociale de la production lithique a été soulignée à travers l'introduction du concept de « social agency » (Dobres 2000). Suivant les théories de Lemonnier (1992), Dobres conçoit les technologies comme des actes significatifs d'engagement social qui expriment et interposent les valeurs sociales, les essences culturelles et les attitudes vers le vrai et le faux (p. 98, p. 100). Les valeurs sociales ne sont pas exprimées par le produit final mais par l'action de produire. Cette théorie est liée à celle de la structuration de Giddens (1984, in Dobres 2000) qui considère l'individu et le groupe comme des agents sociaux qui négocient leurs positions à l'intérieur de la structure sociale et ainsi contribuent à la construction ou destruction de celle-ci. La structure sociale est ainsi en même temps un élément de contrainte et de liberté du développement de l'individu. La production d'outils lithiques peut donc être placée dans un espace social et le tailleur devient un agent social lui-même, qui, à travers ses actions répétitives, reproduit des normes et des valeurs. Le choix intentionnel, la décision et l'habileté sont les mécanismes qu'a le tailleur pour agir comme identité sociale.

Néanmoins, la tâche d'interprétation des traditions culturelles à travers l'action sociale est difficile car les éléments à analyser pour tracer une démarcation entre style et fonction sont protéiformes. Par exemple, les choix en matière première peuvent relever de la fonction ou du style. À l'intérieur des restrictions imposées par la forme et la taille de la matière première, la forme de l'industrie lithique est déterminée par les techniques et les méthodes de taille, qui relèvent d'une tradition culturelle.

Pour nous, concernant le Paléolithique moyen, la question des démarcations ethniques à travers les délimitations des traditions techniques reste une question ouverte.

La nécessité d'une approche émique à la classification des outils a été relevée par Hayden (1984). Par exemple, les catégories émiques varient dans une société par rapport au rôle joué par l'individu qui les utilise. De plus, comme le démontrent les analyses ethnographiques, les individus sont le plus souvent inconscients des règles sous-jacentes à leurs actions, d'autant plus que l'apprentissage passe le plus souvent par imitation et non par explication (Bisson 2001).

Faut-il alors abandonner le classement typologique (Shea 2014) ? Nous sommes de l'avis que ce type de classification est un outil utile car il engendre un vocabulaire partagé et nous offre une classification morphologique pertinente et efficace. Cependant, cette classification morphologique doit ensuite passer par une analyse critique de la vie de l'outil. D'ailleurs, Bordes lui-même considérait la liste typologique comme un moyen de systématiser les données, pas un but en soi (Bordes 1965).

Pour une interprétation correcte des objets lithiques provenant de contextes archéologiques, une fois individualisés les processus post-dépositionnels, il faut donc les placer à l'intérieur du système socio-économique. Ainsi, il faut rechercher le rapport de ces sociétés avec le territoire, leurs pratiques liées à la subsistance, le rôle joué par l'outillage lithique et finalement le rapport entre celui-ci et les variables imposées par la mobilité. C'est par ce moyen que nous pouvons parler de pratiques culturelles.

I.4 Territorialité et mobilité

L'étude des économies préhistoriques est une partie très importante de l'archéologie, depuis la classification de Nillsson (1873, cité par Trigger 1996). Il définit trois étapes du développement humain avant la « civilisation » : chasseurs-cueilleurs, pasteurs et agriculteurs. Les chasseurs-cueilleurs sont caractérisés par une économie de subsistance mobile.

Le concept de « mobilité » est ainsi très important dans le domaine de l'archéologie paléolithique pour ses implications archéologiques et ethnoarchéologiques relatives aux groupes humains de chasseurs-cueilleurs qui sont l'objet d'étude. Les économies mobiles sont pratiquées par des groupes qui se déplacent au cours de l'année et la mobilité a d'importantes composantes culturelles. La subsistance est l'une des variables qui l'influence le plus, mais les groupes humains répondent aussi à des engagements religieux, parentaux, commerciaux, artistiques et personnels.

Une division des catégories des groupes mobiles a été donnée en 1956 par Beardsley *et al.* (cité par Kelly 1992) :

- *Free wandering*, qui n'ont aucune limite territoriale,
- *Restricted wandering*, limités par des contraintes géographiques,
- *Center based wandering*, qui retournent à un lieu central de façon saisonnière,
- *Semi permanent sedentary*, qui occupent un village qui est déplacé de temps en temps.

Cette première catégorisation a été modifiée par Murdock (1967) qui a classé les sociétés en nomades, semi-nomades, semi-sédentaires et sédentaires.

Jochim (1980) a défini la mobilité comme « *the potential distance necessary to travel per capture* ». Bamforth (1986) en a donné une définition plus complète en comparant le niveau de mobilité avec la fréquence, la distance ou la vitesse des mouvements.

En effet, le type, la durée et l'ampleur des déplacements ont de nombreuses implications sur la culture et la société des groupes humains. Parmi ces implications, on trouve la faible accumulation de biens durables. Dans une économie mobile, la durée de permanence dans un site est déterminée par la fréquence et la disponibilité des ressources nécessaires.

De plus, la mobilité est difficile à étudier à partir des données archéologiques (Kelly 1992). Les questions qui se présentent aux archéologues concernent la distance, la direction, la fréquence et aussi la raison des déplacements. De nombreux travaux ethnologiques et ethnoarchéologiques tentent d'apporter des réponses à ces questions (i.e. Yellen 1977 ; Binford 1978 ; Gamble et Boismier 1991).

Un autre concept central dans l'analyse des économies mobiles est celui de territoire, qui dérive de l'analyse du comportement animal (Dyson-Hudson et Smith 1978). Ce concept n'a jamais été utilisé en préhistoire avant le travail de Higgs et Vita Finzi (1970), mais il a été appliqué aux hommes en 1922 par Carr-Saunders, qui a remarqué pour la première fois que le comportement des groupes humains est territorial dans sa nature. Quant à la définition de territoire, Nobis (1939, in Bousman 1993) le qualifie de « zone défendue », Leroi-Gourhan (1988) met en évidence plutôt son occupation de la part d'un groupe humain qui constitue une unité économique. Higgs et Vita Finzi définissent archéologiquement le territoire comme étant une zone qui est habituellement exploitée et donc le « *site territory* » comme le territoire habituellement exploité à partir d'un site donné. Le territoire annuel (Higgs et Vita Finzi 1970) comprend tous les territoires exploités pendant le cycle annuel.

Les approches des systèmes de territorialité des chasseurs-cueilleurs ont été basées depuis les années '70 sur des modèles économiques, géographiques, ou basées sur la théorie de l'« *optimal foraging* » (voir Wintheralder et Smith 1981).

Jarman (1972) a proposé un modèle d'étude territoriale où les limites territoriales ne sont pas définies au hasard, mais couvrent les possibilités d'exploitation des ressources fournies par un site. Ainsi, le modèle trace un territoire hypothétique à partir d'un site qui est délimité avant tout par la distance qui peut être aisément parcourue en deux heures maximum. L'évaluation du potentiel économique du territoire en question est ensuite effectuée. Ce modèle a été appliqué à l'étude des couches supérieures de Grotta Romanelli (Jarman 1972).

Une nouvelle approche de l'économie préhistorique a été établie pendant les années 1970, d'abord par Higgs et Vita Finzi (1972, Jarman *et al.* 1973), qui ont proposé une analyse basée sur le « *catchment analysis* ». Le *site catchment* comprend pour ces auteurs le territoire qui est couvert par les approvisionnements occasionnels. Ainsi, le site, défini comme un dépôt ou une série de dépôts qui contiennent des évidences de l'activité humaine, est à mettre en relation avec la zone à laquelle il est pertinent.

Une autre classification, toujours utilisée, a été formulée par Binford (1980) : il a opéré une distinction des modalités d'occupation du territoire des chasseurs-cueilleurs en « mobilité résidentielle » et « mobilité logistique » afin de décrire les systèmes économiques de ces groupes. D'après l'auteur, tout le système de subsistance s'organise autour de deux pôles qui ne représentent toutefois que les extrêmes d'un continuum : une prédation au jour le jour (*foraging*) et/ou une stratégie d'approvisionnement (*collecting*).

Fréquentés occasionnellement pour des activités particulières.

Dans le système de type « collectors », au contraire, l'acquisition des ressources fait l'objet d'expéditions spécifiques à partir des camps résidentiels, expéditions qui sont portées à terme par des groupes organisés à cet effet (task groups). La mobilité logistique concerne ainsi les mouvements d'individus ou de petits groupes à partir d'un site résidentiel. Les types de sites associés à ce système sont plus diversifiés : les camps résidentiels présentent souvent un caractère saisonnier. Les sites logistiques sont distribués en dehors du périmètre de collecte et délimitent un « territoire logistique ». Ils comprennent des camps temporaires, sites à fonction spécialisée à partir desquels opèrent les task groups, des postes d'observations stratégiques (hunting stands) et des stations de stockage.

Selon le système considéré, le « rayon d'action » des sites sera d'étendue inégale. Dans le cadre d'une forte mobilité résidentielle, l'espace parcouru et exploité par les hommes à partir d'un seul et même site sera relativement limité ; la nécessité de se déplacer fréquemment (souvent sur de faibles distances) est dans ce cas la conséquence d'une raréfaction plus rapide des ressources. Au contraire, il sera plus important pour des groupes fonctionnant sur la base d'expéditions spécifiques, avec par conséquent un déplacement du site principal moins fréquent, mais sur de plus longues distances (faible mobilité résidentielle).

D'après Binford (1978, 1980) examiner la mobilité à partir de ce modèle permet de connaître les conditions selon lesquelles les hommes et les ressources se situent les uns par rapport aux autres. En effet, toutes les sociétés de chasseurs-cueilleurs n'ont pas les mêmes systèmes d'occupation du territoire et ces différences peuvent avoir des effets importants sur les données archéologiques.

Wiessner (1982) a souligné l'importance d'un autre facteur qui est central dans les économies des chasseurs-cueilleurs : la nécessité de minimiser les risques. En effet, elle souligne que l'effort que ces sociétés portent à se procurer les ressources est inférieur à celui consacré à réduire le risque.

Les anthropologues savent que le manque de nourriture et le risque économique sont des facteurs qui limitent la survie humaine et l'anticipation de la disponibilité des ressources alimentaires est donc un moteur majeur dans la mobilité (Keeleey 1988 ; Halstead et O'Shea 1989 ; Hiscock 1994). Le risque a été défini comme la probabilité de perte économique et est lié à un milieu aux ressources non prévisibles (Cashdan 1985).

Wiessner (1982) a identifié trois stratégies différentes pour minimiser les risques : la prévention de la perte, le partage des ressources, le stockage. Un autre moyen, nommé « *transfer of loss* » consiste au passage de la nourriture d'un groupe à un autre, qu'il soit volontaire ou involontaire.

La prévention de la perte est considérée comme la stratégie la plus efficace, qui comprend un changement dans les armatures de chasse, une diversification de l'économie, l'organisation du travail, l'échange d'informations (Torrence 1989 ; Binford 1980, 1991 ; Wiessner 1982 ; Cashdan 1985 ; Bousman 1993).

I.5 L'approvisionnement en matières prèmieres lithiques

L'origine des matériaux lithiques utilisés par les hommes préhistoriques intéresse depuis longtemps les archéologues et, à partir des années '50, elle a été une préoccupation constante. Les bases méthodologiques sont posées au cours des années '80 et l'étude lithologique devient un véritable sujet de recherche (Isaac 1978 ; Demars 1980 ; Rigaud 1982 ; Geneste 1985 ; Odell 2000).

La disponibilité en matières premières lithiques est en effet le facteur le plus important dans l'organisation de la technologie lithique. Les modalités d'utilisation des matières premières sont liées à leur abondance. La qualité des matières premières joue aussi un rôle très important dans la structuration de la production technologique (Andrefsky 1994).

Les comportements techniques liés à l'approvisionnement peuvent être en eux-mêmes révélateurs des choix économiques mises en œuvre. Ainsi l'exploitation de matériaux différents à des fins différentes, ou la sélection dans l'environnement géologique d'un certain type de ressource, peuvent être mises en évidence. Un autre élément qui peut être souligné est une éventuelle anticipation des besoins à travers le transport sur de longues distances. Toutefois, ces comportements qui s'inscrivent dans l'espace ne peuvent s'apprécier qu'en les insérant dans les stratégies de subsistance auxquelles ils sont corrélés. Cependant, et comme le remarque Féblot-Augustins (1997), certains indices peuvent suggérer une structuration dans l'occupation du territoire sans que les déplacements y soient nécessairement organisés. Une organisation peut être mise en évidence par la fréquentation systématique de certaines sources ou par l'existence de sites à « faciès économique différencié » (*sensu* Geneste 1985).

Le degré de mobilité peut être apprécié par la longueur et la fréquence des déplacements (Kelly 1992). La première étant estimée à partir des distances des sources individualisées et la deuxième à travers des raisonnements indirects.

Afin d'analyser les dimensions spatiales des circulations d'hommes et de matériaux, des définitions sont nécessaires. Ainsi, suivant Féblot-Augustins (1997), la « région » est une entité géographique qui est caractérisée par le fait d'être une unité distincte des régions voisines et sa définition repose sur des caractères physiques stables.

La définition d'un approvisionnement local n'est pas partagée par les différents auteurs. Ce terme est fort commode et couramment utilisé dans la littérature, mais sa définition ne renvoie pas à une distance précise et l'emploi de ce terme est caractérisé par une certaine souplesse. Par exemple,

- moins de 10 km ou 40 km (Meltzer 1985, 1988),
- 12 à 15 km (Bricker 1975),
- moins d'une journée de marche (Mauger 1985),
- moins de 40 km (Goule 1980),
- jusqu'à 50 km (Valensi 1960),
- jusqu'à 50 km (Torti Zannoli 1983),
- jusqu'à 70 km (Masson 1979).

Les distances les plus courtes s'intègrent dans le périmètre de collecte exploité depuis le site tel qu'il a été défini à partir de l'observation des chasseurs-cueilleurs actuels. Il correspond au « foraging radius » (6 miles) de Binford (1982) et au « site exploitation territory » (deux heures de marche) de Higgs et Vita Finzi (1972). Geneste a défini en 1985 une zone « locale » d'approvisionnement située dans un rayon de 5 km des sites.

Les travaux de Pierre et Anne-Marie Pétrequin montrent que l'accès au gîte n'est pas tant soumis à la distance physique qu'au nombre de territoires appartenant à d'autres groupes que les hommes doivent traverser pour y accéder (Pétrequin et Pétrequin 1993). L'accès au gîte est alors réglé par les rapports liant les différents groupes et la circulation des roches se situe dans une notion de distance sociale qui relève des alliances ou des conflits liant les différentes populations entre elles.

Les différentes formes technologiques de diffusion des matériaux peuvent renseigner quant au déplacement du groupe qui fréquentait le site, et au travers de l'analyse des chaînes opératoires qui demeure un outil méthodologique fondamental.

Dans le cadre de ces activités, les territoires sont parcourus dans une double perspective : l'acquisition des ressources alimentaires d'une part, et celle de l'équipement lithique d'autre part. De plus, les déplacements subordonnés à l'acquisition des ressources alimentaires relèvent d'une distinction entre les ressources animales, mobiles, dont la localisation et la disponibilité sont variables, et les ressources végétales, statiques et donc ayant un emplacement et une saisonnalité que l'on peut connaître à l'avance. Les ressources lithiques, minérales, se rapprochent donc plus de ces dernières.

Sous le nom de « modalité d'exploitation territoriale » a été groupé l'ensemble des activités liées à l'exploitation des milieux animal, végétal et minéral (Féblot-Augustins 1997). Cette modalité peut être ou non saisonnière, sachant que la saisonnalité suppose l'organisation de déplacements planifiés à long ou moyen terme. Une exploitation non saisonnière est dans sa nature plus opportuniste.

A partir des observations ethnographiques sur les Nunamiut, Binford a établi que l'acquisition des matières premières est intégrée, embedded, dans les activités de subsistance : « *Raw materials used in the manufacture of implements are normally obtained incidentally to the execution of basic subsistence tasks. Put another way, procurement of raw material is embedded in basic subsistence schedules* » (Binford 1979, p. 259).

Les activités liées à la technologie lithique semblent ainsi être organisées et programmées autour des autres activités (Torrence 1983).

Dans cette perspective, les déplacements de matière première fournissent l'échelle des déplacements humains dans le milieu et permettent d'appréhender l'étendue du territoire exploité. Selon ce principe, le coût de la matière première ne correspond pas à la distance parcourue car la distance a été parcourue pour un autre objectif à la base (Binford 1979, p. 260). Ainsi, la variabilité des ressources lithiques reflète celle de l'environnement exploité pour la subsistance lato sensu « Chaque ensemble lithique reflète donc les potentialités environnementales du site qui le contient » (Geneste 1985, p. 513).

La notion d'embedded procurement a pourtant été critiquée par Gould (1978, 1980 ; Gould et Saggers 1985). En effet, des exemples ethnographiques australiens montrent l'existence d'expéditions spécifiquement dévouées à l'acquisition de la matière première. Gould mesure ainsi le coût de la matière première par la distance parcourue pour se la procurer.

Néanmoins les déplacements de matières premières ne sont pas simplement le reflet de l'ampleur des territoires exploités directement. En effet la possibilité d'échanges doit également être prise en compte (Earle et Ericksonn 1977 ; Renfrew 1977 ; Dennell 1983 ; Gamble 1986). Ce facteur introduit des phénomènes sociaux dans l'enjeu de la mobilité des matières premières. Une étude des données ethnographiques relatives aux circulations de biens a montré toute l'importance de cette pratique (Feblot-Augustins et Perlès 1992), notamment ses effets techniques et économiques, qui restent souvent sous-estimés en archéologie. L'échange chez les chasseurs-cueilleurs est autant un mécanisme fondamental de l'établissement et du maintien des relations d'alliance, qu'un mécanisme de circulation des biens. La coexistence de plusieurs formes d'échange au sein d'une même société a également été remarquée.

En effet, toutes les catégories de biens peuvent faire l'objet d'échanges dans presque tous les contextes socio-économiques. Afin d'étudier les systèmes d'échange dans différentes sociétés, Féblot-Augustins et Perlès (1992) ont classé les biens en trois catégories : BA- biens de première nécessité et biens alimentaires courantes ; BT : biens techniques comme les armes et les matières premières d'acquisition et de transformation ; BFV : biens fortement valorisés, différents de groupe à groupe.

Aucun échange courant de biens alimentaires n'a été observé chez les groupes de chasseurs-cueilleurs, ce qui confirme les propos de Salhins (1972). De fait, chez les chasseurs-cueilleurs, la nourriture circule par le biais de la réciprocité généralisée, elle est partagée au sein du groupe et non échangée à l'extérieur.

Dans les échanges entre chasseurs-cueilleurs, il y a par contre une forte représentation de biens techniques et de matières premières. Plusieurs auteurs ont souligné l'importance de cette dimension sociale dans l'étude de la circulation des matières premières (Gould 1978, 1980 ; Wiessner 1982 ; Gamble 1986).

Un autre point à noter d'après l'analyse ethnographique de Féblot-Augustins et Perlès (1992) est que les échanges portent en majorité sur des ressources ou des biens qui font défaut dans l'un des deux groupes. Chez les chasseurs-cueilleurs, si les matières premières sont réparties différentiellement dans les territoires exploités par les groupes, les savoir-faire sont distribués de façon beaucoup plus uniforme. Les biens techniques circulent sous forme de matières premières pas ou peu transformées, en faibles quantités. Quant aux biens de forte valeur, ils peuvent circuler tant sous forme finie que sous forme brute ou semi-transformée.

Malheureusement, et surtout pour les périodes les plus anciennes, les arguments décisifs pour diagnostiquer un échange font le plus souvent défaut. En effet, en soi l'état de circulation n'est pas indicatif de la réalité d'un échange ; de même, la circulation de produits bruts ne peut être, en soi, tenue pour un indice d'approvisionnement direct aux sources.

Quant aux implications spatiales des différentes formes d'échanges, elles ont été classées ainsi par Renfrew (1984) :

- Échanges lors de visites réciproques ;
- Échanges répétés durant la réitération des visites réciproques ;
- Centralisation et redistribution des biens ;
- Centres d'échange vers lesquels se déplacent des groupes d'origine diverse, hors du territoire de chaque groupe.

Les distances de circulation les plus importantes en milieu ethnographique ont été observées chez les chasseurs-cueilleurs (Féblot-Augustins et Perlès 1992). Ceci est l'effet d'un phénomène double qui corrèle la mobilité des groupes et la fréquence des échanges répétés (down the line sensu Renfrew 1984) : les distances observées peuvent atteindre les 3000 km.

Il faut observer (cf. infra) que la distance de circulation n'est pas seulement fonction des modalités d'échange, mais aussi de l'usage et du statut des produits au sein des sociétés concernées. En effet, dans chaque société sont les biens fortement valorisés qui circulent sur les plus longues distances. Il s'agit également des biens qui ont une longue durée d'usage ou de conservation et présentent un faible encombrement, comme nous le verrons dans les paragraphes qui suivent.

Au niveau archéologique, jusqu'à présent, des critères généralisables permettant de discriminer échange et approvisionnement direct aux sources sont absents. La question « La circulation attestée est-elle celle des objets ou des matières premières, ou bien celle du groupe qui les a laissés sur le site ? » déjà posée par C. Perlès (in Leroi-Gourhan 1988, p. 342) reste ouverte.

I.6 Organisation de la technologie

Quelles sont les stratégies mises en œuvre par les populations à économie mobile pour organiser leur technologie ?

Tout d'abord, il n'est pas anodin de rappeler les divisions des activités technologiques mises en évidence par Leroi-Gourhan (1945) : « L'homme, disposant de moyens élémentaires d'action sur la matière, se livrait à la fabrication des objets qui devaient lui permettre l'acquisition de produits dont la consommation assurerait sa nourriture et son confort » (p. 13).

L'organisation de cette technologie (organisation of technology) est un axe de recherche repris par Binford en 1979. Le terme organisation implique la position spatiale et temporelle de la fabrication d'un outil à l'intérieur d'un système culturel et ensuite son utilisation, réutilisation et abandon. Elle a été ainsi définie successivement par Nelson (1991, p. 57) : « *The selection and the integration of strategies for making, using, transporting and discarding tools and the materials needed for their manufacture and maintenance* ».

Les outils sont ainsi employés pour accomplir une certaine variété de tâches (Leroi-Gourhan 1988 ; Shott 1986) et chacun de ces accomplissements nécessite des caractéristiques morphologiques définies. Un problème mis en évidence par les études ethnographiques est constitué par la représentativité de l'outillage par rapport aux activités pratiquées (Isaac 1967 ; Schiffer 1976, 1987 ; Gifford 1978). O'Connell, d'après l'analyse de certains assemblages de sites aborigènes de l'Australie centrale (O'Connell 1977), a formulé quelques remarques intéressantes sur la formation des assemblages archéologiques et sur les potentialités interprétatives de notre discipline. Il a analysé les assemblages lithiques d'un grand nombre de sites (>50) relatifs à deux saisons différentes et à différentes disponibilités en matières premières, occupés par les mêmes groupes. Tout d'abord, il n'a pas pu montrer la saisonnalité à partir des assemblages lithiques. L'outillage concerné, étant objet de maintenance et raffûtages, ne montrait que les signes de ces activités. De plus, la variabilité de l'assemblage semble être la conséquence des accès aux matières premières et les différences des formes et des dimensions de certains outils sont à attribuer à cette cause et non pas à des différences culturelles.

Les processus de formation des sites sont ainsi un élément majeur à prendre en compte lors de l'étude des séries lithiques issues d'une fouille (Murray 1980 ; Kent 1983, 1992 ; Goldberg *et al.* 1993).

Ainsi, la structure des assemblages archéologiques est liée non seulement aux activités qui ont été conduites sur le site, mais aussi à d'autres composants du système culturel qui les a produites. Ainsi, le rôle des assemblages lithiques à l'intérieur des systèmes culturels a été redéfini, sur la base par exemple de la mobilité (cf. infra Binford 1980 ; Kelly 1983) et des démarcations sociales (Wobst 1976), qui peuvent comporter des changements stylistiques.

Toutefois d'autres facteurs tels que la minimisation du risque (Wiessner 1982), la portabilité (Lee 1979) et les contraintes temporaires (Torrence 1989) sont à prendre en compte pour la caractérisation d'une organisation technologique. Cette dernière doit être ensuite mise en relation avec la mobilité (Kelly 1983 ; Shott 1986).

Plus la mobilité diminue, plus les manifestations de la culture matérielle tendent à la variété (Hitchcock 1982). Ce rapport est dû aux contraintes qu'un degré élevé de mobilité impose, mais aussi aux relations et interactions sociales, qui peuvent être prioritaires pour certaines classes d'outils (Wobst 1976). Par exemple, Tindale (1965), dans son ouvrage sur les Ngadadjara, reporte que le seul objet lithique utilitaire est l'éclat non retouché, alors que la seule catégorie curated est représentée par le couteau de la circoncision. Il est probable que la forme de ce couteau soit dictée non par des raisons fonctionnelles, mais par des conventions sociales.

Un autre élément qui influence la formation des assemblages lithiques est le coût du déplacement des ressources d'un site à l'autre : en effet, le nombre d'artefacts qui peuvent être transportés d'un site à l'autre est limité (Torrence 1989). Cette contrainte peut être gérée par une réduction de la dimension des artefacts (Ebert 1979 ; Keeley 1982) ou une multifonctionnalité de ces derniers (cf. infra). Par exemple, les outils des !Kung San sont peu nombreux, légers et multifonctionnels (Lee 1979). Steyn (1971, p. 320) remarque « Because of their nomadism, the quantity of possessions has to be limited as people must carry the things they own. Instead of accumulation, therefore, they try to put the essential items of equipment to the widest possible ranges of uses ».

Des points de vue semblables sur la réduction de taille des outils et leur caractère fonctionnel multiple ont été affirmés par d'autres auteurs à propos de chasseurs-cueilleurs de différents environnements (Gould 1968 ; Hitchcock 1982 ; Tindale 1965). Un certain degré de variabilité trans-culturelle a aussi été mis en évidence par les études ethnographiques.

Une discussion complète sur les rapports entre l'organisation de la technologie et les assemblages archéologiques a été mise en place depuis un certain temps (Ammerman et Feldman 1974). Ils considèrent les activités des différentes classes d'outils et les relations spatiales entre outils et activités. Les variables qui participent à la formation d'un assemblage sont d'après ces auteurs les types et les fréquences des activités mais aussi les taux d'abandon (cf. infra) et les relations spatiales entre les activités (Stein *et al.* 2003). Comme nous le verrons dans le prochain chapitre, ces relations spatiales sont souvent mises en évidence par les remontages et les rapprochements.

I.7 La phase d'abandon et la formation des assemblages lithiques

Les produits retouchés ont pendant longtemps constitué l'élément central des discussions et interprétations sur le Moustérien. La présence, la fréquence et la morphologie de certains d'entre eux ont défini certains ensembles (Bordes 1950, 1981). Cependant, les outils moustériens du « fonds commun» témoignent plutôt d'une relative monotonie, dont la variabilité descriptive serait, pour certains auteurs, liée à des processus de transformation successifs (cf. supra, « Frison effect » Frison 1968 ; Dibble 1987).

La conception de « use life » est une notion soulignée pour la première fois par Schiffer (1976) à propos de la longueur d'utilisation des classes d'outils dans des contextes systémiques. En effet, ils n'existent pas toujours (voire rarement) de relations simples et directes entre le type d'activités pratiquées sur un site et les objets abandonnés. « Tool class use lives consistently exceed site occupation span by a considerable margin, such the correlation between activities and site assemblages is weak. » (Shott 1989, p. 13). De Boer (1985, cité par Shott 1989) a distingué trois méthodes pour évaluer la longueur de vie des outils. La première est l'observation directe dans des contextes ethnographiques. La deuxième méthode se base sur des assemblages archéologiques qui se sont formés après un abandon imprévu, sur la base de la « Pompei premise » de L. Binford (1981) qui considère ces assemblages comme représentatifs des fréquences des différentes classes d'outils. Le problème de ces assemblages est naturellement leur rareté, surtout au sein du Paléolithique moyen. Enfin, de Boers propose une méthode qui se base sur les propriétés elles-mêmes des outils. Plus qu'une méthodologie de ce type, nous voulons souligner ici les différentes façons d'abandon des outils lithiques, pour une évaluation des contextes de fouilles que nous allons analyser.

Une définition et classification satisfaisante des « discard processes », les processus de rejet, a été proposée par Shott (1989, p. 17). En premier lieu, un outil peut être abandonné du fait de sa fracture pendant la production. De nombreux cas de remontages d'industries lithiques témoignent de telles occurrences. L'abandon durant ou tout de suite après la production est le deuxième type de processus d'abandon envisagé. Il se peut qu'un objet lithique soit abandonné sans être utilisé, par exemple dans le cas de fissuration de la matière première, ou dans des ateliers de taille où une sélection des supports à emporter est pratiquée. Le troisième rejet, le plus classique, est la perte ou la rupture durant l'utilisation. Il s'agit des objets qui présentent des fractures non liées aux processus postdépositionnels, mais aussi des bords abîmés par l'usage. La perte est un autre facteur d'abandon, qui, s'il est soumis à des lois tout à fait casuelles, n'est pas pour autant à négliger, comme le démontrent les données ethnographiques (Binford 1977, p. 33 ; Yellen 1977, p. 196). Le quatrième facteur est simplement l'abandon. On parle de simple abandon quand un outil (sensu largo) encore fonctionnel est rejeté intentionnellement. Cela arrive le plus souvent lors de l'abandon du site dans des contextes ethnographiques (Gould 1978 ; Hayden 1976, 1979). On peut affirmer que la plus grande partie des assemblages archéologiques se soient formés ainsi. Enfin, l'exhaustion est le dernier attribut qui peut participer à l'abandon d'un outil. Les outils qui échappent aux erreurs de production, à la rupture, à la perte peuvent être abandonnés après de nombreuses utilisations qui en ont épuisé le potentiel.

Un autre élément d'incorporation dans l'assemblage archéologique est le recyclage. Suivant la définition de Schiffer, il s'agit de l'utilisation d'un objet pour un objectif différent de celui pour lequel il a été fabriqué (Schiffer 1976, p. 38). L'utilisation d'outils cassés ou abandonnés pour en faire des nucléus bipolaires en est un exemple (Goodyear 1982). Dans les assemblages, il peut aussi être détecté par la présence de doubles patines.

Ainsi, la vie d'un outil peut aller de quelques minutes (Gallagher 1977 ; Hayden 1979), à quelques semaines (Tindale 1965), voire des années.

I.8 Les concepts de curation et expediency

Le concept de *curation*, introduit par Binford en 1979, est un outil fondamental pour l'interprétation des assemblages lithiques, mais il est susceptible d'une pluralité d'utilisations et d'intentions.

Dans son article, Binford part d'une expérience ethnoarchéologique au sein d'un groupe de Nunamiut.

Il établit ainsi une division entre équipement personnel, équipement du site et équipement occasionnel.

Ces concepts sont à la base des idées de *curation* et *expediency*.

L'équipement personnel (*personal gear*) est transporté par les individus pour anticiper de futurs besoins ou activités programmées (Binford 1977). Parmi cet outillage, on trouve chez les Nunamiut les couteaux nommés *kinnusaak*, mais aussi d'autres types de couteaux et des nucléus. D'autres composantes non lithiques du *personal gear* sont le nécessaire pour allumer le feu, l'arc et les flèches, ainsi que le matériel pour construire des pièges. La notion de *curation* est utilisée pour la première fois à propos de l'équipement personnel des Eskimos : « *Personal gear was highly curated. Recycling, reuse and heavy maintenance investments were made on these items* » (Binford 1979, p. 263). Binford remarque aussi que le rejet de cet équipement coïncide toujours au campement de base et rarement aux sites d'usage.

L'équipement du site *(site furniture)* comprend les artefacts spécifiques d'un site, comme les pierres de foyers, les enclumes ou les broyeurs : tous ces matériaux sont laissés sur le site pendant les périodes d'abandon de celui-ci et ils sont récupérés à chaque nouvelle occupation. Cette situation est semblable à celle que Schiffer appelle recyclage latéral, « *lateral recycling* » (Schiffer 1976). C'est ainsi qu'ils intègrent les dépôts archéologiques.

L'équipement occasionnel (*situational gear)* est défini comme ce qui « *is gathered, produced, or* » *drafted into use* « *for purposes of carrying out a specific activity* » (Binford 1979, p. 264). Il s'agit d'un outillage assemblé avec un but précis qui est « *expediently defined* ».

Chacune de ces catégories reflète des besoins différents et est ainsi soumise à des investissements différents en termes de temps et d'énergie. On peut donc en dire autant des processus de fabrication et d'utilisation de ces outils. Ces paramètres sont à prendre en compte quand l'on examine la variabilité des assemblages. Binford n'a jamais limité la notion de *curation* aux seuls objets lithiques. Par la suite, elle a été pourtant souvent appliquée à ces derniers.

Un des traits les plus importants relié au concept de *curation* est la durée de vie et l'abandon (*cf. supra).* Concernant la longueur de vie des outils, des informations sont disponibles à propos des !Kung San du Kalahari, les Aborigènes du Désert Occidental et les Atabaskan de l'Alaska (Lee 1979 ; Gould 1980). Les moyennes de longueurs de vie des outils ont été calculées par Bousman (1993) environ deux années et demi pour les Ingalik (*collectors*), environ quatre ans pour les !Kung (*foragers)* et un an et demi environ pour les Aborigenes (*foragers*). Ainsi, une estimation qui ne prend pas en compte les matières premières ne montre pas une durée différente d'usage entre *foragers* et *collectors*, comme supposée par Binford (1973).

Ainsi, d'après le modèle de Binford (1973, 1977, 1979), les outillages basés sur la *curation* sont constitués par des outils qui sont utilisables pour différentes tâches, sont fabriqués en avance et en entretien pour plusieurs phases d'usage, transportés d'un lieu à un autre et recyclés pour d'autres objectifs quand ils ne sont plus performants pour leur tâche initiale. Les outillages basés sur *l'expediency*, au contraire, concernent les outils qui sont fabriqués, utilisés et rejetés selon les besoins du moment.

Binford affirme que la *curation* est « efficiente » et mesure l'efficience à partir de l'utilité de l'outil (Binford 1973).

Pour résumer, la définition de *curation* selon Binford comprend cinq éléments (Bamforth 1986) :

- production en prévision de l'usage ;
- outils multifonctionnels ;
- transport des outils d'un site à l'autre ;
- entretien ;
- recyclage.

Il n'est pas nécessaire que ces cinq éléments soient tous présents dans un assemblage pour en définir la *curation.* (Bamforth 1986, 1991). Torrence (1989) considère la *curation* seulement en fonction de la production en avance sur l'usage. Hayden (1976) intègre encore d'autres éléments :

- emmanchement ;
- transport de matière première ;
- réduction par affûtage.

Hayden (1976) souligne aussi le fait que la durée de vie des outils *curated* et non *curated* se superpose souvent. Un autre problème concerne le transport de supports bruts.

Une argumentation concernant l'emmanchement affirme que les outils les plus mobiles et les plus *curated* sont aussi souvent emmanchés (Ebert 1979 ; Keeley 1982 ; Anderson-Gerfaud et Helmer 1987). Tout d'abord le temps nécessaire pour l'emmanchement est plus grand que celui employé pour la fabrication de la pièce (Rots 2010).

Enfin, Gamble (1986) associe le concept de curation uniquement dans l'entretien des outils et la complexité de ces derniers. Par exemple, les couteaux utilisés pour la boucherie dans les sites de chasse aux bisons des Plaines (Frison 1968), bien que curated car fabriqués expressément pour cette tâche et réaffûtés pendant l'utilisation, n'étaient ni recyclés ni transportés.

Nous verrons qu'une certaine souplesse de la définition de curation sera employée également dans notre étude.

En effet, réparation et recyclage, sont plutôt corrélés à la disponibilité en matières premières qu'aux concepts d'efficience tels que l'affirme Binford (1979).

Donc une explication de la curation ne peut pas se passer d'une analyse des disponibilités en ressources minérales (Gramly 1980 ; Bamforth 1986 ; Andrefsky 1994). La technologie ne peut pas, à notre avis, être l'objet d'un modèle qui ne prend pas en compte les conditions locales : pour la comprendre il faut examiner tous les aspects liés à la disponibilité des ressources et aux occupations territoriales.

Un exemple vient de la technologie des !Kung (Lee 1979 ; Yellen 1977). Les outils fabriqués à partir des matières premières disponibles localement sont utilisés pour des tâches plus brèves et sont rarement réaffûtés. Les outils en matière première non locale sont « carefully saved and treated » (Yellen 1977, p. 139). Des exemples archéologiques sont fournis par Bamforth (1986) sur des sites paléoindiens des Plaines et de la Californie, où l'intensité de la réparation est corrélée à la disponibilité des matières premières. En effet, des assemblages différents peuvent être le résultat de sites à fonctions identiques mais plus éloignés des sources de matières premières.

L'utilisation très variable du concept de curation a poussé Shott (1996) à en faire une exégèse, proposant de nouveaux paramètres. D'après cet auteur, curation ne s'identifie pas à :

- Anticipation : tous les outils sont fabriqués en anticipant leur usage.
- Transport : « It does not matter whether a tool is transported between sites» (Shott 1996, p. 264).
- *Use life* : cette définition s'applique simplement à la durée de vie des outils (Schiffer 1987). *Curation* et longueur de vie peuvent être corrélés, mais ils ne sont pas équivalents.
- Recyclage : cette pratique prolonge l'utilité des outils au-delà de leur objectif original (Schiffer 1987). Ainsi *curation* a lieu quand le recyclage a lieu (Binford 1979).
- Efficience : *Curation* n'est pas qu'efficience, mais elle peut être un *type* d'efficience.

Bien qu'une identification directe ne soit pas possible, nous croyons que toutes les caractéristiques susmentionnées participent à la *curation*.

Shott donne finalement une nouvelle définition de *curation* (1994, p. 267, 1989, 1995) : « Curation is not *a state, a condition, or a qualitative strategy. [...]. Curation is the degree of use or utility extracted, expressed as a relationship between how much utility a tool starts with – its maximum utility – and how much of that utility is realized before discard* ».

D'après Shott (1994), comme tous les outils sont utilisés, tous sont *curated*, mais tous ne le sont pas au même degré.

La « pratique » de la *curation* a souvent été appliquée seule aux modèles des *collectors* bien qu'elle ne soit pas exclusive à cette modalité de subsistance des chasseurs-cueilleurs.

Bleed (1986) a proposé un modèle d'analyse des armatures de chasse basé sur l'efficience, qui est mesuré à partir de quatre critères :

- une production rapide ;
- une longueur de vie augmentée ;
- une meilleure performance ;
- un volume de production plus important.

Dans le premier cas, on fabrique un outil de type *expedient*. Dans le deuxième cas, on a la production d'un outil *maintenable* (réparable), *reliable* (fiable) dans le troisième. Dans le quatrième cas, l'auteur de l'outil utilise une technologie efficiente. Ces objectifs de production ne sont pas exclusifs.

Les outils *expedient* (ou *instant tools*, Gould 1980, p. 72) sont caractérisés par une légère altération de leur morphologie originale.

Nelson (1991) a opéré une distinction entre stratégies *expedient* et comportements opportunistes. Ces derniers sont des réponses non planifiées à un besoin non anticipé. Les vraies technologies *expedient* sont, au contraire, d'après Nelson des réponses programmées à un but attendu qui comporte une préparation technologique minimale, une brève période d'usage et le rejet des outils dans le lieu même de leur utilisation. Quand ces stratégies sont utilisées, il est implicite que la matière première est directement disponible. Ainsi, les technologies *expedient* réduisent les coûts associés au transport des matières premières, mais également le temps passé à réparer et réaffûter les outils. Ce type de technologie est onéreux sur le plan des matières premières (Andrefsky 1994) et produit des outils plus simples qui ont des morphologies moins formelles. Elle est associée à des groupes qui ont un faible degré de mobilité. Les supports non retouchés sont souvent très performants pour l'accomplissement des nombreuses tâches différentes. Certains auteurs (voir Andrefsky 1994) proposent ainsi que les populations préhistoriques n'auraient pas produit des outils retouchés si la disponibilité en matières premières était bonne.

Toutefois, il est difficile de tracer des critères indépendants pour différencier ces deux modalités. L'outil dénommé « *maintenable* » par Bleed (1986) est caractérisé par des opérations de réparation qui prolongent sa durée de vie. Ces outils peuvent être multifonctionnels et être utilisés pour accomplir des tâches différentes de celles programmées à l'origine. Il s'agit d'outils souvent légers et portables. Un exemple d'outil *maintenable* est l'arc Aché (Clastres 1972) :

quand il se casse, il est transformé en bâton pour fouir. Les flèches sont réaffûtées après les cassures dues à l'utilisation. Les outils *maintenable* réduisent les coûts de l'acquisition de la matière première en prolongeant la durée d'usage d'un outil. Les outils *reliable* ont une fonction spécialisée et peuvent être réparés. Un exemple est le harpon pour la chasse au phoque des Angmagsaliks (Oswalt 1976, cité par Bleed 1986). Ce type d'armatures est traditionnellement corrélé avec un haut degré de planification et a été associé avec l'apparition de l'*Homo sapiens* anatomiquement moderne (Bousman 1993).

La réparation, ou remise en état, des outils, implique un changement de leur morphologie, qui au moment de l'abandon est différente de celle d'origine. Au contraire, la morphologie des outils *reliable* change moins. Ils sont donc plus indiqués pour une évaluation morphologique et stylistique. Les outils de type *expedient* ne subissent pas de changements morphologiques mais n'apportent pas d'informations stylistiques. Globalement, on peut dire que les outils qui font l'objet de maintenance et les outils *reliable* sont deux catégories d'outils *curated sensu* Binford 1973.

Dans ce travail, nous utiliserons le concept de *curation* surtout dans le sens de « *conservation to use elsewhere* » (Jelinek 1976).

I.9 Les outillages mobiles (ou encore les équipements personnels)

Comme nous l'avons vu dans les paragraphes précédents, la notion de *personal gear* est à la base de l'étude des « outillage mobiles ». Depuis sa définition par Binford, l'utilisation de ce concept a été de plus en plus liée aux interprétations de la mobilité préhistorique. Kuhn (1995) a appliqué pour la première fois cette idée d'outillage à une étude régionale sur le Paléolithique moyen.

Dans des situations d'abondance de matières premières de bonne qualité, la présence dans les sites d'outils en matériel exotique représente probablement seulement la perte ou l'abandon occasionnel d'un équipement personnel (Kuhn 1992, 1994 ; voir aussi Morrow 1996, Kuhn 1996). Ainsi, si les activités sont moins prévisibles, souvent on assiste à l'utilisation d'un « *personal gear* ». En situation de faiblesse quantitative ou d'absence de matières premières de bonne qualité, ou par manque d'une connaissance de la localisation des sources, la probabilité que les outils soient transportés d'un site à l'autre augmente. Les temps et les modalités qui régissent la nécessité d'outils sont liés à la distribution des ressources « autres » (*cf. supra*). En effet, certaines d'entre elles peuvent être facilement anticipées, notamment grâce à la connaissance des migrations et de la localisation des sources.

En général, les outils lithiques ne constituent qu'une petite partie de l'équipement que les chasseurs-cueilleurs mobiles portaient d'un site à l'autre. Des limites à la qualité et quantité des biens transportés (Clastres 1972 ; Steyn 1971 ; Newman 1994 ; Beck *et al.* 2002) s'imposent pour ces populations.

Les stratégies appliquées par les populations pour gérer les besoins en outillage comprennent par exemple un équipement constant d'une certaine variété d'outils, ou des lieux équipés de l'outillage nécessaire pour l'accomplissement des activités prévues (Kuhn 1992, 1994).

Les chasseurs qui sont organisés de façon logistique ont des variations saisonnières de la fréquence de ces activités.

Les anthropologues observent souvent que les chasseurs-cueilleurs semblent constamment travailler pour réparer ou fabriquer quelque chose (Yellen 1977, p. 76). Dans les périodes d'activités peu intenses, ils en profitent pour entretenir l'équipement. Une étude bien documentée de ce phénomène a été faite par Olberg (1973) et des observations semblables ont été réalisées sur les Aborigènes par Spencer et Gillen (1927) et Gould (1980).

En effet, l'application des stratégies de mobilité comporte aussi la nécessité de gérer la consommation de matières premières (Brantingham 2003, 2006). Si ces dernières sont abondantes et facilement exploitables, les activités de maintenance et recyclage vont être limitées. Néanmoins, la production anticipée par rapport à des objectifs tels que la chasse peut concerner ou non un milieu riche en roches exploitables. Certaines activités prévisibles peuvent être accomplies en équipant les sites qui seront occupés d'outils ou de matière première exploitable (Kuhn 1994).

Les outils qui sont conçus pour appartenir à un tel outillage doivent répondre à un certain nombre de critères, qui peuvent varier selon les populations et les territoires exploités (voir les descriptions des outils portables chez Gould 1968, 1968a ; Binford 1977 ; Lee 1979), mais qui partagent des caractéristiques qui les rendent parfois repérables dans les assemblages archéologiques. En effet, ces outils sont conçus pour être facilement transportés et réparés. Ils sont peu nombreux, légers, et de petites dimensions. D'après Kuhn (1994), le transport de plusieurs petits outils et supports implique une relation optimale entre masse et utilité, et cette efficacité est plus importante que dans le cas du transport d'un nucléus de masse équivalente. L'utilité a été estimée sur la base du potentiel à fournir des bords utilisables, mais il nous semble qu'une telle définition est réductrice. Selon ce modèle, le rôle des outils multifonctionnels est généralement surévalué, car un grand outil est moins performant que plusieurs petits outils. D'ailleurs, l'utilisation de supports très petits est à mettre en relation avec les dimensions de la matière première. Dans ce cas-là « *Where extremely small raw material were exploited we might expect evidence that toolmakers took special efforts to maximise the sizes of transported tools* » (Kuhn 1994, p. 436).

Plus un groupe occupe longuement un site et est capable de prévoir les déplacements successifs, plus il lui est possible d'anticiper les besoins en laissant les ressources lithiques sur le site même. Ainsi, les populations plus sédentaires ou qui utilisent les mêmes sites de saison en saison ont moins besoin d'un outillage transportable (voir pour les exemples Gallagher 1977).

La distinction entre outils utilisés pour se procurer la nourriture et ceux utilisés pour des activités d'entretien (*maintenance*) est particulièrement importante pour le Paléolithique moyen, pour lequel les études des activités de chasse sont plutôt ambiguës et les données de la tracéologie montrent un grand nombre d'activités d'entretien, fabrication ou transformations (voir par exemple Beyries 1987 ; Anderson-Gerfaud 1990).

Le rôle des nucléus dans les outillages mobiles est aussi à analyser. Les nucléus peuvent être occasionnellement insérés dans les *personal gear* comme « réservoir » de nouveaux supports, qui ainsi ne seront pas abîmés par le transport (Kuhn 1994). De plus, les nucléus peuvent avoir d'autres utilisations fonctionnelles pour lesquelles les petits éclats ne sont pas appropriés : ils peuvent servir de percuteur, enclumes, broyeurs (Leroi-Gourhan 1988). Cela est surtout vrai pour les régions pauvres en matières premières.

I.10 De la réduction

Des méthodes différentes ont été conçues pour mesurer le degré de réduction des outils, selon le principe que la réduction est directement en relation avec la *curation.* Ces modèles se proposent d'évaluer la typologie à la lumière d'une possible chaîne de réduction.

Le premier à proposer une analyse de la possible réduction sur des outils du Paléolithique moyen a été H. Dibble (1984, 1987). Selon son modèle, le racloir simple (types de 9-11 et 22-25 de la liste Bordes) représente la première étape de la modification d'un support. Ensuite, il devient nécessaire de retoucher un deuxième bord, créant un racloir double (types 12-17). À travers un réaffûtage des deux marges, ces derniers peuvent converger jusqu'à la création d'un racloir convergent (types 18-21). Il s'agirait ainsi du même outil de base, abandonné à différents stades de réduction.

Un index de réduction a été formulé par Kuhn (1990) et, avec quelques variations, constitue l'un des modèles les plus utilisés pour quantifier la réduction (Hiscock et Clarkson 2005). D'autres modèles de réduction ont été proposés par Shott et Wedman (2006) et Shott et Silltoe (2005).

Trois différents modèles de réduction ont été proposés par Hiscock et Attenbrow (2003) :

- l'utilisation de l'artefact évolue avec le changement de morphologie ;
- l'utilisation de l'artefact reste le même malgré la réduction ;
- l'utilisation intervient seulement après la réduction.

Dans le premier cas, il y a une forte corrélation entre forme et fonction. Dans le deuxième cas, au contraire, la réduction (et donc le réaffûtage) sert à garder constante la fonctionnalité de l'outil. Ainsi, la forme et la fonction ne sont pas strictement corrélées. Le troisième modèle fait référence au modèle typologique, quand le façonnage est préalable à l'utilisation de l'objet. Ces modèles représentent ainsi des stratégies alternatives, et non pas exclusives d'aménager l'outillage. Ils peuvent en conséquence être utilisés en même temps et dans le même contexte.

Shiner *et al.* (2005) proposent l'utilisation des rapports entre éclats et nucléus, nucléus corticaux et non corticaux et éclats corticaux et non corticaux comme mesures de la réduction d'un assemblage. Une évaluation de la *curation* est produite par le rapport entre éclats bruts et outils, et celui entre surfaces des éclats et surfaces des outils. Clarkson (2002) a proposé un index pour mesurer l'étendue de la retouche. Toutes ces méthodes nous semblent prometteuses pour l'étude de la variabilité de l'outillage du Paléolithique moyen, bien que dans ce travail nous avons testé uniquement le modèle proposé par Dibble (1984).

I.11 Rappel des principaux concepts

Ce bref compte rendu des concepts les plus importants qui vont nous guider dans l'interprétation des séries lithiques n'est bien sûr pas exhaustif. Toutes les notions liées aux interprétations potentielles ont été abordées. Ces questions nous offrent une démarche analytique idéelle à prendre en compte durant l'analyse. Ainsi, nous souhaitons souligner encore quelques concepts, exprimés à travers des mots clés, dans le sens où ces mots seront utilisés ici :

Territoire : *sensu* (Leroi-Gourhan 1988, p. 1082) « partie de la surface de la Terre sur laquelle un groupe humain constituant une unité économique met en œuvre ses techniques d'acquisition ».

Curation : nous allons retenir la définition « *conservation to use elsewhere* » (Jelinek 1976), combinée avec la notion de longueur de vie importante.

Expedient : nous allons appliquer ce terme aux outils qui sont fabriqués, utilisés et rejetés selon les besoins du moment.

Échanges : absence de critères archéologiques qui permettent de les cerner.

I.II Méthodologie d'etude des industries lithiques

II.1 L'analyse techno-économique

Les outils lithiques constituent une partie majeure des vestiges paléolithiques issus des fouilles ou des récoltes de surface. C'est pour cela que la classification des vestiges lithiques a été l'un des premiers objectifs des préhistoriens (Trigger 1996). À l'étude naturaliste de l'objet afin de découper chronologiquement les âges les plus anciens (Boucher de Perthes 1847 ; de Mortillet 1867), a succédé l'étude globale des produits retouchés par l'analyse statistique et descriptive de F. Bordes (1961). La notion de chaîne opératoire, élaborée dès la fin des années 1940 (Mauss 1967) a été utilisée en Préhistoire à partir des années 1960 (Leroi-Gourhan 1964 ; Tixier 1967).

Le concept de chaîne opératoire consiste en une représentation ordonnée et hiérarchisée du processus de taille aboutissant à la fabrication d'outils lithiques. Elle tient compte de trois ordres d'éléments : les produits (pièces archéologiques), les successions de gestes, et les connaissances mises en œuvre (Geneste 1985, 1991 ; Pelegrin *et al.* 1988). Les artefacts sont considérés comme le résultat de l'enchaînement des opérations mentales et des gestes techniques visant à satisfaire un besoin (immédiat ou non) selon un projet qui préexiste (Perlès, 1987, p. 23). Chaque objet peut être ainsi situé dans le processus par la reconnaissance des stigmates techniques qu'il porte (Pelegrin *et al.* 1988).

Par la reconstitution des différentes étapes menant à l'obtention de tel ou tel outil lithique, osseux ou autre, la chaîne opératoire restitue dans les meilleures conditions la dynamique de production dans le temps et l'espace de ces objets. La série lithique est ainsi étudiée dans son ensemble, à partir de l'acquisition de la matière première jusqu'à l'abandon des objets sur le site. Les différentes méthodes mises en œuvre pour la production de supports et la confection d'outils sont au centre de ce processus d'analyse. L'étude d'une industrie en termes de chaîne opératoire permet d'identifier les connaissances techniques des artisans préhistoriques et leur mise en œuvre et de les insérer dans un contexte techno-culturel.

La transformation d'un bloc de matière première en outil se réalise selon différentes étapes successives. Les principales étapes habituellement distinguées sont ainsi l'acquisition de la matière première, l'initialisation de la production, la production proprement dite et la retouche (Tixier *et al.* 1980 ; Geneste 1985, p. 179, 250 ; Pelegrin *et al.* 1988 ; voir aussi Collins 1975 ; Schiffer 1976 ou Shott 2000).

Ainsi, les préhistoriens ont divisé la production d'objets lithiques en cinq phases qui s'inscrivent dans une chaîne opératoire de type Levallois (Geneste 1985). Cette classification a été adaptée aussi aux chaînes opératoires non Levallois et nous l'avons appliquée ainsi :

- ***La phase 0*** : acquisition et choix des matériaux. Cette phase précède toute opération de débitage. Les produits technologiques qui y sont liés sont peu diversifiés, notamment les entames. Nous avons inclus dans cette phase aussi tous les blocs bruts présents sur les sites.
- ***La phase 1*** : préparation du bloc en vue du débitage ou du façonnage. L'objectif de cette phase est la mise en forme du nucléus à travers l'enlèvement des masses et des volumes de matière nécessaire. Les produits caractéristiques sont les éclats corticaux et les éclats d'aménagement du plan de frappe.
- ***La phase 2*** : débitage des produits et façonnage. Théoriquement cette phase commence lorsque le nucléus, convenablement mis en forme, est prêt à débiter.
- ***La phase 3*** : confection des outils sur les supports obtenus en phase 2. Elle se caractérise par le taux d'objets retouchés et les résidus de la retouche elle-même.
- ***La phase 4*** : utilisation des outils, usure et ravivage jusqu'à leur abandon.

Ces phases permettent de constater la présence ou l'absence de produits qui caractérisent les différentes étapes de la production (entames, éclats corticaux, éclats de plein débitage, éclats à dos débordant, supports retouchés). De plus, elles permettent de tracer un profil techno-économique de l'assemblage. C'est par l'étude de l'ensemble des objets lithiques et par le biais du remontage réel ou mental (Tixier 1978 ; Pelegrin 1986, 1995) que les différentes phases de la chaîne opératoire du débitage pourront être comprises et que les notions de choix, de contrainte ou d'adaptation des systèmes de production aux matériaux disponibles pourront être abordées.

- Faciès d'exploitation économique (Geneste 1985) ;
- Faciès d'extraction et d'exploitation immédiate de matière première ;
- Faciès mixte d'exploitation – production ;
- Site à activités épisodiques.

Les faciès d'exploitation correspondent aux sites communément appelés « atelier de taille ». Dans ce type de site l'on trouve quasi exclusivement les traces des activités de taille des phases 0 et 1. Ce faciès est cependant associé parfois à une activité de production de supports spécialisés ainsi qu'à une activité de consommation (production d'outils). Ces sites sont implantés sur les gîtes de matière première ou à leur proximité immédiate.

Les faciès mixtes d'exploitation et de production sont reconnaissables dans des sites qui se trouvent à quelques kilomètres des sources d'approvisionnement. La production de supports et la fabrication d'outils semblent être les activités de taille dominantes. Toutes les phases de la chaîne opératoire y sont présentes.

Les sites à activités épisodiques présentent le plus souvent une prévalence de la phase 3. Ces emplacements font l'objet de passages brefs et « *archéologiquement discrets* » (Geneste 1985, p. 517). L'analyse techno-économique des industries lithiques attribuées au Moustérien permet la reconnaissance éventuelle (Thiébaut 2005) :

- d'un choix de matériaux spécifiques ;
- d'une circulation de ces derniers ;
- d'une mobilité des produits selon leur matière première ou leurs caractéristiques typologiques et technologiques ;
- des différents concepts et méthodes de débitage employés ;
- d'une économie du débitage ;
- des choix portant sur les types de produits recherchés.

De plus, elle permet une intégration des données relatives à la chaîne opératoire dans le cadre de la mobilité territoriale.

II.2 Les matières prèmieres

L'approche techno-économique, au sens large, définissant les modalités d'acquisition et de traitement des ressources au sein d'un espace géographique spécifique, tend à tracer une indication du territoire dans lequel des groupes humains agissent. Dès 1950, F. Bordes s'interroge sur le rôle des déplacements saisonniers des groupes et ses conséquences sur l'utilisation des matières premières selon les lieux (Bordes 1950a, p. 418).

Pour confectionner leurs outillages, les hommes du Paléolithique ont exploité une grande variété de matières premières, essentiellement des roches, mais aussi des minéraux, dont il serait difficile de dresser une liste exhaustive. Bien que la sélection des roches à tailler soit hétérogène, elles partagent un grand nombre de propriétés mécaniques.

Les critères de sélection d'une matière première destinée à la production lithique peuvent être de plusieurs ordres (Huet 2006).

La disponibilité et l'accessibilité font logiquement partie des premiers facteurs qui entrent en compte dans l'utilisation potentielle d'une ressource minérale.

La qualité est ensuite le paramètre le plus déterminant quant à son exploitation. Les qualités requises pour une roche en vue de contribuer à la production lithique sont liées à ses propriétés physiques et mécaniques (Crabtree 1967) : la roche idéale offre une grande facilité à la taille, c'est-à-dire une faible ténacité, tout en produisant des tranchants solides à l'utilisation et s'usant peu rapidement pour une efficacité et une longévité plus importantes, c'est-à-dire une grande dureté.

D'autres paramètres tels que la morphologie et les dimensions des blocs disponibles sont loin d'être négligeables car ils conditionnent notamment le choix des méthodes de mise en œuvre (Pelegrin 1995) et leur adéquation avec les objectifs de production.

D'autres critères de choix existent probablement mais sont beaucoup plus difficiles à cerner tels que les traditions culturelles conduisant à l'utilisation d'une roche plutôt qu'une autre (*cf. supra*).

Les quatre types les plus communs de roches dures qui ont été taillées sont les suivants (Inizan *et al.* 1995) :

- Les roches d'origine sédimentaire comme de nombreuses variétés de silex, de chaille, certains calcaires, des dolomies, des grès, certains jaspes ;
- Les roches éruptives caractérisées, pour la plupart, par une texture microlithique ou vitreuse. À l'exception de certains granites et diorites, il s'agit essentiellement de roches liées au volcanisme ;
- Les roches métamorphiques, comme les quartzites ;
- Certains minéraux d'origine hydrothermale, cristallisant à basse température, comme le quartz hyalin, la calcédoine et les agates.

Dans le cadre de cette étude, les roches utilisées appartiennent essentiellement à la première catégorie, et de façon anecdotique à la troisième.

Dans toute analyse de série lithique l'étude des matières premières apparaît désormais incontournable (*cf.* Séronie-Vivien et Séronie-Vivien 1987 ; Séronie Vivien et Lenoir 1990 ; Turq 2005). En effet, elle constitue une source d'informations précieuses, aussi bien dans le domaine technologique, que dans les domaines économiques et sociaux (Geneste 1991).

Une fois cernées les origines géologiques des matériaux, leurs origines géographiques peuvent être appréhendées. Il est ainsi possible d'interpréter la mobilité d'un groupe et une partie de sa définition territoriale. L'association « études des matières premières/études technologiques » permet de saisir la présence éventuelle d'une économie des matières premières qui se traduit par la présence de méthodes de débitage ou d'outils différenciés selon la matière première (Perlès 1991) ainsi que les modalités d'acquisitions des différents produits (importation de différents types de produits selon la matière première).

La démarche expérimentale est essentielle pour l'évaluation des roches (Bordes 1947). Une classification des roches aptes à la taille a été proposée par Tixier (Inizan *et al.* 1995). Certaines règles générales issues de la taille expérimentale ont été dégagées. Parmi les roches qui se taillent très bien, on trouve bien entendu le silex et l'obsidienne. Une des caractéristiques essentielles pour une bonne aptitude à la taille est par exemple l'homogénéité, et donc l'absence de fissure ou d'impureté. Une certaine indépendance entre les dimensions du « grain » et l'aptitude à la taille a aussi été soulignée.

Il faut aussi remarquer que, si l'aptitude à la taille de certains types de roches a été testé, il n'en est pas de même pour leur aptitude à l'utilisation. Pourtant ce paramètre est très important du point de vue des utilisateurs préhistoriques.

Avant toute étude lithologique de série lithique, il convient de recenser, caractériser et classer les sources de matières premières actuelles. Tout inventaire doit prendre en compte tous les types de lieux dans lesquels les hommes préhistoriques étaient susceptibles de trouver de la matière première exploitable (Turq 2005). Ces lieux sont communément appelés gîtes (Demars 1980, p. 46). Dans l'inventaire des gîtes d'une région donnée, certains auteurs n'ont traité que les silex in situ (Séronie-Vivien et Séronie Vivien 1987), d'autres y ont inclus les silicifications des altérites et des dépôts de pente (Demars 1980 ; Turq 1992). Les alluvions, par contre, ne sont qu'évoquées dans la plupart des cas. La classification habituellement utilisée pour les gîtes est la suivante (Turq 1992, 2005 ; Fernandez 2006) :

- gîte primaire : contient des silex *in situ* toujours rattachés à leur roche mère ;
- gîte subprimaire : contient des silex détachés de leur roche mère mais ramassés au voisinage ;
- gîte secondaire : contient des silex sans contact avec leur encaissant d'origine ;
- gîte secondaire multiple : gîte qui contient des silex d'origine multiple.

II.3 Descripteurs des matières prèmieres

II.3.1 Pourquoi décrire les matières premières ?

« *Définir des types de silex c'est fixer la variabilité des limites au-delà desquelles une attribution géographique change de sens.* » (Masson 1981, p. 14). L'objet de la description des échantillons prélevés en prospection est de « *disposer d'arguments suffisamment convaincants pour que l'on soit en mesure de leur rapprocher certains silex de séries paléolithiques* » (Primault 2003, p. 11). Il devient ainsi possible, par analogie, d'attribuer à ces derniers une origine géographique probable et d'identifier, au cas par cas, les limites du territoire d'approvisionnement de chaque série.

Notre approche prend d'abord en compte le contexte géologique et géomorphologique du prélèvement, puis quelques caractères observables à l'œil nu ou sous faible grossissement (X 20, correspondant à une simple loupe).

La méthode de description des silex s'inspire largement des nombreux travaux publiés à ce sujet depuis plusieurs décennies (Demars 1980 ; Masson 1981 ; Geneste 1985 ; Mauger 1984 ; Turq 1990 ; Church 1994 ; Fouéré 1994 ; Simonnet 1999 ; Grégoire 2001, 2002 ; Aubry 2001 pour n'en citer que quelques-uns). Elle cherche à souligner un certain nombre de caractères descriptifs, observables à l'œil nu ou sous faible grossissement, permettant de discriminer les silex les uns des autres, au moins dans la région d'étude.

L'échelle descriptive macroscopique a été choisie pour plusieurs raisons. La principale est que le degré de connaissances antérieures sur la région choisie ne nous permettait pas de figer un but descriptif exhaustif, étant donné qu'aucune notion de l'approvisionnements régional n'existait. L'application de méthodes telles que l'observation à la binoculaire, les lames minces ou les analyses physico-chimiques doit toujours être précédée par des observations à faible grossissement (Rio 1982 ; Mauger 1985). C'est seulement à la suite de celles-ci qu'elles permettent réellement d'apporter de nouvelles informations.

Dans le cadre de notre travail, compte tenu des objectifs, des compétences et des moyens disponibles, il n'était pas envisageable d'entreprendre de tels compléments d'analyse. De plus, concernant les approvisionnements en roches cryptocristallines, la nature des échantillons et l'absence de gîtes de silex exploitables dans la région étudiée rendent un travail dans des territoires lointains préalable à toute analyse microscopique.

Concernant les calcaires, une analyse par lames minces et biochimique est envisageable pour confirmer les attributions réalisées à la suite de l'analyse macroscopique.

Les réponses à la taille des matériaux ont pu être évaluées en laboratoire, lors du fractionnement des blocs récoltés. Les mécanismes de fracturation ont été pris en compte pour une évaluation de l'aptitude à la taille des différents matériaux.

Les analyses conventionnelles, et la nôtre parmi elles, ne sont cependant pas exemptes de certaines limites (Masson 1981 ; Grégoire 2001, 2002). Leur subjectivité, malgré les protocoles rigoureux, porte à une relative variabilité dans les descriptions. Les affinements méthodologiques et les outils informatiques à notre disposition à ce jour sont les éléments portant des développements futurs de cette discipline.

Aussi, nous avons opté pour une classification proche de celle de Turq (1992) regroupant les silex en deux ensembles : les « silex peu spécifiques » et les « marqueurs lithologiques ». Nous avons opté pour des termes plus neutres de « matière première à vaste répartition géographique » et « matière première localisée ». Le premier ensemble concerne les matières premières plus communes et dont les caractères macroscopiques varient très peu ou de façon à ce qu'une localisation géographique précise n'ait pas de sens. Le second ensemble regroupe ces matières premières qui, à l'échelle locale, constituent de bons marqueurs de déplacement car ils sont exclusivement associés à un gîte bien circonscrit.

La fiche descriptive des matières premières rencontrées s'articule en deux parties. La première partie est comprise dans la fiche de classement de l'objet lithique. La deuxième sert à définir les caractéristiques des lithotypes individualisés au sein de l'assemblage.

II.3.2 Les états de surface

Les états de surface sont d'autant plus importants à caractériser qu'ils apportent des informations susceptibles de porter un diagnostic correct sur les matières premières. De plus, ils sont diagnostiques des conditions postdépositionnelles du site (Burroni *et al.* 2002). Nous avons utilisé les définitions suivantes (Fernandes 2006) :

- Fraîcheur : la fraîcheur d'un objet lithique taillé s'apprécie à l'état de ses surfaces et nervures. L'état « frais » correspond à un objet aux nervures intactes, « mousse » un objet présentant une légère altération, « roulé » correspond à un objet érodé.
- Patine : résultat de l'ensemble des transformations affectant la couleur ou la transparence d'origine. Le processus est chimique et/ou biochimique. Il est contrôlé en particulier par l'action de l'eau qui assiste les réactions à l'origine des transformations. D'après Hurst et Kelly (1961) deux principaux types de patine affectent le silex : la patine blanche crayeuse et la patine marron ferrugineuse. La patine blanche (Friedel 1875, cité par Fernandes 2006 ; Cayeux 1930 ; Rottlander 1975) est une altération due à une chaîne de processus mécaniques et chimiques (élimination de minéraux) entraînant un accroissement de la porosité qui se traduit par une perte de transparence. Ce type de phénomène est caractéristique des milieux soumis à des circulations intenses de fluides très dilués ou fortement basiques. Hurts et Kelly (1961) résument les facteurs qui provoquent la patine comme : oxydation/hydratation ; dissolution ou percolation ; désagrégation chimique et mécanique. Quatre états de patine sont retenus : 1) absent ; 2) léger : correspond à un léger voile souvent non uniforme ; 3) moyen : voile blanc uniforme, pénétrant souvent la surface du silex ; 4) fort : réservé à une altération masquant la structure de la matière première.
- Chocs (résultats de mécanismes physiques) : ensemble d'actions mécaniques et thermiques, chocs en surface, de colluvions, alluvial, éolien.
- Dissolution : processus physico-chimique et biochimique entraînant la mise en solution d'éléments plus ou moins bien cristallisés. Elle est créatrice de modification minéralogiques et d'une porosité secondaire.
- Lustres : stigmates qui témoignent d'actions abrasives diverses : de ruissellement, de
- Gélification, fluviatile, éolien.

Toute altération a été classée dans une échelle qualitative de 0 à 4.

II.3.3 La couleur

Il s'agit d'un des critères les plus difficiles à aborder du fait de la grande diversité des nuances au sein parfois d'une même dalle de silex. Pour cela, nous avons renoncé à utiliser les différents codes de couleurs des pédologues (Cayeux et Taylor, Munsell). En effet, si la détermination d'une couleur pose déjà problème pour les matières premières uniformes du fait des variations presque imperceptibles de la teinte dominante, cela devient particulièrement compliqué pour les silex zonés. En outre, une fois une couleur déterminée à l'aide d'un code, il faut l'exprimer par une formule plus explicite qui, de fait, abolit la précision toute relative du code. Les couleurs des silex sont donc exprimées à l'aide du vocabulaire courant : gris, beige, blanc, rouge, jaune, vert. C'est bien entendu la couleur selon des critères macroscopiques et il s'agit ainsi d'une donnée éminemment subjective à utiliser avec précaution. Rien ne prouve en effet que cette couleur corresponde à celle que possédait la pièce dans les sédiments lors de sa genèse (Fernandes 2006, p. 47). La couleur n'est pas un élément discriminant des types de silicifications. Dans les fiches des lithotypes nous avons indiqué l'homogénéité ou l'hétérogénéité de la couleur, ainsi que des zonations éventuelles.

II.3.4 Grain, transparence et autres descripteurs

Le grain décrit la rugosité de la cassure, c'est-à-dire le degré de cristallisation du silex. Le grain peut être « fin », « moyen » ou « grossier » (nous l'avons classé en 1, 2 ou 3). Ce descripteur est associé à celui de la transparence : opaque ou translucide. Nous avons donc divisé les matières premières vitreuses (V) de celles granuleuses (G). En outre, dans les fiches descriptives des lithotypes, nous avons indiqué le « toucher » : sec, neutre ou gras. La présence éventuelle de fossiles visibles à la loupe 10X a été indiquée.

II.3.5 Le cortex

Ce descripteur n'a été utilisé que dans les fiches de lithotypes. Le cortex est défini comme l'ensemble qui correspond à la bordure naturelle de la pièce, formant une enveloppe contenant, dans le cas du silex, les éléments rejetés par la diagenèse. La description du cortex suit un certain nombre de points. Des informations sont rassemblées sur la couleur du cortex, sa nature (crayeux, calcaire, alluvial), sa porosité, son épaisseur ou encore sur sa transition avec la masse siliceuse. Cette dernière peut être diffuse à nette. Les altérations de ces surfaces naturelles sont aussi notées. Les altérations sont une information capitale pour diagnostiquer le ou les types de gîtes par lesquels l'échantillon de silex est passé. Ainsi, le cortex peut être « frais » lorsque le silex est prélevé *in situ* ou très près de la roche mère, « lavé » lorsqu'il présente un léger émoussé bien moins marqué que lorsqu'il a séjourné dans des alluvions où il est « roulé ».

Comme pour la couleur de la matrice et même si les nuances sont plus uniformes, nous n'avons pas utilisé de code de couleurs. Les teintes dominantes sont alors désignées par des noms habituels de couleurs.

II.4 Méthode de description et d'analyse des échantillons géologiques

Il faut tout d'abord rappeler que toutes les méthodologies d'analyse des matières premières utilisées de nos jours ont été mises en œuvre pour une classification des silex. En conséquence, souvent elles ne sont pas adaptées aux matières premières que nous traitons, tels que les calcaires et les calcaires siliceux. Ces dernières matières premières s'inscrivent dans une problématique « autre », qui a rarement été abordée.

Rappelons que le choix de l'utilisation du vocabulaire « vernaculaire » pour la désignation des matières premières (chaille, calcaire siliceux par exemple) a été faite pour profiter d'une terminologie, qui est largement utilisée et ainsi largement comprise, car elle a été consacrée par l'usage.

II.4.1 La fiche de description de matière première

Les matériaux recueillis à l'issue des prospections ont été classés en types codés selon la formation géologique d'appartenance et numérotés progressivement. Ils ont été ensuite décrits dans une fiche. Dans la mesure où cette classification devait pouvoir servir à la reconnaissance des territoires exploités, nous avons été amenés à faire des regroupements et à mettre dans une même catégorie plusieurs sous-types reconnus à partir des échantillons géologiques. Nous ne présenterons ici qu'une description synthétique des différents types en insistant plutôt sur les caractères discriminants qui permettent de distinguer les grands types entre eux et sur les caractères de convergence qui génèrent les risques de confusion.

L'en-tête de la fiche renseigne sur le numéro d'inventaire de l'échantillon et le type de formation à laquelle il est rapproché.

Ensuite la localisation du prélèvement regroupe les informations relatives au contexte administratif, géographique et documentaire de découverte de l'échantillon et la référence à la carte géologique.

La formation géologique désigne, à partir des fonds de carte géologique au 1/100.000e, la formation géologique d'origine de l'échantillon. L'attribution est immédiatement faite lorsque le matériel est prélevé in situ.

Le contexte désigne le contexte géologique de prélèvement quand il s'agit de colluvions et d'alluvions. La notation sur l'abondance renseigne sur la quantité relative du type de silex dans le gîte (rare, présent ou abondant).

Ensuite notre fiche concerne la description macroscopique des échantillons, comme ils sont décrits ci-dessus.

II.4.2 Quelques notations méthodologiques

La typologie issue de notre classification montre un certain nombre d'imperfections. Elle est basée sur des caractères peu précis et souvent qualitatifs, donc susceptibles d'un certain degré de subjectivité. Aussi, peut-on se demander si une typologie basée sur des méthodes chimiques et pétrologiques n'aurait pas été préférable. La réponse, d'après nous, est négative. Avant de passer à l'étape du travail pétrographique il était essentiel d'établir une esquisse du territoire minéral examiné. Nous serons heureux de pouvoir poursuivre ce travail avec des méthodes plus poussées sur la base du travail déjà accompli. Ainsi, la description qui suit est loin de figer des types, mais elle est plutôt un outil de travail, établi en fonction de certains buts.

II.5 Concepts et méthodes de débitage

Pour le Paléolithique moyen, la dichotomie Levallois/non Levallois n'est parfois pas suffisant : différents concepts et méthodes de production one été décrits, tels que les débitages Clactonien (Ashton 1992 ; Forestier 1993), Kombewa (Owen 1938), Discoïde (Bordes 1950, 1961 ; Boëda 1993 ; Mourre 2003 ; Slimak 2003), Quina (Bourguignon 1997), sur enclume (Mourre 2004), laminaire (Révillion 1995) ou lamellaire (Slimak 1999). La possibilité d'une ramification des différentes méthodes de débitage doit également être envisagée (Bourguignon *et al.* 2004 ; Turq *et al.* 2013).

Dans les séries lithiques que nous avons étudiées, le principal concept de débitage qui a été appliqué est la méthode Levallois.

II.5.1 Le débitage levallois

Les caractéristiques propres à ce schéma de débitage ont été décrites plusieurs fois (Bordes 1950 ; Kelley 1954 ; Boëda 1991 et 1994), ainsi que grande variabilité (Bordes 1980 ; Boëda 1993 ; Boëda *et al.* 1990 ; Delagnes 1990). Le concept Levallois regroupe deux grandes familles de méthodes : les méthodes à éclats préférentiels et les méthodes à éclats récurrents. Selon Boëda (1994) les nucléus Levallois se caractérisent selon six critères.

Il existe deux méthodes de débitage au sein du concept Levallois, l'une linéale et l'autre récurrente. Les principales différences qui existent au sein de ces méthodes sont d'ordre quantitatif et qualitatif (Thiebaut 2005):

- méthode linéale : à la suite d'une préparation des convexités distales et latérales, un seul éclat est produit. Le négatif de l'enlèvement occupe le maximum de la surface de débitage en dehors de tout accident de taille ;
- méthode récurrente : « Ce sont des nucléus Levallois présentant sur leur surface Levallois plusieurs négatifs, ou parties de négatifs, d'enlèvements successifs occupant le maximum de la surface de débitage disponible en dehors de tout accident de taille. (Boëda 1993). Cette méthode regroupe différentes modalités : centripète, unipolaire, bipolaire, etc.

L'éclat Levallois se caractérise par (Thiebaut 2005) :

- présence sur la face supérieure de négatifs ayant servi à la mise en forme des convexités de la surface de débitage ;
- o silhouette régulière ;
- o axe de symétrie longitudinal ;
- tranchant sur tout le pourtour à l'exclusion du talon (Boëda 1993).

Le débitage Levallois se caractérise aussi par la présence d'éclats de préparation des convexités de la surface de débitage. Cette surface peut être aménagée soit par la production d'éclats à dos débordant (Delagnes 1992) ou centripètes, soit par la production d'éclats convergents qui outrepassent (Meignen 1988). Certaines de ces caractéristiques ne sont pas exclusives au concept Levallois (le volume, la surface de plan de frappe, la technique employée) et peuvent se rencontrer lors d'un débitage discoïde et vice-versa) (Mourre 2003).

Selon Slimak (2004), le débitage Levallois est conçu selon un rythme discontinu avec une alternance de phases de préparation des convexités et de phases de production de supports Levallois, tandis que e débitage discoïde est quant à lui caractérisé par un rythme continu de production d'éclats prédéterminés et par un réaménagement sommaire des plans de frappe et non de la surface de débitage.

Nous avons classé comme nucléus Levallois ceux qui présentaient les négatifs d'enlèvements de préparation des convexités et/ou les négatifs d'enlèvements reflétant la production d'éclats Levallois.

II.5.2 Le débitage discoïde

Le débitage discoïde a notamment été défini par F. Bordes (1950) puis redéfini par E. Boëda (1993, 1994).

De nombreux auteurs ont souligné la présence d'une grande variabilité tant dans la conception du nucléus que dans les produits issus du débitage discoïde (Meignen 1988 ; Boëda 1993 ; Locht et Swinnen 1994 ; Mourre 1994 et 2003 ; Peresani 1998 ; Slimak 1998-1999).

Différents facteurs sont à l'origine de cette variabilité technologique (Thiébaut 2005, 2013) :

- la hiérarchisation des surfaces du nucléus peut être corrélée avec la notion de productivité et d'économie des matières premières (Peresani 1998). Le nucléus peut donc être débité sur une ou deux surfaces hiérarchisées ou non donnant forme à des nucléus bifaciaux ou unifaces partiels (Jaubert *et al.* 1990).
- l'angulation des plans de fracturation est liée à la fois au support des nucléus, mais aussi au stade d'exhaustion du débitage qui participe à l'augmentation graduelle de la convexité des surfaces de débitage (Jaubert et Mourre 1995 ; Peresani 1998).

- la modalité du débitage employée (enlèvements centripètes et/ou cordaux) sera fonction des objectifs des tailleurs d'un point de vue tant qualitatif que quantitatif (Locht et Swinnen 1994 ; Peresani 1998).
- la variété des modalités de débitage observée sur le gisement de Beauvais est à mettre en relation avec la morphologie initiale des nucléus : « Il n'y a pas plusieurs modes opératoires, mais un seul concept de débitage qui s'exprime au travers de nucléus de formes variables, mais régi par des règles techniques identiques » (Locht et Swinnen 1994, p. 92).

Ainsi, à l'instar du débitage Levallois, « Le débitage discoïde offre un large choix de méthodes au sein d'un concept technologique commun » (Slimak 1998-1999).

Les différents produits issus du débitage discoïde peuvent être résumés ainsi (Thiebaut 2013) :

- des éclats à dos débordant (Boëda 1993) ;
- des pointes pseudo-Levallois (Bordes 1953b ; Boëda 1993) ou éclat à dos débordant limité (Meignen 1993) ;
- des éclats centripètes, soit plus larges que longs soit quasiment aussi larges que longs (Boëda 1993).

Dans cette catégorie, nous incluons les éclats présentant un talon débordant. Il s'agit d'éclats généralement plus larges que longs, dont le dos débordant se localise au niveau du talon.

Enfin les éclats à crête axiale ou transversale qui participent à l'ouverture d'un nouveau plan de frappe utilisé pour la production d'éclats longs (Slimak 2003).

II.5.3 Le débitage quina

Le débitage Quina (Turq 1989 ; Bourguignon 1997) se base sur une conception volumétrique et sur un mode d'exploitation original. Le volume du nucléus est conçu en deux surfaces convexes, sécantes, délimitant un plan d'intersection. Deux axes morphologiques du volume initial guident le déroulement de la production, c'est-à-dire un grand axe longitudinal et un petit axe perpendiculaire au premier. Les deux surfaces de débitage ne sont pas hiérarchisées mais sont interchangeables. Elles sont ainsi conçues à la fois comme surface de débitage et surface de plan de frappe de façon alternante. L'exploitation se fait soit selon la longueur et/ou le largueur, soit selon l'épaisseur du bloc.

Les produits sont le plus souvent larges et épais. Les talons sont très caractéristiques : leur surface est composée de pans lisses, plus ou moins inclinés.

II.5.4 Le débitage sur enclume

Le débitage sur enclume a été identifié pour la première fois par Breuil et Pei en 1929 après la découverte de l'industrie en quartz de Zhoukoudian ; Breuil (1932) la qualifie de « taille bipolaire », réservant l'expression « percussion sur enclume » au débitage sur percuteur dormant. La même distinction est faite par Bordes (1961, p. 16), qui parle de « percussion sur enclume » pour le débitage « clactonien » au percuteur dormant et de « taille bipolaire » qui consiste à « frapper d'un coup de percuteur un rognon ou un galet posé sur une enclume de pierre. Habituellement, les deux extrémités de l'éclat ainsi obtenu portent la trace du choc et du contrecoup, mais présentent rarement une conchoïde bien développée ».

Pei (1936) identifie trois techniques de percussion : 1) taille appuyée ou bipolaire ; 2) taille sur enclume (percuteur dormant) ; 3) taille au percuteur manuel de pierre dure.

L'enclume est un « percuteur immobile utilisé comme support et jouant un rôle direct ou indirect, mais jamais exclusif, dans un processus de taille (débitage, façonnage ou retouche) » (Mourre 1996, p. 3).

La reconnaissance quasi simultanée par différents auteurs a entraîné une certaine confusion terminologique : les expressions « taille sur enclume », « débitage sur enclume », « percussion écrasée » « percussion bipolaire », « technique bloc sur bloc », « taille par contre coup » se rattachent à des gestes techniques parfois différents suivant les auteurs.

Dès sa première identification, le débitage sur enclume a été associé à des matières première particulières », soit pour leurs dimensions soit pour leurs caractéristiques. D'après les différents exemples archéologiques et de l'avis quasi unanime des auteurs, le débitage sur enclume apparaît comme une adaptation technique à des conditions particulières, essentiellement déterminées par le module et/ou la nature de la matière (Mourre et Jarry, 2009). La matière première constitue donc, dans la plupart des cas, un des éléments qui influence le plus le choix de ce type de percussion.

Ici on parlera de « débitage sur enclume » au sens générique, pour indiquer chaque technique de taille qui emploie une enclume comme un des éléments. La taille bipolaire sur enclume a été définie par Crabtree (1972, p. 11) « *Technique of resting a core, or lithic implement, on an anvil and striking the core with a percussor* ».

Depuis sa première description, la technique de débitage sur enclume a posé le problème de l'identification et de la « caractérisation » des stigmates qui permettent de la reconnaître au sein d'une série lithique. En effet, cette technique présente des caractères qui lui sont propres, mais elle partage aussi avec la percussion directe au percuteur dur de nombreuses caractéristiques morphologiques. Breuil (1951) donne comme stigmates la morphologie et la dimension du bulbe et la présence d'ondes de percussion dans les deux sens du coup et du contre coup. En particulier, la morphologie des bulbes est souvent caractéristique de cette technique : il s'agit des bulbes dièdres, bien connus en littérature (Laj Pannocchia 1950), mais aussi fréquemment des bulbes plats et négatifs, classés selon leurs caractéristiques morphologiques ainsi que leurs positions relatives. D'autres indicateurs de l'utilisation de cette technique sont les écaillures.

Dans un travail récent, nous avons essayé de définir des stigmates caractéristiques de ce débitage par un protocole expérimental (Bietti *et al.* 2009; Grimaldi *et al.* 2007).

À la suite de ce protocole, nous avons confirmé la présence de certaines caractéristiques typiques, tels que les écailleurs et la présence d'un bulbe double, mais d'autres caractéristiques ont été soulignées.

En particulier, la caractérisation des bulbes s'est avérée l'une des méthodes les plus efficaces pour saisir l'utilisation de cette technique.

En effet, à la suite du protocole expérimental, nous avions classé les bulbes issus de percussion sur enclume en 7 catégories.

Les bulbes ont été ainsi définis (Table 1, Figures. 1-6) :

1	Positif
2	Positif angulaire (dièdre)
3	Lisse
4	Négatif
5	Négatif écaillé
6	Négatif « à couronne »
7	indéterminable

Table 1 : Bulbes issus de la percussion sur enclume (d'après Bietti *et al.* 2009).

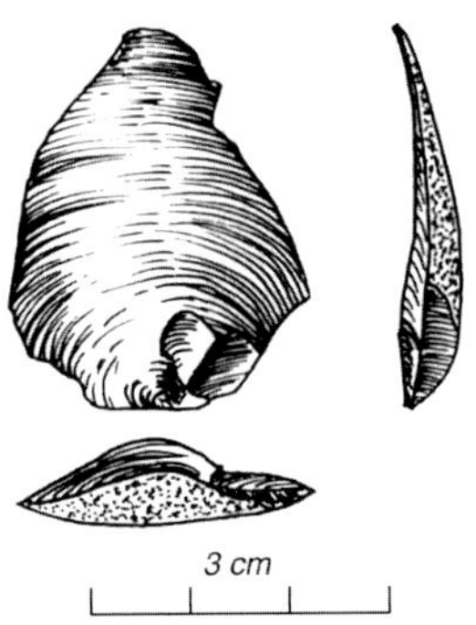

Figure 1 : Bulbe positif issu de la percussion sur enclume (d'après Bietti *et al.* 2009).

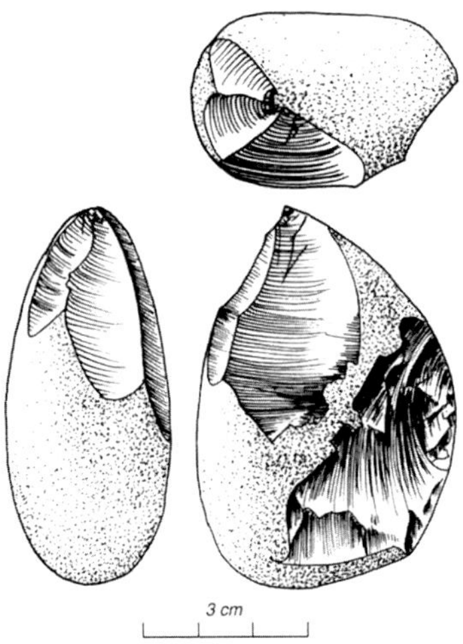

Figure 2 : Bulbe dièdre issu de la percussion sur enclume (d'après Bietti *et al.* 2009).

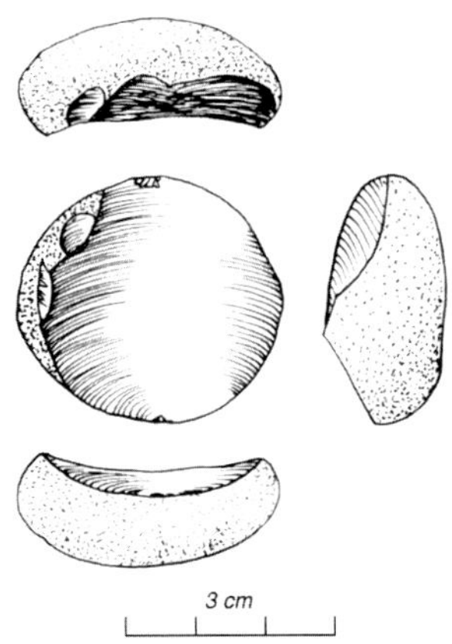

Figure 3 : Bulbe plat issu de la percussion sur enclume (d'après Bietti *et al.* 2009).

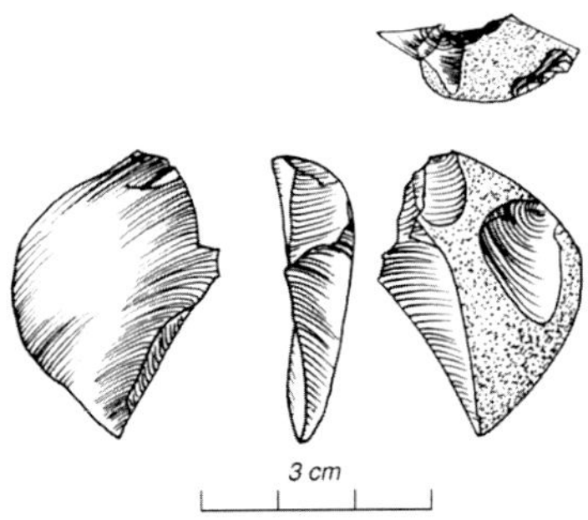

Figure 4 : Bulbe négatif issu de la percussion sur enclume (d'après Bietti *et al.*2009).

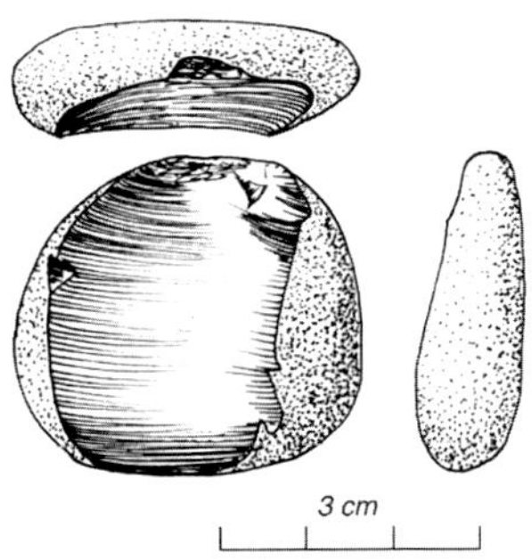

Figure 5 : Bulbe négatif écaillé issu de la percussion sur enclume (d'après Bietti *et al.* 2009).

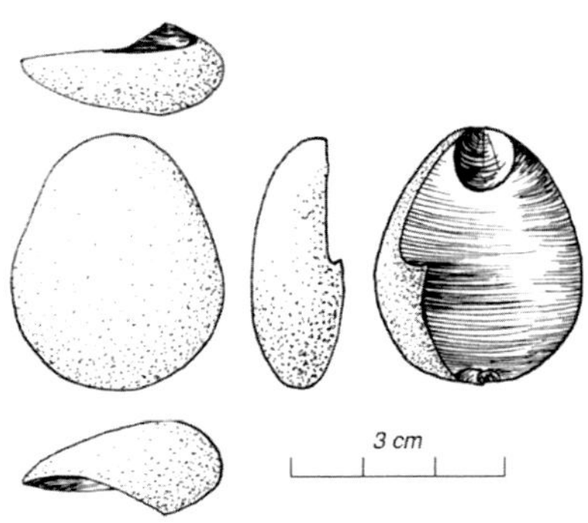

Figure 6 : Bulbe négatif à couronne issu de la percussion sur enclume (d'après Bietti *et al.* 2009).

Ensuite, les positions relatives des bulbes et des éventuelles écaillures ont été également définies (Tables 2 et 3). La classification des bulbes a été couplée ainsi à la détermination de leur position relative et celle des écaillures. Le modèle d'interprétation est basé ainsi non seulement sur la présence de certaines caractéristiques, mais aussi sur leur association.

1	Simple
2	Simple bifacial
3	Double opposé, même surface
4	Double opposé, surfaces différentes
5	Double orthogonaux, même surface
6	Doubles orthogonaux, surfaces différentes
7	Plusieurs

Table 2 : Position des écaillures (d'après Bietti *et al.* 2009).

1	Absente
2	Opposée, même surface
3	Opposée, surfaces différentes
4	Associée au bulbe, surface différente

Table 3 : Positions relatives de bulbes issus de percussion sur enclume (d'après Bietti *et al.* 2009).

L'identification de la taille sur enclume dans le matériel expérimental a aussi été testée, avec un taux qui dépasse de peu 60 %. Cela implique par contre que, selon toute probabilité dans 40 % des cas, cette technique de percussion ne laisse aucune trace et par conséquent sa présence peut être facilement sous-estimée.

Parmi les produits obtenus, les éclats dominent la production et les corticaux sont les plus fréquents, tandis que les non corticaux sont moins nombreux. Parmi les nucléus, les plus nombreux sont ceux à deux négatifs.

L'utilisation de cette méthodologie s'est avérée très performante pour l'analyse des assemblages moustériens du Latium et nous l'avons ainsi appliquée aux assemblages du Salento, avec des résultats encourageants quant à la fiabilité des stigmates.

II.6 Techniques d'obtention des produits

Les techniques de taille font référence aux modalités d'exécution des enlèvements selon trois paramètres (Pelegrin 2000) :

- le mode d'application de la force (percussion directe, indirecte, etc.) ;
- la nature et morphologie des outils de taille (percuteur dur, tendre, etc.) ;
- le geste et la position du corps.

Le seul mode d'application de la force utilisé au Paléolithique moyen pour détacher des enlèvements sur des roches dures est probablement la percussion directe (Soressi 2002). L'usage de la pression et de la percussion indirecte n'est pas envisagé avant le Dernier Maximum Glaciaire pour la première, voire le Mésolithique récent pour la seconde (Inizan *et al.* 1995 ; Pelegrin 2000). La variété des techniques observées au Paléolithique moyen relève donc principalement de la dureté du percuteur utilisé ou des variables corrélées avec cette dernière.

Les percuteurs sont traditionnellement classés en durs et tendres (Bordes 1947 ; Speth 1974 ; Tixier 1982). Selon le matériel utilisé, l'impact sur la matière serait plus ou moins fort (Crabtree 1967, 1972 ; Pelegrin 1995). En conséquence, la morphométrie du talon de l'enlèvement et certaines de ses caractéristiques métriques varient. La concordance entre les caractéristiques des produits de taille et les percuteurs retrouvés dans les mêmes ensembles archéologiques a contribué à confirmer la distinction entre ces deux types de percuteur, sur la base de reproductions expérimentales d'objets archéologiques. Ensuite, nous considérons, suivant Pelegrin (1995, 2000), Hayden et Hutchings (1989), Ohnuma et Bergman (1982) et Wenban-Smith (1989, 1999) qu'un éclat a été taillé au percuteur dur suivant la présence de :

- un cône de percussion ;
- un point d'impact ;
- un bulbe marqué (moins pertinent selon Pelegrin 2000) ;
- un talon épais ;

et en l'absence de : o lèvre ;

- esquillement du bulbe.

L'expérimentation est incontournable pour la reconnaissance de la percussion au bois, étant donné que les percuteurs tendres archéologiques d'âge paléolithique restent encore très peu nombreux (Stodiek 1990 et Tines 1994, cités par Pelegrin 2000). La percussion directe tendre tend à produire des enlèvements minces et elle facilite également l'allongement des produits. L'utilisation du percuteur tendre est caractérisée ainsi par la présence de :

- lèvre ;
- esquillement du bulbe et par l'absence de cône de percussion ;
- point d'impact ;
- bulbe marqué ;
- débordement semi-circulaire.

Un autre type de percuteur, qui est particulièrement important dans le cadre de notre travail, a été reconnu : il s'agit de la pierre tendre (par exemple, un grès fin mal consolidé ou un calcaire, cf. Pelegrin 2000).

Le premier à identifier cette technique a été Madsen (1983). Pelegrin, en 1988 remarqua les différents stigmates produits à la « *pierre relativement tendre* » lors d'un débitage expérimental « *leur morphologie est ainsi proche de celle des lames obtenues par percussion tendre, mais elles s'en distinguent par des talons parfois éclatés ou des ondulations serrées de la face d'éclatement* ou du bulbe, dues semble-t-il à l'écrasement des grains du percuteur au moment du choc » (Pelegrin 1988, p. 128). Plusieurs stigmates sont observés lors du débitage laminaire à la pierre tendre (Pelegrin 2000, p. 80) « *angle de bord plutôt aigu : aspect général de la percussion directe tendre, nombreux talons réduits avec lèvre souvent réduite mais parfois épaisse, mais d'autres talons sont extrêmement minces avec point d'impact visibles parfois détouré et suivi de micro-rides, émoussé nettement développé, gommant toute aspérité et arrondissant le front [...] occurrence faible de deux accidents évocateurs : rides fines et serrées sur plusieurs cm ou la totalité de la face inférieure, esquillement du bulbe* ». L'esquillement du bulbe « débute ainsi dans l'épaisseur du talon, enlevant parfois presque complètement celui-ci. L'*esquille détachée, appréciable par son négatif, apparaît plus épaisse ou ridée par rapport à une esquille bulbaire ordinaire* » (Pelegrin 2000, p. 80). D'autres études font référence à un débitage à la pierre tendre pour l'Épipaléolithique (Johansen 2000) et pour le Gravettien français (Klaric 2004). Une étude expérimentale plus récente sur la percussion à la pierre tendre a été faite par M. Roussel (Roussel 2005 ; Roussel *et al.* 2009, 2009a). Les stigmates identifiés sont les suivants :

- ***Point d'impact*** : présent ou absent.
- ***Cône de percussion*** : absent, présent ou présent avec des rides.
- ***Bulbe*** : marqué, diffus ou inexistant.
- ***Fissuration du talon*** : variabilité parmi des formes sub-circulaires (¾, ½ ou ¼ de cercle).
- Débordement de la ligne postérieure du talon.
- ***Lèvre*** : présente ou absente.
- ***Esquillement du bulbe*** : présent, absent, minuscule, non détaché.
- ***Rides face inférieure*** : rides fines et serrées sur plusieurs centimètres ou sur la totalité de la face ventrale.

Les caractéristiques observées par Roussel posent la percussion à pierre tendre en position intermédiaire entre les percuteurs dur et organique. En effet, certaines caractéristiques de la percussion à la pierre dure sont présentes, mais moins représentées, tels que les bulbes marqués. D'autres stigmates typiques de la percussion organique sont obtenus par un percuteur en calcaire, tel que l'esquillement du bulbe. La percussion au calcaire, en outre, ne produit que rarement la présence d'un point d'impact et jamais une lèvre distincte (Roussel 2005, p. 44).

La percussion à la pierre tendre partage de nombreux critères avec aussi bien la percussion dure que la percussion organique. Par exemple, elle partage avec la percussion dure la plupart des stigmates « positifs » : elles sont donc diagnostiques uniquement de ce type de percussion. Également, la percussion au calcaire partage certaines caractéristiques avec la percussion organique, tels que la présence d'une lèvre et des esquillement du bulbe. Finalement, la seule caractéristique qui a été retenue comme étant exclusive de la percussion au calcaire est la présence de rides fines sur la face inférieure du support. Cela relève, d'après Pelegrin (2000), des deux modes d'emploi possibles de la pierre tendre, qui peuvent aussi être mis en jeu au cours de la même chaîne opératoire. Une première modalité est celle de la percussion dure : les coups sont portés en profondeur du plan de frappe pour des enlèvements relativement épais. La deuxième modalité comporte la reproduction de la percussion directe tendre. Ainsi le bord du plan de frappe est accroché comme un percuteur en bois.

Le diagnostic de la technique de percussion doit être fait ainsi selon une combinaison des différents critères exposés ci-contre, suivant une méthodologie déjà appliquée par Roussel (2005).

II.7 Descripteurs technologiques utilises

II.7.1 Les supports

L'analyse se fonde sur une liste de descripteurs technologiques inspirés des modèles établis par Geneste (1985) et Delagnes (1992).

Phase 0
Bloc brut ou testé

Il s'agit de matière première à l'état brut, transportée et abandonnée dans le gisement sans aucune transformation. Un bloc « testé » présente un ou deux enlèvements généralement peu envahissants.

Phase 1
Bloc entamé

Un bloc entamé se caractérise par un nombre réduit d'enlèvements (jamais plus de deux ou trois) qui attestent que la pièce appartient au tout début de la séquence de production.

Éclat cortical (entame)
Selon la définition de Tixier (1963, p. 33) « *Premier éclat enlevé d'un bloc de matière première. Une entame possède*

toujours une surface naturelle comme talon et comme face supérieure ».

Éclat partiellement cortical (>50 %)
Éclat présentant une zone corticale couvrant plus de la moitié de sa face supérieure, issu de la phase de décorticage du bloc.

Éclat à cortex résiduel (<50 %)
Le résidu cortical s'étend à moins de 50 % de sa superficie. Sa position dans la séquence de production est plutôt variable car elle peut relever du décorticage mais aussi de la mise en forme du nucléus.

Éclat à dos cortical
Il s'agit de l'équivalent du couteau à dos naturel de Bordes (1961). Au sein du débitage Levallois un tel produit peut provenir de l'aménagement des plans de frappe ou, plus fréquemment, de la mise en forme des surfaces de débitage.

Phase 2
Éclat indifférencié
Regroupe tous les produits non corticaux et non caractéristiques d'un mode de production particulier.

Éclat Kombewa
Support qui présente deux faces inférieures d'éclat (Tixier *et al.* 1980).

Éclat prédéterminant
« Enlèvement participant à la mise en forme de la surface de débitage avant le détachement d'un éclat prédéterminé » (Boëda 1986, p. 31). Font partie de cette catégorie les éclats d'aménagement des convexités latérales et distales, des pointes pseudo-Levallois, des éclats d'aménagement de plan de frappe. Les caractères les plus fréquents de ces produits sont : les talons non préparés, des négatifs d'enlèvements antérieurs souvent unidirectionnels, un résidu cortical souvent présent en zone distale ou latérale (Geneste 1985, p. 198).

Éclat Levallois/prédéterminé
Il s'agit d'un support issu d'un mode d'exploitation qui comporte la présence de deux surfaces hiérarchisées, ayant une conception volumétrique qui consiste en la mise en place de deux surfaces sécantes délimitant un plan d'intersection.

Fragment/Indéterminable
Éclat techniquement indéterminable à cause de son état de fracturation ou de l'absence des stigmates de taille sur toutes ses surfaces.

Nucléus
Les nucléus ont été classés en : indifférenciés, pseudo-prismatiques, Levallois centripètes, Levallois unipolaires, discoïdes, sur enclume, fragmentaires.

Débris
Fragment de dimensions < à 1,5 cm, parmi lesquels on a pu distinguer les éclats de retouche.

II.7.2 Les talons

La morphologie des talons est à mettre en relation avec les techniques et les méthodes d'obtention des supports. Ils ont été classés ainsi :

- talons lisses ;
- talons facettés ;
- talons dièdres ;
- talons corticaux ;
- talons absents/ôtés/indéterminables.

II.7.3 Les bulbes

La classification des bulbes est, elle aussi, utile afin de reconnaître les techniques d'obtention des produits. Les bulbes ont été décrits selon des paramètres éminemment qualitatifs et divisés en trois catégories : très proéminent, moyennement proéminent, plat. Les bulbes enlevés ou absents ont été également signalés, ainsi que les dièdres.

II.8 Direction et chronologie des enlèvements

Le nombre et la direction des enlèvements sur la surface supérieure des produits ont été classés par l'outil des schémas diacritiques (Dauvois 1976). Les principales directions de débitage suivent la classification de Boëda (1994) : unidirectionnelles, bidirectionnelles, convergents, centripètes.

Rappelons que la direction et la chronologie des enlèvements peuvent être déterminées par l'observation des ondulations, des lancettes, des micro-enlèvements trapézoïdaux et de la morphologie des nervures car :

- les ondulations suivent la propagation du front de fracture initié au point d'impact (Dauvois, 1976 ; Cotterell et Kamminga 1978) ;
- les lancettes et les micro-enlèvements trapézoïdaux sont perpendiculaires aux ondulations (Dauvois 1976 ; Cotterell et Kamminga 1978) ;
- la terminaison des micro-enlèvements trapézoïdaux est plus large que leur départ (Dauvois, 1976) ;
- un glacis de lancettes ou un enchaînement de micro-enlèvements trapézoïdaux sur la nervure d'un enlèvement indique que cet enlèvement succède à son voisin (Dauvois 1976) ;
- le front de fracture lors de la terminaison de l'enlèvement se recourbe. En conséquence, en l'absence de glacis de lancettes ou de micro-enlèvements trapézoïdaux, la nervure du côté du négatif le plus récent 'accroche' au doigt tandis qu'elle est lisse de l'autre côté (Dauvois 1976).

II.9 Données métriques

Les données métriques seront issues de la mesure des longueurs, largeurs et épaisseurs des produits débités selon l'axe de débitage, quand déterminable, si non selon les dimensions majeures.

L'analyse des dimensions des produits sera évoquée pour évaluer les éventuels choix techniques distingués au sein des différentes chaînes de débitage et/ou de façonnage. Elles seront également évoquées pour l'évaluation des chaînes de transformation de l'outillage et pour vérifier les hypothèses de réduction.

II.10 Intégration de l'outil dans l'analyse de la chaîne opératoire

Nous avons vu que le concept de chaîne opératoire appliqué aux industries lithiques a pour objectif de découper les processus de taille en séquences allant de l'acquisition du bloc de matière première au rejet de l'outil. Ainsi la séquence de transformation de l'outil préalable ou conséquente à son utilisation est à analyser et à déchiffrer dans des termes identiques à ceux qui sont utilisés pour les séquences relatives à l'obtention du support. La phase de transformation se place ainsi à la suite de celle de production (Bourguignon 1997).

II.10.1 Les outils

Sous le terme d'« outil », nous englobons uniquement les pièces retouchées. Les différents types d'outils (Figure 7) énoncés tout au long de notre travail font référence à ceux définis par F. Bordes (1961). Une typologie simplifiée est ici proposée. Elle regroupe les outils en « grandes familles » : les racloirs, les pointes, les encoches et denticulés. Nous croyons que cette typologie est plus rentable et qu'elle exprime mieux la perception des utilisateurs des outils.

II.10.2 La retouche

J. Tixier nous fournit les termes pour décrire la retouche (Tixier *et al.* 1980). Plusieurs critères seront retenus :

- la ***position*** : inverse, directe, alterne, alternante, biface, croisée ;
- la ***localisation*** : opposée ou non à un dos cortical ou débordant ;
- la ***répartition*** : discontinue, continue totale ou partielle ;
- la ***délinéation*** : rectiligne, concave, convexe, sinueuse ;
- ***l'étendue*** : courte, longue, envahissante, couvrante ;

LISTE TYPOLOGIQUE DES OUTILS SUR ECLAT ET SUR LAME DU PALEOLITHIQUE INFERIEUR ET MOYEN

d'après F. Bordes

1. Eclat levallois typique.
2. Eclat levallois atypique.
3. Pointe levallois.
4. Pointe levallois retouchée.
5. Pointe pseudo-levallois.
6. Pointe moustérienne.
7. Pointe moustérienne allongée.
8. Limace.
9. Racloir simple droit.
10. Racloir simple convexe.
11. Racloir simple concave.
12. Racloir double droit.
13. Racloir double droit-convexe.
14. Racloir double droit-concave.
15. Racloir double biconvexe.
16. Racloir double biconcave.
17. Racloir double convexe-concave.
18. Racloir convergent droit.
19. Racloir convergent convexe.
20. Racloir convergent concave.
21. Racloir déjeté.
22. Racloir transversal droit.
23. Racloir transversal convexe.
24. Racloir transversal concave.
25. Racloir sur face plane.
26. Racloir à retouche abrupte.
27. Racloir à dos aminci.
28. Racloir à retouche biface.
29. Racloir à retouche alterne.
30. Grattoir typique.
31. Grattoir atypique.
32. Burin typique.
33. Burin atypique.
34. Perçoir typique.
35. Perçoir atypique.
36. Couteau à dos typique.
37. Couteau à dos atypique.
38. Couteau à dos naturel.
39. Raclette.
40. Eclat tronqué.
41. Tranchet moustérien.
42. Encoche.
43. Denticulé.
44. Bec burinant alterne.
45. Retouche sur face plane.

46-47. Retouche abrupte alterne épaisse.

48-49. Retouche abrupte alterne mince.

50. Retouche biface.
51. Pointe de Tayac.
52. Triangle à encoche.
53. Pseudo-microburin.
54. Encoche en bout.
55. Hachoir.
56. Rabot.
57. Pointe pédonculée.
58. Outil pédonculé.
59. Chopper.
60. Chopper inverse.
61. Chopping-tool.
62. Divers.
63. Pointe foliacée biface.

Figure 7 : Liste typologique selon Bordes 1961.

- *l'inclinaison* : rasante, abrupte, abrupte-rentrante, rasante-rentrante ;
- la *morphologie* de la retouche : écailleuse, scalariforme, parallèle, subparallèle.

II.10.3 Les racloirs

Nous classifierons comme racloirs les outils dont la retouche présente une certaine régularité, alors que les supports présentant une retouche courte et non régulière seront comptabilisés dans le groupe des pièces à retouche irrégulière.

Au sein de ce groupe, nous distinguerons les racloirs selon le nombre de bords retouchés, un seul (simple), deux (double) ou multiple.

II.10.4 Les encoches et les denticulés

Ces deux types d'objets sont généralement considérés comme des outils distincts et sont ainsi séparés dans les diverses typologies (Bordes 1961). Seul G. Laplace (1957, 1964, 1966) les rassemble sous le terme générique de « *Denticulés* ». Les encoches présentent une ou plusieurs encoches non consécutives, alors que les denticulés sont formés par la présence de plusieurs coches contiguës le long d'un bord

II.10.5 Les pointes

Les outils pointus étant très fréquents dans les assemblages analysés, nous allons faire quelques rappels d'ordre typologique. Suivant Bordes (1954, 1961) nous appellerons pointes « *des objets dont la première caractéristique est d'*être pointus. *Par pointus, nous entendons non seulement que leur extrémité distale forme un angle aigu dans le plan d'aplatissement, mais encore que ce bout est également pointu dans un plan perpendiculaire au plan d'aplatissement, ne se termine pas abruptement et ne présente pas de ressaut marqué.* » (Bordes 1961, p. 37).

Ainsi, dans le groupe des pointes rentrent : les pointes moustériennes, les pointes de Tayac, les pointes Levallois, les pointes pseudo-Levallois et les limaces. Les pointes moustériennes sont « *des pièces triangulaires, subtriangulaires, parfois losangiques, plus ou moins allongées, à extrémité acuminée, obtenues par retouches importantes à partir d'un éclat de type quelconque* » (Bordes 1961, p. 38). La définition des pointes pseudo-Levallois rentre dans les descripteurs technologiques, tout en sachant qu'elles peuvent être retouchées, tout comme les pointes Levallois. Les limaces sont considérées comme des racloirs convergents doubles.

II.11 La phase d'exhaustion

La dernière phase de la chaîne opératoire que nous avons essayé de découper en moments chronologiquement distincts, est l'abandon de l'objet de la part de son utilisateur et son intégration dans l'assemblage archéologique. Cette dernière phase est souvent négligée dans les analyses des séries lithiques alors que nous la trouvons fondamentale pour comprendre les dynamiques à la base de la formation des sites et des assemblages.

Nous allons essayer de tenir compte de ces composantes de formation des assemblages et ainsi noter la présence de cassures ou d'autres altérations telles que la combustion, pour esquisser les modalités caractéristiques d'abandon (*cf.* les états de surface). Certaines d'entre elles ne sont pourtant discernables que par des analyses taphonomiques du gisement, *cf. infra*.

L'état d'exhaustion des nucléus et des produits retouchés a été estimé sur des bases descriptives. Nous avons considéré :

- le nombre de bords retouchés ;
- l'étendue de la retouche et le nombre de rangs ;
- la fréquence de la retouche ;
- l'estimation de l'épaisseur maximale de la zone retouchée par rapport à l'épaisseur maximale du support (Kuhn 1990) ;
- la présence de parties aménagées, de reprises de cassure ;
- la présence d'une double patine (« *scavenged tool* », Bamforth, 1990).

Nous avons classé l'intensité de la retouche en légère, moyenne et intense, selon les paramètres quantitatifs et qualitatifs susmentionnés.

Les dernières opérations constatées sur les nucléus (*i.e.* formes d'abandon) peuvent montrer des ruptures dans un processus de production. Les dernières opérations sont souvent marquées par des « *négligences terminales* » (mauvaise préparation des convexités ou du plan de frappe) (Pelegrin 1985, 1995), à l'origine d'accidents qui marquent la fin de l'exploitation et qui souvent nous semblent en contraste avec la maîtrise démontrée durant les séquences précédentes (Roche et Tixier, 1982). Ces dernières phases de production peuvent parfois être caractérisées par des changements d'objectifs (*e.g.* dernière séquence en production centripète, dernier enlèvement envahissant), qui dans certains cas rompent avec les équilibres volumétriques respectés jusqu'alors (Porraz 2005). Les nucléus peuvent enfin faire l'objet d'une réutilisation dans une toute autre fonction : être retouchés ou servir de percuteur (Claud *et al.* 2010). Les formes d'abandon susmentionnées sont généralement associées à des fortes intensités d'exploitation. Le bloc peut au contraire avoir été abandonné après accomplissement de l'objectif.

Deuxième partie
Analyse des matières premières

II.I Introduction

Comme nous allons le voir, les modalités d'approvisionnement et de circulation des matières premières constituent l'un des arguments les plus importants qui seront développés dans ce travail. En effet, jusqu'à présent, ces modalités n'ont jamais été abordées de façon systématique dans la région étudiée. Cependant, la disponibilité en matière première régit souvent beaucoup les choix technologiques faits par les groupes humains qui ont occupé ces territoires au Pléistocène. Une étude des sources potentielles de ces matériaux est ainsi nécessaire pour éclairer ce raisonnement économique.

Le trait de côte actuel a subi des modifications importantes au cours du Quaternaire. Ainsi, les sites archéologiques actuellement en position littorale ne l'étaient pas forcément à l'époque de leur occupation. Or, il est important de repositionner les sites dans leur environnement d'origine en tentant d'estimer la position du rivage marin à l'époque de leur occupation pour une meilleure compréhension des modalités d'occupation du territoire.

En effet, la localisation du trait de côte a une influence importante sur plusieurs points (Cliquet et Monnier 1993) : les territoires exploitables : lors des régressions, de vastes plaines propices à la présence de grands herbivores sont dégagées tandis qu'en période de haut niveau marin, les ressources marines peuvent être exploitées. Les types d'habitats potentiels, tels les abris en pied de falaise et les grottes actuellement submergées. la disponibilité en matières premières lithiques, notamment siliceuses et leur mode d'approvisionnement : en position primaire sur les affleurements ou à proximité, en position secondaire dans les cordons littoraux.

De plus, les roches exploitées, parmi lesquelles on trouve des calcaires, des calcaires siliceux et des coquillages, sont particulières et plutôt inhabituelles dans les économies de la période prise en compte. En particulier, l'utilisation du calcaire comme matière première, bien que courante dans les périodes plus anciennes, est anecdotique dans le cadre du Moustérien.

Dans le premier chapitre, nous allons ainsi illustrer la genèse des roches utilisées par les Néandertaliens au Pléistocène supérieur dans le Salento. Ainsi, les modalités de formation des calcaires, des silex et des autres matières premières seront abordées. Les principes de gîtologie y seront aussi exposés.

Dans le deuxième chapitre, nous allons illustrer le travail sur le terrain qui a été accompli afin d'identifier les sources de matières premières utilisées.

Enfin, dans le troisième chapitre, nous allons illustrer les principaux lithotypes utilisés et les insérer dans un territoire d'approvisionnement local, intermédiaire et lointain.

I.1 Gitologie et matières premières

Trois principales modalités d'affleurement sont habituellement retenues pour les matières premières en Préhistoire, bien que la classification soit basée principalement sur le silex : positon primaire (autochtone), sub-primaire (sub-autochtone) et secondaire (allochtone) (Turq 1990, *cf.* première partie).

Les ***gîtes autochtones*** sont ceux où le silex se trouve encore dans la roche mère. Si elles sont *in situ*, mises à jour par l'incision naturelle d'un dépôt, on parle de gîte primaire. Si la roche mère est fragmentée sur place par un agent thermique ou érosif, et si les silex sont à proximité immédiate du site, on parle de gîte autochtone secondaire.

Les ***gîtes sub-autochtones*** sont caractérisés par des matériaux qui, bien que non en place dans la roche mère, n'ont pas subi de transport.

Les ***gîtes allochtones*** sont ceux où les silex ont été transportés et leur cortex d'origine peut être totalement ou partiellement remplacé par un né- cortex.

Les évidences d'extraction de silex encastrés dans la roche mère (position primaire) sont minces au Paléolithique moyen ; les rares exemples illustrent plutôt des récoltes de blocs désolidarisés de la roche mère (exemples surtout attestés pour des roches magmatiques : *e.g.* Huet 2006) ou des détachements de gros éclats sans dégagement des blocs de leur matrice (Pasty 2000). De très rares exemples d'extraction de silex au sein de conglomérats seraient attribués au Paléolithique moyen, (voir par exemple Del Lucchese *et al.* 2000-2001).

Ce sont plutôt les altérites ou éboulis situés aux alentours (positon sub-primaire), qui ont habituellement été exploités. Ces mêmes matériaux, à cause de phénomènes divers, peuvent se retrouver dans des lits torrentiels de cours d'eau (position secondaire) et être ainsi charriés sur des distances parfois importantes. Ils porteront alors les marques symptomatiques d'un transport (néo-cortex, cônes incipients, « coups d'ongle » /« chocs en croissant » ; Masson, 1981, Fernandez 2006), qui aura accessoirement nettoyé le bloc de ses éventuelles diaclases ou fissures.

En ce qui concerne les silicifications, des grandes catégories morphologiques peuvent être individualisées. La classification traditionnellement employée s'inspire des travaux de Rio (1982), Séronie Vivien et Lenoir (1990). Les morphologies classifiées sont les suivantes :

- *nodules irréguliers ou branchus*, silicifications diagénétiques en milieu marin; *silex lenticulaires ou globuleux*, silicifications diagénétiques en milieu marin ; silex lités à surfaces scoriacées et géodes ;
- *silex et lits minces*, qui pourraient avoir une origine pédogénétique ; *silex en dalle*, formations épigénétiques ; nodules en bourgerons ou en coulées ;
- fossiles silicifiés ;
- *diaclases et fractures à remplissages siliceux* sont le résultat d'actions liées à une diagenèse tardive prenant place après la lithification, ou même d'épigenèse en relation avec des circulations profondes.

Les chailles ont un statut particulier dans les matières premières disponibles au Salento. Il s'agit d'un accident siliceux de calcaires marins, mais aussi une cristallisation d'opale plus ou moins calcédonisé. Les chailles sont une variété de silex inachevé, renfermant souvent de nombreux spicules spongiaires, plongés dans une gangue de calcédonite et de quartzine avec ou sans quartz secondaire. Riches en calcite elles n'ont pas de cortex. Elles sont pétries de témoins calcaires quand elles sont décalcifiées, elles présentent des vides.

D'après certains auteurs (voir Fernandez 2006) ce terme est synonyme de *chert*. La définition la plus suivie de *chert* est la suivante (Cayeux 1929) : « *accident siliceux aux limites floues avec les roches qui les contiennent* ».

Les diaclases et fractures à remplissage siliceux sont les morphologies les plus communes pour ce type de matière première, ainsi que les morphologies en lentilles.

Le calcaire siliceux, au contraire, est un calcaire imprégné par de l'opale ou remplacé par une autre phase siliceuse secondaire, contenant de 10 à 50 % de silice. Dans la région étudiée, la définition de cette matière première demeure particulièrement difficile car sa transition avec les chailles est parfois très graduelle. Aucune étude pétrographique n'est disponible pour le moment. La morphologie en lentilles peut relever de processus de différentes origines. Parfois émanant d'une diagenèse en milieu peu bioturbé avec de bonnes conditions de perméabilité (Turq 1992), d'autres de formations continentales avec une origine pédogénétique (Seronie-Vivien et Seronie-Vivien 1987). Dans les formations en question, la première explication diagénétique nous semble la plus probable.

Le terme jaspe désigne pour le préhistorien un accident siliceux à texture fine et compacte comme le silex, opaque et vivement coloré (Demars 1980). En fait, ce terme indique souvent plusieurs types de roches, de structure et d'origine différentes. En général les auteurs décrivent sous ce nom, des radiolarites. Il apparaît que ces accidents siliceux présentent une genèse semblable à celle du silex, mais effectuée dans un milieu lagunaire réducteur avec apports importants en fer.

Il existe deux types de quartzites : le quartzite métamorphique et la quartzite sédimentaire (Sternke 2005). Les métamorphiques sont plus communes et consistent surtout en grains de quartz qui se forment durant la cristallisation du grès par métamorphisme thermal ou régional. Le quartzite sédimentaire est connu aussi comme orthoquartzite ou grès quartzite. Il s'agit d'un grès très dur et non métamorphosé qui est formé principalement de grains de quartz très compacts qui ont été cimentés sous pression. Ce type de quartzite a les caractéristiques de la fracture conchoïdale car il se brise le long des grains de quartz.

II.II Les prospections de terrain

II.1 Introduction

L'étude des matières premières utilisées durant le Pléistocène supérieur au Salento s'est avérée une tâche particulièrement difficile pour deux raisons :

La première est qu'aucune étude de ce type n'a été mise en œuvre depuis le début des recherches archéologiques sur la région. Ainsi, notre objectif était avant tout de construire une base solide sur laquelle bâtir des recherches plus avancées. C'est pour cette raison que les choix méthodologiques se sont cadrés sur des observations à l'échelle macroscopique.

La deuxième raison est que la région du Salento est caractérisée non pas par une abondance de ressources siliceuses, mais par un manque généralisé de ces dernières. Nous verrons que la vérification sur le terrain de cette absence a été l'une des premières tâches que notre étude a accomplies (Spinapolice 2012). Ainsi, l'utilisation d'autres matières premières telles que le silex a été l'un des points centraux de notre recherche.

Il faut souligner aussi que l'absence de silex s'est avérée un outil interprétatif très pertinent, et qui n'a jamais été étudiée dans cette région.

La recherche sur les matières premières s'est donc déroulée en deux temps : une première classification des types et des quantités relatives des matières premières présentes dans les sites et dans un deuxième temps, des prospections de terrain visant à une définition plus précise de ces dernières.

Les prospections de terrain se sont déroulées en trois campagnes, pendant les étés 2005, 2006 et 2007. Elles ont été financées par *l'Istituto Italiano di Paleontologia Umana* et dirigées par moi-même avec la collaboration d'autres membres de l'Institut.

II.2 State of the art : *les connaissances des matières premières régionales*

Aucune étude spécifique sur le problème des matières premières du Salento pour le Paléolithique moyen n'a été faite à l'heure actuelle. Une première analyse des ressources lithiques exploitées pendant le Paléolithique supérieur final a été faite par Milliken (1998) qui a également conduit un projet de prospections de terrain. Ses conclusions ont été reprises par Riel-Salvatore (2007). La reconnaissance des sources régionales a été jusqu'à présent implicite, et tous les auteurs s'entendent pour reconnaître l'absence de matières premières cryptocristallines dans le Salento, bien qu'aucune source géologique ou archéologique ne soit citée.

Les principaux travaux ou les remarques apportées lors d'études de matériel lithique (Borzatti 1966 ; Palma 1996 ; Sarti *et al.* 2002) par exemple rendent notamment compte de matériaux environnants pauvres quant à leur aptitude à la taille et d'assemblages constitués de lithotypes peu variés, sans pour autant constituer l'image d'une région réceptrice en matériaux allochtones de meilleure qualité, ni s'interroger sur les sources des matières premières définies « exogenous » (e.g. Romagnoli *et al.* 2015), avec quelque notable exception (e.g. Ranaldo 2017).

II.3 Les prospections : objectifs

Depuis le début des recherches sur la provenance des matières premières, pour recenser les ressources, les chercheurs ont eu le choix entre deux options : soit cartographier les niveaux géologiques contenant des silicifications (Séronie Vivien et Séronie Vivien 1987), soit pointer les gîtes trouvés durant les prospections (Demars 1980 ; Geneste 1985 ; Turq 1990). Nous avons pris en compte cette deuxième démarche. En effet, une simple cartographie géologique des affleurements ne reflète pas correctement l'espace fréquenté par l'homme préhistorique.

Les objectifs des prospections de terrain étaient multiples et se résument comme suit, en ordre d'importance relative :

Objectif 1 : Vérifier si l'absence de silex, citée en littérature mais jamais démontrée, correspondait à la réalité.

Objectif 2 : Vérifier ainsi l'éventuelle étendue de cette zone dépourvue en silex et l'encadrer dans un système d'approvisionnement connu.

Objectif 3 : Échantillonner les matières premières disponibles sur le terrain pour identifier d'éventuelles préférences parmi les matériaux non siliceux.

Objectif 4 : Vérifier la position topographique des sites paléolithiques connus en littérature.

Objectif 5 : Signaler tout site paléolithique potentiel rencontré au cours des prospections.

Les prospections de terrain et leurs échantillonnages sont influencés par le couvert végétal et en général par tous les changements de milieux qui se sont produits depuis le Pléistocène. Les échantillonnages sont cependant tributaires des travaux agricoles, des constructions, des aménagements qui souvent mettent au jour les affleurements.

II.3.1 Les prospections : description des objectifs

Toutes les formations carbonatées sont en théorie susceptibles de livrer des silex. La première étape, lors de caractérisations régionales, est ainsi de relever sur les cartes géologiques les différentes couvertures sédimentaires et d'analyser les notes associées. Une simple lecture de ces cartes n'est pourtant pas suffisante pour donner une évaluation réelle des disponibilités régionales : elles permettent effectivement d'orienter les recherches de terrain, mais ne s'y substituent pas. Dans la région étudiée, qui est constituée essentiellement de roches carbonatées (Ricchetti et Pieri 1999) la tâche a été compliquée par la variabilité des diagenèses calcaires et les débats sur l'origine de ces derniers. De plus, la cartographie géologique de la région étant en cours de renouvellement, nous n'avons pu utiliser que l'ancienne carte géologique La poursuite de ***l'objectif 1*** s'est articulée en deux axes de recherche, cadrés sur les matériaux siliceux :

Enquête sur les sources primaires et sub-primaires : suite à l'étude des formations calcaires présentes sur le terrain, recherche des roches carbonatées dont le milieu sédimentaire est susceptible de délivrer des silex.

Enquête sur les sources allochtones : vérifier la présence de silex et de chaille dans les sources potentielles en position secondaire, telles que les conglomérats marins et fluviatiles.

Une partie essentielle de la poursuite de l'***objectif* 1** a été la vérification de l'accessibilité de la part des hommes du Pléistocène et ainsi une attention particulière a été portée aux variations du niveau de la mer et à toutes variations environnementales susceptibles d'avoir changé la disponibilité des ressources (effondrements, dépôts de versant accumulés durant l'Holocène etc.).

L'***objectif*** *2* a été également cadré sur les matériaux siliceux et il a été atteint à travers une répartition spatiale contrôlée des zones prospectées. Les prospections ont été systématiques (*cf. infra*). Nous avons essayé de prospecter la zone la plus vaste possible dans les limites régionales, pour obtenir une définition de la région d'approvisionnement et vérifier sa cohérence avec les définitions de territoire archéologique et géographique.

Une partie non négligeable du travail accompli est constitué par l'objectif 3. En effet, le simple constat de la présence de roches calcaires utilisées par les hommes de Néandertal n'est pas suffisant pour élucider les stratégies d'exploitation de ces dernières. En conséquence, les questions qui se posaient avant d'entreprendre ce travail concernaient les choix économiques opérés parmi les matières premières disponibles. Ces choix émergent aussi à travers l'identification de zones éventuelles de déplacement de ces matériaux « de mauvaise qualité ». La question à la base de l'objectif 3 était la suivante : « Existe-t-il un choix parmi les matériaux calcaires ? Et si oui, selon quelles modalités sont exploitées ces matières premières ? ». La simple présence d'un calcaire à fracture conchoïdale dans la roche de base n'implique pas forcément que son exploitation soit aisée, car l'extraction de ce dernier de la roche mère est sans doute laborieuse. C'est ainsi que nous avons concentré nos échantillonnages sur les morphologies particulières, telles que les « plaquettes »et sur les conglomérats à galets calcaires. Toutes les variétés de calcaire disponible ont été échantillonnées.

L'***objectif*** *4* a été accompli pendant la première campagne de prospections, en 2005, et poursuivi durant les campagnes suivantes. La nécessité de repérer les positions exactes des sites était prioritaire pour la connaissance topographique de l'espace régional occupé pendant le Pléistocène. De plus la connaissance exacte de leurs positions respectives nous a permis d'échantillonner les matières premières environnantes et l'acquisition des coordonnées géographiques nous a permis d'en cartographier les positions exactes.

L'***objectif*** 5 était depuis le départ un « effet collatéral » des prospections de terrain. Il a été mis en place quand, au cours des inspections des coupes et des affleurements, se rencontraient des vestiges archéologiques paléolithiques. Tous les vestiges ont été échantillonnés et leur position a été enregistrée.

II.4 Les prospections : méthodologie

La méthodologie de prospection se base sur les présupposés théoriques relatifs aux déplacements des chasseurs-cueilleurs. Une des questions de départ étant « Y a-t-il des sources locales ou ***sub-locales de silex dans le Salento ?*** », une définition du territoire a été nécessaire, ainsi que la définition d'un site de référence par rapport à la définition de « local ».

Ce site est Grotta dei Giganti (Spinapolice 2009), pour plusieurs raisons. Avant tout, il se trouve au bout de la presqu'île du Salento et il est théoriquement le site le plus éloigné des sources connues d'approvisionnement potentiel en silex. De plus, parmi les sites dont nous avons examiné l'industrie lithique, il est celui qui a la plus forte alternance entre l'usage des MP siliceuses et non. Ainsi, il nous a paru correct de le considérer en tant que site de référence des prospections.

Suite à une évaluation des territoires exploités pendant le Paléolithique moyen et par les divisions courantes en littérature, trois rayons ont été établis, indiquant la zone d'approvisionnement :

- de 0 à 5 km, zone locale ;
- de 6 à 20 km, zone sub-locale ;
- de 20 à 50 km, zone intermédiaire ;
- plus de 50 km zone lointaine.

La première campagne de prospection a été « non systématique » et s'est concentrée sur l'objectif 5. Il était nécessaire, avant de commencer une prospection systématique, de connaître la localisation topographique des sites de la région, dont la position n'est pas toujours claire. La deuxième campagne s'est concentrée sur les zones locale et sub-locale, à travers une procédure systématique de prospection et d'échantillonnage. La troisième campagne s'est focalisée sur la partie intermédiaire à travers un échantillonnage ciblé jusqu'à 50 km du site de référence.

Des méthodologies différentes ont été ainsi mises en œuvre selon les tâches à accomplir.

II.4.1 Base cartographique

La cartographie de base qui a été utilisée est la suivante :

- Carte géologique d'Italie à l'échelle 1 : 100.000 ;
- Carte géologique d'Italie à l'échelle 1 : 50.000 ; (consultation en ligne) o Cartes IGM[8] 1 : 25.000.

II.4.2 Méthodologie des prospections systématiques

Les prospections de l'année 2006 ont systématiquement examiné un rayon de 20 km à partir du site de Grotta dei Giganti, à Punta Ristola (Figures 8 et 9). La zone a été définie selon une forme circulaire, selon des procédures largement exploitées dans ce type de travail. Cette zone circulaire a un rayon de 20 km, qui passe par les communes d'Ugento, Ruffano et Andrano au nord et au sud est bordée par la mer. Elle a été encore subdivisée en secteurs plus petits, dénommés « *area* », afin d'assurer une couverture complète. Au total 13 zones ont été prospectées : elles ont été partagées sur la base de l'accessibilité établie à partir d'une cartographie 1 : 25.000 (IGM). Ainsi chaque secteur a la forme approximative d'un quadrilatère délimité par quatre communes ou points géographiques importants et par des routes provinciales, parcourables en voiture. Toutes les coordonnées géographiques étaient relevées par GPS.

Chaque *area* était classée et décrite dans une fiche qui prenait en compte les caractéristiques environnementales, d'accessibilité, la situation géomorphologique et la présence éventuelle de sites paléolithiques.

Une fois la zone délimitée, une étude de la cartographie géologique disponible suggérait les formations à échantillonner.

Tout point notable, échantillonné ou photographié, a été classé dans une deuxième fiche descriptive, nommée fiche POI (Point d'intérêt.). Cette fiche comprenait une description du POI, sa localisation (coordonnées), le numéro et la nature des échantillons, la liste des photos, la présence éventuelle de vestiges archéologiques.

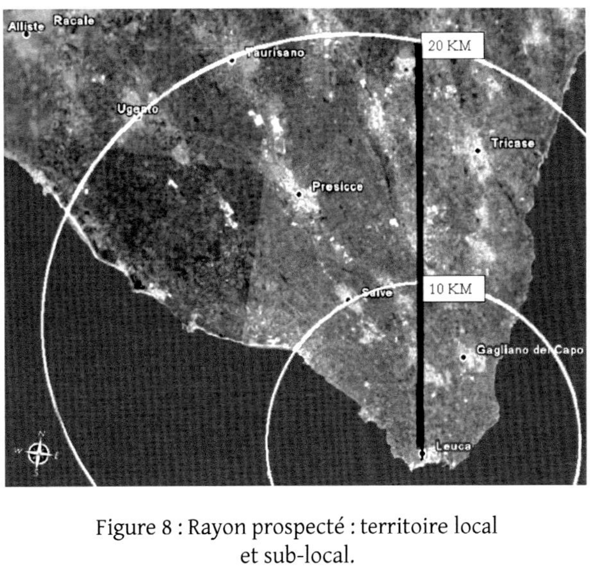

Figure 8 : Rayon prospecté : territoire local et sub-local.

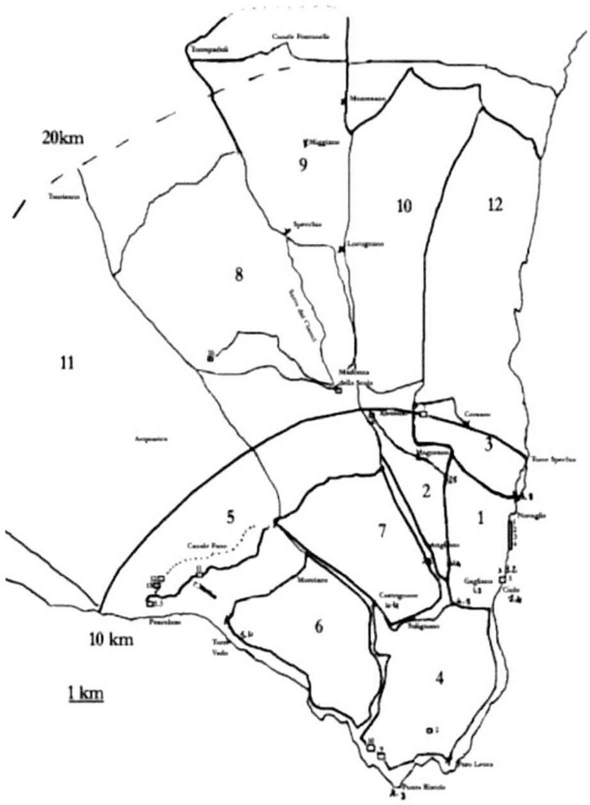

Figure 9 : Carte des zones prospectées.

II.5 Résultats

II.5.1 Introduction

La zone locale et sub-locale définie par rapport au site clé (Giganti) est constituée par des formations calcaires essentiellement de pente telles que les calcaires de Melissano et les calcaires de Castro, qui en constituent les roches de base, plus anciennes (Crétacé et Paléocène Oligocène). Une vérification de l'absence de roches cryptocristallines dans ces formations était nécessaire par la nature de la sédimentation de ces formations, car des bancs de silex se trouvent dans les mêmes dépôts crétacés du Mont Gargano et ces milieux sédimentaires peuvent donner lieu à des processus de silicification. Ainsi, pour accomplir l'objectif 1 mais également l'objectif 3, tous les affleurements calcaires dans les zones prospectées ont été inspectés et éventuellement échantillonnés.

De plus, la présence d'éventuels conglomérats ayant des apports de galets siliceux a été vérifiée. Tous les affleurements de Calcarénites du Salento (Bosellini et Russo 1992 ; Bosellini *et al.* 1999) ont été inspectés, pour vérifier la présence du conglomérat de base de cette formation et sa composition lithologique. De plus, les conglomérats d'origine fluviatile ont été cherchés dans les lits des paléo-fleuves. Pour finir, les conglomérats d'origine marine présents sur la côte ont été parcourus.

La reconnaissance de vestiges paléolithiques n'était pas parmi les priorités de cette prospection, un nombre de sites intéressants sur le plan archéologique a cependant été visité. En particulier, les sites potentiels de surface constituent une base de données très importante, compte tenu de l'absence de données de ce type et de la concentration des sites connus sur les seules côtes. Les mêmes principes ont été à la base des prospections à l'échelle « non locale », mais la zone en question a été l'objet d'une prospection ciblée et non systématique.

Area 1 : Ciolo- Novaglie
L'area est délimitée par les communes de Novaglie, Gagliano del Capo, la localité de Ciolo, et le carrefour de la route provinciale entre Leuca et Tricase.

Globalement, elle est facilement accessible, même si, comme sur toute la côte qui va de Otranto à Leuca, l'escarpement qui conduit à la mer est particulièrement abrupt. Elle comprend le site de la Grotta delle Prazziche et les Abris 1 et 2 des Cipolliane.

Dans cette zone 6 POI ont été inspectés. En particulier, deux localités sont à remarquer pour les importantes données individualisées.

La première, POI 004 se trouve à proximité du port de Marina di Novaglie, où la construction du petit port a mis en évidence une importante coupe stratigraphique, qui comprend les Calcareniti del Salento, le Calcareniti di Andrano et les Calcaires Castro à la base. La séquence, haute de plus de 6 m, inclut un conglomérat à la base des Calcareniti di Andrano. Ce dernier n'a pas été échantillonné à cause de sa position élevée. Il est constitué pas des éléments arrondis de petites à moyennes dimensions.

Les matières premières échantillonnées dans ce site comprennent des minces plaquettes de calcaires marneux de couleur verte. Il s'agit d'accidents typiques des calcaires bioclastiques de la Formation de Castro. Nous les avons attribués à la classe des « calcaires siliceux ».

Le deuxième point a un intérêt archéologique (POI 002), car sur la plage de Marina di Novaglie, des pièces taillées sur calcaire ont été échantillonnées, dans un dépôt de galets de plage. Ils étaient abondants et fluités par l'action de la mer. L'hypothèse est qu'ils proviennent d'un site submergé dans les environs de la plage. La matière première est surtout le calcaire de Melissano.

Un paléo-fleuve marqué par une vallée a également été individué et inspecté dans la zone (POI 005). Des conglomérats fluviatiles y sont associés, constitués par des petits galets calcaires, de dimensions trop réduites pour servir de matière première (1-2 cm).

Cette zone inclut aussi la localité bien connue du Ciolo, qui constitue une importante référence pour la géomorphologie de la région (Bosellini 1993). Il s'agit d'une vallée abrupte formée par un paléo-fleuve, qui présente des conglomérats à petits éléments calcaires. Dans cette localité on a repéré plusieurs abris rocheux, parmi lesquels certains sont totalement vidés de sédiments, mais d'autres présentent des sédiments qui pourraient contenir des dépôts du Pléistocène. Le calcaire de Castro et les listes de matière première siliceuse verte et rouge ont été échantillonnés. Globalement, les matières premières de cette zone sont de qualité médiocre.

Area 2 : S. Dana
La deuxième zone est délimitée par la SS (route nationale) 275 qui va de Alassano à Arigliano vers l'ouest et vers l'est la Sp (route provinciale) 210 et la Sp 8. Cette zone est intensément cultivée et ne présente pas de reliefs notables. Ainsi, un seul point d'intérêt a été cartographié, qui se trouve à Alessano. Il s'agit d'une coupe stratigraphique qui montre des calcaires de Melissano en place, avec les couches tabulaires

Area 3 : Corsano
La zone est adjacente à la précédente, et comble l'espace entre cette dernière et la mer. Elle est délimitée par la gare Alessano Corsano et M. Di Novaglie sur le côté ouest et par la mer sur le côté est. Aucun point d'intérêt n'a été cartographié dans cette zone.

Area 4 : Gagliano
Cette zone de forme polygonale comprend le secteur qui va de Gagliano del Capo à Santa Maria di Leuca. Elle est encadrée par Gagliano, Castrignano, Punta Ristola et le phare de S. Marie de Leuca. Ainsi, il s'agit de la zone qui comprend les sites de Grotta dei Giganti, Grotta Titti et Grotta del Diavolo.

La zone est plutôt vaste et comprend, au nord, des affleurements des Sabbie di Uggiano qui sont exploités dans différentes carrières.

Elle est également caractérisée par une différence d'altitude surtout dans la partie sud. Deux petites vallées formées par deux ruisseaux descendent du nord vers le sud. Celles-ci ont été inspectées, mais aucun dépôt intéressant n'a été trouvé, ni aucun conglomérat susceptible de livrer de la matière première de bonne qualité.

Sur la route littorale qui va de Leuca à Punta Ristola, plusieurs échantillons de calcaires de Melissano ont été prélevés. La présence d'aucune autre matière première n'a été relevée.

Il est à remarquer, ainsi, que la surface adjacente aux grottes est quasiment dépourvue de matière première qui ne soit pas la roche mère. L'exception est faite pour des conglomérats qui se trouvent à l'intérieur des cavités, à environ + 5 m de la mer, notamment à Grotta dei Giganti, mais aussi à Grotta Titti et Grotta del Bambino. Nous n'avons pas échantillonné ces matières premières pour préserver l'intégrité des sites. Naturellement, nous ne connaissons pas la situation sous-marine, où l'existence de conglomérats peut être possible.

Area 5 : Morciano – Salve – Pescoluse
Il s'agit d'une vaste zone quadrangulaire dont les extrémités sont les communes de Morciano, Salve, et Torre Vado. Ici le degré d'anthropisation des terrains est moins important que dans les zones environnantes. Cependant, aucune coupe stratigraphique importante n'est visible, mais les affleurements des calcaires de Melissano sont évidents.

Cette zone est caractérisée par la présence des trois vallées qui correspondent à trois ruisseaux : le Canale Muscio, Canale S. Vito et Canale Fano. Le site de Grotta Montani doit se trouver dans cette zone (500 m à l'ouest du Canale Fano), mais malgré une recherche poussée qui a duré presque une journée, nous n'avons pas été en mesure d'identifier la grotte.

Une grotte dénommée Grotta delle Fate par les habitants des lieux a été cartographiée, mais pas visitée, l'accès étant barré par une végétation épineuse très épaisse. La zone est riche en vestiges paléolithiques de surface, souvent dans les plaines qui côtoient les ruisseaux. Plusieurs dizaines d'outils lithiques ont été recueillis (POI 013) : ils ont été attribués au Paléolithique moyen en large majorité.

Une deuxième prospection de la zone est envisageable pour les futurs travaux dans la région. Une coupe stratigraphique de la serra dans une propriété privée montre la présence d'un conglomérat constitué de galets calcaires de dimensions moyennes (10-20 cm). Un échantillonnage aléatoire de 15 galets nous a permis d'identifier des lithotypes caractéristiques des Calcaires de Melissano et de Castro (Bosellini 1999). Non loin de cet endroit, sur le même escarpement de terrain qui délimite une petite zone non cultivée, différents vestiges archéologiques ont été repérés. Des éclats moustériens sur calcaire ont été retrouvés ainsi qu'une molaire de grand herbivore probablement un *Bos primigenius* (détermination Dr. Francesca Zeppieri). Les vestiges se trouvaient sur le terrain, mais sur la paroi adjacente, un dépôt détritique en place était visible. La présence d'un site paléolithique à cet endroit est probable et une vérification des données archéologiques est à souhaiter pour le futur.

Area 6 : Capo S. Gregorio
Cette zone se trouve entre la route *litoranea* qui va de Torre Marchiello à Torre Vado et les communes de Morciano et Castrignano. Elle couvre la partie non encore inspectée entre les zones 4 et 5. Elle est fortement anthropisée et les cultures (olives) couvrent entièrement les parties internes. Près de Ruffano, deux éléments intéressants ont été cartographiés et échantillonnés.

Area 7 : Barbarano
Il s'agit d'une zone de forme trapézoïdale délimitée par Castrignano, Salve, Montesardo et Arigliano. Aucune coupe stratigraphique n'est présente. Toute la *Serra* est très intensément cultivée par terrassements successifs, et de ce fait aucun affleurement de la roche de base n'a pu être inspecté.

Area 8 : Serra dei Cianci
Cette zone est caractérisée per la présence, en son centre, de la Serra dei Cianci, d'altitude élevée par rapport aux environs. Cette colline correspond à l'église de la Madonna della Scala, qui constitue la limite sud d e la zone (187 m a.s.l.). Au nord, elle est comprise entre les communes de Specchia et Lucugnano.

Un affleurement important qui a été échantillonné au niveau archéologique et géologique se trouve sur la Serra dei Cianci. Des matériels archéologiques attribuables au Moustérien y ont été recueillis, avec des échantillons de calcaires de Melissano, dolomitiques.

En général, des coupes stratigraphiques sont visibles seulement le long de la route qui monte sur la *serra*, mais celle-ci est très fortement cultivée et les éléments remarquables du paysage sont très rares.

Area 9 : Torrepaduli – Montesano
La zone se trouve près de la limite nord de la région objet de prospection. Elle est signalée par les communes de Miggiano, Montesano, Taurisano et Torrepaduli. Toute la zone est une plaine qui se trouve à une altitude comprise entre 104 et 112 m. Elle est très intensément cultivée et une couverture de terre rouge caractérise le terrain, ou aucune coupe d'intérêt géologique n'a été retrouvée. De plus, une partie de la zone présente une couverture d'âge Pléistocène, qui rend particulièrement difficile la prospection. Le canal dénommé « Fontanelle » a été inspecté, pour découvrir qu'il s'agit d'un cours d'eau artificiel utilisé à des fins agricoles.

Area 10 : Castiglione
Cette zone est particulièrement vaste car elle est limitée par les communes de Montesano, Castiglione, Tricase et par la SP 210. En surface elle est constituée par des sédiments récents. Nous avons prospecté avec le but de trouver le conglomérat à la base des Cacarenites de Andrano, mais la conformation du terrain, très

plat et sans coupes évidentes, ne nous a pas permis de trouver et d'échantillonner ce conglomérat. La visite de plusieurs carrières n'a pas livré non plus de résultats intéressants pour notre recherche. La présence constante de dolines sur le territoire, n'a pourtant pas livré d'autres informations.

Area 11 : côte ionienne
Il s'agit de la zone la plus ample qui ait été délimitée, incluant toute la surface comprise à l'est par les zones 9 et 10 et à l'ouest par la mer Ionienne. Elle est caractérisée par les affleurements des calcaires de Melissano, qui ont été échantillonnés à plusieurs reprises. La zone est caractérisée aussi par la présence de très nombreuses carrières de calcarénites qui ont été inspectées. La présence récurrente de minces bancs de calcaire siliceux, voire de chailles a été relevée à proximité de la localité de Spiaggiana. Il faut remarquer que les chailles sont toujours des accidents siliceux, qui ont une morphologie très peu rentable pour leur exploitation pour la taille. Il est regrettable que les carrières, en tant que propriété privée, ne soient pas entièrement accessibles.

Area 12 : Andrano
La zone en question est délimitée par Andrano et Tricase, Tricase porto et la route *litoranea*. Il s'agit d'un territoire très plat et très riche en éléments karstiques tels que les champs de dolines. Vers la mer Adriatique, le paysage devient très escarpé et difficile à prospecter.

Parmi les points d'intérêt, il est à remarquer une *ventarola*, en la localité marina di Andrano, remplie de *terra rossa*. Dans le calcaire de base, relatif à la formation des calcaires de Castro, des accidents siliceux ont été étudiés. Il s'agit d'une matière première de bonne qualité, de couleur beige marron, parfois zonée. Encore un fois, la morphologie de cette matière première ne la rend pas très rentable pour une exploitation intense pour l'homme du Pléistocène. De plus, son extraction est particulièrement difficile.

Un autre point d'intérêt dans cette zone se trouve sur la Sp qui va de Tricase à Tricase porto. Le long de la coupe artificielle du chemin de fer, on trouve un conglomérat calcaire, dont l'origine géologique n'est pas claire. Il est constitué par des galets calcaires arrondis de dimensions moyennes (environ 20-30 cm) qui ont été échantillonnés.

II.5.2 Le territoire intermédiaire

Comme nous l'avons dit, nous considérons comme territoire non local un espace qui commence à partir d'une distance de 20 km du site de référence. Nous avons ensuite décidé d'inspecter la région jusqu'à une échelle de 50 km à partir du site de référence : *a posteriori* nous avons appelé « intermédiaire » ce territoire, étant donné qu'il ne représente pas le plus lointain des territoires d'approvisionnement. Ainsi, nous avons presque atteint les limites régionales du Salento méridional, qui est l'objet de cette étude. La prospection ciblée a comporté deux catégories de sites : les environs des sites paléolithiques connus et les sites susceptibles de livrer des conglomérats ou des brèches, associées à une disponibilité de galets. Ce choix a été dicté par des contraintes temporelles, mais aussi par la constatation d'une fondamentale uniformité géologique de la péninsule, dont les formations calcaires susceptibles de livrer des formations siliceuses ont été inspectées durant les précédentes prospections de terrain.

De plus, les territoires au nord de la ligne Ugento-Andrano sont caractérisés par une couverture de sédiments récents du Plio-Pléistocène qui les rendent peu intéressants pour notre recherche. En effet, il est très difficile dans ces zones de repérer des coupes stratigraphiques épaisses, sauf dans les carrières, qui sont des propriétés privées non accessibles.

II.5.3 Les sources lointaines

Deux sources de matières premières crypto-cristallines ont été reconnues dans les Pouilles et ses environs : le **Gargano** et le bassin du fleuve **Bràdano**.

La mieux connue est également la plus lointaine de nos sources. Elle se trouve dans la région étudiée (Pouilles) : il s'agit des sources de silex et de chaille qui se trouvent dans le promontoire du Gargano. Le Gargano est un massif calcaire crétacé, où plusieurs zones de silicification ont été reconnues dans différentes formations. Il se trouve à environ 350 km au nord du cap de Leuca. Les formations du Gargano qui contiennent du silex sont celles qui se sont formées en milieux de bassin (bacino) qui se trouvent dans le secteur oriental du promontoire.

En effet les formations de bassin, qui sont favorables à la formation du silex, sont présentes seulement dans le Gargano. Il s'agit d'une succession pélagique qui présente des analogies avec les formations très bien connues de la ***Maiolica*** et de la ***Scaglia*** (Ricchetti et Pieri 1999). D'autres formations qui contiennent des silex sont celles de Monte Acuto et des Calcari di Peschici. Les calcaires de type Maiolica constituent la formation de Rodi Garganico. Cette formation a été cartographiée dans la Carta Geologica d'Italia, Foglio 156 et a été attribuée au Jurassique-Crétacé. Elle n'a pas été validée par la Commission italienne de stratigraphie. Il s'agit de calcaires micritiques de couleur variable du blanc au noisette et avec des lits de silex de l'épaisseur de quelques centimètres. Le silex s'y trouve également sous forme de rognons. Sur la base de la couleur du silex, trois niveaux informels ont été distingués : a) inférieur avec silex blanchâtres, gris ou noisette ; b) moyen avec silex marron, bruns et noirs ; c) supérieur avec silex noisette, rosés ou noirs.

Le silex du Gargano est très bien connu en littérature pour son abondance et sa bonne qualité (Galiberti 2005). Probablement, c'était exploité pendant le Paléolithique supérieur par les groupes humains qui habitaient le Salento (Bietti et Cancellieri, 2007).

La deuxième source connue de matière première « de bonne qualité » se trouve dans la région Basilicate. Il s'agit d'une série de conglomérats relatifs au Calabrien dans la formation du Conglomérat di Irsinia, cartographié dans la feuille 201 (Matera) de la Carte Géologique d'Italie. Ce conglomérat se trouve sur les parois les plus élevées des bassins du Bràdano et du Basento. Il est constitué par différents éléments bien arrondis de nature lithologique très variée, qui proviennent des formations de l'Apennin. La présence de silex, jaspes, de granites et de quartzites y est avérée, et elles sont utilisés comme matières première dans le Moustérien de la région (Boscato *et al.* 2011 ; Spagnolo *et al.* 2016).

Des silex sont présents aussi dans la formation des Conglomérats de la Serra Cornetta, cartographiés dans la feuille 211 de la Carte géologique d'Italie (S. Arcangelo). Une provenance de la côte adriatique, sera aussi prise en compte dans le futur, vérifiant la provenance possible de galets de silex des conglomérats de la région de Bisceglie, en correspondance de la Grotte Santa Croce (Cardini 1962 ; Boscato *et al.* 2006 ; Ranaldo *et al.* 2017).

II.6 Les matières premières locales et sub-locales

Les matières premières locales et sub-locales sont donc les calcaires, les calcaires siliceux et les chailles.

II.6.1 Les calcaires

Les principales formations des calcaires utilisés sont : les Calcaires de Castro, les Calcaires de Melissano et les Dolomies de Galatina. Il faut juste rappeler que les Calcaires de Melissano et les Dolomies de Galatina sont parfois considérés comme la même formation (Ricchetti e Pieri 1999), et nous allons maintenir une distinction seulement par cohérence avec les résultats du terrain qui ont été obtenus à partir d'une carte géologique où ces deux formations étaient séparées.

Ces calcaires constituent tous des matières premières de vaste répartition géographique, qui peuvent difficilement renseigner sur les approvisionnements aux gîtes précis.

Des calcaires provenant de conglomérats ont aussi été repérés. Toutefois, dans la mesure où ceux -ci ne se trouvent pas dans les parages immédiats du site, il est difficile d'établir leur provenance d'un conglomérat spécifique.

II.6.2 Calcaires de castro : lithotypes

Ce sont des calcaires très polymorphes, étant donné leur origine bioclastique. Il s'agit de biomicrites et biomicrudites et de micrites fossilifères. Des variétés porcelaines et dolomitiques existent. Localement, la roche est une brèche de couleur rose, verte ou jaune.

Lithotype 1 (CA1) : couleur grise ou jaune, sec et poreux (Figure 10, 11). Texture moyennement grossière. Pas de fossiles reconnus. Il se trouve également sur galets (position secondaire).

Lithotype 2 (CA2) : couleur gris beige à texture de moyenne à granuleuse (Figure 10). Parfois il présente des inclusions de quartz.

Figure 10 : Lithotypes CA1 (gauche) et CA2 (droite) des Calcaires de Castro.

Figure 11 : Lithotypes CA1 et CA5 des Calcaires de Castro. Castro Marina.

Lithotype 3 (CA3) : couleur gris-noisette, neutre au toucher (Figure 12). Texture fine et matrice faiblement granuleuse. Fossiles (non identifiés) à la loupe 10X. Il se trouve également sur galets en position secondaire.

Lithotype 4 (CA4) : couleur rouge. Texture très fine. Matrice poreuse. Origine marneuse (Figure 13).

Lithotype 5 (CA5) : variante du précédent. Couleur verte. Marneux, en minces lits (Figure 11).

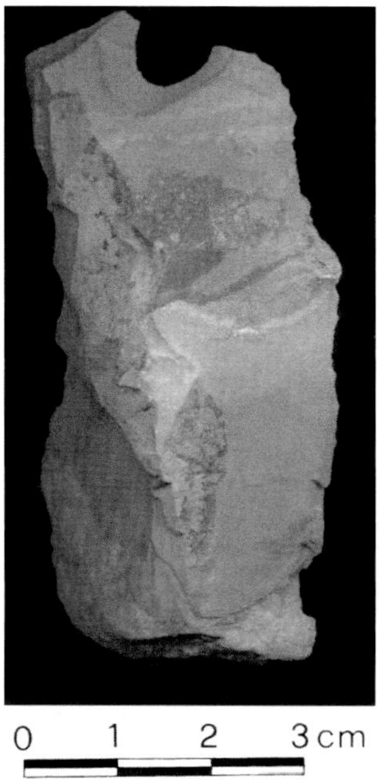

Figure 12 : Lithotype CA3 des Calcaires de Castro, de Grotta dei Giganti.

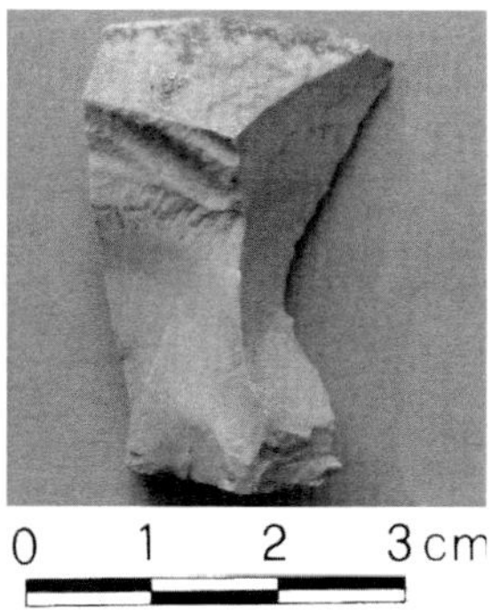

Figure 13 : Lithotype CA4 des Calcaires de Castro.

Position stratigraphique et étendue géographique
Cette formation se superpose à celle des Calcaires de Melissano et est sous-jacente à celle des Calcarénites d'Andrano. Une des sections de référence se trouve dans la localité du Ciolo. Les affleurements couvrent une étendue d'environ 25 km^2. Ils affleurent sur au moins 40 km sur la route qui conduit de Porto Badisco au Ciolo.

Gîtologie
Les lithotypes échantillonnés se trouvent tous dans la roche mère et sont d'extraction difficile. Par contre, deux des mêmes lithotypes ont été échantillonnés dans les conglomérats à la base des Calcarénites de Andrano.

Valeur de marqueur
La grande variabilité des types de calcaires de cette formation et leur vaste étendue géographique ne les rendent pas aptes à constituer des marqueurs lithologiques.

Aptitude à la taille
Les lithotypes 1 et 3 nous semblent ceux qui présentent la meilleure qualité de fracturation. Quand leur morphologie est sur galets, on peut les considérer parmi les meilleures matières premières calcaires de la région.

Le lithotype 2 n'a pas une bonne aptitude à la taille. Sa dureté et sa tendance à la fracturation diaclasée, augmentées par les fréquentes inclusions de quartz en font une matière première très mauvaise.

Les lithotypes 4 et 5, tout en étant des matériaux fins, ne sont très aptes à la taille à cause de leur forte composante marneuse, qui les rend très friables. Cependant, pour leur texture, ils font partie des meilleures matières premières calcaires de la région.

Risques de confusion
Les lithotypes 1 et 3 présentent des ressemblances avec certains lithotypes de la formation des calcaires de Melissano.

Représentation dans les séries archéologiques
Les lithotypes issus de la formation des Calcaires de Castro sont présents surtout dans les assemblages de Grotta dei Giganti et Grotta Romanelli. Quelques pièces de calcaire marneux rouge sont également présentes dans l'échantillonnage de la Grotta Uluzzo C (*cf.* partie III).

En particulier, le type 3 est utilisé très souvent dans la Grotta Romanelli. Celui-ci vient probablement du conglomérat qui se trouve juste en face de l'entrée. Nous avons échantillonné dans ce dernier.

La présence de ces types dans les Grottes de Romanelli et de Giganti témoigne d'un approvisionnement fortement local. Au contraire, les types retrouvés dans les environs de la Baie d'Uluzzo indiquent une certaine circulation de ces matériaux, sur une étendue jusqu'à 50 km. Ces calcaires de provenance non locale ne sont quantitativement pas nombreux (N = 7).

II.6.2 Calcaires de Melissano : lithotypes

Ces calcaires sont constitués par un nombre de lithotypes différents. Les plus communs ont une fracture irrégulière et ont une couleur grise ou noisette. D'autres types existent, qui ont une fracture conchoïdale et sont porcelainés et dolomitiques. Ces derniers ont une couleur plutôt gris clair. Parfois la roche détritique comporte un laminage plano-parallèle. Les calcaires sont généralement micritiques associés à intramicrites, biomicrites et biomicrudites.

Lithotype 1 (ME 1) : calcaire dolomitique, parfois d'aspect porcelainé de couleur gris clair, texture très fine et fracture conchoïdale (Figure 15). Il se trouve aussi sous forme de galets dans des conglomérats d'origine marine.

Lithotype 2 (ME2) : couleur gris opaque, neutre au toucher et poreux. Texture plutôt grossière. Pas de fossiles reconnus. Pas de cortex. Il se trouve également sur galets (position secondaire).

Lithotype 3 (ME3) : couleur gris beige à texture de moyenne à granuleuse. Sec au toucher, il ressemble à un grès (Figure 14 et 16).

Lithotype 4 (ME4) : couleur beige, poreux et neutre au toucher (Figure 15). Texture et matrice fine. Fossiles (non identifiés) à la loupe 10X. Il se trouve également sur galets en position secondaire.

Figure 14 : Lithotype M3, Calcaires de Melissano, partiellement patiné (de Grotta dei Giganti).

Figure 15 : Lithotypes M1 et M4 (en haut), Calcaires de Melissano.

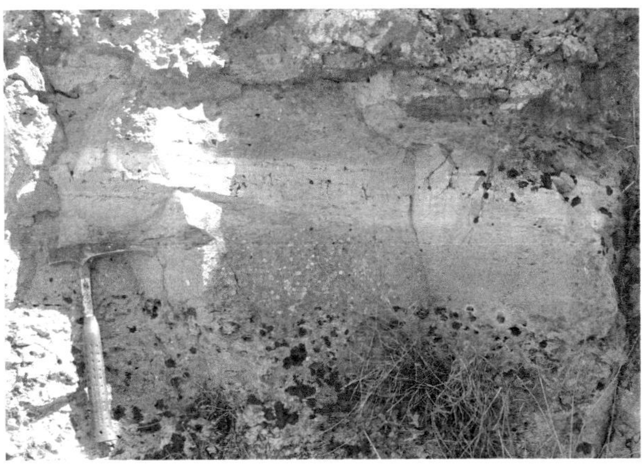

Figure 16 : Lithotypes 3 et 4, Calcaires de Melissano. Punta Ristola.

Position stratigraphique et étendue géographique
La formation de Melissano est sous-jacente à celle des Calcaires de Castro ou aux Calcarénites d'Andrano, mais aussi aux Calcarénites del Salento. Elle se superpose aux dolomies de Galatina, bien que selon certains auteurs ces deux formations soient équivalentes. Les affleurements ont une étendue d'environ 100 km^2. Les affleurements les plus typiques se trouvent sur les *Serre salentine.*

Gîtologie
Les affleurements présentent généralement un caractère massif et l'extraction de la matière première y est sûrement difficile. Pourtant, les calcaires dolomitiques affleurent souvent en minces bancs assez facilement exploitables. La présence de ces lithotypes dans des conglomérats est une source d'exploitation potentielle.

Valeur de marqueur
Comme dans le cas des Calcaires de Castro, la large étendue territoriale de ces types ne nous permet pas de les considérer comme des bons marqueurs.

Aptitude à la taille
Le type ME1 est dans l'absolu le meilleur calcaire disponible dans la région. Sa fracture est conchoïdale et les produits obtenus sont d'excellente qualité. Le problème constitué par la morphologie massive de la roche mère peut être dépassé par l'exploitation des lentilles et surtout des conglomérats qui livrent ce type, comme c'est le cas à Grotta Romanelli (*cf. infra*).

Les autres types présentent des caractéristiques moins favorables et des fractures plus irrégulières.

Risques de confusion
Les risques de confusion concernent surtout certains litotypes des Dolomies de Galatina, pour les raisons citées plus haut.

Représentation dans les séries archéologiques
Les types de calcaires de Melissano sont bien représentés dans les sites du Salento méridional et oriental, moins dans le Salento occidental, où ils laissent la place aux types des Dolomies de Galatina. Il faut remarquer qu'à la Grotta Romanelli, les galets du type ME1 ont été exploités de façon intense. Une certaine circulation est prouvée par la présence massive de ce type dans l'échantillon de Grotta Uluzzo C (mais aussi M. Bernardini) bien que pour les affinités stratigraphiques entre cette formation et celle de Galatina, cette donnée soit à vérifier par des analyses pétrographiques.

Les autres types ne sont présents que dans l'assemblage de la Grotta dei Giganti.

II.6.3 Dolomies de Galatina : lithotypes

La formation est représentée par un nombre très varié de lithotypes, incluant des dolomies grises, à fracture irrégulière, des calcaires micritiques gris clair, souvent laminés, des calcaires à intraclastes, des calcaires à *pellets*, des calcaires bioclastiques et des brèches calcaires. Les lithotypes individualisés sont les suivants

Lithotype 1 (DG1) : calcaire micritique de couleur marron noisette, neutre au toucher (Figure 17). Texture très fine. Il se trouve également sur galets. Parfois il est zoné.

Lithotype 2 (DG2) : calcaire micritique de couleur gris noir, sec au toucher (Figure 18). Texture fine.

Lithotype 3 (DG3) : couleur gris beige à texture de moyenne à fine (Figure 19). Neutre au toucher, parfois porcelainé.

Figure 17 : Lithotype DG1, Grotta Uluzzo C (échelle = 1 cm).

Figure 18 : Lithotype DG2, Grotta Uluzzo C (échelle = 1 cm).

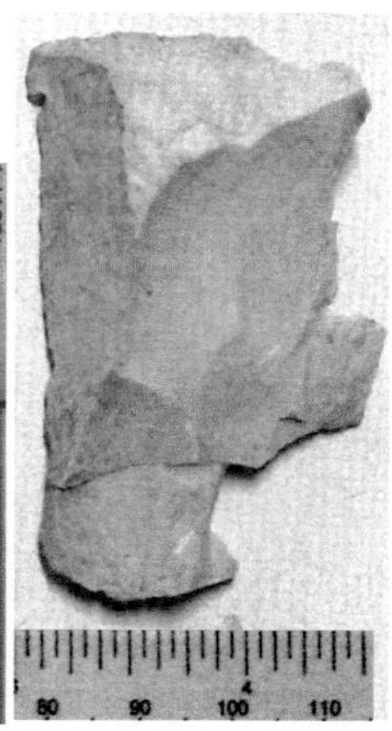

Figure 19 : Lithotype DG3, Grotta Uluzzo C (échelle = 1 cm).

Position stratigraphique et étendue géographique
Cette formation est la plus ancienne de la région où elle affleure. Elle se superpose aux Calcaires de Melissano et aux Calcaires d'Altamura. Son étendue est d'environ 100 km^2.

Gîtologie
Comme dans le cas des Calcaires de Melissano, les affleurements sont massifs et l'extraction la meilleure de ces matières premières est liée à la position secondaire de certaines lithotypes.

Valeur de marqueur
Les matériaux issus de cette formation ne peuvent pas être considérés comme des marqueurs.

Aptitude à la taille
Les lithotypes ont une fracturation plutôt régulière et présentent donc une moyenne aptitude à la taille.

Parfois, tels les types DG3, ils ont une fracture conchoïdale.

Risques de confusion
Les types dolomitiques clairs (DG3) sont assimilables avec les types dolomitiques de Melissano (ME1).

Représentation dans les séries archéologiques
Ces lithotypes sont représentés surtout dans les séries de la baie d'Uluzzo, ou ils sont encaissés dans la roche de base où les grottes s'ouvrent. Toutefois, même dans ces séries ils ne sont pas très fortement représentés.

II.7 Les calcaires siliceux

Cette matière première est difficile à définir, car le degré de « silicification » des calcaires ne peut être évalué qu'en laboratoire et donc les analyses macroscopiques souffrent d'un degré important de subjectivité.

Cependant, les plaquettes de calcaire siliceux constituent l'une des caractéristiques typiques des industries du Salento et ont fortement conditionné, par leur morphologie aplatie, la confection de l'outillage. La dénomination « calcaire siliceux » est très fortement répandue dans la littérature régionale et donc, malgré la faiblesse de définition de cette catégorie, elle occupe une place très importante dans l'étude des approvisionnements.

II.7.1 Plaquettes des calcaires de Melissano

La variabilité de ces calcaires silicifiés ne concerne que la couleur, qui peut varier du gris beige au gris bleu. Il s'agit de minces tablettes de calcaire micritique, d'une épaisseur d'un centimètre environ, à fracture généralement conchoïdale (Figure 20). Leur aptitude à la taille est moyennement bonne, mais leur morphologie ne les rend pas aptes au développement d'un débitage prédéterminé. Ils ne peuvent pas servir de marqueurs lithologiques non plus, car leur présence à l'intérieur de la formation de Melissano est plutôt courante. Ils sont présents dans les séries lithiques de Grotta dei Giganti et de Grotta Titti. L'approvisionnement de ces lithotypes dans des gîtes allochtones est attesté par la présence de pièces présentant un néo-cortex ou des traces de roulement. Quelques pièces de ce lithotype ont été retrouvées dans l'assemblage de Grotta T. dell' Alto, mais une confusion avec les Dolomies de Galatina n'est pas à exclure. Une circulation sur un rayon de 30-

Figure 20 : Plaquettes des Calcaires de Melissano.

Figure 22 : Chaille, Calcari di Castro, Marina di Andrano.

50 km est donc possible mais pas avérée en l'absence d'analyses plus poussées.

II.7.2 Plaquettes des dolomies de Galatina

Dans la formation de Galatina, la présence de calcaires à composante siliceuse est avérée : il s'agit pour la plupart des mêmes lithotypes que les calcaires, caractérisés toutefois par une texture beaucoup plus fine et siliceuse (Figure 21). Leur morphologie est tabulaire, mais des exemples plus massifs sont aussi présents. Les couleurs peuvent varier entre le marron, le beige le gris ou le bleu.

Figure 21 : Plaquettes des Dolomies de Galatina.

II.7.3 Plaquettes des calcaires de Castro

Les calcaires siliceux de la formation de Castro ont des caractéristiques morphologiques et minéralogiques légèrement différentes de celles des autres formations. En effet, ces calcaires siliceux semblent plus proches des chailles que des calcaires, car ils semblent avoir une plus forte composante siliceuse. Leur morphologie est moins aplatie et parfois on peut trouver des blocs plus épais. Il s'agit de calcaires micritiques de couleur marron beige, à fracture conchoïdale et à texture très fine.

II.8 Les chailles

Les chailles constituent un matériel très important au sein de notre enquête sur les approvisionnements du Salento. En effet, dans les séries archéologiques la différenciation parmi ces dernières, du silex et de certains types de calcaires siliceux est plutôt difficile. Pourtant, il est très important d'en souligner la présence, car une attribution erronée peut nous tromper sur la quantité et la qualité des matières premières importées dans les sites.

Les chailles sont présentes dans deux formations : les Calcaires de Castro et les Dolomies de Galatina. Cependant, seulement celles relatives aux Calcaires de Castro ont pu être échantillonnées et la présence de matière première de bonne qualité dans les Dolomies de Galatina reste une hypothèse de travail.

Figure 23 : Chailles, Grotta Uluzzo C
(échelle = 1 cm).

Dans la formation de Castro (Figure 23), il existe des accidents siliceux qui donnent naissance à une matière première de très bonne qualité, en tout semblable à un silex, ne serait-ce que pour sa morphologie. Elle a une couleur souvent marron ou beige et est souvent zonée.

En effet, ces silicifications n'ont pas une transition très nette avec le calcaire environnant et leur extraction est très difficile, même avec un marteau de géologue. De plus, elles ont des formes très irrégulières et souvent des inclusions qui causent une fissuration pendant la taille.

En outre, la quantité de matière première crypto-cristalline qui se rencontre à chaque site est plutôt modeste, d'un diamètre qui rarement dépasse 25-30 cm.

Un autre problème lié à l'approvisionnement en chaille dans le Salento est le caractère anecdotique de ces formations, dont la prévisibilité est quasiment nulle. Il nous semble qu'elles ne pouvaient que constituer des sources d'approvisionnement anecdotiques aussi pour les hommes du Pléistocène.

Des chailles sont présentes dans les assemblages de toutes les grottes, en pourcentages variables mais le plus souvent faibles.

Dans la baie d'Uluzzo, la présence de chailles dans la formation de Galatina est mentionnée dans la littérature. Cette matière première existe bien dans les séries lithiques de cette région que nous avons pu examiner. Il s'agit de minces plaquettes avec un cortex de calcaire sur les deux faces. La ressemblance de certaines de ces chailles avec des types de calcaire siliceux, notamment ceux de couleur bleu clair à foncé, confirme cette hypothèse. Cependant, dans la mesure où cette région est située dans la zone intermédiaire, notre prospection n'a pas été suffisante pour les retrouver dans la roche mère. Pourtant, nous pensons que la présence de ces chailles dans la baie d'Uluzzo a favorisé l'installation de populations humaines, contrairement à la zone adriatique où les chailles de la formation de Castro sont plus rares (Cf. V partie).

II.9 Les coquillages Callista chione

Nous n'allons pas terminer notre évocation des matières premières d'origine locale ou sub-locale sans une brève notation sur l'approvisionnement en coquillages marins.

Les *Callista chione* (Linnaeus 1758) sont des bivalves de la famille des *Veneridae*. Ils vivent dans des sables de l'espace infralittoral, jusqu'à une profondeur de 200 m environ. Il est exceptionnel de les trouver sur l'estran. Leur aire de distribution actuelle comprend la Méditerranée et les côtes atlantiques, du sud des Iles britanniques au Maroc. Les spécimens les plus gros peuvent atteindre jusqu'à 11 cm mais les tailles moyennes sont comprises entre 6 et 8 cm. La coquille est épaisse, de forme ovale.

Extérieurement elle est d'un brun rougeâtre, verni. Elle est habituellement d'un blanc pur à l'intérieur.

Actuellement en Italie elles sont pêchées au nord de la mer Adriatique.

Durant les régressions marines, les grottes, aujourd'hui proches de la mer, étaie nt à l'époque plus éloignées du rivage. Pour cette raison, la récolte de ces coquillages nécessitait des déplacements plus longs, c'est-à-dire sur une distance de 3 à 10 km.

De plus, l'écologie de ce coquillage nous indique sa présence plutôt sur le fond de la mer que sur les plages, bien que sa présence anecdotique sur les littoraux soit possible. Des valves simples apportées par la mer pouvaient être ramassées sur les plages. Toute destination alimentaire serait ainsi exclue.

Une autre possibilité est l'utilisation des spécimens fossiles dans les dépôts du Pliocène (F. D'Errico, comm. pers.).

Tout compte fait, la notion d'approvisionnement opportuniste des Néandertaliens à l'égard de ce mollusque est peut-être à remettre dans un cadre de profonde adaptation et connaissance du milieu exploité.

II.10 Les ressources actuellement immergées : mythe ou réalité ?

Avant d'examiner la possibilité d'un approvisionnement très éloigné, nous nous arrêterons pour analyser d'autres sources potentielles d'approvisionnement qui ne sont pas connues. En effet, même dans le cadre de prospections systématiques et d'un milieu minéral très bien connu, il n'est pas possible d'avoir un aperçu exact de l'environnement minéral du Pléistocène à cause des variations importantes apportées par les cultures et l'urbanisation et, encore plus, pour les variations de l'étendue des territoires, notamment la variation du niveau de la mer. La question qui se pose est donc la suivante « ***Est-t-il possible que des sources de matières premières crypto- cristallines se trouvent à proximité des sites sous le niveau de la mer actuel ?*** ». En effet, les territoires mis au jour par les régressions marines ouvraient devant les grottes côtières des escarpements abrupts suivis par de vastes plaines, ayant une étendue jusqu'à une dizaine de km.

Nous avons ainsi étudié la possibilité que des sources siliceuses se trouvaient sous la mer actuelle. Naturellement, il est très difficile d'estimer avec précision l'étendue des formations géologiques sous-marines.

En l'état actuel des connaissances il ne nous est ainsi pas possible de vérifier cette hypothèse. De plus, l'absence d'éléments siliceux sur les plages et dans les conglomérats d'origine marine est un élément d'appui pour le manque de ces matières premières. Si des sources de silex se trouvaient sous la mer actuelle, des galets, même de petites dimensions, auraient pu se trouver sur les dépôts de plages : ce qui n'est pas le cas.

Cependant, il est fort probable qu'aucune variation géologique importante et apte à la formation de silex ne se produise dans la zone sous-marine adjacente aux grottes.

Etant donné l'état de la recherche aujourd'hui, encore insuffisante, et tout en restant consciente des possibilités que cette hypothèse peut apporter, nous allons continuer notre analyse sur les données effectivement disponibles à l'heure actuelle.

II.11 Les matières prèmieres allochtones

A la fin de cette analyse des résultats des prospections de terrain, il nous reste à expliquer la raison de la présence, dans les assemblages, d'un nombre de matériaux qui ne sont pas présents dans la zone prospectée. Celle-ci est suffisamment à l'image du territoire de l'approvisionnement de Néandertaliens telle qu'il est connu aujourd'hui. L'ouverture des connaissances sur l'étendue de ces territoires d'approvisionnement peut nous donner une nouvelle perspective quant à la complexité des espaces exploités.

La quantité relative de silex dans les assemblages considérés est plutôt importante (cf. III partie). De plus, cette matière première est présente en un bon nombre de lithotypes très variés qui témoignent d'approvisionnements également variés ou bien ayant une forte variabilité interne (comme les conglomérats de Basilicate).

Tous les types de silex rencontrés sont de très bonne qualité à la taille. La morphologie des blocs est très intéressante, car souvent il s'agit de rognons qui montrent des traces de roulement, ou de galets. Bien que l'origine stratigraphique des galets soit probablement identifiée (cf. supra) dans les conglomérats de la région du Bràdano, avec des jaspes (Figure 24) et des quartzites (Figure 25), la présence de spécimens sur rognons n'y est pas attestée. Leur provenance demeure ainsi inconnue en l'état actuel des recherches.

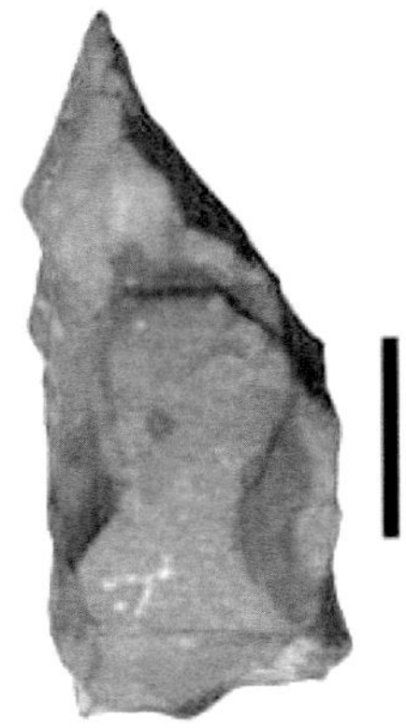

Figure 24 : Limace en jaspe, Grotta Uluzzo C (échelle = 1 cm).

Figure 25 : Pointe Levallois en quartzite, Grotta Uluzzo C (échelle = 1 cm).

Troisième partie
Analyse des industries lithiques

III.I Introduction et historique des recherches

I.1 Introduction

La presqu'île du Salento est l'une des régions italiennes qui a la plus grande densité de sites paléolithiques et la deuxième quant au nombre des restes humains fossiles. Cela est dû à plusieurs facteurs et en premier lieu au milieu karstique qui est porteur d'éléments favorables à la sédimentation et à la conservation des vestiges, tels que les grottes, les dolines et le ventarole. D'autres facteurs ont contribué à cette richesse et notamment le faible degré d'urbanisation de la péninsule. En effet, cette région base son économie principalement sur l'agriculture et sur le tourisme, qui a fortement contribué à la protection des milieux côtiers, ceux qui ont livré la plupart des grottes. Ainsi, les sites paléolithiques ne sont pas distribués uniformément sur le territoire, mais ils sont souvent concentrés dans des zones particulières (Figure 26). Tel est le cas des sites de la Baie d'Uluzzo ou encore ceux de S. Caterina, tous sur la côte ionienne, qui se trouvent actuellement dans la réserve naturelle de Porto Selvaggio et représentent la plus importante concentration de sites paléolithiques du Salento.

Une autre importante concentration de sites se trouve à l'extrême sud de la presqu'île, au Cap Santa Maria de Leuca. Il s'agit des Grottes de Giganti, Grotte del Diavolo, de la Grotta Titti et d'autres cavités qui n'ont pu être explorées que partiellement, par leur position juste sur le bord de la mer actuelle. En ce qui concerne la côte Adriatique, les plus importants témoignages paléolithiques se situent sur le trait de côte à proximité de Castro Marina, sur les falaises qui descendent au sud, vers le cap.

Au contraire des grottes marines, les sites paléolithiques de l'intérieur sont très dispersés sur le territoire, qui n'est probablement pas autant bien connu et exploré que le littoral. Le seul site de notable intérêt pour le Paléolithique moyen est Fondo Cattìe, une doline proche de la ville de Maglie, qui a livré une dent humaine et un nombre important de vestiges, partiellement publiés. D'autres fissures d'origine karstique ont été explorées, toutes dans les environs de Maglie, telles Sans Sidero, Melpignano et Cardamone. Elles ont livré seulement des restes fauniques et leur fréquentation par l'Homme n'a pas été démontrée. Toutefois, ces sites occupent une place privilégiée pour les études paléontologiques italiennes, à cause de la fréquence, de la variété et de

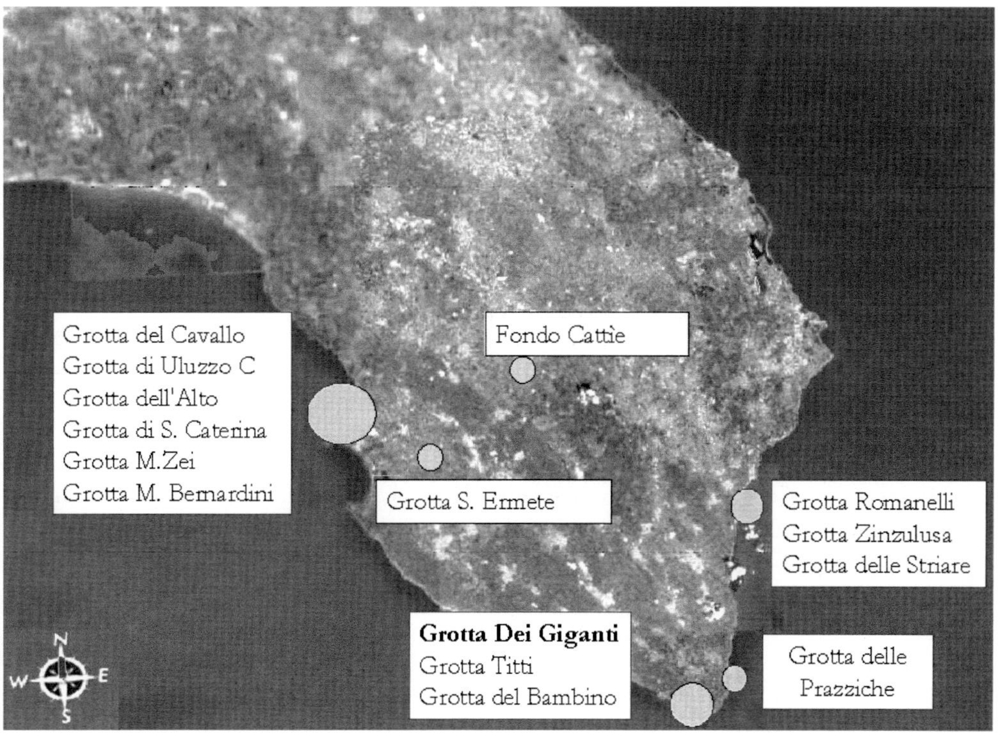

Figure 26 : Les sites du Paléolithique moyen dans le Salento.

l'excellent état de conservation des ossement fossiles. Tous les autres sites qui se trouvent à l'intérieur ont livré des vestiges pauvres et des séquences stratigraphiques modestes (S. Ermete, Grotta Montani).

Le passage au Paléolithique supérieur est marqué, dans cette région, par le fameux faciès de l'Uluzzien, qui tire son nom de la baie homonyme. Ce faciès a été attesté dans les sites de Uluzzo, Grotta del Cavallo, Grotta M Bernardini et Grotta C. Cosma (Uluzzo C).

Les sites qui présentent une séquence continue du Paléolithique moyen au Paléolithique supérieur sont très rares, et parmi eux, le plus important est la Grotte del Cavallo, qui est considérée comme le « site référence » de la région (Palma di Cesnola 1965a). L'Aurignacien n'a laissé en Salento que quelques traces modestes et controversées, notamment dans cette dernière grotte et dans la Grotte de Serra Cicora (Spennato 1981).

Les sites gravettiens et épigravettiens sont localisés plutôt vers l'intérieur, avec quelques notables exceptions et relèvent aussi de l'exploitation des cavités karstiques aussi communes dans la région. Ainsi, à l'intérieur se trouvent la Grotta delle Veneri, à Parabita, la doline de Taurisano et celle de Fondo Focone (Bietti et Cancellieri 2007). Sur la côte, on trouve Grotta Romanelli, Grotte des Cipolliane (Bietti 1979 ; Bietti et Burani 1985).

Dans cette partie, nous allons présenter les résultats des analyses des industries lithiques des sites analysés, partant de la côte Adriatique, en passant par le cap de Leuca et enfin la Baie de Uluzzo.

Ensuite, nous allons présenter la revue documentaire sur les autres sites Moustériens du Salento.

I.2 Histoire des recherches

L'histoire des recherches dans le Salento est strictement liée à celle de la discipline préhistorique en Italie. La richesse de la région en vestiges paléolithiques et la présence, dans son territoire, de chercheurs émérites, ont participé à l'accumulation des connaissances, à partir des époques les plus anciennes.

Dans certaines régions des Pouilles et spécialement sur la côte adriatique entre Otrante et Leuca, la plupart des dépôts reconnus plus tard comme moustériens, ont été découverts entre la fin du XIXème siècle et le début du XXème. Particulièrement importantes furent les explorations d'Ulderico Botti, qui, avocat passionné d'histoire naturelle, arriva à Lecce en 1868 et, dès son arrivée, se pencha sur l'étude géologique de la presqu'île salentine.

Les études géologiques furent initiées quelques décennies plus tôt, notamment par Giovene de Molfetta (1810), Milano (1815) et surtout G.B. Brocchi (1818). En effet, d'éminents géologues et amateurs avaient inauguré la tradition des études de la région, tels que Giovanni Battista Brocchi, Giuseppe Maria Giovene et Oronzo Gabriele Costa. En particulier, G.B. Brocchi contribua fortement aux connaissances spéléologiques de la région, explorant la Grotte Zinzulusa, en 1821, publiant ses « Observations Géologiques » dans le « *Journal du Royaume des deux Siciles* ».

En 1869 U. Botti publiait plusieurs articles dans la revue « *Cittadino Leccese* », décrivant les roches observées pendant des visites dans la zone de Tarante. En 1869, au cours d'une excursion au Cap S. Marie de Leuca, accompagné par G. Capellini, géologue bien connu de l'Université de Bologne, il notait les signes d'une possible fréquentation humaine à Grotta del Diavolo. Cela donna une impulsion à ses recherches en palethnologie, qui l'amenèrent, en 1870, à l'exploration du Capo de Leuca. En 1871, il publiait le compte rendu de ses explorations au Capo de Leuca (Botti 1871) et en 1874 une monographie sur son exploration de la Grotte Zinzulusa (Botti 1874).

Pour ses activités de recherche, Botti fut nommé représentant de la Province au Congrès préhistorique de Bruxelles de 1872, sous l'impulsion du Duc Sigismondo Castromediano : le duc, patriote et député à la première Assemblée nationale, fut l'un des promoteurs les plus passionnés de l'activité archéologique de la région. Sous son égide fut créée la « *Commission conservatrice des monuments de la Terre d'Otrante* » et commencée la construction du musée archéologique provincial.

Au cours de ses activités, U. Botti fut accompagné et soutenu par C. de Giorgi, médecin et enseignant, aux intérêts multiples, tels que la paléontologie, la palethnologie mais aussi la météorologie et la géographie. Il fut le premier réalisateur de la Carte géologique de la Province de Lecce, en 1879 et son œuvre de synthèse « *Descrizione Geologica e morfologica della Provincia di Lecce* » (1922) est encore à l'heure actuelle une lecture précieuse pour qui s'initie à la géologie du Salento.

Suite à l'enthousiasme des deux chercheurs, l'intérêt des autres chercheurs italiens pour cette province s'accroît et le premier noyau du Musée d'Histoire Naturelle fut créé.

Parmi les découvertes de De Giorgi et Botti, est à signaler le site de Cardamone, mis au jour pendant les travaux d'une gravière par des ouvriers, qui apportaient à de Giorgi de nombreux ossements d'animaux quaternaires. De Giorgi et Botti exploraient ainsi le dépôt de la cavité, aujourd'hui disparue, créant une importante collection de paléontologie quaternaire, comprenant pachydermes, carnivores, oiseaux et insectivores, aujourd'hui conservée au Musée de Maglie.

En 1882, U. Botti fut muté à Cagliari et son départ, suivi par sa fin tragique, par suicide en 1906, signait une période de déclin culturel du Salento, pendant laquelle la plupart des nouvelles institutions furent fermées.

Dans les premières années du XXème siècle, la publication des feuilles de la carte géologique d'Italie marque une étape importante dans les connaissances de la région. Notamment, la feuille « Gallipoli » fut publiée en 1882 par Cassetti, avec également les feuilles « Otranto » et « Tricase ».

La découverte et l'exploration de la Grotte Romanelli, apportaient de nouvelles impulsions à la recherche paléolithique du Salento. P.E. Stasi, connaisseur du travail de U. Botti, à travers l'exploration des brèches osseuses qui se trouvent sur la côte entre Otrante et Leuca, essaya de démontrer la présence des vestiges paléolithiques dans la région du Salento. En effet, au début des années 1900, à partir des idées courantes sur la division du Paléolithique en Italie, la plupart des chercheurs ne voulaient pas considérer les artefacts des Pouilles, en provenance des sites de surface mais de morphologie très typique, comme faisant partie du Moustérien, et postérieurs à l'Acheuléen, mais comme un aspect particulier d'une époque « acheuléo- » (Palma di Cesnola 1967).

Stasi, malgré l'opposition de quelques-unes parmi les personnalités les plus importantes de la palethnologie de l'époque, continuait ses explorations, trouvant des restes de faunes dans les brèches osseuses susmentionnées. Il s'agissait de terres rouges et de brèches, souvent à la base de remplissages de grottes et contenant les restes fossiles de « faunes chaudes » à grands pachydermes (éléphant, rhinocéros, hippopotame) et à grands carnivores tels que l'hyène et l'ours. Jamais par contre, l'existence d'industries paléolithiques dans ces dépôts n'a été reconnue avec certitude.

Néanmoins les avancées les plus notables proviennent de l'exploration de la Grotte Romanelli, entamée en 1904 (Regalia 1904 ; Stasi et Regalia 1904). Pendant un voyage à Florence entrepris pour la détermination des vestiges et découvertes, Stasi fit la connaissance de E. Regalia, qui détermina les faunes issues des fouilles. Stasi et Regalia indiquaient la présence, dans les terres rouges de Grotta Romanelli, d'un artefact moustérien et en même temps d'ossements fracturés et de charbons de bois. Cette découverte fut évoquée comme la preuve des occupations moustériennes de la région. Les conclusions des deux auteurs trouvèrent toutefois une forte opposition de la part de L. Pigorini, qui, directeur à l'époque du Musée préhistorique romain, déniait l'existence du Paléolithique dans la Grotte, attribuant les couches de Terres Brunes au Néolithique. De l'autre côté, pour appuyer les découvertes de Stasi et Regalia, quelques personnalités éminentes s'étaient engagées. En Italie, A. Mochi, se prononçait favorablement, et en France, les travaux de Stasi et Regalia rencontrèrent l'approbation de Issel, Cartailhac et Boule.

En 1914 la Surintendance pour les fouilles de Pouilles chargea G.A. Blanc de poursuivre l'œuvre de Stasi, inaugurant les recherches de **l'Institut Italien de Paléontologie Humaine** (Istituto Italiano di Paleontologia Umana : IsiPU.) dans les Pouilles. Il arriva à Castro en 1914, reçu et hébergé par P. E. Stasi et fouilla durant quatre mois, jusqu'au début de la Grande Guerre.

Ses recherches continuèrent ensuite jusqu'à la publication des années 20 de son œuvre sur la Grotte (Blanc 1920, 1928). Postérieurement, ses travaux furent repris par son fils et par les autres représentants de l'IsiPu.

Les recherches menées par A. C. Blanc en 1936 et par A.C. Blanc et L. Cardini en 1958 ont permis de poursuivre des fouilles de gisements très importants comme Grotte Romanelli et, en même temps, de localiser plusieurs nouveaux gisements moustériens, tels ceux découverts au Cap de Leuca, dans la partie la plus méridionale de la péninsule salentine. Il s'agit des grottes de Giganti, de Titti et du Bambino (Blanc 1959, 1961a ; Cardini 1962 ; Cardini et Biddittu 1967). Pendant ces explorations, les représentants de l'IsiPu furent accompagnés par des chercheurs locaux, tels que D. de Laurentiis qui signala en premier la présence des vestiges paléolithiques au Cap de Leuca. En 1958 ce dernier, avec S. Zecca et M.me Codacci Pisanelli découvrirent la doline de Fondo Focone, qui livra un important site épigravettien.

De fait, D. de Laurentiis représente une autre figure importante pour l'archéologie salentine. Il fut le premier directeur du musée paléontologique de Maglie, ouvert en 1965 pour accueillir les vestiges de la fouille de San Sidero : A.C. Blanc et L. Cardini travaillèrent également à la réalisation du projet.

En 1959 D. de Laurentiis explora, avec C. Cosma et E. Daniele les Grottes del Ciolo, près de Marina de Novaglie.

En 1960 **l'Institut Italien de Préhistoire et Protohistoire** (Istituto Italiano di Preistoria e Protostoria : IIPP) fut invité par le Musée Archéologique Castromediano de Lecce à accomplir des recherches palethnologiques dans le département de Lecce en vue de l'aménagement d'une section de préhistoire dans le musée en question. Cette invitation avait comme objectif initial l'identification et l'exploration des localités qui avait livré les matériaux préhistoriques conservés dans le musée, qui appartenaient aux collections des chercheurs tels que De Simone et Botti. Ces séries étant de provenance inconnue et dérivant de récoltes de surface, les recherches de l'IIPP se dirigèrent alors vers des prospections qui apportèrent à la découverte de nouveaux sites. Cela marqua le début des études de ce territoire par deux chercheurs qui ont joué un rôle très important dans les études de cette région : E. Borzatti et A. Palma de Cesnola (Palma di Cesnola et Borzatti von Lowerstern 1964).

Les Grottes Cipolliane et Uluzzo furent signalées pour la première fois par C. Cosma : les chercheurs florentins prirent la suite de leur exploration. Ainsi, en 1961 la Grotte Cipolliane fut explorée et une fouille commença dans la Grotte del Fico, à S. Maria al Bagno. Durant la même saison d'autres importants gisements furent découverts, tels que la Grotta Torre dell'Alto, Grotta di Capelvenere, les Grottes de la baie d'Uluzzo. Dans tous ces gisements, des sondages furent effectués, qui mirent au jour des séries allant du Moustérien au Paléolithique supérieur.

La campagne de 1962 avait comme objectif principal la fouille des Grottes Cipolliane, mais également des nouvelles prospections dans la zone en question (Marina di Novaglie).

Une troisième campagne en Salento fut organisée en 1963, entièrement dédiée à l'exploration des Grottes d'Uluzzo. À cette occasion, les trois grottes principales furent dans un premier temps dénommées A, B et C et seulement ensuite des noms courants leurs furent attribués : A devint Grotta del Cavallo, B Grotta di Uluzzo et C Grotta Carlo Cosma.

En 1963 E. Borzatti fouilla la Grotta di Uluzzo et ouvra un sondage dans la Grotte de Uluzzo C.

En plus de ces découvertes, en 1961 les frères Antonio et Francesco Piccinno, des amateurs locaux, bons connaisseurs du territoire, découvraient les gisements de plein air des Laghi Alimini et ensuite les Grottes de Marisa et de Sacrara.

Les années '70 marquèrent une nouvelle phase d'importantes découvertes. En 1970 le Groupe spéléologique du Salento, fondé en 1955, découvrait la Grotte des Cerfs, à Porto Badisco. D'autres sites protohistoriques et préhistoriques furent découverts, tels que la Grotta S. Angelo à Lizzano et le Dolmen Chianca à Maglie. En outre, le Laboratoire d'Ecologie du Quaternaire, guidé par M. Zei, commençait ses recherches dans le Salento.

Les années '80 furent marquées par la découverte du site de Fondo Cattìe, une doline qui se trouve sur le territoire de Maglie, fouillé par G. Cremonesi.

Au cours des années 1990, les seules nouvelles recherches menées furent les prospections et l'étude des sites du Paléolithique final des Laghi Alimini par S. Millikan, et les fouilles de Grotta del Cavallo, qui sont toujours en cours, de la part de l'Université de Sienne et sous la direction de L. Sarti.

III.II Grotta Romanelli

II.1 Historique et présentation de la grotte

Grotta Romanelli représente l'un des plus importants et des mieux connus sites paléolithiques en Italie. La grotte s'ouvre directement sur la falaise marine de la côte adriatique, à quelques kilomètres de Castro Marina. Elle est divisible en trois parties (Blanc 1928) : la première, devant l'entrée, est représentée par un conoïde détritique ; la deuxième est la première salle de la véritable grotte, dont le plafond descend progressivement vers l'intérieur où s'ouvre la portion finale de la cavité. La longueur totale de la grotte est de 35 m et la largeur, qui reste plutôt uniforme tout au long de la cavité, est d'environ 16 m.

Les premières explorations du remplissage de Grotta Romanelli remontent à 1900, quand P.E. Stasi, à la suite d'une visite de la brèche osseuse qui est située devant l'accès à la grotte, déjà signalée par U. Botti en 1881, découvrait l'ouverture d'une ample grotte, caractérisée par un dépôt de couleur brune et par la présence de faune fossile ; ensuite pour la première fois le Prof. Stasi ouvrait deux tranchées qui arrivaient jusqu'à la roche mère. C'est ainsi que le « *bolo* » (la couche moustérienne) fut entamé pour la première fois par Stasi et Regalia en 1904 : un dépôt de terre rouge contenant charbons, os fracturés et un nucléus discoïde en silex, témoignent d'une fréquentation ancienne de la Grotte (Regalia et Stasi 1904). Cet outil en silex publié en 1904 par Regalia fut considéré par Pigorini comme n'étant pas en position primaire. La présence d'une industrie dans le « *bolo* » fut ainsi contestée en soutenant une datation néolithique pour les industries en silex des niveaux supérieurs. Les recherches s'arrêtèrent ainsi jusqu'en 1912 quand A. Mochi réussit à démontrer le caractère paléolithique de l'industrie des niveaux supérieurs, inspirant ensuite la reprise des recherches par G.A. Blanc en 1914. Ce dernier fut le premier en Europe à inaugurer une fouille stratigraphique à coordonnées et le premier à donner une interprétation climatique et géologique de l'origine du dépôt. Blanc en 1914 observait dans la première salle une ligne de trous de lithodomes à environ un mètre sur la paroi.

La stratigraphie établie par A.C. Blanc est toujours valide et est ainsi constituée (Figure 29) :

- A-E : formation supérieure de terre brune ;
- F : stalagmite ;
- G : formation de terre rouge argileuse avec des niveaux des sables éoliens ;
- H : plancher stalagmitique ;

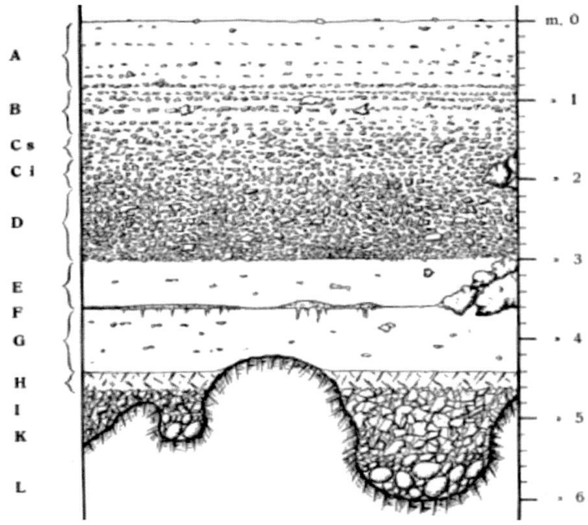

Figure 27 : Coupe stratigraphique de Grotta Romanelli, modifiée d'après Piperno 1974.

- I : formation à détritus calcaires anguleux contenant très peu d'argile provenant de sa dissolution. Sa faune comprend l'hippopotame, l'éléphant antique, le rhinocéros de Merck, le daim, le cerf élaphe, l'aurochs, le cheval ;
- K : plage tyrrhénienne, située à 7,5 m d'altitude ;
- L : calcaire de base.

Le dépôt moustérien, dénommé « *bolo Romanelli* », comprend les niveaux du G au K, c'est-à-dire, de haut en bas, à partir des terres rouges jusqu'à la plage tyrrhénienne. La stalagmite F ne couvre pas entièrement le niveau à *terra rossa*, mais par endroit celui-ci est couvert directement par les terres brunes de la couche E. L'épaisseur de la stalagmite F est variable de quelques millimètres à quelques centimètres en plaques plus ou moins étendues. La couche G a une épaisseur de 60-80 cm. La stalagmite H a une extension assez uniforme couvrant le niveau I et a une épaisseur d'environ 20 cm.

G.A. Blanc attribua en 1927 la couche I à une phase avancée de l'Interglaciaire Riss – Würm, le plancher stalagmitique H à la première acmé du Würm, la couche G à l'interstade Würm I/II et le plancher stalagmitique F au stade de Buhl de la vieille terminologie géologique.

Les processus sédimentaires qui ont contribué à la formation des dépôts du remplissage sont décrits par Blanc (Blanc 1920), qui trace également une hypothèse de reconstitution paléoenvironnementale couche par couche.

Le niveau K représente une plage marine tyrrhénienne soulevée, insérée en un milieu tempéré riche en fleuves et marécages.

Le niveau I est presque entièrement constitué par des cailloutis issus de la lente désagrégation des parois de la voûte de la grotte. Ils se sont accumulés après la fin de la phase de plage marine mais pendant une situation climatique presque identique, comme le témoignent les faunes.

La formation stalagmitique H s'étale avec une grande uniformité sur la couche I et est constituée par de la calcite cristalline pure, exempte de matières terreuses et de pierrailles. Elle représente une mutation radicale du régime hydrique de la grotte qui, fort probablement, correspond à une égale mutation dans le régime climatique de la région, devenu très pluvieux. Cette mutation doit correspondre à des changements du climat à l'échelle européenne à la suite d'une augmentation de l'extension glaciaire.

Celle-ci a impliqué des pluies hivernales à régime régulier et continu, considérablement différent du régime qu'on peut observer actuellement, comportant une infiltration très limitée. À la base du plancher stalagmitique H les traces d'un foyer ont été détectées.

La couche à terre rouge G est constituée par un terrain argilo-calcaire, coloré de rouge par les oxydes de fer et contenant d'abondants grains de quartz aux angles émoussés, caractéristiques des sables qui ont subi une corrosion éolienne. L'interprétation donnée par Blanc sur l'origine de cette couche en souligne l'origine éolienne. Il s'agit d'une dune d'arrêt formée par deux apports différents : l'un, un sédiment argileux lœssique et l'autre un sable siliceux d'origine désertique.

Les deux éléments étant apportés alternativement par des vents de provenances diverses, le sable d'origine africaine et l'argile de l'Est, cela devait correspondre à un climat chaud et sec.

Le niveau stalagmitique F correspond à une nouvelle phase humide et constitue une transition entre les terres rouges et les terres brunes qui le recouvrent.

Les fouilles furent interrompues au début de la Grande Guerre (1915-1918) et furent reprises par le fils de G.A. Blanc, A.C. Blanc, en 1938. La fouille de 1938 touchait aussi bien les niveaux supérieurs que le « *bolo* ». Les dernières campagnes de fouilles furent dirigées par L. Cardini, en quatre saisons de fouille, de 1961 à 1970. Le « *bolo* » fut l'objet de sondages limités, réalisés par Cardini en 1961 afin d'échantillonner des charbons pour en obtenir une datation (Cardini et Biddittu 1967). Les deux niveaux stalagmitiques ont été ensuite datés avec la méthode du Th/Ur : H = 69.000 BP ; F = 40.000 ± 3250 (Fornaca-Rinaldi et Radmilli 1968). Il s'agit des seules datations obtenues pour le Moustérien de cette région, mais elles ont été controversées pour des raisons stratigraphiques et paléontologiques, comm déjà souligné par Piperno (1994).

En 1963 Cardini retrouva pour la première fois une abondante industrie lithique sur calcaire, présentée à la VIIIe Réunion de l'Institut Italien de Préhistoire et Protohistoire. La dernière campagne de fouille fut menée en 1970.

Les restes fauniques trouvés par Cardini au cours de ces dernières campagnes de fouille ne sont pas très dissemblables de ceux déjà publiés par A.C. Blanc (1920, 1928). Les espèces représentées dans le niveau G sont *Elephas antiquus, Rhinoceros mercki, Hippopotamus amphibius, Bos* sp., *Cervus elaphus, Dama dama, Capreolus capreoulus, Equus caballus, Hyaena crocuta* et *Canis lupus.* La présence de coprolithes de hyène est également signalée par A.C. Blanc (1928), élément qui pourrait indiquer une fréquentation non exclusive de la grotte par l'homme. D'ailleurs, A.C. Blanc parle d'une fracturation intentionnelle des os et d'évidentes traces de découpe, surtout sur l'espèce faunique d'après lui la plus consommée, le daim. Les restes de grands pachydermes sont apparemment représentés par les os des membres et du crâne. La couche stalagmitique H a donné une très faible quantité de restes fauniques, parmi lesquels *Cervus* sp. et *Vulpes vulpes.* Le niveau I est très pauvre en restes fauniques, parmi lesquels les mêmes espèces du niveau supérieur sont représentées. Un deuxième foyer se trouve au toit de la plage tyrrhénienne K. Mélangés aux charbons de ce niveau, des restes de *Rhinoceros mercki, Hippopotamus amphibius* et *Dama dama* furent retrouvés, en partie brûlés.

Au cours de la fouille 1963 le « *bolo* » fut divisé en trois unités stratigraphiques, G1, G2 et G3 et chacune de ces unités fut fouillée avec une division en coupes de 20 cm, jusqu'au niveau H. Aucune étude définitive des faunes du « *bolo* » n'a été publiée depuis.

Récemment, les faunes ont été l'objet de nouvelles études : une, attestant la présence du premier Rhinocéros laineux (*Coelodonta antiquitatis*) en Italie, provenant du niveau I (Pandolfi et Tagliacozzo 2013). Le deuxième, a attribué les restes de *Canis mosbachensis* de provenance de la couche G, à la variabilité de *Canis lupus* (Sardella *et al.* 2013).

II.2 L'étude de M. Piperno

M. Piperno a étudié et publié en 1974 (Piperno 1974) l'industrie moustérienne de Grotta Romanelli, provenant des couches G, K et I. À la suite des fouilles des années 60 le niveau G a été divisé en sous- couches artificielles d'une épaisseur de 20 cm portant des lettres (en 1963) et des numéros (en 1964). En 1970, en tenant compte de l'uniformité de la couche G, cette distinction a été abandonnée et dénomination modifiée en supérieure, moyenne et inférieure. Piperno dans son étude tient compte de la raréfaction des vestiges qui se produit dans la partie supérieure du niveau et fait une distinction entre les niveaux G1 et G2, moins denses, et G3, plus riche en vestiges. En plus, des remontages ont pu être effectués sur les matériaux de la couche G, qui montrent des raccords entre pièces distantes jusqu'à 40 cm : 15 artefacts ont pu être remontés. Tous ces éléments vont dans le sens d'une grande homogénéité de l'ensemble considéré et d'une probable rapidité d'accumulation de ce dernier.

Dans l'étude de Piperno (Table 4) l'industrie de l'ensemble G1 présente 36 pièces, surtout des éclats avec les talons lisses. Dans le niveau G2 Piperno décompte 98 pièces au total, dont 20 outils, pour la plupart des racloirs.

	G1	G2	G3	Total
Èclats	32	76	829	937
Outils	4	20	138	162
Nucléus	0	2	30	32
Total	**36**	**98**	**997**	**1131**

Table 4 : Décompte de l'assemblage étudié par Piperno (1974).

En ce qui concerne le niveau G3, Piperno analyse 997 objets et donne une description détaillée de l'outillage, caractérisé surtout par les racloirs, les encoches et les denticulés.

Il analyse 30 nucléus, qu'il caractérise comme « irréguliers », sur galets ou polyèdres. Il mentionne aussi la présence de galets entamés ou testés.

Piperno analyse également des objets provenant des niveaux I et K, 8 en total. Du niveau K proviennent un éclat et un nucléus qui se trouvaient à l'intérieur du foyer découvert par Blanc. Dans le niveau I ont été trouvés un éclat en silex et un en quartzite avec d'autres pièces en calcaire.

Piperno définit cette industrie comme un Moustérien Charentien de type Quina. Son interprétation porte sur le choix du calcaire comme matière première avec l'intention d'obtenir des supports de grandes dimensions, qui ne seront pas réalisables sur d'autres matières premières disponibles, étant donné leur petite taille. Il note l'absence de la « technique Levallois » dans cette industrie, sa diagnose se basant surtout sur les talons lisses et sur la grande abondance d'éclats corticaux. La retouche écailleuse scalariforme a été utilisée pour les outils plus « soignés » (*curated*), et une retouche plus légère sur les autres. La rareté des outils et la quantité générale de l'industrie n'impliquent pas une interprétation de la grotte comme site résidentiel. En effet la densité des objets, y compris la faune, est très faible et aucun foyer structuré n'a été relevé.

L'interprétation de Piperno porte finalement vers un campement de brève durée et occasionnel et elle est tout à fait conforme à notre propre conclusion, plus de 30 ans après.

II.3 Présentation de la serie

L'étude présentée ici est une reprise du travail de Piperno et l'assemblage étudié représente la totalité des matériaux actuellement disponibles, qui sont conservés à Rome, près de l'Istituto Italiano di Paleontologia Umana et à Tarant, au Musée National.

Le corpus étudié comprend 1014 objets (Table 5-8), parmi lesquels 60 débris et 100 éclats indifférenciés > à 3 cm, qui ne seront pas décomptés par la suite. Ils proviennent tous de la couche G, majoritairement de GIII, mais aussi de GI et GII. Aucun objet provenant des couches K et I n'a été trouvé dans les collections disponibles, bien qu'ils aient été étudiés par Piperno en 1974.

	N
Nucléus	130
Percuteurs	10
Éclats	720
Outils	94
Débris	60
Total	**1014**

Table 5 : Décompte des matériaux étudiés par catégorie technologique.

Couche	N
G I	4
G I destra	6
G I tl C	9
G I tl. B	3
G I tl.7	1
G I tl.a	13
G I tl.d	1
Bolo I destra	5
Total	**42**

Table 6 : Grotta Romanelli, décompte des matériaux étudiés, couche G1.

Couche	N
Bolo II tl.1	13
bolo II tl.2	6
Bolo II tl.4	2
Bolo II tl.5	1
bolo II tl.7	1
G II	31
G II tl 4	1
G II tl. C	23
G II tl.3	8
G II tl.6	2
G II tl.a	11
G II tl.b	4
G2 destra	1
G2	1
Total	**105**

Table 7 : Grotta Romanelli, décompte des matériaux étudiés, couche G2.

Couche	N
G III	255
G III tl 1/a	111
G III tl.2/b	122
G III tl./c	147
G III tl.4/d	49
G III tl.5/e	23
G III tl. 6/f	23
G III tl 7	6
G III tl.8	2
G III tl.9	2
Total	**740**

Table 8 : Grotta Romanelli, décompte des matériaux étudiés, couche G3.

II.4 État de conservation

Le matériel présente des états de conservation variables allant du très frais au très altéré (Table 9 et 10).

État de surface	N	%
Frais	467	54
Patine	382	44
Brûlé	2	0
Eau	21	2
Total	**872**	**100**

Table 9 : Grotta Romanelli, types d'altérations de surface et proportion des pièces altérées.

Degré altération	N	%
1	204	24
2	112	13
3	68	8
aucune	475	55
Total	**859**	**100**

Table 10 : Fréquence des différents types et degrés d'altération de surface.

L'altération la plus commune est une patine blanche qui affecte le calcaire en relation à son contact avec l'eau et qui touche 44 % de l'assemblage. La combustion n'est attestée que sur deux pièces et l'action mécanique de l'eau a agi sur 21 pièces. Souvent les pièces présentent des bords très émoussés. Les patines peuvent se présenter sous la forme d'une couche blanchâtre plus ou moins épaisse, qui empêche, dans la majorité des cas, la détermination pétrographique des objets. Elle est due à une chaîne de processus mécaniques et chimiques entraînant un accroissement de la porosité (Fernandez 2006). Ce type de phénomène est caractéristique des milieux soumis à des circulations intenses de fluides très dilués ou fortement basiques, bien que dans la plupart des cas les altérations sont difficilement indicatrices d'un procès spécifique (Burroni *et al.* 2002).

Dans le cas de notre série, cela constitue sans doute une limite pour l'étude des matières premières, qui peut toutefois être mise en place de façon avérée sur plus de la moitié de l'assemblage. D'un autre côté, il faut remarquer que les matériaux qui se présentent frais ont des tranchants assez vifs et coupants.

II.5 Les matières prèmieres

L'industrie de Grotta Romanelli est largement dominée par l'utilisation massive du calcaire comme matière première, dans 99 % des cas (Table 11).

Table 11 : Grotta Romanelli, fréquences des différentes catégories technologiques par matière première.

MP	éclats	nucléus	outils
C. sil	3	1	5
Calcaire	620	139	84
Jaspe	0	0	1
Quartzite	1	0	1
Silex	1	0	4
Total	**625**	**140**	**94**

L'origine des blocs est fort probablement à rechercher dans un conglomérat d'origine marine qui se trouve devant la grotte et qui était déjà accessible quand cette dernière était fréquentée par les groupes préhistoriques. Le conglomérat est constitué par des galets arrondis de dimensions moyennement grandes (25 cm). Différentes lithologies de calcaires y sont représentées, qui se reflètent dans la composition de l'assemblage archéologique, et qui ont été classées en 3 lithotypes.

Le **type 1** est un calcaire gris, à texture très fine et à fracture conchoïde. Son origine semble attribuable à la formation des Calcaires de Melissano, à une distance d'environ 20-30 km de Castro. Dans les cas où la morphologie des galets n'est pas détectable sur les pièces, une provenance primaire des blocs de cette formation ne peut pas être exclue.

Le **type 2** est un calcaire gris beige, de texture moyenne à granuleuse, typique de la formation des Calcaires de Castro, la formation de roche mère dans laquelle la Grotta Romanelli s'est formée. Sa qualité pour la taille est assez mauvaise.

Le **type 3** est un calcaire siliceux qui a comme provenance la Formation de Castro, mais constitue un accident siliceux à l'intérieur de cette dernière. Sa texture est fine et sa couleur peut varier du marron au beige et au vert. Il se présente sous la forme de tablettes très fines. Seulement 9 pièces ont été attribuées à ce lithotype.

Les trois lithotypes sont caractérisés par des cortex assez fins, faiblement crayeux et fins, lorsqu'ils sont détectables, qui sont conformes à leur provenance supposée. Certains d'entre eux présentent des signes d'altération liée à une corrosion du calcaire par l'eau.

La représentation des autres matières premières dans l'assemblage est très faible.

Le silex est présent avec 5 objets, dont deux beiges, deux bleus et un noir. Deux pièces proviennent de rognons, la morphologie des autres étant indéterminable.

Les quartzites sont représentés par deux pièces, une bleue et une grise. Leur texture est fine et leur morphologie indéterminable.

Le jaspe est présent avec une seule pièce de couleur marron et de morphologie indéterminable. L'ensemble des éléments présentés ici montre une modalité d'approvisionnement strictement locale pour la plupart des supports. Cette possibilité d'approvisionnement devait constituer probablement une des attractions de la Grotte pour les groupes humains, qui abandonnaient rarement sur les lieux des objets issus d'autres sources plus lointaines.

II.6 Technologie de production des supports

Dans la mesure où l'hypothèse de provenance très locale des matières premières employées sur le site est confirmée, aucune différence notable dans la gestion des différents lithotypes n'a pu être remarquée et en conséquence l'analyse de la production de supports sera menée sans tenir compte de cette distinction.

D'un point de vue technique, les industries de Grotta Romanelli illustrent une complexité et une maîtrise considérables. Trois chaînes opératoires différentes ont été reconnues dans l'assemblage et également un grand nombre de produits indifférenciés issus d'une chaîne « opportuniste » ou dérivant de la mise en forme des nucléus (Table 12).

Table 12 : Grotta Romanelli, fréquences et proportions des différents modes de débitage de Grotta Romanelli.

Débitage	N	%
Enclume	59	7
Discoïde	57	7
Indifférencié	315	37
Kombewa	6	1
Levallois	392	48
Total	**829**	**100**

La chaîne opératoire Levallois est la mieux représentée (48 %) par la présence de tous types de produits : nucléus, éclats prédéterminés, couteaux à dos naturel et cortical, pointes Levallois.

Les exemples de chaîne opératoire Levallois sur calcaire sont anecdotiques, faisant souvent partie de traditions différentes chronologiquement et géographiquement de notre cas (Bouzouggar 1997) : les sites du Salento en représentent les seuls exemples italiens pour le Moustérien. La chaîne discoïde est faiblement représentée au niveau quantitatif (7 %) ; les produits sont souvent des éclats épais et courts, mais également des produits débordants et des pointes pseudo-Levallois. La chaîne opératoire sur enclume (7 % de l'assemblage) est reconnaissable sur un bon nombre de galets entamés et de produits corticaux, comme les dièdres et les demi-galets présentant les stigmates d'une telle technique (cf. *infra*). L'utilisation de cette technique est fortement influencée par la morphologie et les dimensions de la matière première utilisée, comme c'est souvent le cas (Mourre 1996).

Des produits sur face inférieure d'éclat (Kombewa) sont également présents (N = 7), bien qu'anecdotiques. Leur quantité est peut-être sous-estimée, compte tenu de la difficulté à les identifier surtout dans des stades plus avancés de débitage.

Les produits indifférenciés sont au contraire très nombreux (37 %), et leur abondance se combine bien avec la disponibilité en matière première in situ et en conséquence l'importance des premières phases de débitage. Ils correspondent en partie aux sous-produits du débitage Levallois.

En ce qui concerne le rapport entre les différentes chaînes opératoires, une séquence peut être envisagée, comportant l'initialisation du nucléus faite à partir d'un débitage sur enclume, qui représente un moyen pour initialiser le bloc en obtenant des supports aptes à être transformés en nucléus (Grimaldi *et al.* 2007, Bietti *et al.* 2009). Les relations entre la chaîne Levallois et la chaîne discoïde ne sont pas toujours très claires, comme c'est le cas dans d'autres séries qui font l'objet d'un débat animé (Peresani 2003), qui est loin d'être conclu. D'ailleurs, la présence au sein d'une série dominée par le débitage Levallois, d'éléments « d'allure » discoïde soulève régulièrement une interrogation sur l'indépendance des deux systèmes. En effet, certaines classes de produits, tels que les éclats débordants, peuvent bien être attribuées aux deux méthodes et parfois leur attribution reste incertaine. Ici, seuls les produits très caractéristiques du débitage discoïde ont été retenus comme éléments d'une possible chaîne opératoire séparée : les produits très épais, avec contre-bulbes marqués et négatifs sécants. Certains produits indifférenciés pourraient également provenir de la même séquence de débitage.

Le débitage de conception Levallois est présent en deux modes dominants : un schéma récurrent centripète et un schéma récurrent unipolaire, et plus rarement unipolaire convergent.

La phase de mise en forme est faite à travers le décorticage du galet par des enlèvements sécants : en effet les éclats corticaux sont en moyenne moins épais que les éclats sans cortex.

L'aménagement de la surface de débitage est effectué au moyen d'enlèvements perpendiculaires ou parallèles à la surface du plan de frappe, comme c'est le cas dans un débitage Quina, comme témoignent les nombreux éclats indifférenciés. Ces éclats ont une morphologie souvent quadrangulaire ou irrégulière, parfois sont très épais et dénués de toute constante technique. Ils sont indicateurs d'un aménagement faiblement élaboré, qui s'adapte à la morphologie de la matière première. La phase de mise en forme des surfaces de débitage est indiquée par les éclats à dos cortical et les éclats à dos débordant qui représentent 19 % de l'assemblage. L'éclat à dos cortical (N = 16), défini comme un éclat emportant un plan cortical perpendiculaire à la face supérieure du support (Delagnes 1992), est un produit débordant qui intervient au cours du débitage en emportant un flanc naturel (non aménagé). Les éclats débordants (N = 21) et éclats à dos cortical accentuent les convexités et sont indicateurs de la gestion des volumes au cours du débitage. Deux éclats à crête sont également présents dans l'assemblage, pouvant être considérées comme une variante de l'éclat débordant (Geneste 1985) et aussi bien présents en contexte discoïde (Peresani 2003) que Levallois (Slimak 2004).

Depuis cette phase, une unique modalité, le plus souvent centripète, régit la séquence de débitage, conditionnant la direction des enlèvements et la mise en œuvre des séries successives. L'exception est faite pour les séries d'enlèvements unipolaires, qui se mettent en place à partir du début de la chaîne opératoire mais qui peuvent, dans un deuxième temps, laisser la place aux enlèvements centripètes.

Les produits de plein débitage ont des morphologies variées et sont de tendance parfois laminaire. Les éclats Levallois représentent à la fois le produit le plus abondant et le plus élaboré. La production est assez standardisée et les produits « typiques » Levallois sont très bien représentés (31 % des produits non retouchés). Les Levallois récurrents se caractérisent par une prépondérance des formes quadrangulaires allongées et par une bonne représentation des formes triangulaires. Toutefois une certaine variabilité intervient, notamment dans l'agencement des enlèvements antérieurs. Les éclats centripètes présentent un nombre de négatifs d'enlèvement antérieurs variable : quelques pièces se distinguent par un nombre de négatives assez nombreux (5, 6 ou plus), mais la plupart comprennent généralement deux ou trois négatifs d'enlèvement. Ces éclats présentent les caractères morpho-techniques typiques des produits Levallois, tels qu'une section convexe et un tranchant périphérique (Delagnes 1992).

Leur longueur étant supérieure à celle des supports indifférenciés et corticaux, on est tenté de supposer que la mise en place de l'exploitation du nucléus, ayant comme but l'obtention de tels éclats, intervient très tôt dans la chaîne opératoire.

Les nucléus présentant des degrés d'exploitation bien différenciés ne sont pas très nombreux (N = 57). Leur faiblesse quantitative peut nous indiquer que le déroulement des actions de débitage ne se passait pas à l'intérieur de la grotte, mais probablement à sa proximité. Malgré l'abondance de matière première, des nucléus sur face inférieure d'éclat et les préparations de nucléus sont présents. Les nucléus Levallois (N = 17) et discoïdes (N = 6) sont minoritaires par rapport aux nucléus qui ne présentent pas les stigmates d'une méthode précise (N = 33). Un nucléus discoïde nous semble issu d'une dernière série d'enlèvements centripètes sur un nucléus Levallois.

Cela peut être mis en relation avec une exploitation très forte des nucléus, qui peut être envisagée comme passant par les trois stades : Levallois, suivi de discoïde

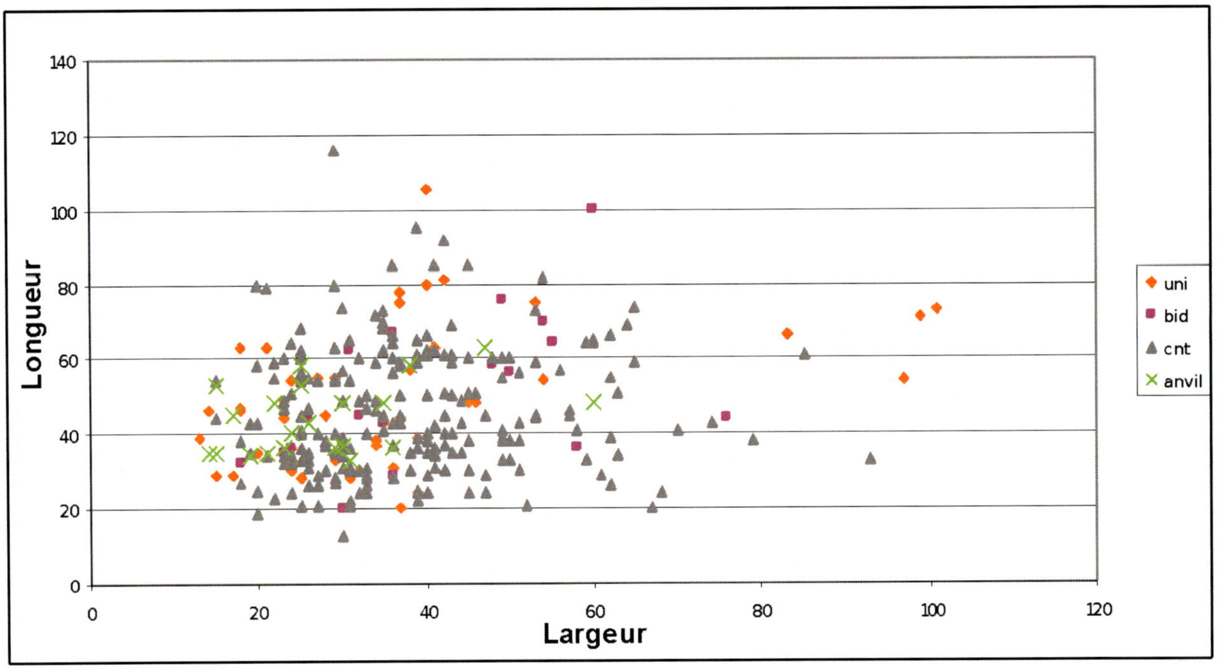

Graphique 1 : Grotta Romanelli, données métriques en millimètres par direction de débitage (longueur/largeur) : UNI : unidirectionnel ; BID : bidirectionnel ; CNT : centripète, ANVIL : débitage sur enclume.

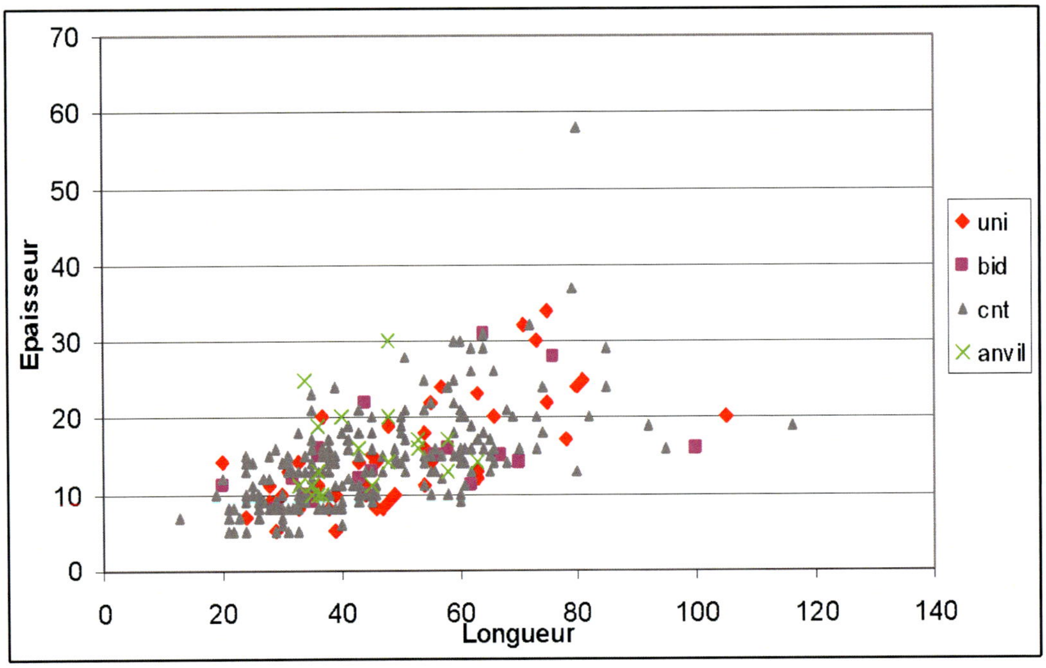

Graphique 2 : Grotta Romanelli, données métriques en millimètres par direction de débitage (longueur/épaisseur) : UNI : unidirectionnel ; BID : bidirectionnel ; CNT : centripète, ANVIL : débitage sur enclume.

et enfin indifférencié. D'un autre côté, les blocs entamés et les galets avec un seul enlèvement sont également bien représentés (N = 14). Probablement, après une sélection des meilleurs blocs, ceux-ci étaient exploités jusqu'à la fin de la chaîne opératoire.

En ce qui concerne la chaîne opératoire Levallois, les nucléus centripètes sont les mieux représentés (N = 7), suivis par les unidirectionnels. Les nucléus pseudo-prismatiques semblent reprendre les nucléus Levallois pour entamer une séquence finale jusqu'à l'exhaustion

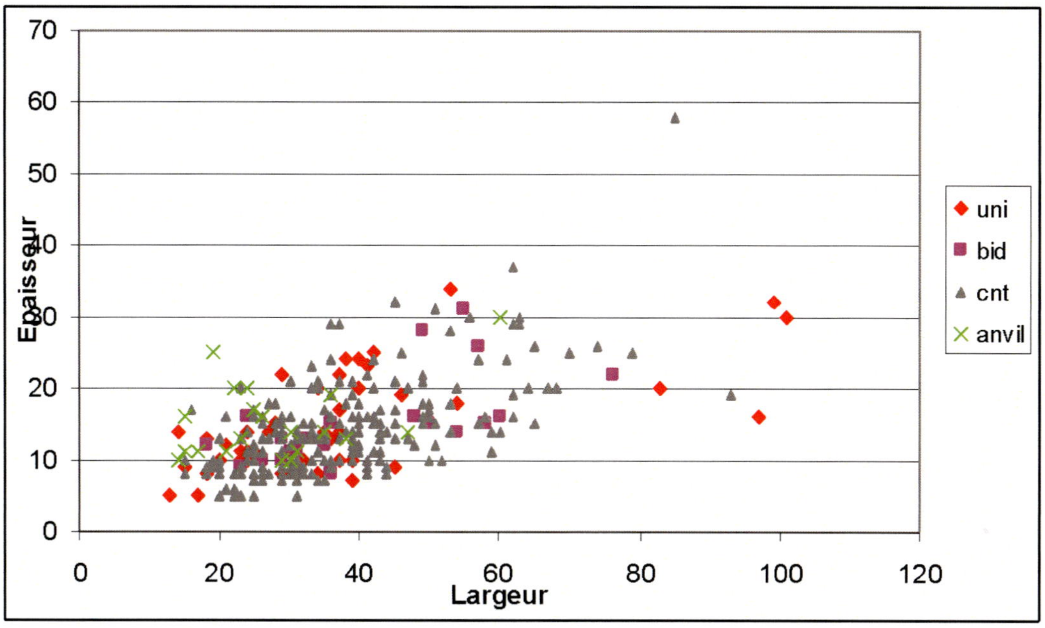

Graphique 3 : Grotta Romanelli, données métriques en millimètres par direction de débitage (largeur/épaisseur) : UNI : unidirectionnel ; BID : bidirectionnel ; CNT : centripète, ANVIL : débitage sur enclume.

du nucléus et son abandon à un stade informe, comme en témoignent les nucleus indifférenciés. Ces derniers n'attestent d'aucune organisation dans l'enchaînement des enlèvements (Delagnes 1992) et se remarquent par l'absence de constantes techniques, ainsi que par des morphologies très variées et des dimensions en moyenne plus réduites que les nucléus Levallois.

Les nucléus discoïdes ont également des dimensions plus réduites (Table 13) que les Levallois et cela pourrait aller dans le sens d'une phase d'exploitation discoïde qui suit le Levallois.

Débitage	L	l	É
Indifférencié	43,14	37,59	16,38
Levallois	48,69	39,27	14,95
Cortical	46,18	40,14	15,34

Table 13 : Grotta Romanelli, dimensions moyennes des nucléus par mode de débitage.

	L	l	É
Éclats	41,01	37,43	15,11
Outils	53,37	41,4	19,88
Nucléus	68,44	57,07	38,92
Percuteurs	67,26	55,1	38,74
Blocs Testés	65,26	51,84	35,86

Table 14 : Grotta Romanelli, dimensions moyennes des principaux catégories technologiques.

Un nombre discret de blocs ouverts par percussion sur enclume est présent (N = 13). Cette technique de percussion, qui se déroule chronologiquement à partir du Paléolithique inférieur jusqu'à l'Holocène (Spinapolice 2004) a souvent été sous-estimée, étant donné que ses stigmates n'ont pas été définis de manière univoque. Nous avons essayé de définir des stigmates fiables pour sa reconnaissance, sur la base d'un protocole strict expérimental, basé sur le site de Grotte Breuil (M. Circeo). Dans ce site, la percussion sur enclume est utilisée (Grimaldi *et al.* 2007; Bietti *et al.* 2009) pour ouvrir des galets en silex de petites dimensions : nous supposons qu'à Grotta Romanelli, la même technique est utilisée avec le même but. Certains stigmates déjà reconnus au cours de l'étude de Grotte Breuil ont pu être identifiés.

La reconnaissance des mêmes stigmates dans l'assemblage de Grotta Romanelli est importante afin de vérifier leur pertinence sur une matière première telle que le calcaire, pouvant ainsi donner un caractère encore plus fiable aux indices d'utilisation d'une telle technique déjà soulignée.

À Romanelli, trois des sept types de bulbes (Table 15) déjà classifiés ont été individualisés : les bulbes plats (Figure 28), les bulbes dièdres et les bulbes négatifs écaillés (Figure 29). Les écaillures visibles sur les supports en calcaire sont pour la plupart opposées mais aussi orthogonales.

Bulbes	plat	enlevé	indét.	proéminent	très proém.	dièdre/nég	Total
Non retouchés	476	36	42	8	21	42	625
Retouchés	74	6	7	1	2	4	94
Total	**550**	**42**	**49**	**9**	**23**	**46**	**719**

Table 15 : Grotta Romanelli, fréquences des différents types de bulbes selon la catégorie technologique.

Figure 28 : Bulbe plat, couche G, Grotta Romanelli.

Figure 29 : Grotta Romanelli, couche G. Bulbes dièdres et négatif écaillé (droite) issus de la percussion sur enclume.

Talons	enlevé	facetté	indét.	lisse	punctif.	cortical	dièdre	Total
Non retouchés	40	49	47	386	21	34	48	625
Retouchés	6	10	7	59	3	4	5	94
Total	**46**	**59**	**55**	**445**	**24**	**38**	**53**	**719**

Table 16 : Grotta Romanelli, fréquences des différents types de talons selon la catégorie technologique.

La présence de ces signes de percussion sur enclume à Grotta Romanelli constitue ainsi un test pour la méthode mise en place et en même temps une ultérieure confirmation de l'efficacité de cette technique quand on a affaire à des matières premières de morphologies arrondies. En outre, elle nous permet de mieux cadrer les potentialités d'étude sur une matière première « difficile » comme le calcaire, où des stigmates légers, tels que les écaillures, ont pu être individualisés malgré une texture grossière.

Dans les séries analysées lors du précédent travail, on a souligné qu'au Moustérien la percussion sur enclume était utilisée surtout au début de la chaîne opératoire : il en est de même pour l'assemblage de Grotta Romanelli, où les nucléus qui présentent des stigmates de cette percussion se placent facilement au même moment de la chaîne opératoire.

En ce qui concerne la technique utilisée pour le débitage, les stigmates de taille ainsi que la présence dans l'assemblage d'un certain nombre de percuteurs (N = 10) ayant traces d'utilisation (Figure 30) nous amènent à penser que la percussion à pierre tendre (calcaire) a été utilisée et qu'en effet il est possible de débiter du calcaire

Figure 30 : Percuteur en calcaire, couche G, Grotta Romanelli.

à partir de la même matière première (Sahnouni 1997). En effet, les bulbes souvent plats et les talons lisses pourraient aller dans ce sens (Pelegrin 2000 ; Roussel 2005). Naturellement cette hypothèse mérite d'être vérifiée par un protocole expérimental qui permettra de vérifier également si un choix dans la lithologie des percuteurs n'a pas été effectué. Une utilisation du percuteur tendre n'est pourtant pas à exclure, comme pourraient l'indiquer les talons ponctiformes, rares mais pas tout à fait anecdotiques.

II.7 Technologie de transformation et d'entretien des produits

Les produits retouchés sont faiblement représentés dans l'assemblage, constituant 9 % de la totalité des artefacts (11 % en excluant du décompte les débris et les éclats inférieurs à 3 cm) et donc un pourcentage plus faible par rapport à d'autres assemblages de la région.

La liste typologique (Bordes 1961) des types présents (Table 17) dans l'assemblage du site montre des spécificités qui la différencient des typologies « classiques » de la région (Palma di Cesnola 1967). La retouche est légère, écailleuse, non envahissante et rarement scalariforme. Elle est en majorité directe et souvent elle ne s'étend pas sur toute la longueur des bords, ne modifiant que partiellement leur contour.

Typologie	N
Pointes	4
Limaces	1
Racloirs	16
Encoches et dent.	29
Burins	1
Perçoirs	5
Éclats retouchées	32
Divers	6
Total	**94**

Table 17 : Grotta Romanelli, décompte typologique.

Les racloirs (Table 18) ne constituent pas l'ensemble le plus abondant de l'outillage ; ils sont majoritairement simples et transversaux et plus rarement doubles et convergents. Cela contribue à l'impression d'un outillage faiblement transformé. Cette constatation nous a amené ainsi à donner à quelques pièces classifiées comme racloirs de Piperno une attribution typologique différente, en les classant parmi les « éclats retouchés », à cause de la morphologie faiblement standardise de leurs tranchants.

Une seule limace a été identifiée (différente de celle dessinée par Piperno en 1974) et deux racloirs convergents. Il s'agit des seules pièces portant une modification importante de leurs contours.

Type	N
Racloirs simples (9-11)	6
Racloirs doubles (12-17)	3
Racloirs convergents (18-20)	2
Racloirs déjetés (21)	1
Racloirs transversaux (22-24)	4
Total	**16**

Table 18 : Grotta Romanelli, typologie des racloirs.

Les pièces à encoches sont particulièrement abondantes (30 %) et variées. Les encoches sont souvent de « *vraies encoches* » (Bordes 1961) aménagées par une retouche fine, certes ayant une morphologie très proche d'un racloir concave. D'autres encoches sont plutôt clactoniennes et elles se rapprochent des denticulés, qui sont souvent fabriqués par une série de telles encoches.

Parmi le reste de l'outillage, 6 perçoirs dont 4 atypiques ont été reconnus, ayant un des cotés formé par un bord non retouché. Différentes catégories d'éclats ont été transformées en outils avec toutefois une forte prédilection (environ 50 %) pour les éclats Levallois en tant que supports d'outils. Des éclats indifférenciés et corticaux ont également été retouchés, mais en proportions nettement moins importantes. En effet, seulement 9 supports issus d'un débitage sur enclume ont été retrouvés et 4 éclats discoïdes. De la même manière, seulement 9 éclats corticaux ou partiellement corticaux ont été retouchés. La sélection des supports à retoucher semble s'appuyer strictement sur des critères technologiques, mais aucun choix du support en fonction de la typologie de l'outil n'a pu être décelé. Par contre, les dimensions respectives des éclats bruts et des éclats retouchés présentent des différences qui paraissent plus significatives : la longueur moyenne des premiers est en effet plus grande de celle des secondes. En conclusion, en ce qui concerne la sélection des supports à retoucher, le critère dimensionnel semble avoir joué un rôle déterminant, associé à une préférence pour les supports Levallois.

Dans l'ensemble, cet assemblage s'éloigne d'autres sites de cette région (Palma di Cesnola 1967 ; Borzatti von Lowerstern 1971 ; Sarti *et al.* 2002 ; Spinapolice 2009) tant sur le plan de la morphologie des outils que sur celui de leur entretien. La prédominance d'outillage « peu élaboré » nous impose un regard sur une technologie « *expedient* » *sensu* Binford (Binford 1979) qui en serait l'origine. Cet outillage est par définition faiblement modifié au niveau morphologique. En effet la retouche des pièces de la couche G, quand elle est présente, n'aboutit jamais à une transformation radicale de la morphologie de l'objet ; de plus, aucune pièce ne porte les stigmates de raffûtages successifs ayant fortement modifié le volume initial du support. Si la retouche des supports de Grotta Romanelli est à attribuer à une phase de raffûtage, celle-ci se configure comme très limitée et marginale, avant l'abandon de l'outil, dans un état de conservation le plus souvent frais (avec des bords coupants). L'outillage est issu probablement d'une utilisation très brève.

II.8 Typologie économique du site

L'étude du matériel lithique de la couche G rend compte d'une chaîne opératoire de production qui s'est entièrement déroulée sur place, combinée avec une phase de transformation peu importante.

La division en phases de débitage (Geneste 1985) est un outil efficace afin de focaliser les différents apports qui ont contribué à la formation de l'assemblage. À Grotta Romanelli, bien que toutes les phases de la chaîne opératoire (de l'approvisionnement à l'abandon) soient représentées (Table 19), elles n'ont pas la même importance (quantitative) dans la série lithique. Naturellement cette proportion peut relever d'un problème d'échantillonnage ou de la formation même de l'assemblage, dont on ne connaît pas la véritable origine stratigraphique.

Phase	Èclats	Outils	Nucléus	Total
0	0	0	34	34
1	83	0	61	144
2	484	1	31	513
3-4	16	86	0	102
5	42	7	14	63
Total	**625**	**94**	**140**	**859**

Table 19 : Grotta Romanelli, phases techno-économiques représentées par numéro de pièces.

En effet, la disponibilité en matière première sur place comporte la présence d'un certain nombre de blocs bruts et testés, mais ceux-ci n'atteignent pas un pourcentage important au sein de l'assemblage, qui semble au contraire être constitué pour la plupart de produits de plein débitage, souvent très frais, et assez rarement retouchés. Le rapport entre les pièces corticales et les non corticales est de 1 pour 3 et montre un degré élevé d'exploitation des blocs naturels. Les séquences de débitage semblent ainsi très longues, arrivant à la complète exhaustion des nucléus entamés. Cela éloigne un peu notre série des profils caractéristiques des sites d'approvisionnement « classiques ».

Les activités de taille semblent donc avoir été consacrées spécialement à la production d'éclats et la proportion des produits retouchés est très faible. La retouche des supports peut être interprétée comme un aménagement de certains bords, mais également comme une première phase de raffûtage, qui n'a jamais altéré la morphologie initiale de l'éclat. En ce qui concerne leur fonctionnalité, les analyses tracéologiques ne sont pas, en l'état actuel des recherches, en mesure de nous fournir des indications, étant donné la texture de la matière première utilisée.

Aucune matière première n'a été importée sur le site de sources exotiques, ni sous forme de bloc ni comme outil, à l'exclusion des quelques pièces en silex et quartzite décrites plus haut.

II.9 Modalités d'occupation

L'analyse technologique ici exposée nous permet de souligner certains aspects originaux. Le premier point important concerne l'homogénéité de la série. La variabilité observée au sein de la couche G de Grotta Romanelli et très faible et notre analyse confirme l'hypothèse d'un dépôt très rapide de ce niveau et l'impossibilité de distinguer les différentes occupations humaines qui ont participé à la formation du site. Les remontages qui réunissent des pièces provenant de toute la stratigraphie du « bolo » confirment cette idée d'une forte homogénéité, qui pourrait relever aussi bien d'une seule occupation que de plusieurs événements différents.

La présence de galets dans le conglomérat juste devant la grotte semble avoir été l'un des critères ayant motivé l'installation des hommes dans cette cavité. Ainsi, la forte exploitation de ces matières premières locales souligne une occupation orientée vers des activités de production. À ceci il faut ajouter le nombre peu élevé de produits retouchés, qui individualisa un site dont la fonction principale aurait pu être celle d'un endroit spécialisé dans l'exploitation de ces ressources en matières premières. Le site pourrait aussi être issu d'un nombre assez limité d'occupations, voire d'un épisode unique, comme le témoigne aussi la présence de coprolithes de hyènes et d'ossements de carnivores tels que le loup (Blanc 1928, p. 382). En même temps, les groupes humains qui ont occupé le site semblent avoir partagé le système technique à la base de leur technologie et des modalités d'occupation du site, probablement avec une cadence qui n'est pour l'instant pas détectable, faute d'études plus approfondies sur les faunes et sur la formation du site. Au niveau spatial, aucune hypothèse sur l'aménagement de l'espace à l'intérieur de la grotte ne peut être ainsi émise. La distance importante entre les pièces remontées, déjà soulignée par Piperno, et l'absence d'un espace structuré, rendent encore plus difficile cette interprétation.

En l'attente de nouvelles études nous permettant de formuler des hypothèses plus ciblées sur les modalités d'occupation de ce site, nous nous limitons à souligner la sporadicité et la faiblesse de telles occupations moustériennes à Grotta Romanelli et à rappeler les potentialités interprétatives des sites à bas indice de fréquentation (Porraz 2005), qui sont susceptibles de donner davantage d'information sur la mobilité logistique et résidentielle.

La résolution, à travers de nouvelles datations, des problèmes de chronologie actuellement présents, serait un autre moyen important d'éclaircir les modalités d'occupation de ce site, en permettant de le mettre en relation de manière plus sûre avec des sites de la même période.

Figure 31 : Grotta Romanelli, nucléus centripète en calcaire.

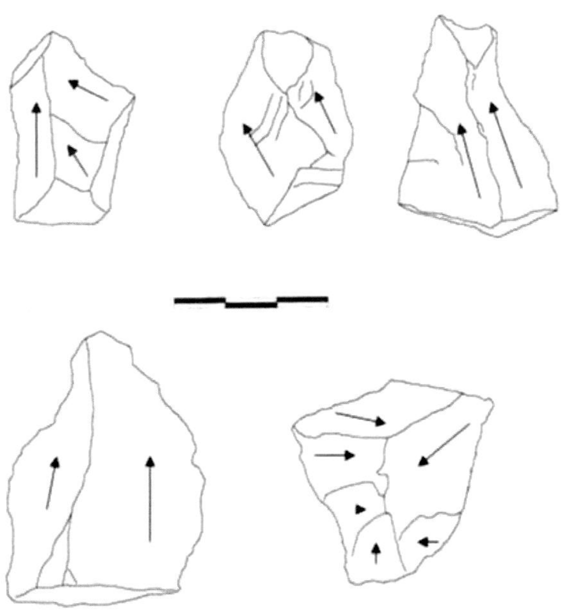

Figure 32 : Grotta Romanelli, éclats Levallois de la couche G.

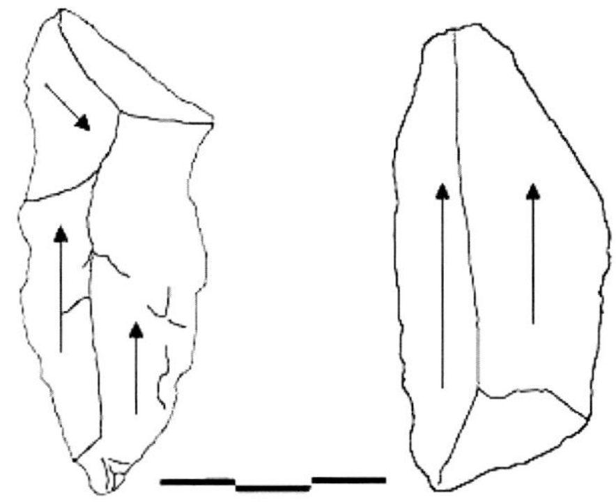

Figure 33 : Grotta Romanelli, éclats Levallois de la couche G.

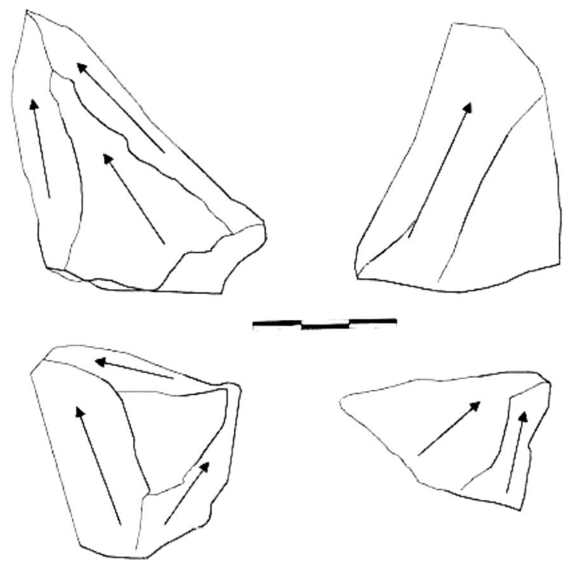

Figure 34 : Grotta Romanelli, éclats discoïdes de la couche G.

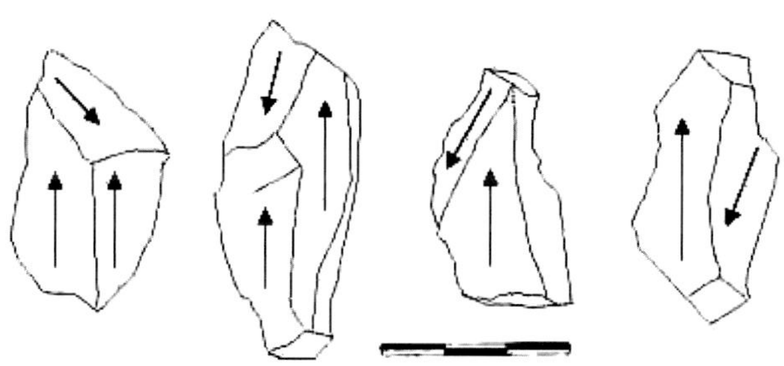

Figure 35 : Grotta Romanelli, éclats Levallois de la couche G.

III.III Grotte des Giganti

III.1 Historique et présentation de la grotte

La grotte des Giganti se trouve sur la côte rocheuse entre Punta Ristola et Punta Marchiello, dans la partie la plus méridionale de la péninsule du Salento (Figure 36) ;

Figure 36 : Vue de Grotta dei Giganti.

elle a été découverte en 1936, avec les autres grottes du Cap de Leuca, par des membres de l'Institut de Paléontologie Humaine pendant des prospections dans la région (Blanc 1961a, 1962c). Depuis, deux différentes campagnes de fouille ont été effectuées dans les sites, la première d'aménagement en 1958 par A. C. Blanc et la deuxième en 1974 par L. Cardini. Au cours de cette dernière, une tranchée de 3 m de long et 1,50 m de large a été fouillée.

La stratigraphie (Figure 33) présente à la base une plage marine tyrrhénienne (niveau 3 g) avec des gros blocs arrondis, située à 4,5 m d'altitude et partiellement érodée. Le dépôt se superpose à la plage et en comble les lacunes. Il a été divisé en deux horizons principaux, séparés par un plancher stalagmitique (3b). Le premier niveau, d'une épaisseur de 2,75 m, (niveau 3 f-c) est très fortement organique et est constitué par une matrice limoneuse rouge violacé, à cailloutis cryoclastiques rares à la base, avec une alternance de foyers et de niveaux d'origine détritique. Dans ce niveau, la faune est riche en ongulés (*Cervus* sp., *Capreolus* sp., *Dama* sp., *Bos* sp.) ; d'autres espèces sont égalemenLa stratigraphie présente à la base une plage marine tyrrhénienne (niveau 3g) avec des gros blocs arrondis, située à 4,5 m d'altitude et partiellement érodée. Le dépôt se superpose à la plage et en comble les lacunes. Il a été divisé en deux horizons principaux, séparés par un plancher stalagmitique (3b). Le premier niveau, d'une épaisseur de 2,75 m, (niveau 3 f-c) est très fortement organique et est constitué par une matrice limoneuse rouge violacé, à cailloutis cryoclastiques rares à la base, avec une alternance de foyers et de niveaux d'origine détritique. Dans ce niveau, la faune est riche en ongulés (Cervus sp., Capreolus sp., Dama sp., Bos sp.) ; d'autres espèces sont également présentes : *Sus scrofa, Equus caballus* et quelques restes de *Rhinoceros mercki.* Le dépôt est scellé au toit par une stalagmite ; un niveau de blocs d'origine cryoclastique (niveau 3 a), dont l'épaisseur est de 1,50 m, constitue le deuxième horizon archéologique. Dans ce niveau, la faune est représentée par *Equus caballus, Cervus, Bos, Rhinoceros mercki.* Un dernier plancher stalagmitique épais clôt la séquence.

L'identification des faunes a été effectuée durant la fouille et à ce jour aucune étude archéozoologique n'est disponible. Vraisemblablement les espèces fauniques ne varient pas d'un niveau à l'autre, bien que leur proportion reste à établir. Une étude détaillée des faunes reste actuellement indispensable pour une interprétation plus complète de la fonctionnalité du site.

La détermination de l'âge du dépôt reste un problème important, car aucune datation absolue n'est disponible D'après les observations stratigraphiques des membres de l'IsIPU, il semble qu'il soit compris entre la période du « Würm I-II » et le « Würm II » (OIS 4 e 3). Cependant, les nouvelles données relatives à la Grotta del Diavolo suggèrent une datation plus ancienne (Mastronuzzi *et al.* 2002a).

La série considérée comprend l'ensemble des matériaux lithiques y compris ceux sur coquillage.

III.2 Présentation de la série analysée

Grotta dei Giganti n'a pas livré une industrie très riche (Table 20-21). Les matériaux examinés proviennent principalement du nettoyage de surface datant de 1958 et de la couche 3 (c-e), fouille 1974. Le dépôt n'a pas été entièrement fouillé et, généralement, la densité des artefacts n'est pas très élevée. Pourtant, si cette série se compose d'un nombre réduit de pièces, elle n'est cependant pas le résultat d'une fréquentation exceptionnelle : la continuité des occupations est marquée par une présence continue et diffuse en vestiges tout au long de la séquence stratigraphique.

Couche	N	N débris
2	3	0
3	10	0
a 3	8	0
c 3	26	5
d 3	5	0
e 3	3	0
t. 1	5	3
t. 2	20	15
t.3	8	7
t.4	4	0
t.5	19	17
t.6	7	24
t.7	15	7
t.8	24	39
t.9	10	17
t.10	2	0
t.11	8	0
t.12	4	0
t.20	1	0

Table 20 : Grotta dei Giganti, décompte des matériaux étudiés par niveaux.

	N
Nucléus	10
Èclats	127
Outils	167
Débris	162
Total	**466**

Table 21 : Grotta dei Giganti, décompte des matériaux étudiés par catégorie technologique.

La faiblesse numérique de l'industrie, la diversité des matériaux et leurs conséquences sur les phases de production et en même temps l'absence de remontage, mais aussi les fréquentes transformations des supports par la retouche ne permettent en effet que difficilement une description minutieuse des savoir-faire techniques des groupes humains qui ont fréquenté la grotte. Cette série lithique présente ainsi certaines limites lorsque l'on focalise l'étude sur la seule compréhension des systèmes techniques de production, il est ainsi indispensable de l'inscrire dans un débat plus ample concernant les matières premières et la mobilité des groupes humains qui ont fréquenté la Grotte.

III.3 État de conservation

L'assemblage est caractérisé par un fort degré d'altération car seulement 43 % des pièces ont un état de surface frais (Table 22).

Altération	N	%
Absente	137	43
Patine	116	36
Eau	34	11
Feu	33	10
Total	**320**	**100**

Table 22 : Grotta dei Giganti, types d'altérations de surface et proportion des pièces altérées.

L'origine de ces altérations relève de différents processus ; qu'il soit d'origine post-dépositionelle (mécanique, lié à l'action physique de l'eau, mais aussi chimique, comme la patine et la carbonatation) ou bien d'origine anthropique, comme c'est le cas des traces de combustion. Les patines constituent une forme courante d'altération des silex et des autres matériaux lithiques. Elles se traduisent par une modification de la surface qui provoque l'apparition d'un voile blanchâtre ou bleuâtre se développant graduellement pour recouvrir la totalité de la pièce et touchant aussi l'intérieur de la pièce, avec une épaisseur qui peut atteindre jusqu'à 2 mm. Rottländer (Rottländer 1975) a montré que les éléments tels que l'eau, la température, l'acidité ou la basicité extrêmes et la présence de certains acides végétaux, favorisent la formation des patines.

Les altérations ont été classées selon le degré de dégradation, sur une échelle de 1 à 3.

Des patines blanches plus ou moins profondes ont fréquemment affecté le matériel analysé, spécialement les calcaires, empêchant dans 36 % des cas une attribution géologique certaine. Il existe aussi des patines rouges, liées aux minéraux de fer présents dans le sédiment argileux local.

D'autres altérations liées à la présence de l'eau, telles que la carbonatation et des cassures mécaniques sont également présentes.

Toutes ces altérations sont liées en même temps aux conditions de sédimentation et aux facteurs post-dépositionnels qui ont affecté le dépôt situé directement sur la mer (4,50 m au-dessus du niveau de la mer actuelle) et subissant périodiquement des inondations à cause des transgressions marines.

Enfin 33 pièces portent des altérations caractéristiques d'un contact prolongé avec une source de chaleur, qui est en accord avec la présence de différents foyers dans la stratigraphie du dépôt.

III.4 Les matières prèmieres

Un des éléments importants à mettre en évidence est la forte diversité des matériaux qui composent cette industrie (Table 23-26), qui est constituée de deux principales classes de matières premières : le silex et le calcaire. Cette association lithologique est complétée par des pièces anecdotiques de quartzite et de jaspe et aussi par de rares pièces sur coquillage d'origine marine, dont l'attribution taxonomique n'est pas toujours possible, mais qui appartiennent pour la plupart à la palourde rouge (*Callista* sp.).

Ce qui a été jusqu'à présent nommé « calcaires siliceux » mérite une considération particulière car ils sont amplement mentionnés en littérature, mais d'une très faible pertinence au niveau géologique.

Bien que la composition des matières premières puisse sembler issue d'une récolte non sélective, avec la présence de matériaux de qualité extrêmement variable, cette impression doit être mise en relation avec le milieu minéral de la région : ainsi les modalités d'approvisionnement de ces groupes humain apparaîtront beaucoup plus complexes.

Ici, nous nous limiterons à une description des principales matières premières (lithotypes) présentes dans le site, à leur classification et à un décompte du NMB (nombre minimum de blocs).

Tous les lithotypes ont été classés dans une base de données et numérotés de 1 à 27. La détermination des caractéristiques a été décrite dans le chapitre consacré à la méthodologie.

Naturellement les problèmes liés à la mauvaise conservation de la série affectent aussi la reconnaissance des lithotypes. Dans un certain nombre de cas (N = 116), les altérations n'ont pas permis une identification ni une classification géologique.

Le **calcaire** est une matière première très caractéristique de cette région, en raison de sa géomorphologie. Ici, ils ont été classés en 7 lithotypes, dont la provenance sera confirmée par les analyses pétrographiques en cours.

Le ***type** 1* **(+5)** est un calcaire gris – jaunâtre, sec au toucher ; la texture est poreuse et la matrice granuleuse. Sa morphologie est indéterminée. Son origine stratigraphique est imputable à la Formation des Calcaires de Castro (0-25 km du site). N = 20 ; NMB : 3.

Le ***type** 2* est un calcaire gris opaque, de couleur homogène et neutre au toucher ; la texture est poreuse et la matrice très granuleuse. Son origine stratigraphique correspond à la Formation des Calcaires de Melissano (0-50 km du site). N = 4 ; NMB : 1.

Le ***type** 3 (+8)* est un calcaire gris – beige, sec au toucher ; la texture est poreuse et la matrice granuleuse, qui le fait ressembler à un grès. Sa morphologie est indéterminable. Il provient de la Formation des Calcaires de Melissano (0-50 km du site). N = 12 ; NMB : 3.

Le ***type** 4* est un calcaire sur galets, gris – noisette, neutre au toucher ; la texture est fine et la matrice moyennement granuleuse. Il présente des fossiles visibles à la loupe 10X. Le cortex est gris, non poreux et fin. Son origine stratigraphique est à rechercher dans la Formation des Calcaires de Castro (0-25 km du site). N = 14 ; NMB : 5.

Le ***type** 5* est un calcaire jaune, poreux et neutre au toucher. Il est très semblable au type 2, dont on le différencie par la couleur. N = 20 ; NMB : 3.

Le ***type** 6* est un calcaire sur galets, de couleur jaune, au cortex très fin. La texture est très fine et la matrice modérément granuleuse. Il s'agit d'un type de galet commun dans les conglomérats qui sont intercalés dans les Calcaires de Castro, échantillonnés à environ 25 km du site. N = 3 ; NMB 2.

Le ***type** 7* est calcaire beige, poreux et neutre au toucher. Sa matrice et sa texture sont assez fines. Il est très proche des types 2 et 5. N = 4, NMB : 1.

En général, les calcaires provenant de la formation de Melissano sont mieux adaptés à la taille ; la forma-

MP	Ind.	tabulaire	rognon	galet	Total
Calcaire	98	3	0	6	**107**
Silex	127	7	26	6	**166**
C. sil	12	6	0	2	**20**
Jaspe	0	0	0	1	**1**
Quartzite	1	0	0	1	**2**
Indét.	6	0	0	2	**8**
Total	**244**	**16**	**26**	**18**	**304**

Table 23 : Grotta dei Giganti, fréquences des matières premières par morphologie du bloc.

MP	Beige	Blanc	Bleu	Jaune	Gris	Noir	Marron	Rose	Rouge	Vert	Total
Calcaire	24	23	0	10	40	7	2	0	0	1	**107**
Silex	44	12	11	3	22	3	36	17	2	15	**165**
C. sil	9	1	1	2	4	0	3	0	0	0	**20**
Jaspe	0	0	0	0	0	0	0	0	1	0	**1**
Quartzite	0	0	0	0	2	1	0	0	0	0	**3**
Indét.	0	1	0	4	2	1	0	0	0	0	**8**
Total	**77**	**37**	**12**	**19**	**70**	**12**	**41**	**17**	**3**	**16**	**304**

Table 24 : Grotta dei Giganti, principales matières premières par fréquence de couleurs.

tion de Castro peut être une bonne source de gros galets à texture fine grâce aux conglomérats qui se trouvent à la base de la formation, mais la matrice des calcaires bioclastiques dont elle est constituée n'est pas une matière première de bonne qualité pour la taille.

Les **calcaires siliceux** sont par définition des calcaires imprégnés d'opale ou remplacés par une autre phase siliceuse secondaire, contenants de 10 à 50 % de silice. Ici, on a suivi les définitions régionales données par la littérature qui définissent les calcaires siliceux comme des calcaires micritiques avec une composante siliceuse se trouvant dans les formations originaires du Calcaire de Melissano qui comprennent aussi des chailles repérables dans les calcaires marins (comme ceux de la côte adriatique, Formation de Castro). Il s'agit de minces plaquettes de morphologie aplatie, appelées « *placchette* ». Bien que cette définition ne soit pas très rigoureuse et que sa pertinence géologique reste à vérifier, la conserver nous permet une comparaison avec les données bibliographiques et une compréhension avec les autres chercheurs de la région.

Leur couleur peut varier du gris au bleu et leur morphologie très particulière rend pour le moins singulières les industries issues de cette matière première. Deux types sur liste ont été identifiés, gris/beige (N = 10) et bleu (N = 1). Le NMB est de 3.

Les silex présents sur le site recouvrent une large diversité géologique : au moins 16 lithotypes différents ont été reconnus dans l'industrie, cela étant dû probablement à la forte présence de matériaux en provenance de sources secondaires.

Des 16 types sur silex, 10 sont sur rognons, 3 sur plaquettes et 3 sur galets.

Les 10 types sur rognon ont tous une très bonne qualité et une texture très fine. Les cortex sont en moyenne très fins. En général, les rognons semblent provenir d'une source secondaire ; les cortex ont des traces d'érosion fluviatile, sont souvent très fins et ils ont perdu leur revêtement crayeux.

Les trois types marron (23, 25 et 27) (N = 5) se différencient seulement par leur porosité et la couleur de leur cortex qui pourrait être due à des facteurs post -dépositionnels. Des quatre types beiges (17, 20, 21 et 14), deux sont translucides et deux opaques : les deux translucides (N = 6) ont comme différence la présence de fossiles dans un type, ainsi qu'une couleur différente du cortex ; les deux types opaques (N = 5) ont aussi des différences de cortex. Enfin, parmi les types représentés par une seule pièce, on trouve un silex de couleur verte, jaune et blanche de très bonne qualité.

Les trois types provenant de formations tabulaires (15, 16 et 18) sont également de très bonne qualité, de texture fine et translucide. Ils se différencient par la couleur : bleu (N = 1), gris (N = 5, NMB = 1) et beige (N = 1). Les cortex sont très épais.

Parmi les 3 types sur galet (12, 13 et 14) deux sont verts, l'un opaque d'allure jaspoïde et l'autre translucide ; le troisième est beige. Tous sont de très bonne qualité.

Enfin, on a attribué la couleur « rouge » et « rose » aux pièces brûlées dans le cas où il était impossible de reconnaître la couleur d'origine.

Les **jaspes** sont représentés par une seule pièce rouge, et probablement une verte, les deux étant sur galet.

Les **quartzites** sont représentés par deux pièces également, dont une sur galet et l'autre sur support indéterminable. La présence parmi les éclats < 2 mm d'un fragment de quartzite est également à noter.

Autant les jaspes que les quartzites semblent avoir pour provenance la région du Bradano, soit plus de 100 km au nord (Milliken 1998 ; Boscato *et al.* 2011).

Pour finir, les matériaux sur *Callista chione* ne sont pas très nombreux (N = 18). Les coquillages proviennent

Texture	Beige	Blanc	Bleu	Jaune	Gris	Noir	Marron	Rose	Rouge	Vert	Total
G1	21	5	1	10	16	6	5	0	0	2	**66**
G2	10	2	0	5	16	4	0	0	0	0	**37**
G3	4	18	0	1	16	1	0	0	0	0	**40**
V1	25	5	3	3	7	2	27	8	2	8	**90**
V2	11	4	4	0	6	0	2	6	1	4	**38**
V3	6	3	4	0	8	0	7	3	0	2	**33**
Total	**77**	**37**	**12**	**19**	**69**	**13**	**41**	**17**	**3**	**16**	**304**

Table 25 : Grotta dei Giganti, fréquences des textures par matière première (G = granuleux ; V = translucide ; 1 : faiblement ; 2 : moyennement ; 3 : très).

Texture	G1	G2	G3	V1	V2	V3	Total
Calcaire	34	35	39	0	0	0	**108**
Silex	7	0	0	90	37	32	**166**
C. sil	19	1	0	0		0	**20**
Jaspe	0	0	0	0	1	0	**1**
Quartzite	0	2	0	0	0	0	**2**
Indét.	4	1	1	0	0	1	**7**
Total	**64**	**39**	**40**	**90**	**38**	**33**	**304**

Table 26 : Grotta dei Giganti, fréquences des textures par couleur de matière première (G = granuleux ; V = translucide ; 1 : faiblement ; 2 : moyennement ; 3 : très).

avec une forte probabilité des plages marines présentes devant la grotte même durant les périodes de régression marine (Douka et Spinapolice 2010).

Si d'après un décompte numérique des pièces, les quantités des matériaux siliceux et non siliceux sur les sites semblent quasiment équivalentes, un essai de quantification des volumes des deux classes de matières premières montre clairement la nette prédominance des calcaires sur le site. Naturellement, cette constatation est à mettre en relation avec la provenance allochtone des silex : ses implications économiques et territoriales seront discutées ultérieurement.

III.5 Technologie de production des supports

Les systèmes de débitage identifiés sont très largement dominés par le concept Levallois (Figures 37-39) quelles que soient les qualités et les provenances des matières premières. La pénurie de nucléus a entraîné la détection de la méthode Levallois essentiellement à partir des supports, par la lecture diacritique des négatifs d'enlèvements et par la morphologie des éclats.

Différentes chaînes opératoires ont été reconnues, qui peuvent être interprétées comme indépendantes ou bien être placées dans un continuum de réduction. Plus particulièrement, ce schéma peut être interprété comme étant une unique chaîne de réduction (plus envisageable pour les supports sur calcaire), ou bien différentes chaînes qui démarrent à un certain stade, en dépendance des objectifs souhaités ou de la morphologie de la matière première (plus envisageable pour les supports sur silex et sur calcaire siliceux).

La méthode Levallois (Table 27 et 30) est à la base d'une grande partie du débitage (Figures 37-39). La modalité de débitage, principalement unidirectionnelle et centripète, reste la même sur les différentes mati-ères premières. Néanmoins, les fragments et pièces indéterminables sont relativement importants puisqu'ils représentent près de 23 % de la totalité du matériel. Les nucléus sont au total au nombre de 9, dont 6 sur calcaire, 2 sur calcaire siliceux et un seul sur silex, qui porte des traces d'exposition au feu. Aucun d'entre eux n'est issu d'un débitage Levallois et aucun signe de préparation de plan de frappe n'est présent. Dans un cas, il s'agit d'un nucléus sur outil et dans deux cas, de nucléus de forme pyramidale et à plusieurs plans de frappe. Les autres sont indéterminables. La présence d'éclats < 20 mm,

Débitage	Retouchés	Non - ret.	Total
CNT	33	51	**84**
UND	57	37	**94**
BID	8	16	**24**
CON	9	8	**17**
IND	65	9	**74**
Total	**167**	**127**	**294**

Table 27 : Grotta dei Giganti, direction des enlèvements des supports Levallois : UND : unidirectionnel ; CNT : centripète ; BID bidirectionnel ; CON : convergent ; IND : indéterminable.

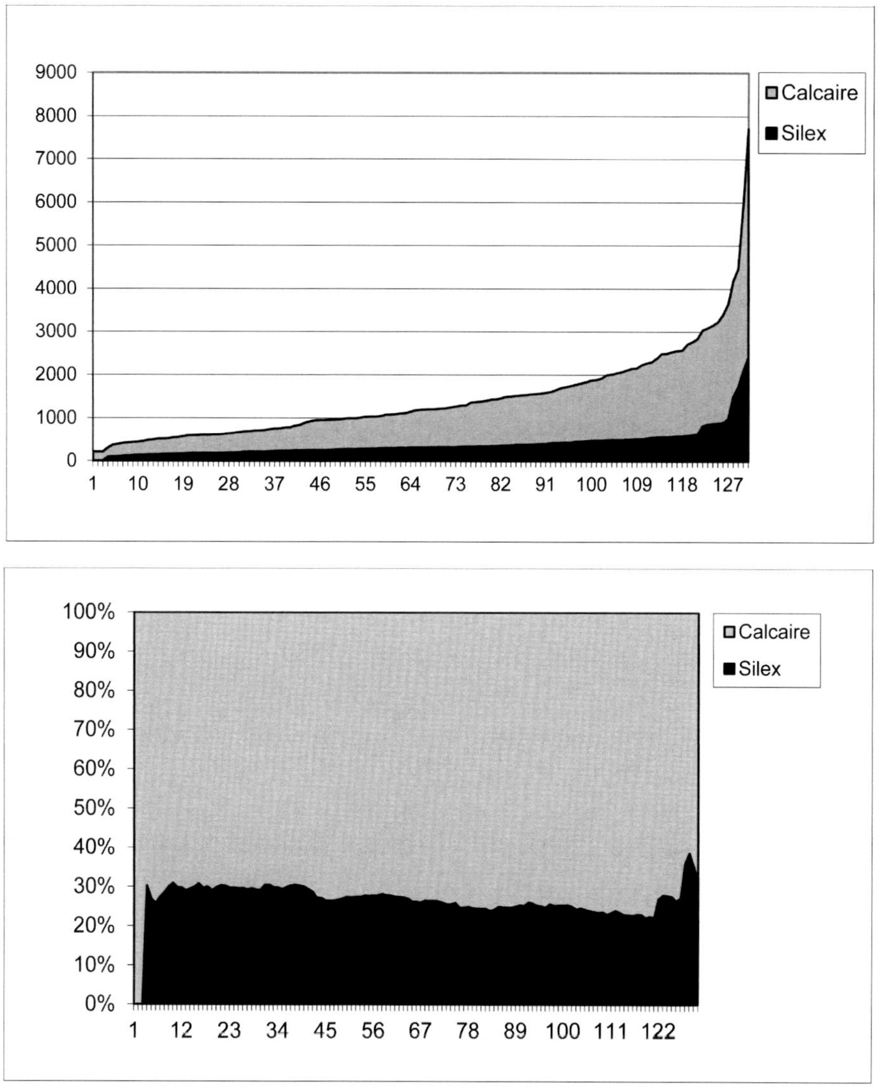

Graphique 4 : Grotta dei Giganti, volumes en mm³ des principales matières premières.

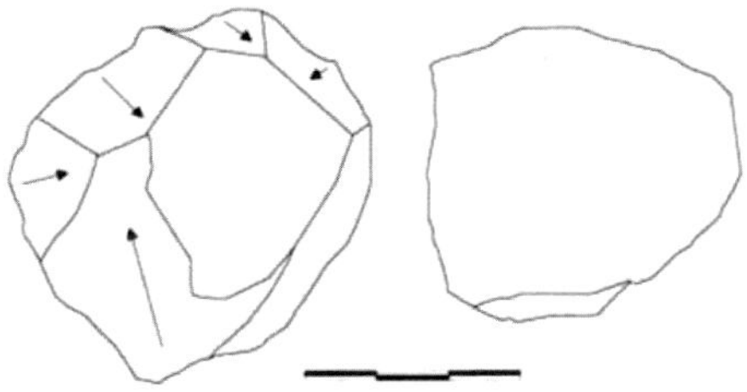

Figure 37 : Grotta dei Giganti, nucléus centripète en calcaire.

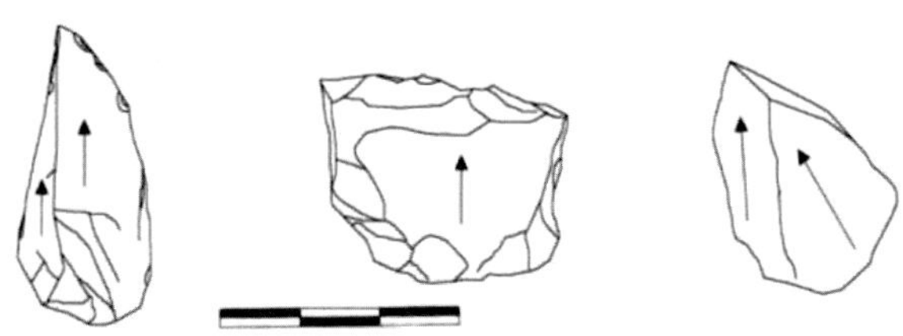

Figure 38 : Grotta dei Giganti, éclats Levallois en calcaire.

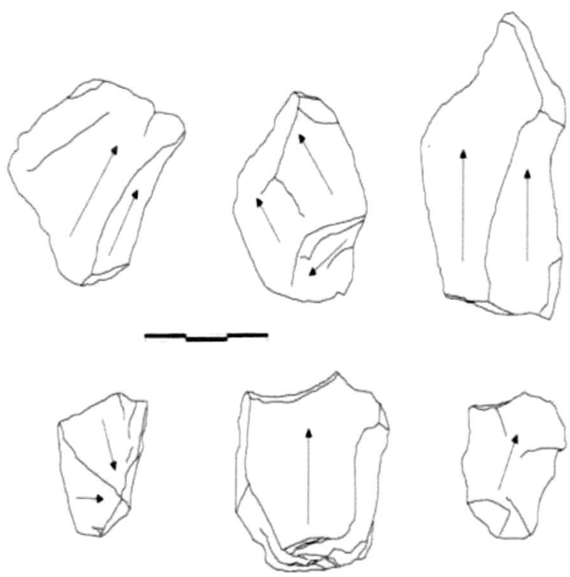

Figure 39 : Grotta dei Giganti, pointe Levallois et pseudo Levallois en calcaire ; racloir en calcaire.

pour la plupart retouchés atteste pourtant d'activités de taille et d'aménagement des outils sur place.

Le débitage unidirectionnel est probablement caractéristique de la première phase de taille, comme le suggèrent aussi les dimensions plus grandes en moyenne. Il est suivi du débitage centripète, puis récurrent centripète en dernier, avant l'abandon du nucléus. Une phase ultérieure d'exploitation est peut-être réalisée à la fin de la chaîne opératoire, identifiable par la présence de nucléus pseudo- prismatiques ou pyramidaux, qui sont abandonnés quand ils deviennent informes, mais la pauvreté quantitative de ces éléments nous impose une certaine prudence.

En général (Table 28 et 29), les talons sont essentiellement lisses (N = 93) et les bulbes plats (N = 146). Les talons punctiformes ne manquent pas. Associés avec les bulbes plats et diffus et à la retouche écailleuse, leur présence pourrait indiquer l'utilisation d'un percuteur tendre, ou plutôt, l'utilisation de percuteurs à pierre tendre, comme le calcaire (Pelegrin 2000 ; Roussel 2005), ce qui est fortement probable si on regarde le bilan minéralogique de la région. Un probable percuteur a été identifié dans la série, en calcaire siliceux, avec des détachements sur une des extrémités.

Dans un décompte total (Table 27) les pièces obtenues avec la méthode unidirectionnelle sont les plus nombreuses, témoignant de l'intention d'obtenir des supports les plus allongés possible, qu'ils soient sur silex ou sur calcaire. Le débitage Levallois sur silex, malgré les dimensions de la matière première, est probablement susceptible aussi de démarrer comme débitage unidirectionnel, comme en témoignent les produits de ce type (N = 55) et les autres supports, prédéterminés ou non. Quoi qu'il en soit, le fort pourcentage de pièces indéterminables (74 %) des supports retouchés sur silex biaisent ces considérations, d'autant plus qu'une grande partie des pièces indéterminables peut s'inscrire dans un débitage opportuniste, comme on le verra par la suite.

	Bulbes	**Plat**	**Enlevé**	**Indét.**	**Proéminent**	**Très Proém.**	**Total**
Non retouchés	Silex	27	8	1	14	0	**50**
	Calcaire	38	3	9	12	0	**62**
	C.sil	10	1	0	0	0	**11**
	Autre	1	0	2	1	0	**4**
	Total	**76**	**12**	**12**	**27**	**0**	**127**
Retouchés	**Bulbes**	**Plat**	**Enlevé**	**Indét.**	**Proéminent**	**Très Proém.**	**Total**
	Silex	38	41	11	19	6	**115**
	Calcaire	26	5	1	8	0	**40**
	C.sil	5	2	0		0	**7**
	Autre	1	1	0	3	0	**5**
	Total	**70**	**49**	**12**	**30**	**6**	**167**

Table 28 : Grotta dei Giganti, fréquences des différents types de bulbes selon la matière première et la catégorie technologique.

	Talons	**Enlevé**	**Facetté**	**Indét.**	**Lisse**	**Ponctif.**	**Cortical**	**Dièdre**	**Total**
Non retouchés	Silex	9	20	1	9	11	0	0	**50**
	Calcaire	4	10	12	35	1	0	0	**62**
	C. sil	1	3		6	1	0	0	**11**
	Autre			1	2	1	0	0	**4**
	Total	**14**	**33**	**14**	**52**	**14**	**0**	**0**	**127**
Retouchés	**Talons**	**Enlevé**	**Facetté**	**Indét.**	**Lisse**	**Ponctif.**	**Cortical**	**Dièdre**	**Total**
	Silex	40	18	15	27	7	5	3	**115**
	Calcaire	6	10	5	10	6	1	2	**40**
	C. sil	2	2	0	2	1	0	0	**7**
	Autre	1	1	0	2	1	0	0	**5**
	Total	**49**	**31**	**20**	**41**	**15**	**6**	**5**	**167**

Table 29 : Grotta dei Giganti, fréquences des différents types de talons selon la matière première et la catégorie technologique.

Table 30 : Grotta dei Giganti, décompte des produits prédéterminés selon les modalités de débitage.

		Préd	Non préd	Total
Retouchés	CNT	13	20	**33**
	UND	12	45	**57**
	BID	5	3	**8**
	CON	2	7	**9**
	BIP		1	**1**
	IND	1	58	**59**
	Total	**33**	**135**	**167**
Non ret.		**Préd**	**Non préd**	**Total**
	CNT	32	19	**51**
	UND	18	18	**36**
	BID	11	5	**16**
	CON	3	5	**8**
	IND	6	10	**16**
	Total	**70**	**56**	**127**
Cumulé		**Préd**	**Non préd**	**Total**
	CNT	45	39	**84**
	UND	30	63	**93**
	BID	16	8	**24**
	CON	5	13	**18**
	IND	7	68	**75**
	Total	**103**	**190**	**294**

Les éclats débordants sont assez rares et presque tous unidirectionnels. Les éclats à dos cortical, contribuant à la mise en place des convexités latérales et distales, ne sont pas très nombreux (10). Parmi les éclats débordants à dos partiel, liés à la phase de production des éclats prédéterminés, il existe une pointe pseudo-Levallois en silex, et d'autres pièces indiquant une séquence Levallois récurrente centripète ; mais également des supports obtenus avec un débitage Levallois unipolaire et convergent. La longueur des produits de gestion unipolaire sur calcaire reste assez proche de celle des produits centripètes : cela pourrait indiquer une faible hiérarchisation des méthodes de débitage et une variabilité dans la modalité de démarrage de la séquence de production. Il n'en est pas de même pour les supports sur silex, dont les produits unidirectionnels sont plus longs que les centripètes, bien que la différence se réduise à quelques millimètres, ce qui n'est toutefois pas sans importance si l'on tient compte des dimensions générales de cette industrie.

L'attribution des supports retouchés est dominée par la méthode centripète. Le calcaire est fréquemment débité en modalités unidirectionnelle/bidirectionnelle et centripète. Les outils sur silex, mis à part les indéterminables sont, eux aussi, principalement issus d'un débitage unidirectionnel. Les objectifs du débitage sur calcaire sont essentiellement l'obtention de deux types d'éclats : les premiers, de grands éclats allongés issus d'un débitage unidirectionnel, présentent de longs tranchants latéraux ou transversaux, susceptibles d'être utilisés bruts ; les seconds ont des tranchants assez longs mais plus épais, aptes à la retouche.

Les éclats prédéterminés sur calcaire attribués à la méthode unipolaire sont moins nombreux que ceux dérivant de la méthode récurrente centripète. La présence de lames Levallois sur calcaire, obtenues par la méthode récurrente unidirectionnelle (6) ou bidirectionnelle (3) est également à remarquer. Les bulbes sont plats et les talons lisses, confirmant ce qui a déjà été remarqué à propos de l'assemblage dans sa globalité.

En ce qui concerne le débitage sur silex, les objectifs visent à la production d'un nombre le plus grand possible d'éclats, qui sont dans l'ensemble peu variés, tant dans leurs dimensions que dans leurs caractères morpho-techniques. Les contraintes posées par la matière première demeurent très importantes, qu'il s'agisse des « *placchette* » ou des petits galets reconnus par les très rares éclats corticaux. Le débitage Levallois est toutefois employé, par ses méthodes unipolaire et centripète, comme indiqué plus haut. Un nombre réduit (30) par rapport aux éléments sur calcaire (57) de supports en silex sont prédéterminés et les pièces rendues indéterminables à la suite de l'important degré de réduction, sont très nombreuses (75 %). En conséquence, pour les outils sur silex les attributions sont pour la plupart indéterminables, comme précédemment souligné. Sur les outils en silex les bulbes et les talons sont très fréquemment enlevés et les bulbes plats. Il y a des talons dièdres (5) qui peuvent témoigner de l'utilisation du débitage sur enclume. La grande uniformité des caractéristiques des bulbes, des talons et des vestiges sur calcaire, indique l'utilisation des mêmes techniques de taille sur les deux ensembles de matières premières.

Au-delà du débitage Levallois, un débitage opportuniste est également discernable par la présence de supports non Levallois, très souvent sur silex, ayant pour objectif d'obtenir des supports épais, souvent corticaux, aptes à être retouchés afin d'obtenir des racloirs transversaux (cf. *infra*) ou des pointes plu ou moins épaisses. Ce débitage peut arriver à un important niveau d'opportunisme, qui comporte parfois une diminution de l'importance du débitage et l'emploi des processus de transformation de blocs naturels ou de façonnage de gros éclats indifférenciés.

Le débitage sur coquillage de *Callista chione* (Figure 40, 41) est une autre des particularités de cet assemblage, qui le rapproche des autres sites de cette région et aussi d'autres régions côtières italiennes (Dantoni 1980b ; Vitagliano 1984 ; Douka et Spinapolice 2010). L'assemblage sur coquillage se compose de 18 éléments de provenance stratigraphique diverse. Leur état de conservation est médiocre en raison des agents post-dépositionels qui ont également affecté les autres catégories de vestiges. Les coquillages présentent donc un état de surface d'aspect blanchâtre à cause de la patine, et ont perdu leur revêtement externe (periostracum). Bien que l'échantillon soit très réduit, une série de considérations sur la chaîne opératoire peut être émise sur la base des observations archéologiques et expérimentales. La gestion de la matière première est finalisée pour l'obtention de supports de petites dimensions : 7 fragments présentent des traces de percussion et ils ne dépassent pas les 2 cm en moyenne (Table 31). Les traces d'impact (Figure 42) relevées se trouvent pour la plupart à proximité du crochet et sont localisées soit sur les côtés soit au centre de la valve. Dans 5 cas sur 7 la direction de la percussion est de l'intérieur de la valve vers l'extérieur et dans 2 cas c'est le contraire. Cette analyse, en mettant en évidence la présence d'un système technique de production de supports, a rendu nécessaire la reproduction expérimentale de la *chaîne opératoire* pour une meilleure compréhension de la modalité de production et de l'utilisation de la matière première.

Pendant la phase expérimentale de production des supports, on a émis deux hypothèses : 1- que le coquillage soit ouvert afin d'en extraire le mollusque et donc que le coquillage soit un déchet ; 2- que la production de supports soit intentionnelle et dépendante d'autres fins.

Figure 40 : Grotta dei Giganti, racloir sur *Callista chione.*

Figure 41 : Grotta dei Giganti, racloir sur *Callista chione*, particulier de la retouche (photo E. Cristiani).

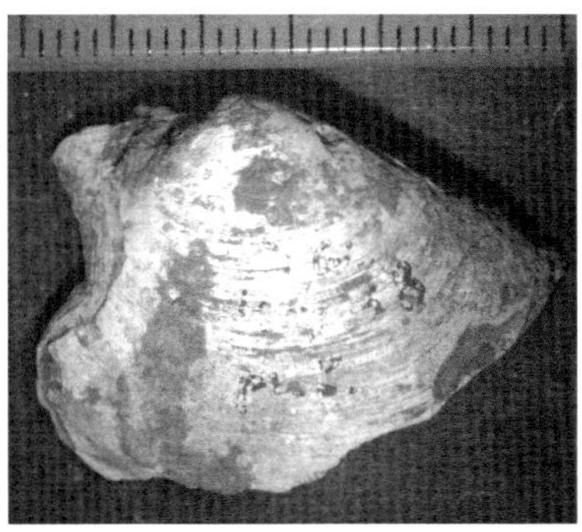

Figure 42 : Grotta dei Giganti, cône d'impact, *Callista chione* (photo E. Cristiani).

Moyenne mm	Longueur	Largeur	Épaisseur
Tous	27,63	22,08	8,14
MP alloctone	21,59	17,43	6,07
MP locale	35,34	28,07	10,81

Table 31 : Grotta dei Giganti, dimensions moyennes en millimètres des supports par matière première.

Table 32 : Grotta dei Giganti, dimensions moyennes en millimètres des supports par matière première et direction des enlévements.

Moyenne	Longueur	Largeur	Épaisseur	L/l
Tous CNT	24,2	23,03	6,85	1,05
Tous UNI	26,48	20,13	6,54	1,31
UNI Calcaire	34,93	25	8,79	1,39
UNI Silex	20,84	16,88	5,12	1,23
CNT Calcaire	34,66	32,2	10,07	1,07
CNT silex	17,1	17,8	4,73	0,96

Les différentes possibilités de percussion ont été effectuées comme suit :

- Coquillage entier, percussion directe ;
- Coquillage entier, percussion sur enclume ;
- Valve unique, percussion directe sur sa surface interne ;
- Valve unique, percussion directe sur sa surface externe ;
- Valve unique, percussion sur enclume sur sa surface interne ;
- Valve unique, percussion sur enclume sur sa surface externe.

D'après les analyses des supports obtenus par l'expérimentation on a confirmé la présence de cônes d'impact présents à la fois à l'extérieur et à l'intérieur de la valve. Les impacts à l'extérieur ne peuvent pas être dissociés de l'utilisation du coquillage à des fins alimentaires, mais ceux à l'intérieur démontrent au contraire une volonté précise de production de supports.

On peut donc proposer que les coquillages récoltés dans l'immédiat environnement de la grotte soient intentionnellement fracturés afin de produire des supports aptes à être utilisés brut ou à être retouchés.

Les différences concernant les modalités d'exploitations des deux principales matières premières pourraient être en rapport avec les morphologies initiales des blocs sélectionnés et leurs caractéristiques métriques, mais également avec la disponibilité des MP dans l'environnement, et pour finir, avec les modalités d'occupation du site.

III.6 Technologie de transformation et d'entretien des produits

Les produits retouchés sont très bien représentés à Grotta dei Giganti, puisqu'ils totalisent près de 55 % de l'ensemble des vestiges supérieurs à 1,5 cm.

La sélection des supports destinés à être retouchés a été relativement faible. Toutes les catégories technologiques y sont représentées (produits corticaux, indifférenciés et Levallois) et dans des proportions comparables à celles des catégories non retouchées. On a suivi pour ce travail la liste typologique « classique » de F. Bordes (Bordes 1961) qui a l'avantage d'offrir une terminologie partagée dans le monde scientifique. La typologie Bordes a été ensuite restreinte en une liste simplifiée, qui apporte une facilité de lecture et d'interprétation, comme indiqué dans le table 33. Les caractéristiques des retouches sont variables, mais la retouche écailleuse et écailleuse scalariforme (de type Quina) est la mieux représentée. Elles sont généralement directes, mais des retouches alternes ont été également observées.

Table 33 : Grotta dei Giganti, décompte typologique.

Typologie	N	%
Pointes	18	11
Limaces	20	12
Racloirs	89	53
Enc. & dent	2	1
Burins	1	1
Éclats retouchées	22	13
Autre	15	9
Total	**167**	**100**

Le degré de retouche a été décrit sur une base qualitative : légère, moyenne et intense.

L'industrie comprend certains des types les plus communs du Paléolithique Moyen (Table 34), associés avec des types plus caractéristiques de cette région. En ce sens, l'ensemble de Grotta dei Giganti rentre dans la variabilité des industries caractéristiques des Pouilles, déjà attribuées au Tayacien par Palma (Palma di Cesnola 1967). Les racloirs sont le type le plus fréquent, dépassant 50 % de l'assemblage retouché entier. Aux racloirs, sont associés les limaces (12 %) et les pointes (11 %), parmi lesquelles les pointes Levallois retouchées (N = 4). Il y a une grande uniformité quantitative des types de racloirs les plus communs, notamment les simples, transversaux et convergents. Les transversaux sont assez souvent de type Quina, parmi lesquels les assez caractéristiques sont obtenus sur galet ou sur « *placchetta* » et sont en général sur supports épais, rarement issus d'un débitage Levallois. Les racloirs convergents représentent une des plus importantes

Type	N
Racloirs simples (9-11)	24
Racloirs doubles (12-17)	20
Racloirs convergents (18-20)	24
Racloirs déjetés (21)	5
Racloirs transversaux (22-24)	25
Grattoirs (30)	2

Table 34 : Grotta dei Giganti, typologie des racloirs selon la liste Bordes (1961).

originalités de cet assemblage : ils sont souvent très petits (cf. infra) et ont une morphologie bien régulière et généralement pointue. La distinction typologique entre ces racloirs, les pointes retouchées et les limaces n'est toutefois pas simple et probablement ne reflète pas une vraie distinction fonctionnelle, sinon pour ce qui concerne les dimensions. Ici ont été définis comme racloirs convergents les outils retouchés dans la partie distale et qui conservent le bulbe et le talon dans la partie proximale ; les pointes retouchées sont réalisées à partir d'un éclat prédéterminé ou d'un support généralement plus fin ; les pointes sont ici des pièces triangulaires ou sub-triangulaires, plus ou moins allongées, à l'extrémité acuminée, obtenues par retouche importante, souvent scalariforme.

Elles peuvent ou non conserver leur partie proximale. Il y a également des outils retouchés, parfois avec du cortex sur la partie dorsale, réalisés sur un support très fin et d'une morphologie assez « moderne », qui ont été classés parmi les racloirs convergents, bien que cette définition typologique ne semble pas être très appropriée. Parmi les racloirs transversaux, un, sur

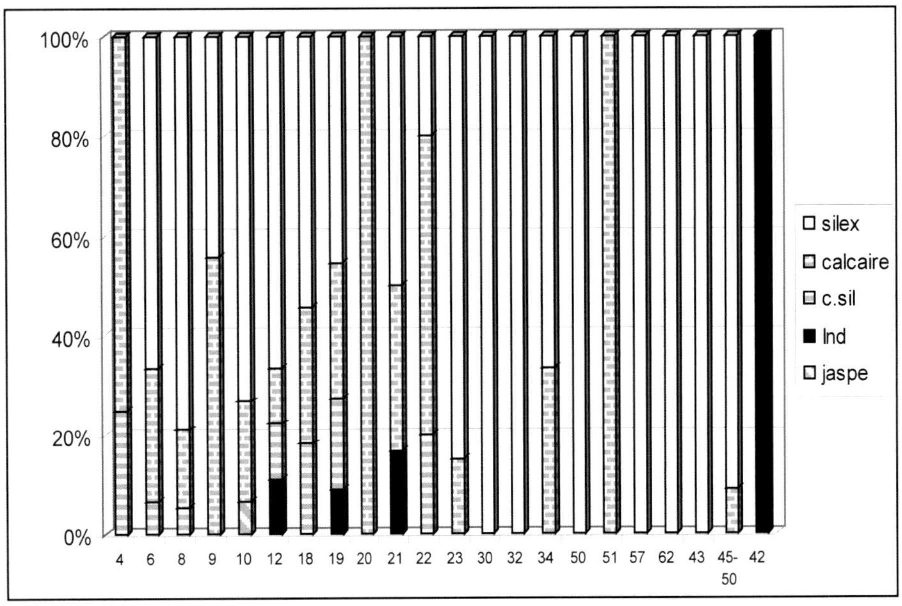

Graphique 5 : Grotta dei Giganti, proportions des outils par matière première (selon la typologie Bordes 1961).

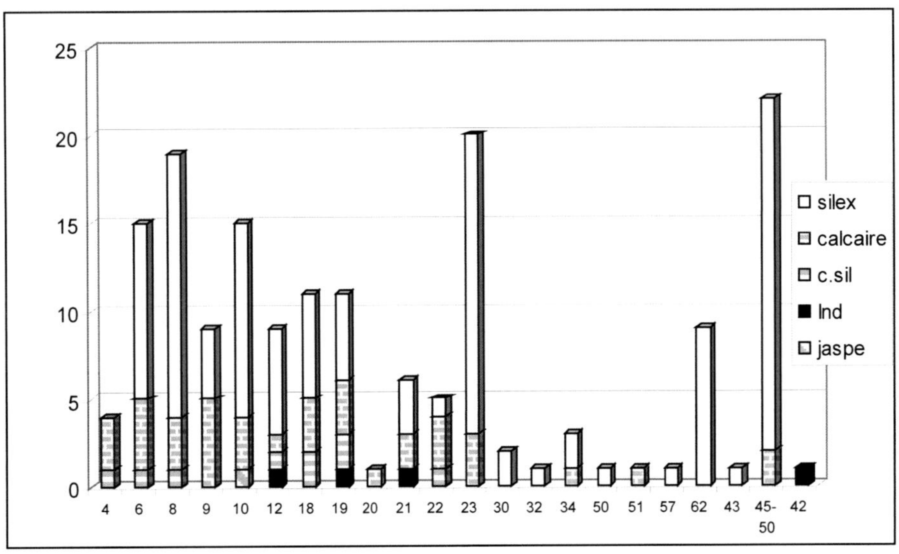

Graphique 6 : Grotta dei Giganti, fréquences des outils par matière première (selon la typologie Bordes 1961).

Graphique 7 : Grotta dei Giganti, dimensions moyennes (en millimètres) des outils par intensité de retouche.

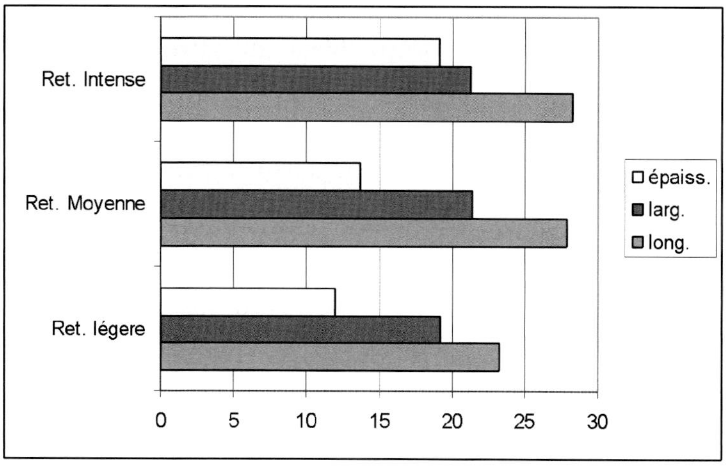

« *placchetta* » est morphologiquement un racloir typique de l'uluzzien archaïque. Parmi les outils convergents sur supports fins, une pointe est fort remarquable pour sa ressemblance avec une « pointe de Châtelperron ».

Les limaces, déjà définies par Bordes (Bordes 1961, p. 39) comme des racloirs convergents doubles, constituent le type plus caractéristique du Paléolithique des Pouilles, et à Grotta dei Giganti, comme dans d'autres gisements de la région, elles sont souvent des « proto limaces », à face ventrale dièdre, dénommées en littérature « *de type Quinson* » ou « *de la Baume Bonne* », d'après la définition de Bottet (Bottet et Bottet 1951b). La retouche fait le tour complet de l'outil et bulbe et talons ont été ôtés. Parfois, elles conservent une partie de cortex sur leur face dorsale, montrant qu'elles sont issues d'un débitage opportuniste.

La gestion différente des supports sur calcaire et sur silex s'avère évidente par l'analyse des supports, des types et de leur degré de réduction.

Le stade de transformation (mise en forme et retouche) concerne surtout les objets sur silex (N = 115), qui montrent un fort degré de réduction et une certaine incidence de fractures et rubéfaction. Ces éléments portent à supposer un fort degré d'entretien des objets sur silex, et un abandon plus rapide des artefacts sur calcaire.

Cette situation rend nécessaire d'intégrer cette industrie dans le débat concernant la *curation* et aux discussions sur la mobilité et la subsistance des groupes humains.

L'originalité de cet assemblage pourrait être due à une forte présence de matériaux allochtones et à la très grande différence en aptitude à la taille de ces derniers par rapport aux matières premières locales (Spinapolice 2009). Une hypothèse de réduction pourrait être émise à Grotta dei Giganti en ce qui concerne les types en silex les plus intensément retouchés et qui ont des dimensions réduites. Il n'est pas possible de tester s'il y a une différence en ce qui concerne les supports choisis pour fabriquer les outils, car l'important degré de réduction les rend pour la plupart indéterminables.

Il semble pourtant que les produits moins prédéterminés aient nécessité plus fréquemment des modifications apportées par la retouche, ou, au contraire, que leur morphologie soit la plus adaptée à celle des outils recherchés.

Dans le tableau 35 (Graphique 7) on voit que la retouche plus intense n'est pas associée à des supports plus petits, et, au contraire, qu'une retouche légère est plutôt associée à ce type de supports. Cela implique qu'il y ait eu un choix des supports plus aptes à une retouche intense pour fabriquer les outils souhaités.

L'hypothèse qu'on peut formuler est liée principalement à la morphologie des pièces et elle peut être testée sur la base des données métriques.

L'hypothèse de réduction des outils (Dibble 1984) à partir de racloirs simples, pour arriver aux limaces en passant par les racloirs doubles et convergents, a été testée sur la base des dimensions des supports (Table 35-38).

Retouche	Légère	Moyenne	Intense
Longueur	23,26	27,87	28,31
Largeur	19,15	21,34	21,18
Épaisseur	12	13,75	19

Table 35 : Grotta dei Giganti, dimensions moyennes (en millimètres) des outils par intensité de retouche.

Silex	Éclats ret.	Racloirs simples	Racloirs transversaux	Racloirs doubles	Racloirs convergents	Limaces
Longueur	17,05	24,07	16,85	37	22,2	31,46
Largeur	14,09	14,62	27,4	20,5	15,1	18,62
Épaisseur	11	8	10	14,5	10,5	14,25

Table 36 : Grotta dei Giganti, dimensions moyennes (en millimètres) des outils en silex (typologie Bordes 1961).

Silex	Éclats ret.	Racl. simp+tra	Racl. db+conv.	Limaces
Longueur	17,05	19,46	24,72	31,46
Largeur	14,09	20,58	15,88	18,62
Épaisseur	11	18	10,5	14,25

Table 37 : Grotta dei Giganti, dimensions moyennes (en millimètres) des outils en silex (typologie Bordes 1961).

Calcaire	Éclats ret.	Racloirs simp+tra	Racloirs db+conv.	Limaces
Longueur	44	35,28	42,88	47,33
Largeur	30,5	36,35	24,77	18,6
Épaisseur	9,5	13,28	12	12,5

Table 38 : Grotta dei Giganti, dimensions moyennes (en millimètres) des outils en calcaire (typologie Bordes 1961).

L'hypothèse se basait sur la possibilité que les limaces n'aient pas une fonctionnalité spécifique (bien définie), mais qu'elles soient issues d'une réduction d'autres types d'outils, à travers une série de raffûtages.

Les données métriques contredisent en fait cette proposition, car les limaces sont en moyenne plus longues et plus larges que les racloirs supposés être à l'origine du cycle de réduction, comme on peut le voir dans le graphique 6.

Cela implique la récusation de l'hypothèse de réduction et au contraire, l'affirmation que certains outils, comme les limaces, très caractéristiques du Moustérien de la région, représentent bien des morphologies fonctionnelles recherchées pour elles mêmes, malgré l'investissement (perte) important en matière première. Ces données, croisées avec la connaissance de la pauvreté de ces matières premières, nous indiquent une certaine importance d'ordre économique de ce type d'outils, qu'il serait intéressant d'examiner ultérieurement.

Les éclats retouchés, comme indiqué plus haut, ne semblent pas être obtenus sur les mêmes supports que les outils plus intensément retouchés. Par contre, mis à part les limaces, une réduction des racloirs simples et doubles pour obtenir des racloirs convergents est toutefois possible. La morphologie très particulière de certains racloirs convergents, et leurs dimensions

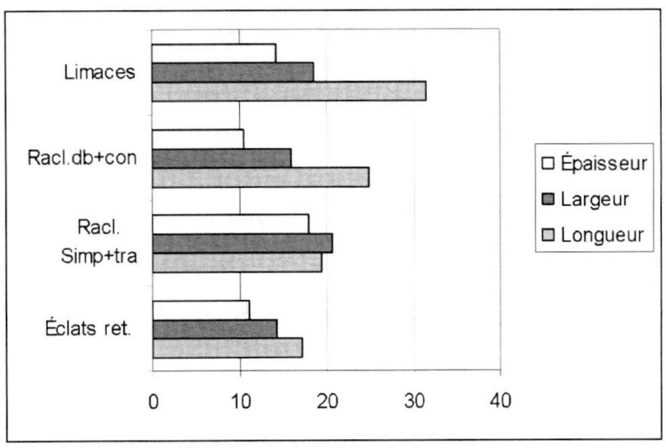

Graphique 8 : Grotta dei Giganti, dimensions moyennes (en millimètres) des outils en silex (voir Table 36).

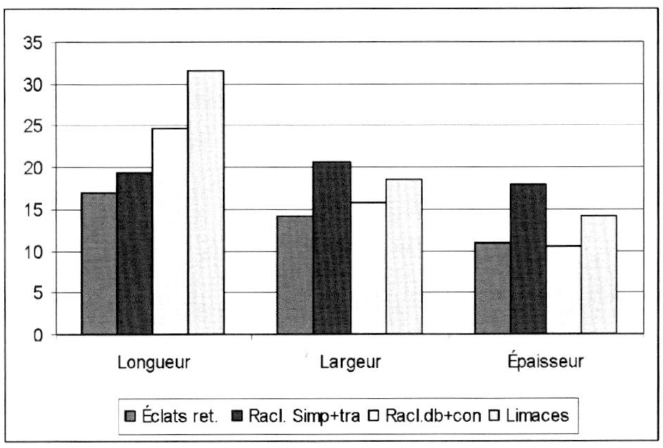

Graphique 9 : Grotta dei Giganti, dimensions moyennes (en millimètres) des outils en silex (voir Table 37).

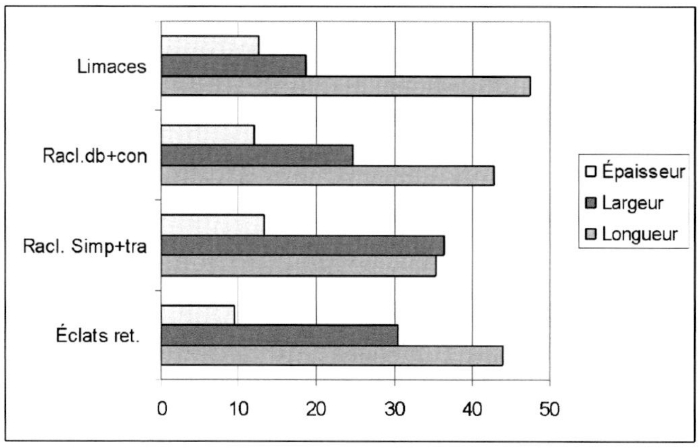

Graphique 10 : Grotta dei Giganti, dimensions moyennes (en millimètres) des outils en calcaire (typologie Bordes 1961) (voir Table 38).

Calcaire	Éclats ret.	Racloirs simples	Racloirs transv	Racloirs doubles	Racloirs converg.	Limaces
Longueur	44	39,12	30,16	35	45,14	47,33
Largeur	30,5	28,62	46,66	21	25,85	18,6
Épaisseur	9,5	12,62	14,16	9	12,85	12,5

Table 39 : Grotta dei Giganti, dimensions moyennes (en millimètres) des outils en calcaire (typologie Bordes 1961).

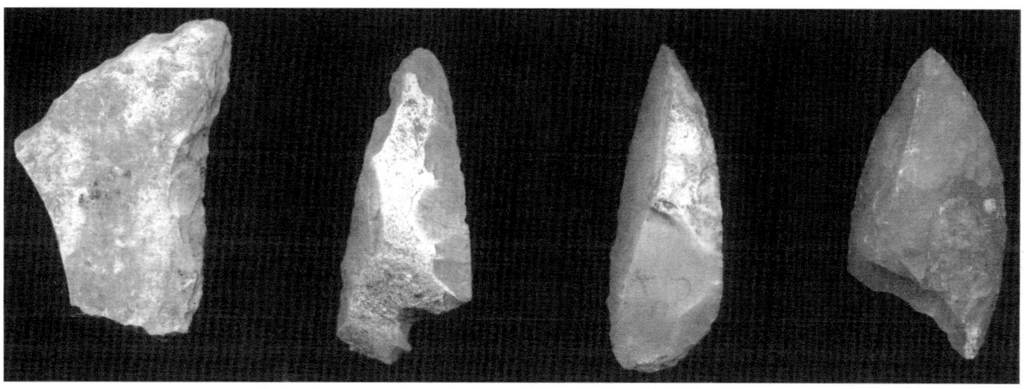

Figure 43 : Grotta dei Giganti, pointes en silex et racloir convergent sur plaquette.

fort réduites, pourrait nous faire pencher pour cette explication.

En ce qui concerne la typologie des outils sur calcaire (N = 40), la liste des types ne varie pas en substance, mais certains types, comme les petits racloirs convergents, sont absents. Une comparaison métrique analogue à celle réalisée sur silex a été faite aussi pour cette matière première, mais le faible nombre d'outils rend impossible une étude spécifique. Les dimensions moyennes des types distincts ne diffèrent pas beaucoup entre elles. Trois limaces, 25 racloirs et 8 pointes retouchées ont été décomptées pour l'assemblage en calcaire.

Les outils sur les autres matières premières ne sont pas plus nombreux ; il s'agit essentiellement de racloirs.

Figure 44 : Grotta dei Giganti, limaces.

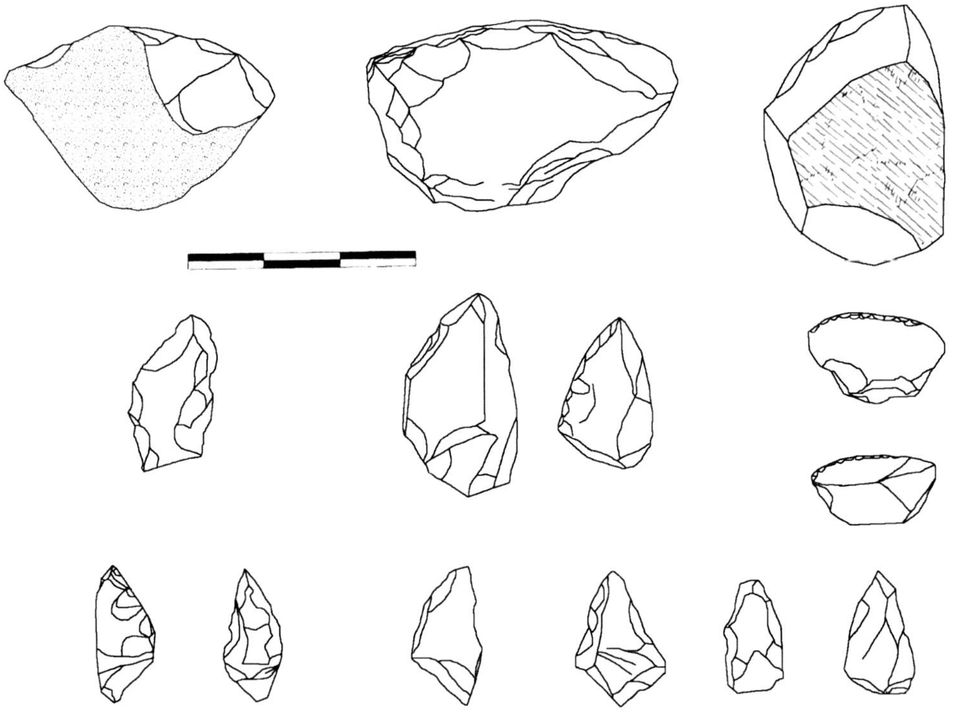

Figure 45 : Grotta dei Giganti, outillage en silex et calcaire siliceux.

Les outils sur *Callista chione* (N = 8) représentent une particularité parmi eux. Ils sont de dimensions très petites et sont fabriqués à partir de la partie proximale soit de la partie distale du coquillage. Leur morphologie les rapproche des racloirs transversaux ou simples, et les dimensions ne sont pas très différentes de ceux en silex. Les retouches ont été faites autant sur le pourtour naturel (N = 3) que sur les fractures artificielles (N = 5) issues des percussions décrites plus haut.

En conclusion, la grande incidence de la retouche dans cet assemblage doit être expliquée en termes économiques, en plaçant le site dans un système d'approvisionnement et d'occupations variées en ce qui concerne la subsistance et l'approvisionnement en matières premières (Spinapolice 2009).

III.7 Typologie économique du site

Les stratégies économiques peuvent être considérées comme les possibilités d'organisation du débitage qui permettent l'adaptation des méthodes aux contraintes économiques. Elles peuvent aussi être regardées comme le résultat d'une série d'interactions parmi trois types de contrainte : ressources du milieu, possibilités techniques et enfin besoins en produits finis (Geneste 1991).

À travers la division en phases de débitage (Geneste 1985) de l'approvisionnement à l'abandon, on peut vérifier l'intégrité de la chaîne opératoire et chercher à comprendre le comportement économique des groupes humains qui ont produit l'assemblage.

Phases	**0-1**	**2**	**3.tra**	**5**
Silex	2	75	91	78
Autres MP	10	144	37	33

Table 40 : Grotta dei Giganti, phases techno-économiques représentées par numéro de pièces.
0-1 : acquisition, préparation de supports ; 2 : production ; 3-4 : retouche-utilisation ; 5: abandon.

A Grotta dei Giganti, la chaîne opératoire n'est pas entièrement représentée : les nucléus, les préformes et les éclats de préparations sont quasiment absent (Table 40).

Une hypothèse possible pour expliquer l'absence des nucléus implique une analyse différenciée des deux principales matières premières : d'un côté la disponibilité du calcaire, qui rend inutile le transport sur le site des blocs de matière première et de l'autre la carence en silex qui implique l'absence d'une phase d'abandon et la récupération de tous les supports possibles jusqu'à leur complet épuisement. La présence d'éclats de plain débitage nous laisse imaginer que des activités se déroulaient pourtant dans le site, mais que les objets issus de telles activités n'aient pas été abandonnés sur place, ou bien que les supports bruts aient été introduits dans le site.

Les activités de taille sur place seraient limitées à des séquences de production plutôt courtes, avec une exploitation de quelques blocs de matières premières locales de médiocre qualité et une production à partir de nucléus introduits à des stades d'exploitation déjà avancés. La rareté des éclats corticaux va en effet dans le même sens. La forte présence de pièces retouchées, mais aussi la fréquence des éclats de retouche, témoignent de phases de fabrication et d'entretien d'outils effectuées sur le site même.

La proportion de supports retouchés dans l'assemblage est assez importante, témoignant vraisemblablement d'une ample série d'activités distinctes, nécessitant un outillage différencié, qui se déroulaient dans la grotte ou à proximité. Les activités de taille ont donc été consacrées quasi-exclusivement à la transformation et à l'entretien de produits, introduits sous des formes plus ou moins finies et ce, quels que soient les lieux de collecte des matériaux. Les produits auraient donc pour la majorité été importés déjà préparés. Quant aux fonctionnalités de l'outillage, les analyses archéologiques et tracéologiques devraient, dans le futur, nous fournir des indications.

Aucun remontage n'a pu être effectué sur l'ensemble des matériaux, bien que plusieurs tentatives aient été entreprises. Un seul rapprochement entre certaines pièces a été possible, concernant des éclats issus d'un calcaire siliceux (MP 18). En général, le nombre minimum de blocs est assez réduit, 18 pour le calcaire et le calcaire siliceux, confirmant ce qu'on a exposé plus haut.

III.8 Modalites d'occupations

L'industrie de Giganti pourrait témoigner dans l'ensemble d'une forte mobilité de produits prédéterminés, de produits non prédéterminés exploitables pour la fabrication des outils souhaités (voir les limaces) et de produits retouchés.

Cette interprétation dérive d'une série de considérations. Une pareille situation, qui vise à l'exploitation maximale des outils avant leur replacement, a été mise en relation (Kuhn 1989) avec une forte mobilité des groupes de chasseurs-cueilleurs, mobilité liée essentiellement aux autres activités de subsistance, dont l'approvisionnement en matières premières serait dépendant (Torrence 1989) ou, d'après d'autres auteurs, indépendant et objet d'un effort primaire (Andresfky 1994). Bien que ce modèle reste d'après nous à vérifier au cas par cas, les caractéristiques particulières de ce site pourraient bien le placer en un tel cas de figure. La rareté des vestiges, l'absence d'un vrai palimpseste, indice plutôt d'une mobilité « logistique », la présence de niveaux bien séparés, sont autant d'autres indices de forte mobilité et d'occupations brèves et répétées dans un espace temporel pas trop restreint.

La localisation des principales sources de matières premières exploitées montre une occupation humaine en rapport avec les disponibilités situées à proximité immédiate de la grotte. Les calcaires utilisés montrent un très faible choix, étant donné qu'une qualité relativement meilleure de cette matière première est disponible à quelques kilomètres du site.

Par contre, la présence massive de matériaux importés et une distance des sources probablement égale ou supérieure à 80/100 km, place la grotte de Giganti dans un contexte tout à fait unique pour le Moustérien européen (Spinapolice 2012), où la présence des matières premières « exotiques » reste anecdotique dans une très large majorité de sites (voir pour une synthèse des données Féblot-Augustins 1997). Les deux modalités unipolaire et centripète différentes se côtoient de manière constante tout au long de la séquence stratigraphique. Bien qu'une telle situation soit exceptionnelle, les données actuelles sur les matières premières rendent un tel scénario possible, voire très probable.

III.IV Les autres grottes du Capo di Leuca

IV.1 De Grotta Titti à' Grotta del Drago

Les grottes se trouvent à Punta Ristola, un petit promontoire à l'Est du Cap de Leuca, sur le trait de côte qui remonte vers la mer Ionienne (Figure 46). Grotta Titti et Grotta del Bambino sont deux cavités à l'intérieur de la célèbre Grotte delle Tre Porte, « *des Trois Portes* », à quelques dizaines de mètres de Grotta dei Giganti. La Grotte delle Tre Porte, ainsi dénommée pour les trois arcs naturels qui en constituent l'accès, voûte d'une grande chambre d'entrée, actuellement submergée, est une grande cavité qui présente des restes de remplissages du Pléistocène, qui ont été érodés par la mer, mais dont des restes concrétionnés accrochés aux parois sont toujours visibles. Il s'agit de restes de sédiment rouge - violacé avec des fragments d'ossements, souvent brûlés, attribuables pour la plupart à *Bos primigenius* et *Cervus elaphus* ; y sont également reconnaissables des restes de pachydermes (Blanc 1961b, 1962d, 1962e).

La Grotta Titti se trouve sur la paroi ouest de la grande grotte submergée qui s'ouvre à l'ouest de la Grotta delle Tre Porte à 4,5 m au-dessus du niveau de la mer. Elle prend son nom de la fille du Baron Carlo Alberto Blanc.

Elles furent découvertes en 1936 avec les autres grottes du Capo de Leuca et furent l'objet d'un premier examen en 1958, plutôt difficile puisque l'entrée des cavités est située à quelques mètres seulement au-dessus du niveau actuel de la mer (Blanc 1959 ; Blanc *et al.* 1962b).

À cause de leur position, une fouille systématique des deux grottes n'a jamais été réalisée et tous les matériaux

Figure 46 : Grotta dei Giganti et Grotta delle Tre Porte à Punta Ristola (photo A.C. Blanc, archives sIPU).

archéologiques, y compris les spécimens néandertaliens, ont été dégagés pendant cette campagne préliminaire.

L'exploration de la Grotta del Bambino fut menée en 1958 par A. C. Blanc, L. Cardini et d'autres collaborateurs, dans le cadre des travaux de l'IsIPU.

La galerie se déroule sur 27 m et se termine par une grande salle subcirculaire, où une stalagmite constitue le pavement qui recouvre le remplissage visible depuis la mer. La stalagmite couvrait trois différents niveaux, le premier formé de sables rouges argileux qui recouvrent d'autres sables très riches en industrie sur calcaire, faune et foyers. Les faunes ont été déterminées sur place et sont représentées par *Elephas antiquus*, *Rhinoceros* sp. *Felis leo*, *Hyaena* sp., *Sus* sp., *Bos primigenius*, *Cervus elaphus*, *Cervus* sp. Dans la même position que les faunes ci-contre, à 6 m de l'entrée de la cavité, une molaire supérieure humaine affleurait (Benazzi *et al.* 2013), qui a été attribuée à un Néandertalien âgé d'environ 10 ans (Blanc 1962a, 1962f).

La même stratigraphie a été relevée dans la Grotte Titti, explorée pendant la même campagne de décembre 1958. Ici, à la base, sont visibles les restes d'une plage marine à gros blocs arrondis cimentés pendant la dernière période glaciaire. L'accès est plus facile par rapport à la Grotta del Bambino, grâce à la présence d'un rocher de base, épargné par la mer, où une échelle peut être posée pour l'accès et l'exploration. Le couloir d'accès à la Grotte se déroule sur 10 m. Le remplissage détritique est constitué par une partie basale de terre rouge violacé noircie par les restes de foyers et contenant de nombreux restes de faune et d'industrie sur calcaire. Le dépôt résiduel est relatif au même niveau, visible près de l'accès de la galerie. Les faunes, identifiées elles aussi sur place, comprennent *Equus* sp., *Bos primigenius* mais également *Rhinoceros* sp. et *Cervus elaphus* (Cardini 1958). À ces niveaux de base se superpose une couche caractérisée par la même matrice mais avec de nombreux fragments d'origine cryoclastique en calcaire. La faune est généralement la même (la seule espèce différente est l'ours) et l'industrie sur calcaire est moins abondante. La partie supérieure du sédiment comble entièrement le fond de la galerie et est constituée par un sable rouge d'origine éolienne évidente, qui ressemble au sédiment du « bolo » Romanelli.

Dans la falaise à l'ouest de Grotte dei Giganti, s'ouvre la Grotta del Drago, qui tire son nom de la présence d'une formation stalagmitique d'allure zoomorphe. La grotte est constituée par une ample salle submergée, qui, par l'action de la mer, a été totalement vidée de son remplissage continental, et dont la présence est témoignée par les restes de sédiment concrétionné visibles sur toutes les parois internes et externes. Pour la stratigraphie de cette grotte, nous renvoyons à la description donnée dans la deuxième partie.

A l'ouest de la Grotta del Drago s'ouvre une niche qui est probablement le vestige d'une cavité effondrée. Un morceau de sédiment détritique est visible à 10 m environ d'altitude, qui contient les traces d'un passage humain, avec des foyers, des ossements brûlés et des outils sur calcaire. La faune indentifiable comprend des restes de *Bos* sp. et de *Cervus* sp. et un grand fragment de défense d'Elephas, qui a donné son nom au site, le Cala dell' Elefante (Blanc 1962b).

IV.2 Présentation de la série et état de conservation

Tous les matériaux provenant de l'exploration de ces cavités sont conservés à l'Institut Italien de

Paléontologie Humaine, à Rome. Il s'agit de restes de faune, jamais étudiés et d'un échantillon d'industrie lithique provenant de Grotta Titti, que nous avons étudié. Aucune publication n'existe pour ces matériaux, à part des indications génériques sur la fouille (Cardini 1962 ; Cardini et Biddittu 1967). En outre, la plupart d'entre eux ont un fort degré d'altération, qui, dans 14 % des cas, empêche une lecture de l'objet.

Nous sommes tout à fait conscientes, en écrivant cette note sur ces matériaux, que la série lithique ne constitue pas un échantillon suffisant pour une interprétation du site, en raison de sa faiblesse quantitative et du mauvais état de conservation. Mais cette petite série mérite d'être étudiée afin d'évaluer le potentiel archéologique de cette zone très riche en sites et aussi pour essayer d'inscrire les quelques données disponibles dans un cadre plus ambitieux. En outre, la fouille stratigraphique de Grotte dei Giganti nous a montré la faiblesse quantitative qui en a caractérisé l'occupation et il n'est pas hasardeux de penser, peut-être, que le remplissage de ces autres grottes (distantes de quelques mètres seulement) n'est pas très différent de celui qui a été déjà exploré complètement.

L'assemblage disponible pour l'étude se compose d'un total de seulement 83 pièces lithiques, à savoir 4 nucléus, 38 éclats et 41 supports retouchés (Table 42). Ils portent trois différents marquages, relatifs à leur position spatiale et stratigraphique dans la grotte : nettoyage, entrée, parois de fond. De plus, des indications des couches sont disponibles : B, D-H-E, F, qui nous n'avons pas pu corréler avec la stratigraphie connue.

Naturellement, en raison de leur faible nombre, l'étude ne tient pas compte de ces distinctions. La petite série montre un état de surface plutôt mauvais, portant de fortes altérations post- dépositionnelles, liées à la position topographique du dépôt, sur le bord de la mer et sujet à des inondations continues. En effet, seulement 9 pièces ne montrent aucune trace d'altération (Table 41-43). Des pièces restantes, 69 montrent une patine blanche, 14 portent les signes d'une action mécanique de l'eau et 4 ont des traces de feu. 27 pièces sont particulièrement altérées par la patine, qui en empêche la lecture technologique.

État de surface	N
Frais	9
Patine	69
Eau	14
Brûlé	4

Table 41 : Grotta Titti, fréquences des pièces altérées selon le type d'altération.

	N
Nucléus	4
Éclats	38
Outils	41

Table 42 : Grotta Titti, décompte des matériaux étudiés par catégorie technologique.

État de surface	0	1	2	3	4
Eau	0	1	4	7	2
Brûlé	0	0	2	2	0
Frais	9	0	0	0	0
Patine	0	13	20	27	10

Table 43 : Grotta Titti, fréquences des différents types et degrés d'altération de surface.

IV.3 Les matières premières

Deux sont les matières premières qui constituent l'assemblage de Grotta Titti : le calcaire, et le calcaire siliceux (Table 44 et 45). En effet, les pièces en calcaire sont au nombre de 63 (81 % du total) et ceux en calcaire siliceux 16 (19 % du total). 63 % du total ont une origine indéterminable et seulement 8 pièces ont été sûrement fabriquées à partir de galets calcaires. Le calcaire siliceux est retrouvé sous forme de minces niveaux tabulaires, comme partout dans le Salento.

Dans l'ensemble ce contexte se rapproche plus de l'association lithologique de Grotte Romanelli, que de celle de Grotte dei Giganti. Le silex n'est présent sous aucune forme et si cette impression est fortement biaisée par la faiblesse de l'échantillon et par les modalités mêmes de l'échantillonnage, il ne reste pas moins singulier qu'aucun fragment de silex ne fasse partie de l'assemblage, d'autant plus que l'identification des outils calcaires, surtout dans de telles conditions de ramassage, nous semble beaucoup plus difficile.

Les différentes matières premières ont été classées en lithotypes comme pour les autres sites examinés.

MP	Galet	Tabulaire	Rognon	Ind	Total
C. sil	1	5		10	**6**
Calcaire	8	1	1	57	**10**
Total	**9**	**6**	**1**	**67**	**16**

Table 44 : Grotta Titti, fréquences des matières premières par morphologie du bloc.

MP	IND	G1	G2	G3	V3	Total
C. sil		14	1		1	**16**
Calcaire	1	7	11	48		**67**
Total	**1**	**21**	**12**	**48**	**1**	**83**

Table 45 : Grotta Titti, fréquences des textures par matière première (G = granuleux ; V = translucide ; 1 : faiblement ; 2 : moyennement ; 3 : très).

Le ***type 1*** comprend les **calcaires** sur galets (N = 8), qui sont tous très altérés par la patine et dont une description plus précise est impossible. Nous supposons qu'ils proviennent de conglomérats marins au sein ou à proximité des cavités (0-5 km du site).

Le ***type 2*** réunit les calcaires beiges (N = 6), de morphologie indéterminable. Leur texture est fine à moyenne, leur couleur homogène. Ils sont neutres au toucher et ne présentent pas de fossiles. Leur attribution stratigraphique doit correspondre aux calcaires de Melissano.

Le ***type 3*** est constitué par les calcaires gris de morphologie indéterminable (N = 24). Leur texture est poreuse et la matrice granuleuse. Ils sont secs au toucher. Leur aptitude à la taille est faible, exception faite pour 3 pièces qui ont une matrice plus fine. Ils proviennent de la formation des Calcaires de Melissano (0-30 km du site).

Le calcaire marron noisette n'est présent qu'avec une pièce, dont nous avons fait notre ***type 4***. La texture est très fine et il est gras au toucher. Il provient probablement des Calcaires de Castro.

Le ***type 5*** réunit tous les calcaires indéterminables à cause de leur patine (N = 26).

Enfin, 1 pièce de calcaire sur plaquette a été examinée, qui constitue à elle seule le ***type 6***. Il s'agit d'un calcaire gris, de matrice et texture très fine, provenant des calcaires de Melissano (0-50 km du site).

Les **calcaires siliceux** ont été classés en 6 types.

Le ***type 7*** comprend tous les calcaires siliceux de morphologie indéterminable et de couleur gris - beige. La texture est fine et leur provenance stratigraphique est attribuée aux Calcaires de Melissano (N = 8). Deux pièces de la même matière première sur plaquette constituent le ***type 8***. L'un entre eux se présente roulé et il provient d'une source secondaire.

Le ***type 9*** est une pièce en calcaire siliceux très vitreux, de couleur grise et texture très fine. Sa provenance stratigraphique est inconnue.

Le ***type 10*** est constitué par les calcaires siliceux marron noisette (N = 2) provenant des Calcaires de Castro. Il s'agit d'une variante plus fine du type 4.

Les ***types 11*** et ***12*** sont constitués par des calcaires siliceux qui ont une matrice très fine, et sont des accidents marneux de la formation des Calcaires de Castro (20-50 km du site). Le type 11, à la couleur rouge, présente 2 pièces ; le type 12, vert, 1.

IV.4 Technologie de production des supports

La série lithique de la Grotta Titti est dominée par le concept de débitage Levallois, qui est attesté sur la plus grande partie de l'assemblage, exception faite pour quelques pièces (N = 8) en calcaire siliceux obtenues à partir d'un débitage opportuniste. La présence anecdotique du débitage sur enclume a aussi été repérée.

Trois nucléus sont présents dans l'assemblage, témoignant des différents niveaux d'exhaustion des matières premières au moment de l'abandon. L'un d'entre eux, en effet, est fortement altéré par le feu ; un autre est un nucléus sur éclat qui présente quatre enlèvements de différentes directions. Un troisième nucléus est informe, les enlèvements ne présentant pas de direction préférentielle. Il est fortement exploité.

Enfin, un bloc testé est présent dans cette série, qui porte deux enlèvements. Il s'agit d'un galet calcaire de dimensions moyennes (5 cm de longueur), typologiquement un chopper, probablement un percuteur cassé.

Il est intéressant de remarquer qu'aucun nucléus ne témoigne du débitage Levallois, qui est visible à partir des enlèvements antérieurs des supports. Cela est dû probablement à l'utilisation des nucléus Levallois exploités pour l'enchaînement d'autres chaînes opératoires, probablement opportunistes.

Les modalités de débitage Levallois, unipolaire (N = 15), bidirectionnel (N = 8) et centripète (N = 2), se succèdent afin d'obtenir des supports les plus allongés possibles. Le degré de prédétermination est très fort (N = 25) et des supports Levallois souvent laminaires en sont les produits. La gestion des volumes est très élevée, attestée par des produits fins, jamais rebroussés. Deux pointes Levallois sont présentes. Les produits débordants et une pointe pseudo-Levallois nous apportent aussi des informations sur la gestion de la surface de débitage. Deux éclats à dos cortical sont présents et quatre éclats débordants, dont deux à talons préparés.

Des éclats corticaux et partiellement corticaux témoignent du déroulement des premières phases de la chaîne opératoire sur place (9 corticaux et 3 partiellement corticaux). Un dièdre est présent, probablement issu de débitage sur enclume, avec des bulbes très plats et parfois négatifs.

Quant à la technique d'obtention des supports, les talons majoritairement lisses et les bulbes plutôt proéminents nous font pencher pour l'utilisation d'un percuteur de pierre dure ou pierre tendre. Cela serait le cas pour les talons ponctiformes.

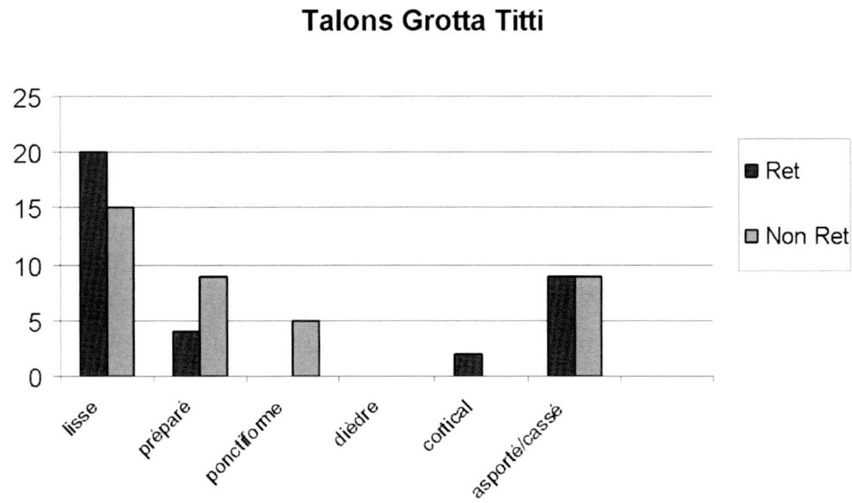

Graphique 11 : Grotta Titti fréquences des différents types de talons selon la catégorie technologique.

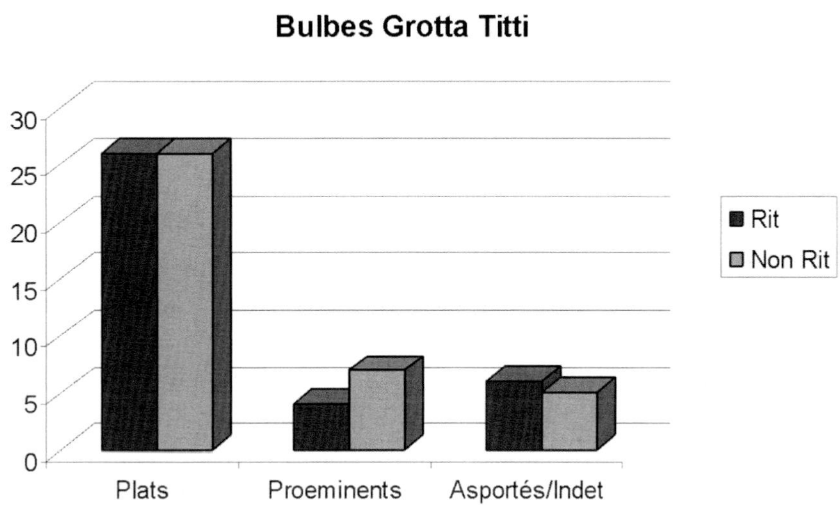

Graphique 12 : Grotta Titti fréquences des différents types de bulbes selon la matière première et la catégorie technologique.

La présence d'un conglomérat de galets calcaires dans les environs nous semble la base de cette modalité d'occupation, de faciès mixte d'exploitation et de consommation. Naturellement, cette interprétation peut être mise en cause à tout moment par l'apport de nouvelles données : elle doit donc être considérée comme provisoire.

IV.5 Technologie de transformation et d'entretien des produits

Dans les tableaux ci-contre (Table 46 et 47), une typologie simplifiée de l'assemblage est présentée. Les outils constituent environ 50 % de l'assemblage.

Les racloirs constituent la partie majeure de l'outillage (42 %). Il s'agit de racloirs de morphologies souvent très diversifiées, mais le groupe des convergents est dominant (N = 8). La retouche est rasante et souvent partielle. Seulement 7 pièces ont été retouchées de façon intense, avec des retouches écailleuses et rentrantes, tous les autres présentant des degrés de retouche faible à moyen. Il est à remarquer un racloir à retouches alternes

Typologie	N
Limaces	1
Racloirs simples rectilignes	3
Racloirs simples convexes	2
Racloirs convergents rectilignes	4
Racloirs convergents convexes	4
Racloirs transversaux rectilignes	1
Racloirs alternes	1
Racloirs à retouche bifaciale	1
Encoches	4
Denticulés	7
Èclats retouchés	11
Divers	2

Table 46 : Grotta Titti, fréquences et proportions des principales types.

Typologie	N	%
Limaces	1	2
Racloirs	17	42
Encoches	5	12
Denticulés	5	12
Éclats retouchés	11	27
Divers	2	5
Total	**41**	**100**

Table 47 : Grotta Titti, décompte typologique.

et un autre à retouche bifaciale. En général, la retouche n'est pas très intense et n'affecte que très faiblement la morphologie initiale de l'éclat. Le choix des supports à retoucher semble très important, l'assemblage comptant de nombreux supports prédéterminés. Les éclats Levallois sont retouchés sur les bords latéraux, par des retouches non envahissantes, partielles et rasantes. De rares pièces présentent une retouche proximale et une pièce présente un amincissement ventral. Un racloir transversal sur plaquette est présent, le seul à avoir une allure d'outil expedient. Le groupe des encoches (N = 4) et des denticulés est intéressant. Les encoches sont toutes obtenues sur supports Levallois très fins. Il s'agit d'encoches clactoniennes. Il en est de même pour les denticulés (N = 7), obtenus tous par une série d'encoches (de deux à quatre) et à partir de supports Levallois (N = 5) ou débordants (N = 2). Une seule limace en calcaire est présente, mais son état de surface très altéré ne permet pas de détailler sa morphologie. Les éclats à retouche partielle sont en nombre de11 et il s'agit pour la plupart (N = 6) de supports Levallois qui présentent de faibles traces de retouche sur un des bords. Un seul éclat porte une retouche envahissante dans la partie proximale. D'autres pièces (N = 3) présentent de fortes altérations qui rendent difficiles leur attribution typologique, même si est discernable la présence de la retouche. Enfin, une plaquette de calcaire siliceux avec traces de retouche a été classée dans ce groupe. Comme le montre déjà le faible degré de retouche, il nous semble que la réduction (par raffûtage) de l'outillage dans ce site est quasiment absente. Les modifications des tranchants des supports ne sont jamais très importantes. Au contraire, l'important niveau de prédétermination des supports retouchés et leurs morphologies soignées nous montrent une très faible réduction. Leur dimensions moyennes sont plus grandes (longueur 6,2 cm, largeur 4,3 cm, épaisseur 1,9 cm) que celles des supports non retouchés (3,4 ; 2,1 et 0,6 cm). Cela nous montre une forte sélection des supports à retoucher parmi tous les produits de débitage.

IV.6 Typologie économique du site et modalités d'occupation

Malgré sa faiblesse quantitative, l'analyse technologique nous permet de souligner certains aspects originaux. Cet assemblage présente toutes les phases de la chaîne opératoire et les matériaux introduits dans le site relèvent d'une occupation strictement locale, car aucune matière première d'origine lointaine n'y a été retrouvée. L'étude du matériel lithique rend compte d'une chaîne

Figure 47 : Grotta Titti, pointe en calcaire, musée de Maglie.

Figure 48 : Grotta Titti, industrie lithique en calcaire et calcaire siliceux.

opératoire déroulée sur place, accompagnée d'une activité de transformation des produits fort importante (plus de 50 %). La grotte est donc caractérisée par l'utilisation majoritaire de matières premières locales, des productions *in situ* majoritairement Levallois et un corpus typologique abondant mais pas très varié. Malgré la faiblesse de l'échantillonnage, il nous semble ainsi que ce site soit porteur d'informations nouvelles concernant les occupations humaines de la région. En effet, cette occupation semble être clairement différente de la pourtant très proche Grotta dei Giganti, que nous avons analysée plus haut. Les raisons sont peut-être à rechercher dans les biais qui affectent l'assemblage, mais d'autres explications sont possibles, par exemple une utilisation différente du site, et/ou une occupation chronologiquement décalée.

De nouvelles recherches sur le terrain, ainsi que des données complètes sur les faunes et leur exploitation, seront certainement porteuses de nouveaux éléments relatifs à cette occupation humaine.

III.V Grotta Uluzzo C

V.1 Historique et presentation de la grotte

La Grotte de « Carlo Cosma », mieux connue sous le nom de « Uluzzo C » se trouve dans la baie de Uluzzo, à mi-chemin entre la Grotte del Cavallo et la Grotte de Uluzzo. Elle fut découverte en 1961 par E. Borzatti von Löwenstern qui lui attribua un nom provisoire, étant donné qu'aucune dénomination officielle de la cavité n'était connue. Elle fut explorée pour la première fois en 1963 et successivement fouillée de 1964 à 1968 par l'Istituto Italiano di Preistoria e Protostoria (Borzatti von Lowerstern 1964, 1965 ; Borzatti von Lowerstern et Magaldi 1966). Des nouvelles fouilles sont actuellement en cours, dirigée par l'auteur et Stefano Benazzi (Fiorini *et al.* 2017).

La cavité se présente aujourd'hui comme un abri formé par l'élargissement d'une fissure ayant une inclinaison de 50° par rapport au plan horizontal. Sur le côté gauche de cet abri s'ouvre une petite grotte à plusieurs salles, qui se trouve quelques mètres plus haut. Cette dernière, à part quelques centimètres de sédiment d'origine récente, est dépourvue de sédiment à cause de l'écoulement d'eau qui jaillissais encore durant les fouilles Borzatti. L'abri de Uluzzo C se trouve à 15 m environ au-dessus du niveau de la mer et a été ouvert par l'action des phénomènes karstiques caractéristiques de la région.

En 1963, une tranchée de 2,60 m de longueur par 1,50 m de largeur atteignait une profondeur de 2,50 m. Ensuite cette première tranchée fut approfondie de 4m environ et en 1966, elle fut élargie d'un mètre vers l'extérieur de l'abri.

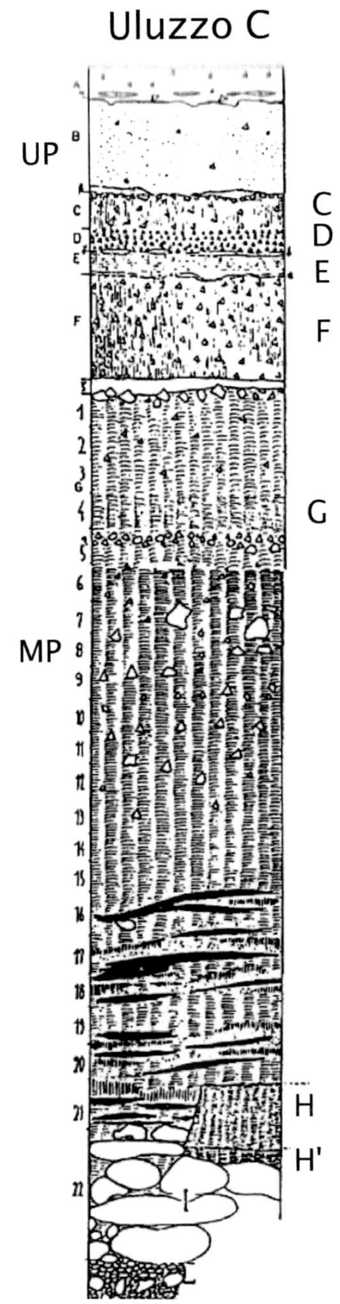

Figure 49 : Stratigraphie de Uluzzo C, couches A-G (modifiée d'après Borzatti 1966).

La stratigraphie (Figure 49) du haut au bas, présente (Borzatti von Lowerstern 1965) :

Niveau A (0-17 cm) : terrain sablo-limoneux de couleur brune, intercalé par endroit avec du sable bleuâtre d'origine volcanique. Peu abondant en cailloutis.

Niveau B (18-62 cm) : sable volcanique mixte à sable quartzeux de couleur rouge par la présence d'oxyde de fer. À la base, sable gris.

Niveau C (63-80 cm) : stalagmite constituée par un cailloutis de dimensions moyennes à la base, et par un cailloutis non cimenté au sommet.

Niveau D (81-90 cm) : terrain à détritus calcaires plus fins.

Niveau E (91-100 cm) : terre sableuse rouge concrétionnée avec rares cailloutis.

Niveau F (101-165 cm) : stalagmite discontinue à cailloutis. Au-dessus de la stalagmite, un niveau vide d'environ 20 cm d'épaisseur

Niveau G (165-250 cm) : terre sableuse brun foncé avec peu de cailloutis. Au sommet des grosses pierres et à la base, un petit niveau de galets.

Niveau H : terre sableuse rouge fortement concrétionnée au sommet, terre grise souple à la base.

Niveau I : série de gros galets calcaires (jusqu'à un mètre de longueur) avec perforations de lithodomes.

Niveau L : galets plus petits souvent concrétionnés, dans une matrice sableuse blanche d'origine calcaire.

La couche A a livré une industrie romanellienne.

La couche B est stérile.

La couche C, fortement concrétionnée, comporte une industrie uluzzienne.

La couche D est un niveau très fin qui témoigne du passage entre le Paléolithique moyen et le Paléolithique supérieur.

La couche E est partiellement concrétionnée. Elle a livré une industrie moustérienne même si un mélange avec des matériaux de la couche supérieure n'est pas exclu.

La couche F est très riche en oxydes de manganèse. Dans la partie médiane, elle est dépourvue de lithique mais riche en faune. A la base un niveau stérile d'environ 20 cm la sépare de la couche G. La couche, comme la plupart des niveaux de la grotte, a une légère pente vers l'extérieur de la cavité.

En raison de sa puissance, la couche G a été fouillée en niveaux artificiels, épais de 10 cm environ. À partir du niveau 5, la matrice est un terrain sableux peu riche en cailloutis. Les pierres de plus grandes dimensions, quand elles ne sont pas absentes des niveaux supérieurs de la couche, décroissent progressivement jusqu'au niveau 15. Une grande partie de ces pierres en calcaire, tout comme l'industrie, sont décalcifiées ou fortement corrodées et souvent recouvertes de voiles de manganèse et de fer. En outre, dans ces niveaux, les traces de feu sont très importantes et contribuent à la couleur brune du dépôt, même en l'absence de véritables foyers. Au contraire, à partir du niveau 16 et jusqu'au niveau 21, des séries de foyers se mettent en place, sur une épaisseur totale de 1,20 m environ. Les foyers s'étalent sur une surface assez réduite. Ils se présentent couverts de sables rougeâtres et parfois concrétionnés et s'appuient sur un niveau de cendres blanchâtres durcies. Ces niveaux alternants de foyers et de cendres semblent par endroits chaotiques et remués ou coupés artificiellement.

En correspondance au niveau 21, sur la partie droite de la grotte, se trouve un niveau argileux rouge fortement concrétionné qui est dénommé couche H. Il s'agit d'un niveau marin. Au-dessous du niveau 21 de G, il y a une couche de pierres de grandes dimensions (25-50 cm) qui s'appuient sur un niveau de gros galets de calcaire arrondis par la mer de 30-50 cm environ, mais aussi de dimensions plus grandes (80 cm). Ils présentent des fores de lithodomes et s'accompagnent de quelques mollusques marins : il s'agit de la couche I.

Sous la couche I commence un conglomérat à éléments plus petits, dans une matrice sableuse grossière à fragments calcaires et fossiles marins (*Ostrea* sp. *Nassa* sp. et *Trochus* sp.). Il s'agit d'une plage concrétionnée et corrodée par la circulation de l'eau, dénommée couche L. La fouille s'est arrêtée ici, en 1966, à 8 m au-dessous du niveau actuel de la mer.

Le dépôt marin relatif aux niveaux H et I est en concordance, d'après Magaldi (Borzatti von Lowerstern et Magaldi 1966b) avec le conglomérat qui se trouve à quelques centaines de mètres au nord de l'entrée de la grotte, dans une petite baie : il est composé de gros galets de 1m environ, perforés par les lithodomes et surmontés par un autre conglomérat à éléments plus petits. Le sable du dépôt marin est blanc et humide. Les fossiles représentent une faune littorale assez banale : *conus, nassa, columbella rustica, patella, pecten, murex, aliotis, spondylus.*

D'après l'étude sédimentologique conduite par A. Magaldi, la formation du dépôt interne à l'abri est à attribuer à la présence de dunes à proximité de la mer, qui ont fourni le matériel de remplissage des grottes qui s'ouvraient sur la paroi verticale en calcaire mésozoïque. La différence entre dune côtière et dune interne n'est pas évidente à cerner et témoigne d'une possible pédogenèse de la dune en question.

La couche L est une calcarénite fossilifère qui se trouve à 8 m a.s.l. actuel et est à interpréter comme un témoignage d'une transgression de la mer à l'intérieur de la grotte pendant un interglaciaire. L'hypothèse des auteurs est qu'elle serait relative au Tyrrhénien (MIS5e), et qu'elle serait corrélée avec les dépôts tyrrhéniens relevés sur la feuille 175 de la carte géologique (Malatesta *et al.* 1967).

La couche suivante est interprétée comme le produit d'une augmentation des oscillations thermiques journalières lors de la glaciation du Würm. La partie supérieure de cette couche et les couches suivantes jusqu'à la couche H indiquent que la mer se retirait de la grotte et que les apports terrigènes commençaient. Un intense lessivage successif emporta une partie des sédiments déjà formés et un autre cycle de dépôt commença et continua jusqu'à la couche D. La présence à l'extérieur de la grotte de sédiments de dune a été évoquée, qui ont fourni le sédiment de remplissage de la grotte même. Ces dunes, d'après Magaldi, devaient présenter un certain degré de pédogenèse. Cela est avéré dans le cas des couches G, niveau 13, et H, niveau 1, qui ont les caractéristiques de sols générés par des matériaux sableux riches en sables et minéraux d'origine volcanique.

L'augmentation, dans les couches superposées, de la fraction de cailloutis en calcaire grossier provenant du détachement de la voûte indique une phase climatique sèche.

Une séquence de minces niveaux volcaniques, dénommés avec les lettres grecques, a été découverte en cours de fouille, et est ainsi composée :

- α sable volcanique azur, faible épaisseur, dans la couche A ;
- β sable volcanique gris – argent, dans la couche B ;
- γ sable volcanique vert, à la base de la couche D ;
- δ sable violacé, au sommet de la couche E ;
- ε sable jaunâtre, au sommet de la stalagmite F ;
- ς zone vide au-dessous de la couche F ;
- η niveaux fortement oxydé à la base de la couche G.

La présence de niveaux volcaniques dans les sites pléistocènes du Salento est une donnée avérée, mais jusqu'à présent, aucune étude paléo-environnementale n'a éclairci les conditions et datations de ces niveaux.

Une corrélation entre le niveau volcanique γ et les niveaux également d'origine volcanique, α de Grotta M. Bernardini et G de Grotte del Cavallo a été supposée par Borzatti (Borzatti von Lowerstern 1965) et récemment confirmée par Sarti (Sarti *et al.* 2002). Cette corrélation est particulièrement importante pour l'encadrement chronologique du dépôt, car le niveau tephra de la couche G de Grotta del Cavallo a été daté à 108 ka BP.

Une étude complète de la faune n'est pas disponible, malgré les nombreuses années qui se sont écoulées depuis la fin des fouilles. On dispose seulement des déterminations des *taxa* faites au moment de la fouille même.

D'après Borzatti, donc, la faune est plutôt monotone et composée en majorité et en proportions variables *d'Equus caballus, Equus hydruntinus, Cervus elaphus, Dama dama, Bos sp., Sus scrofa ferus, Vulpes vulpes, Canis lupus, Lepus europaeus.* Les fragments osseux sont assez rares.

La faune des niveaux inférieurs de la couche G présente : dans le niveau 22 rares *Cervus* et *Bos,* puis *Lepus europaeus* et *Testudo* Hermanni et aussi quelques coprolithes de *Crocuta crocuta spelaea.*

Les niveaux 20 et 19 n'ont pas de *Cervus* mais *Bos* et quelques restes d'*Equus caballus* ; les restes de *Testudo* augmentent.

Dans les niveaux supérieurs, *Bos, Equus* et *Cervus* et beaucoup de restes de *Lepus* et *Testudo.*

Les restes de *Dama dama* sont présents dans les niveaux 6, 7, 8, 16, 17 et ceux de *Canis lupus* dans les niveaux 6, 7, 14, 17. Des fragments de *Crocuta crocuta* dans les coupes du 7 au 13.

Dans le niveau 4 tous les vestiges osseux sont très rares et très fragmentés. En ce qui concerne la présence des gros pachydermes, le *Stephanorhinus kirchbergensis* est présent seulement dans la partie inférieure du dépôt, surtout dans la coupe 17 Borzatti, à partir des données disponibles, émet des hypothèses sur les oscillations climatiques qui ont participé à la mise en place du dépôt archéologique, et fait une corrélation entre ces oscillations et une possible chronologie glaciaire. Les niveaux 22-21 sont interprétés comme tempérés, le 19 tempéré humide, le 18 tempéré sec et une tendance au climat continental avec plusieurs oscillations différentes est indiquée jusqu'au niveau 6.

L'environnement inféré pour la couche G est donc une forêt et maquis avec peut-être une prairie réduite et des précipitations régulières.

En outre, la présence fréquente de la hyène (coprolithes dans tout le sédiment) et la présence d'hyménoptères, qui préfèrent des terrains qui ne sont pas fréquentés par d'autres animaux, indiquent une occupation humaine non constante, selon E. Borzatti (1965). Il y a deux moments de fréquentation continue : le premier pendant le dépôt des coupes 17-74 de la couche G et un autre plus récent correspondant aux coupes 6-5 de la même couche. Dans ces deux niveaux (6-5) la hyène est absente, les restes osseux et les artefacts sont plus abondants.

Nous allons d'abord examiner en détail les données publiées par les fouilleurs et ensuite aborder l'exposition des séries que nous avons analysées.

V.2 L'étude de E. Borzatti Von Löwenstern

E. Borzatti a publié en trois parties son étude des séries lithiques provenant de la Grotte de Uluzzo C (Borzatti von Lowerstern 1965, 1966a ; Borzatti von Lowerstern et

Magaldi 1966b). La première publication, en 1965, fournit une liste typologique et quantitative des matériaux des couches de A à G, issus de la première campagne de fouille de la grotte. Ensuite, dans les deux publications suivantes, l'auteur se concentra sur les matériaux issus de la couche G, les plus importants au niveau quantitatif. Les publications sont essentiellement articulées en trois parties : introduction au site, catalogue des industries lithiques, corrélations avec les autres sites et enfin conclusions. Bien que l'approche typologique de l'auteur, basée sur la typologie analytique de Georges Laplace (Laplace 1957) ne soit plus très utilisée, les données sur les pièces, sur les matières premières et même sur les modalités de débitage, sont très détaillées, et rendent précieuses ces anciennes publications, complétées par une abondance de dessins de très bonne qualité. En outre, l'importance donnée par l'auteur aux outils retouchés n'empêche pas de fournir une liste des produits de débitage et des nucléus présents.

L'industrie moustérienne de cette grotte est assez homogène et la variation entre les couches n'est pas très importante. Cette industrie est définie par l'auteur comme appartenant à un complexe de type Quina. D'après Borzatti, la méthode Levallois est très rare et les produits à face ventrale dièdre sont fréquents.

En étudiant les données publiées, il est possible de décrire quelques éléments caractéristiques de ce site.

Les **couches D-F** (Graphiques 13 et 14) sont caractérisées par un faible nombre de pièces par rapport à la couche G. Malheureusement Borzatti ne cite pas le nombre total des pièces (Borzatti von Lowerstern 1965), se limitant à une description de l'outillage. Ce dernier est composé seulement de 45 pièces, dont 27 denticulés, 15 racloirs, deux pointes et une seule limace en calcaire.

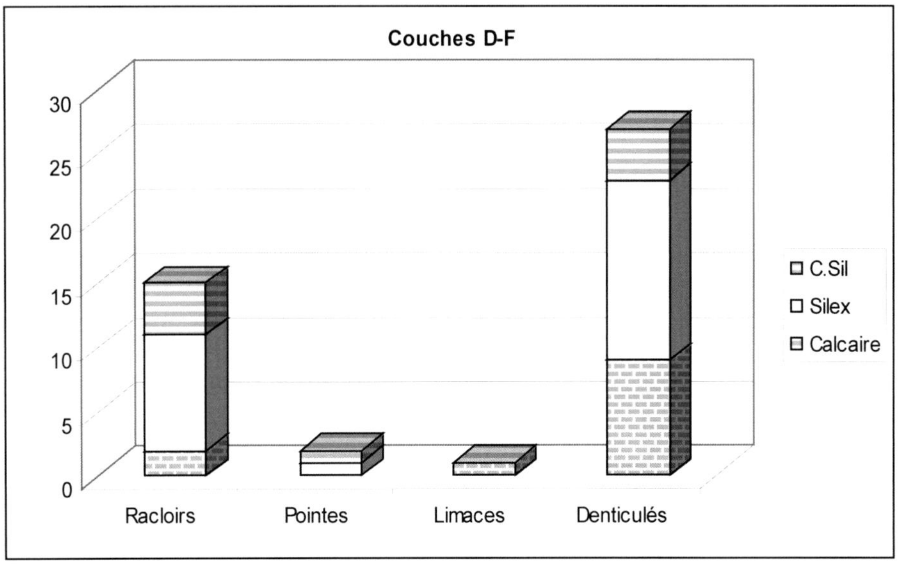

Graphique 13 : Grotta Uluzzo C, couches D-F, fréquences des outils par matière première, d'après les données de Borzatti 1965.

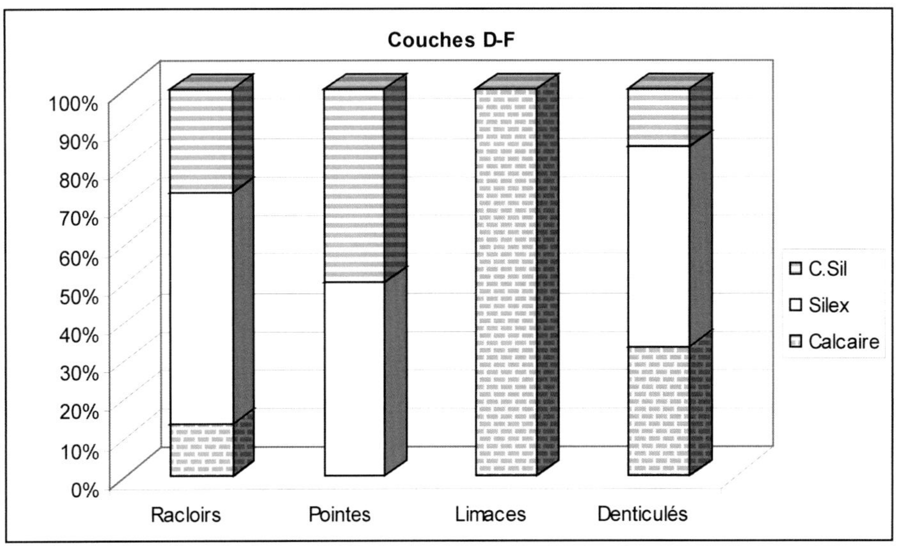

Graphique 14 : Grotta Uluzzo C, couches D-F, proportions des différents outils par matière première, d'après les données de Borzatti 1965.

En ce qui concerne les outils denticulés, nous ne pouvons pas exclure, à partir des illustrations fournies, qu'il puisse s'agir souvent d'enlèvements mécaniques.

Concernant les matières premières, l'outillage est fabriqué principalement à partir de silex (53 %), puis de calcaire (27 %) et enfin de calcaire siliceux (20 %).

La couche G a été l'objet d'une étude plus détaillée, compte tenu de l'abondance des vestiges et des traces intenses d'activité humaine (faune, foyers). En ce qui concerne la densité des pièces, on remarque (Table 65) une plus forte présence d'artefacts dans les couches XI-XVII, et une certaine raréfaction au sommet (niveaux I, II etc.) et à la base de la couche G (niveau XXII). Cela est probablement à associer, comme l'a déjà souligné Borzatti, à une exploitation différente de la cavité, qui est très intense de par les niveaux caractérisés par la présence des foyers (de XVI à XI). La raréfaction des artefacts vers l'entrée de la cavité, constatée par Borzatti au moment de la dernière campagne de fouille, est, elle aussi, à mettre en relation avec une utilisation différenciée de l'espace de la grotte, mais reste une donnée à vérifier.

Les matières premières sont conformes aux autres assemblages de la région (Table 48).

Le calcaire est nettement dominant au niveau quantitatif, suivi par le calcaire siliceux. Les autres matières premières ne constituent que 14 % de l'assemblage global. Dans l'assemblage entier, les outils représentent 28 % du total, les éclats 60 % et les nucléus 12 % : ici, à la différence d'autres sites de la région, les nucléus sont moins rares, à part quelques exceptions (niveau X). Ils sont majoritairement en calcaire et les nucléus en silex sont anecdotiques. Le niveau XI est à remarquer, car les nucléus représentent 43 % du total.

Table 48 : Grotta Uluzzo C, couche G, décompte des matériaux par matière première (d'après les données de Borzatti 1966, Borzatti et Magaldi 1966).

Couche G	N
Calcaire	2390
Silex	631
C. sil	1351
Quartzite	20

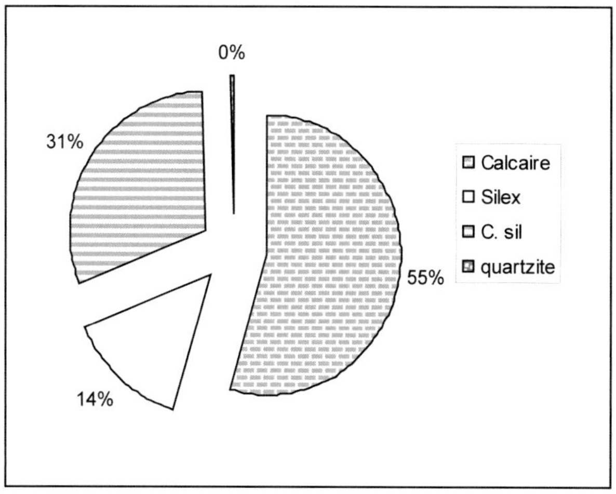

Graphique 15 : Grotta Uluzzo C, couche G, proportions des différentes matières premières d'après les données de Borzatti 1966, Borzatti et Magaldi 1966.

Les éclats bruts sont dominants presque dans tous les niveaux de la couche G, à l'exception du niveau déjà mentionné XI. Ils sont le plus souvent en calcaire (58 %) ou en calcaire siliceux (34 %).

Par contre, dans certains niveaux, les éclats sont quasiment exclusifs, la présence des outils étant tout à fait anecdotique : il s'agit des niveaux I-II, III, XX-XXII.

Graphique 16 : Grotta Uluzzo C, couche G, proportions des différentes catégories technologiques selon les matières premières, d'après les données de Borzatti 1966, Borzatti et Magaldi 1966.

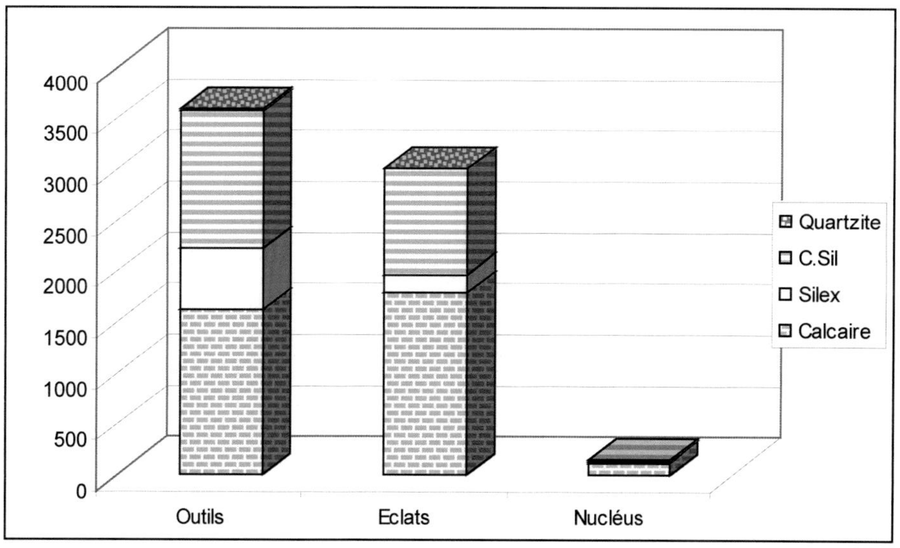

L'outillage est aussi majoritairement en calcaire (45 %) ou calcaire siliceux (38 %), mais le silex atteint 17 % pour cette catégorie.

Un regard sur la typologie nous montre une certaine homogénéité dans la série, ce qu'avait déjà remarqué Borzatti (Table 49).

Les **racloirs** sont dominants dans toutes les couches et constituent globalement 69 % de l'outillage. Des morphologies diverses sont présentes bien que les racloirs simples rectilignes forment une large majorité. Ils sont le plus souvent obtenus sur calcaire ou sur plaquette. Les racloirs doubles, transversaux et déjetés sont présents aussi : en particulier les racloirs convergents qui sont le plus souvent en silex. La deuxième classe typologique est celle des **pointes** au nombre total de 266 (19 % de l'assemblage). Comme dans le cas des racloirs convergents, elles sont fabriquées le plus souvent sur silex. Les morphologies présentent souvent des pointes très aigües, bien que des pointes plus évasées ne soient pas rares.

Typologie couche G	**I-II**	**III**	**IV**	**V**	**VI**	**VII**	**VIII**	**IX**	**X**	**XI**	**XII**
Racloirs latéraux convexes	1	1	0	9	16	9	19	11	4	26	18
Racloirs latéraux concaves	0	0	0	1	0	2	0	0	0	0	1
Racloirs latéraux courbes	0	0	0	2	7	0	1	2	0	1	0
Racloirs latéraux rectilignes	0	0	0	3	10	9	5	9		14	17
Racloirs latéraux doubles	0	0	1	6	3	4	5	1	1	4	1
Racloirs latéraux doubles											
Convergents	0	0	0	0	0	0	0	0	0	0	0
Racloirs transversaux											
Rectilignes	0	0	0	1	12	4	2	4	0	2	5
Racloirs déjetés	0	0	0	1	3	4	6	1	1	1	11
Grattoirs	0	0	0	0	0	2	1	0	0	2	0
Eclats denticulés	0	0	0	0	0	0	0	1	0	0	0
Pointes	0	0	0	3	8	7	9	10	0	15	8
Becs	0	0	0	0	0	0	0		0	0	0
Limaces	0	0	0	0	0	2	0	1	0	1	1
Eclats retouchés	1	1	0	0	14	0	0	2	0	53	5
Eclats	50	38	4	70	136	114	131	47	8	130	116
Nucléus	4	1	0	7	5	4	9	9	0	188	11
Total	**56**	**41**	**5**	**103**	**214**	**161**	**188**	**98**	**14**	**437**	**194**

Typologie couche G	**XIII**	**XIV**	**XV**	**XVI**	**XVII**	**XVIII**	**XIX**	**XX**	**XXI**	**XXII**	**ToT.**
Racloirs latéraux convexes	25	28	54	47	36	11	47	0	6	0	**368**
Racloirs latéraux concaves	0	0	2	5	1	0	1	0	1	0	**14**
Racloirs latéraux courbes	6	5	12	9	8	2	10	0	0	0	**65**
Racloirs latéraux rectilignes	10	20	36	20	19	1	20	4	1	2	**200**
Racloirs latéraux doubles	9	8	11	7	20	1	21	0	1	1	**105**
Racloirs latéraux doubles											
Convergents	0	0	2	1	0	1	0	0	1	0	**5**
Racloirs transversaux											
Rectilignes	4	14	28	22	0	4	4	0	1	1	**108**
Racloirs déjetés	4	2	16	12	15	1	16	0	2	1	**97**
Grattoirs	1	0	6	0	8	0	0	0	0	0	**20**
Eclats denticulés	6	5	5	4	0	0	0	0	0	1	**22**
Pointes	18	31	29	31	41	7	48	0	1	0	**266**
Becs	0	0	1	0	0	0	0	0	0	0	**1**
Limaces	1	1	6	2	2	0	0	0	0	0	**17**
Eclats retouchés	0	2	8	8	2	2	4	7	2	2	**113**
Eclats	146	257	386	456	243	96	339	98	100	42	**3007**
Nucléus	29	31	119	141	14	5	19	6	8	7	**617**
Total	**259**	**404**	**721**	**765**	**409**	**131**	**529**	**115**	**124**	**57**	**5025**

Table 49 : Grotta Uluzzo C, couche G, décompte typologique par niveau
(d'après les données de Borzatti 1966, Borzatti et Magaldi 1966).

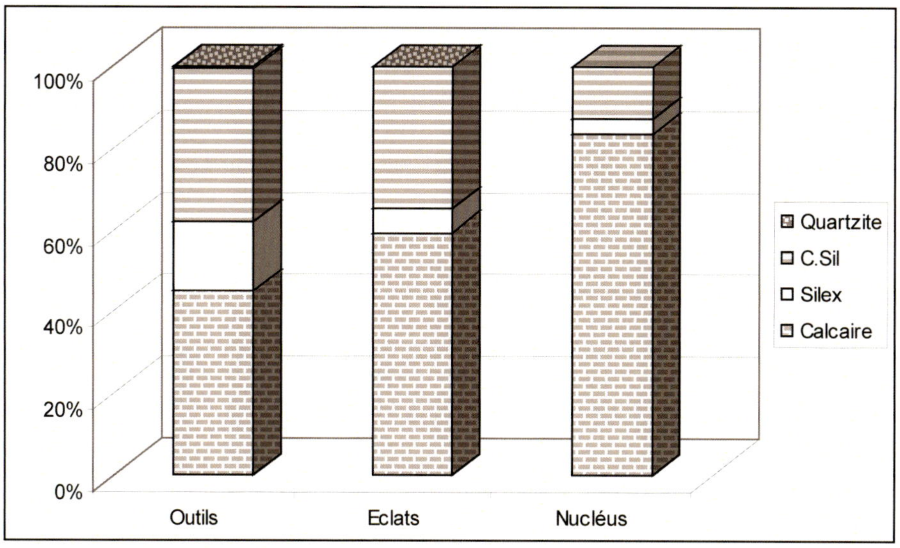

Graphique 17 : Grotta Uluzzo C, couche G, proportions des différentes catégories technologiques selon les matières premières, d'après les données de Borzatti 1966, Borzatti et Magaldi 1966.

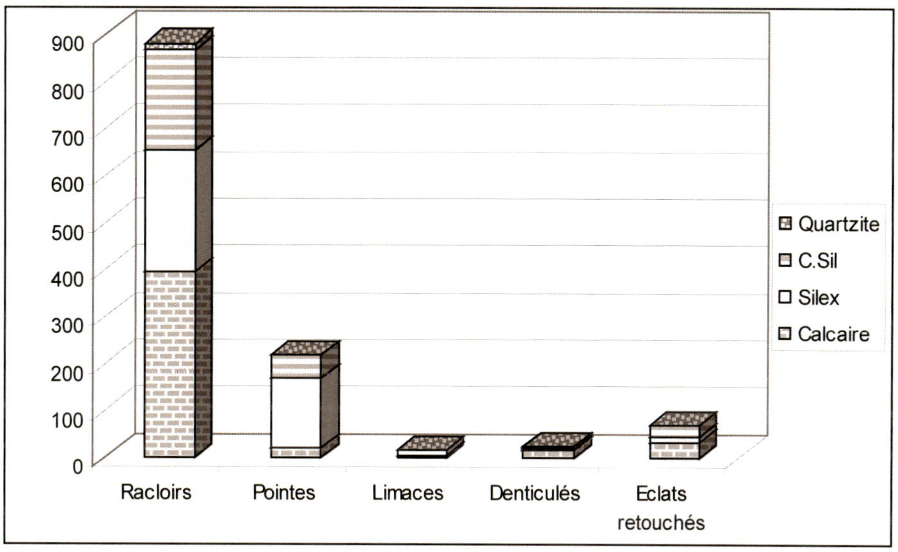

Graphique 18 : Grotta Uluzzo C, couche G, fréquences des outils par matière première d'après les données de Borzatti 1966, Borzatti et Magaldi 1966.

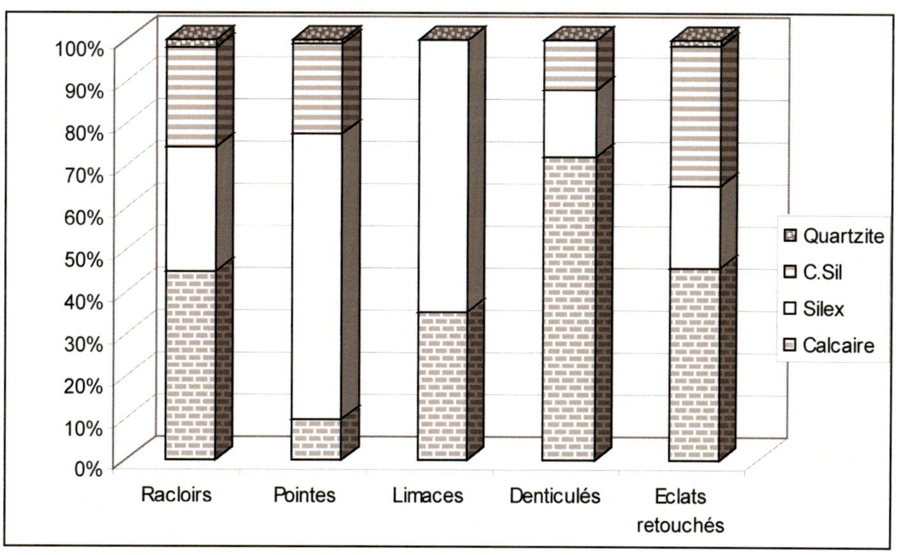

Graphique 19 : Grotta Uluzzo C, couche G, proportions des outils par matière première d'après les données de Borzatti 1966, Borzatti et Magaldi 1966.

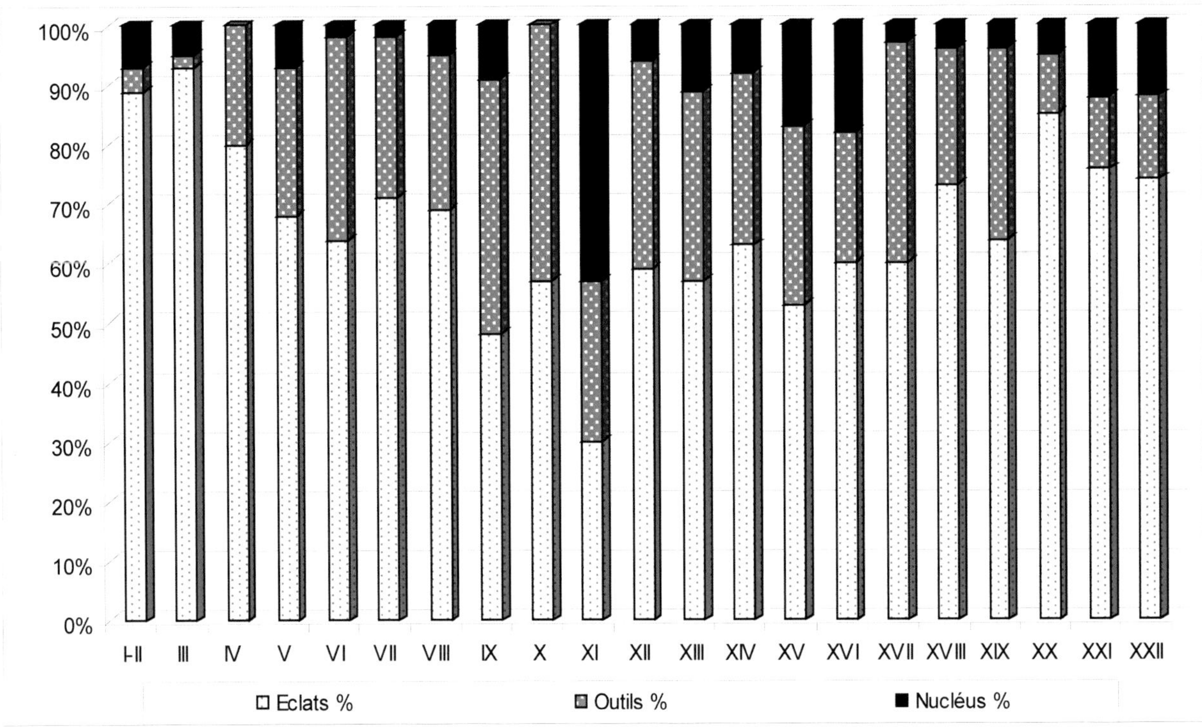

Graphique 20 : Grotta Uluzzo C, proportions des différentes catégories technologiques par niveau, couche G (d'après les données de Borzatti et Magaldi 1966).

Les encoches et les **denticulés** sont plutôt rares, ne comptant que 2 % de l'assemblage. Ils sont aussi peu illustrés.

Les éclats à retouche partielle sont aussi bien rares et rarement figurés dans les publications. Ils sont à part égale réalisés à partir des trois principales matières premières.

L'interprétation fournie par E. Borzatti s'insère dans la tradition d'études typologiques inspirées des travaux de G. Laplace, mais aussi dans un essai de classification chrono-typologique inspirée de l'école française travaillant à cette époque sur le Paléolithique. L'industrie est ainsi définie comme un Moustérien de type Quinson pour la présence des éléments caractéristiques de ce faciès : notamment les *planes* et les outils à face ventrale dièdre (Borzatti von Lowerstern 1966a). Ces derniers sont obtenus à partir d'un débitage sur éclats et ils ont une section quadrangulaire ou polygonale. Sur la base des valeurs en pourcentages des outils obtenus à partir de cette technique, l'assemblage de cette grotte se rapporte pour E. Borzatti à celui de la Grotta dell'Alto sur la base d'une série d'éléments : la retouche abrupte, la présence de « *planes* », les outils à retouches inverses, les amincissements et les détachements des parties proximales des supports. Il faut noter que, bien que Borzatti attribua une valeur typologique à ses notations, elles relèvent le plus souvent d'une certaine attention à la technologie, prenant en compte les méthodes d'obtention de certaines morphologies relevées sur les pièces. Les conclusions de Borzatti affirment une séquence chronologique, qui, partant de la Grotte dell'Alto, arrive à la Grotte Uluzzo C, à travers une « évolution des complexes ».

L'importance du dépôt, l'abondance de la série lithique, la présence d'une série d'occupations fort probablement différenciées dans le temps, rendent ce site particulièrement intéressant dans le cadre du Moustérien du Salento.

V.3 Présentation de la série analysée

La série lithique présentée dans ce travail se compose de 1092 éléments, parmi lesquels 39 débris et 70 éclats indifférenciés supérieurs à 3 cm, qui ne seront pas décomptés par la suite (Table 50-51). Tous les matériaux proviennent des différents niveaux de la couche G, et ils étaient conservés à la SABAP à Tarente. Les matériaux provenant de cette couche, décomptés par Borzatti sont au total de 5025 (Table 51). Les artefacts examinés constituent cependant la quasi-totalité des matériaux disponibles pour l'étude, qui a laissé de côté seulement une partie des outils déjà publiés par Borzatti, accordant une priorité à l'étude du débitage, jusqu'à présent inédite. Malheureusement, la plupart des produits non retouchés mentionnés par Borzatti dans ses publications n'ont pas été retrouvés parmi les séries conservées à Tarente. En effet, la série disponible

	N
Nucléus	9
Éclats	161
Outils	813
Ind.	70
Débris	39
Total	**1092**

Table 50 : Grotta Uluzzo C, couche G, décompte des matériaux étudiés par niveau et catégorie technologique.

Couche	Nucléus	Éclats	Outil	Ind	Débris	Total
1	0	0	2	0	0	**2**
5	0	1	22	0	2	**25**
6	0	13	49	5	3	**70**
7	0	7	32	0	3	**42**
8	1	8	35	0	0	**44**
9	0	7	33	2	2	**44**
10	1	7	23	0	0	**31**
11	2	6	46	1	0	**55**
12	1	5	45	4	3	**58**
13	0	13	47	1	8	**69**
14	1	13	134	10	8	**166**
15	1	29	102	5	5	**142**
16	0	0	16	0	0	**16**
17	0	6	32	3	2	**43**
18	0	18	46	0	0	**64**
19	0	11	31	6	0	**48**
20	0	2	21	1	0	**24**
21	0	0	12	0	0	**12**
22	0	0	4	0	0	**4**
25	0	0	1	0	0	**1**
16b	1	15	69	32	3	**120**
sous-N	1	0	11	0	0	**12**
Total	**9**	**161**	**813**	**70**	**39**	**1092**

Table 51 : Grotta Uluzzo C, couche G, décompte des matériaux étudiés par catégorie technologique.

à l'étude, concernant la couche G de Uluzzo C a été examinée entièrement, à l'exception faite de 287 outils, dont la plupart publiés. Comme on l'a déjà remarqué, les différents niveaux artificiels ne présentent pas tous la même densité de matériaux : en particulier, les niveaux 14, 15 et 16 sont extrêmement riches en vestiges lithiques, et au contraire les niveaux au sommet et à la base de la couche G ont une concentration de vestiges moins dense. Malgré ces différences, il ne nous a pas semblé utile dans un premier temps de différencier les matériaux des couches artificielles, et nous avons considéré la couche G comme un ensemble unique.

V.4 État de conservation

L'assemblage de la couche G de la Grotta de Uluzzo C n'est pas dans son ensemble très frais, mais des pièces aux bords plutôt coupants sont présentes, en dehors de celles affectées par la patine. Les altérations de surface, parfois importantes et concernant 52 % de l'assemblage, n'arrivent à un niveau de dégradation qui peut affecter la lecture de l'objet que dans seulement 23 % des cas (Table 52).

La patine qui recouvre les artefacts lithiques est le plus souvent blanche, dans le cas des éléments calcaires et rougeâtre sur le silex et les autres matières premières plus fines. Des silex affectés par une patine blanche, souvent sur une seule des faces, sont aussi présents. La patine rouge dérive de la forte présence d'oxydes de fer dans le sédiment, mentionnée par endroit par Borzatti (1966). La patine blanche, par contre, est à mettre en relation avec la circulation de l'eau à l'intérieur de la grotte, qui provoque une altération chimique des composants du calcaire. 23 % de l'assemblage porte des traces de patine, et celle-ci est très forte dans 23 % des cas. L'altération ici appelée « eau » dérive d'un contact direct de la surface de l'objet avec l'eau, non pas au niveau chimique mais mécanique : elle peut être mise en relation avec des phénomènes de ruissellement. Cette altération est très rare, affectant seulement 1 % des objets. En ce qui concerne les autres altérations de surface, la présence de nombreux foyers dans la couche G rend les marques de feu assez fréquentes dans l'assemblage examiné (Graphique 21). L'altération la plus forte est la combustion, qui est considérable dans 60 % des cas, indiquant une exposition prolongée à une source de chaleur, explicable par la présence de foyers qui se mettaient en place probablement sur le sédiment préexistant.

État de surface	Frais	Eau	Feu	Patine	Indéterminables	Total
Nucléus	1	0	2	6	0	**9**
Éclats	86	2	31	43	0	**162**
Outil	415	6	223	169	2	**815**
Indéterminable	2	0	38	30	0	**70**
Débris	26	0	13	0	0	**39**
Total	**530**	**8**	**307**	**248**	**2**	**1095**

Table 52 : Grotta Uluzzo C, couche G, types d'altérations de surface selon la catégorie technologique.

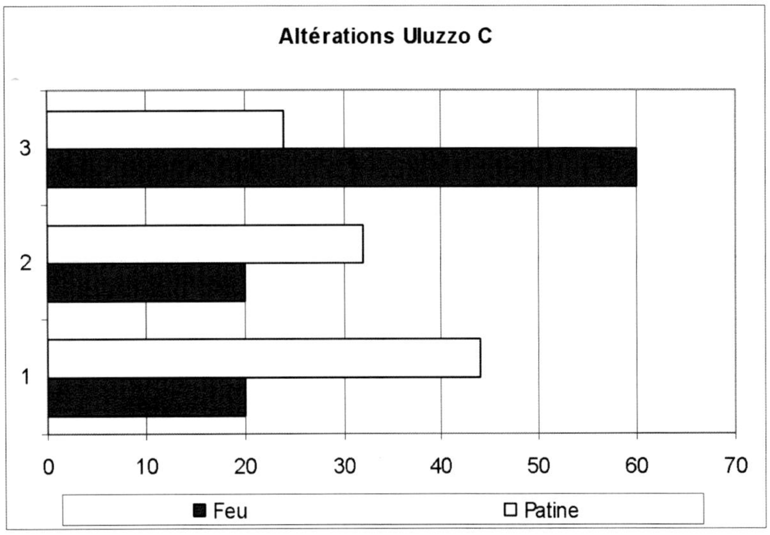

Graphique 21 : Grotta Uluzzo C, couche G, fréquences et degré des pièces altérées par le feu et la patine.

V.5 Les matières premières

La forte diversité des matériaux qui caractérisent les industries de la région est confirmée également ici, étant donné que la série lithique se compose de trois principales classes de matières premières : le silex, le calcaire et le calcaire siliceux. Cette association lithologique est complétée par de rares pièces en quartzite et jaspe (Tables 53-54).

L'utilisation de matières premières telles que le calcaire est à mettre en relation avec l'environnement minéral de la plateforme des Pouilles. La classification des matériaux se base, comme expliqué plus haut, sur les échantillonnages effectués lors des prospections de terrain. Ici, nous allons restreindre notre analyse à une description des principales matières premières (lithotypes) présentes dans le site et leur classification a été détaillée dans une fiche descriptive (voir partie I).

MP	G1	G2	G3	V1	V2	V3	ND	Total
Calcaire	79	120	88	0	1	0	60	**348**
C. sil	240	19	5	1	2	41	10	**318**
Silex	18	1	2	155	74	98	39	**387**
Jaspe	0	1	0	4	8	7	0	**20**
Quartzite	7	0	1	0	0	2	0	**10**
Granite	1	0	0	0	0	0	0	**1**
Ind.	5	1	0	0	0	2	0	**8**
Total	**350**	**142**	**96**	**160**	**85**	**150**	**109**	**932**

Table 53 : Grotta Uluzzo C, couche G, fréquences des textures par matière première (G = granuleux ; V = translucide ; 1 : faiblement ; 2 : moyennement ; 3 : très).

MP	Beige	Blanc	Blond	Bleu	Jaune	Gris	Ind	Marron	Noir	Rose	Rouge	Vert	ND	Total
G1	155	0	0	43	2	94	0	13	34	1	2	5	0	**349**
G2	73	3	0	1	0	39	0	4	20	0	1	1	0	**142**
G3	15	24	0	0	0	34	0	1	19	0	0	0	0	**93**
V1	26	3	5	6	0	6	3	26	7	39	11	30	0	**162**
V2	26	0	0	8	0	13	1	5	4	8	6	15	0	**86**
V3	34	1	0	36	1	39	0	4	7	12	10	6		**150**
Total	**329**	**31**	**5**	**94**	**4**	**225**	**4**	**53**	**91**	**60**	**30**	**57**	**109**	**1092**

Table 54 : Grotta Uluzzo C, couche G, fréquences des textures par couleur de matière première (G = granuleux ; V = translucide ; 1 : faiblement ; 2 : moyennement ; 3 : très).

Les types sur **calcaire** regroupent les matières premières provenant des formations Crétacé et Oligocène qui constituent la roche de base de la Baie di Uluzzo. Ils sont essentiellement locaux, la distance d'approvisionnement ne s'étend probablement pas au-delà de cinq kilomètres du site.

Le ***type 1*** est un calcaire gris – beige, sec au toucher ; la texture est poreuse et la matrice granuleuse, ce en quoi il ressemble à un grès. Il provient de la formation des Dolomies de Galatina (0-20 km du site). N = 192.

Le ***type 2*** est un calcaire gris – beige, sec au toucher ; il a les mêmes caractéristiques que le type 1, mais il est sur galets, et sa provenance est probablement le conglomérat d'origine marine qui se trouve à quelques dizaines de mètres de la cavité. Une bonne partie des pièces définies « type 1 » a vraisemblablement la même origine. N = 4.

Le ***type 3*** est un calcaire de morphologie indéterminable, marron – noisette, neutre au toucher ; la texture est fine et la matrice légèrement granuleuse. Son origine stratigraphique est à rechercher dans la Formation des Dolomies de Galatina (0-20 km du site) ou des Calcaires de Castro (20-50 km du site). N = 12.

Le ***type 4*** est un calcaire gris – noir, de couleur homogène et sec au toucher ; la texture est fine et la matrice peu granuleuse. Sa morphologie est indéterminable. Son origine stratigraphique correspond à la Formation des Dolomies de Galatina (0-20 km du site). N = 15.

Le ***type 5*** est un calcaire gris -bleu, qui présente une zonation homogène ; il est gras au toucher ; la texture est fine et la matrice poreuse. Sa morphologie est indéterminable. Son origine stratigraphique est indéterminable. N = 2.

Le ***type 6*** est un calcaire rouge, de couleur homogène ; il est sec au toucher ; la texture est fine et la matrice poreuse. Sa morphologie est indéterminable. Son origine stratigraphique est à rechercher dans la formation des Calcaires de Castro (20-50 km du site). N = 2.

Les types sur **calcaire siliceux** sont également supposés être strictement locaux (0-5 km). Ils ont une granulométrie assez variable, qui va de très fine à assez grossière, et en conséquence ils ne constituent pas forcément une matière première plus rentable par rapport au calcaire, qui souvent se fracture de manière conchoïdale. Encore une fois, la morphologie tabulaire, constitue souvent une contrainte importante pour mettre en place un débitage de type Levallois.

Les ***types 7-10*** sont des calcaires siliceux de couleur beige clair. La variante est représentée par leur morphologie, sur plaquette (N = 142), indéterminable (N = 96), sur galet (N = 1) et sur rognon (N = 1). La texture est fine et la matrice assez lisse. Son origine stratigraphique correspond à la formation des Dolomies de Galatina (0-20 km du site). Les pièces sur rognon ou sur galet se rapportent à des gîtes subprimaires dans les environs du site. N = 240.

Le ***type 11*** est un calcaire siliceux de couleur noire. Il s'agit d'une variante plus fine du type 4. (N = 3).

Les ***types 12-15*** sont des calcaires siliceux de couleur bleu clair à foncé. La variante est représentée par leur morphologie, sur banc mince (N = 31), indéterminable (N = 12), sur rognon (N = 1). Comme dans le cas des types 7-10, ces types ont été regroupés, mais leur provenance reste pour le moment indéterminable, car aucun échantillonnage ne correspond à ce lithotype. Il est possible qu'il s'agisse d'une variante chromatique des types 7-10. N = 44.

Le ***type 16*** est une variante plus micritique du type 3. Il est de morphologie indéterminable, marron – noisette, neutre au toucher ; la texture est fine et lisse. Son origine stratigraphique est à rechercher dans la formation des Dolomies de Galatina (0-20 km du site) ou des Calcaires de Castro (20-50 km du site). N = 3.

Le ***type 17*** est un calcaire plutôt marneux de couleur verte, sur des minces plaquettes. Il provient des accidents faisant partie de la formation des Calcaires de Castro. La texture et la matrice sont fines. N = 5.

Les types sur **silex** et sur **chaille** sont beaucoup plus nombreux, mais ils sont souvent établis à partir d'un seul lithotype. Ils représentent la majorité des matières premières exotiques importées sur le site, même si un certain nombre d'entre eux peut être attribué à des sources locales, par une série de facteurs géologiques et archéologiques. En fait, les minces plaquettes de silex gris ou beige, de plus ou moins bonne qualité, sont probablement des accidents siliceux de la formation de Galatina ou de Melissano. Malheureusement, cette idée n'a pas pu être confirmée par l'échantillonnage sur le terrain, qui n'a pas mis en évidence de silex sur le territoire entier du Salento. L'idée d'un approvisionnement local pour certains types de silex n'est pas pour autant à rejeter. Elle se base sur des observations de Borzatti (Borzatti von Lowerstern 1965, 1966a) et sur une évaluation géologique des potentiels accidents siliceux dans des calcaires qui ont une origine de plateforme marine.

Les ***types 18-20*** sont tous représentés par des silex de bonne qualité, translucide et vitreux, sur galet. La variation s'explique par trois couleurs différentes, dont les types marron et gris représentés par une seule pièce et le type vert par deux éléments. Les néo-cortex sont très minces et la transition n'est pas nette. Les dimensions sont très réduites : la moyenne de la longueur est de 3 cm environ. Sa provenance est présumée exotique.

Le ***type 21*** est une chaille de qualité moyenne, à granulométrie peu fine et non translucide. Il est de couleur bleue et il s'agit probablement d'un accident siliceux à mettre en relation avec les types 12-15. L'hypothèse de sa provenance est donc probablement locale, mais la formation n'est pas localisable. N = 3.

Le dernier ***type 22***, sur galet, est un silex beige, de qualité grossière et non translucide. N = 1.

Le ***type 23*** est un silex beige, de qualité grossière et pas translucide ; il vient de rognons de dimensions assez petites ; le cortex est en calcaire gris, non crayeux et fin. Il présente des signes de roulement. N = 5.

Les ***types 24-25*** sont des chailles beiges sur plaquettes minces, qui présentent un cortex assez épais, souvent sur les deux surfaces. Le cortex est calcaire, assez poreux, à transition diffuse. Il existe des types opaques (N = 5) et translucides (N = 9). La qualité du silex est faible à moyenne, avec un seul exemple de très bonne qualité. Il s'agit, selon notre hypothèse, d'accidents siliceux des calcaires de Melissano et de Galatina. N = 14.

Le ***type 26*** est une variante possible du type 25, ayant les mêmes caractéristiques mais une couleur tendant vers le gris blanchâtre. N = 13.

Les ***types 27-28*** sont aussi des variantes des types 24-25, dans ses versions opaques/translucides. Ils ont une couleur bleue, de bleu clair, bleu gris ou bleu très foncé. La variété plus granuleuse est constituée par 6 éléments. N = 21.

Une autre plaquette d'origine peut être locale a été classe avec le numéro ***29*** : il s'agit d'une chaille de couleur verte, d'assez bonne qualité, sur bancs fins à cortex calcaire, poreux et sec au toucher. N = 7.

Le ***type 30*** est un silex marron de très bonne qualité, sur rognons calcaires qui présentent parfois des signes de roulement ; le cortex est d'épaisseur moyenne à fine, la transition diffusée, et des fossiles sont présents sur quasiment toutes les pièces. N = 7.

Le ***type 31*** regroupe les silex sur rognon de couleur bleue, de texture moyenne à grossière ; avec un cortex calcaire fin. N = 3.

Le ***type 32*** regroupe encore les silex de couleur verte, cette fois-ci sur rognon. Les objets sont tous de très bonne qualité et translucides. Le cortex est fin et à transition nette. N = 5.

Concernant les silex de morphologie originaire indéterminable, il faut d'abord remarquer qu'ils représentent la plus grande partie de l'assemblage en silex. Ils ont été groupés sur la base des caractéristiques de la couleur, granulométrie et des rapprochements avec les types de morphologie connue.

Le ***type 33*** regroupe les silex d'origine indéterminable de couleur beige, translucides et de bonne qualité pour la taille. Ils sont au nombre de 58. Il est probable qu'une partie d'entre eux soit à rapprocher avec le type 25, mais aucun regroupement n'a été réalisé. Ce type est à associer avec le type 32, qui est un silex plus grossier et opaque, très probablement analogue au type 24, représenté par deux pièces. N = 60.

Le ***type 34*** est une variante du type 32, différent par sa couleur, grise dans ce cas. N = 22.

Le ***type 35*** regroupe les silex blond-marron de très bonne qualité, translucides et présentant souvent des fossiles visibles à la loupe 10X. Il est fort probablement à mettre en relation avec le type 30. Ce type, d'après une évaluation macroscopique, se rapproche fortement du silex de Gargano. Bien qu'une telle provenance soit fortement improbable, une hypothèse de provenance allochtone est à prendre en compte. N = 29.

Le ***type 36*** comprend les silex de couleur bleu gris et bleu foncé, de qualité très variable, qui ne sont pas associables pour l'instant à aucune hypothèse de provenance. Ils pourraient peut-être rentrer dans le type 27. N = 20.

Le ***type 37*** regroupe les silex d'origine indéterminable et de couleur verte, translucides et de bonne qualité. Leur origine est indéterminable, probablement allochtone. Ils sont fort probablement à associer avec le type 32. N = 28.

Enfin, les matières premières sûrement allochtones sont les **jaspes** et les **quartzites**, présents en faible pourcentage dans cet assemblage.

Le ***type 38*** regroupe les jaspes verts, opaques, à texture fine, sur galet (N = 7) ou de morphologie indéterminable (N = 4). N = 11. Leur provenance est allochtone, ils viennent fort probablement des conglomérats du bassin du fleuve Bradano (Basilicata) (80-100 km du site).

Le ***type 39*** rassemble les jaspes rouges, opaques, à texture fine, sur galet (N = 1) ou de morphologie indéterminable (N = 5). N = 11. Leur provenance est allochtone, ils viennent fort probablement des conglomérats du bassin du fleuve Bradano (Basilicata) (80-100 km du site).

Le ***type 40*** regroupe deux probables jaspes, de morphologie inconnue et de couleur jaune et noire. N = 2.

Le ***type 41*** est constitué par toutes les pièces en quartzite retrouvées dans l'assemblage, de couleur gris-bleu, sur galet (N = 1) ou d'origine indéterminable (N = 9). Ils sont supposés avoir une origine allochtone (80-100 km du site).

Cette grande variabilité de lithotypes, comme nous l'avons vu dans la deuxième partie, reflète des approvisionnements en matières premières très variés, allant de strictement local à très éloigné. Les types de calcaires, de provenance des trois formations principales, nous semblent avoir été utilisés pour mettre en place un débitage Levallois. Nous n'avons relevé aucune préférence d'un type à l'autre quant aux produits recherchés et aux modalités de débitage mises en œuvre. Cependant, le type 1, qui est le plus commun, nous semble avoir été préféré par rapport aux autres types, car son aptitude à la taille est meilleure, comme nous l'avons constaté durant une expérimentation. Les autres types sont utilisés de façon plus anecdotique.

Les calcaires siliceux ont été utilisés le plus souvent de façon opportuniste et encore une fois, aucune différence notable d'utilisation parmi les lithotypes n'a été remarquée.

Les matières premières d'origine lointaine relèvent d'un transport sur longue distance et leurs provenances exactes sont à établir. Ainsi, il ne nous est pas possible d'identifier les choix techniques mis en œuvre par rapport à celles-ci.

En ce qui concerne les proportions relatives des matières premières sur le site, une analyse initiale du nombre de pièces nous montre un parfait équilibre des trois composants principaux : le silex est représenté par 37 % des pièces (N = 387), le calcaire par 33 % (N = 348) et le calcaire siliceux par 30 % (N = 318). La comparaison de ces données avec celles publiées par Borzatti (Table 55), nous confirme cette proportion, si l'on considère seulement les éléments retouchés, ceux dont la détermination de la matière première est systématiquement reportée dans la publication. En effet, dans les deux publications de Borzatti (1966), le silex représente 34 % de l'assemblage (N = 447), le calcaire 43 % (N = 557) et le calcaire siliceux 23 % (N = 297). Cette différence dans la proportion des calcaires est peut-être à attribuer à la difficile définition du calcaire siliceux, qui n'a pas été décompté de la même manière.

	Calcaire	Silex	C. sil
Borzatti 1966a	399	351	268
Borzatti 1966	158	96	29
Total	**557**	**447**	**297**

Table 55 : Grotta Uluzzo C, couche G, fréquences des matières premières d'après Borzatti 1966 et Borzatti et Magaldi 1996.

En général donc, une fréquence assez régulière des différents apports caractérise les matières premières de Uluzzo C. Néanmoins, étant consciente que cette proportion ne relève pas uniquement des choix techniques des artisans de cette industrie, mais également, et peut – être principalement, de la disponibilité des différentes ressources sur le territoire, il nous a paru utile d'aller plus loin dans l'analyse.

Premièrement, nous avons fait une estimation des volumes des pièces obtenue par la multiplication de largeur x longueur x épaisseur, par matière première (en

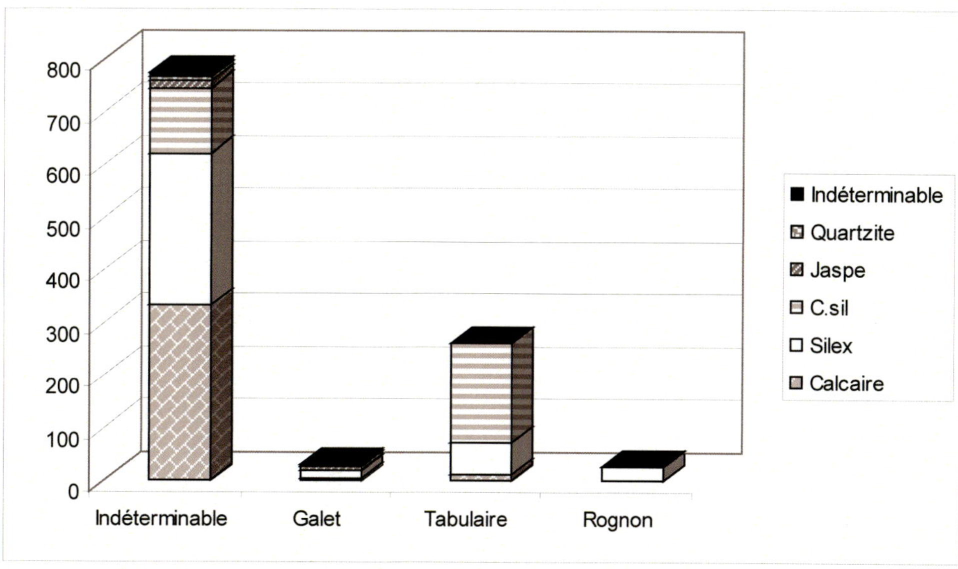

Graphique 22 : Grotta Uluzzo C, couche G, fréquences des matières premières par morphologie du bloc.

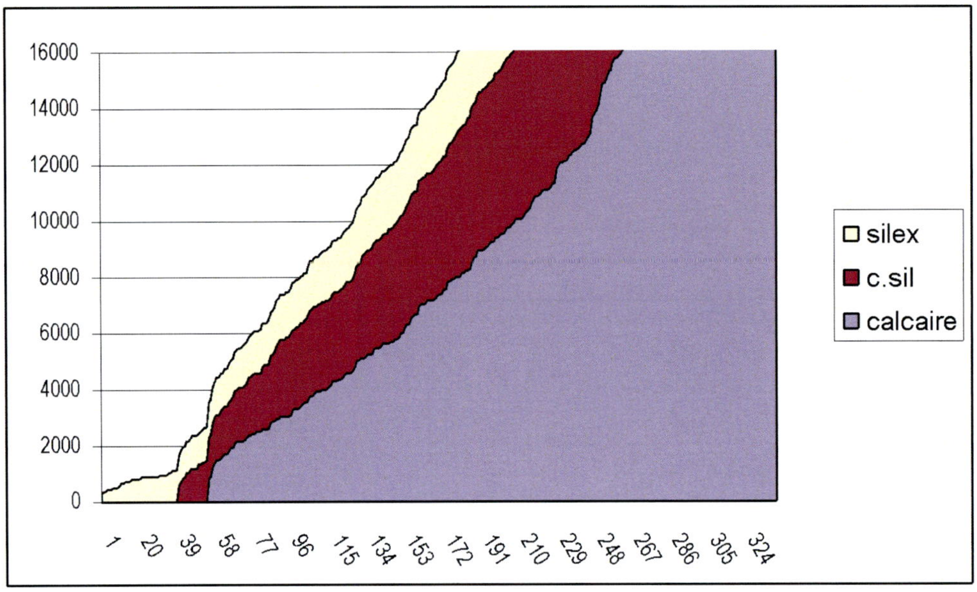

Graphique 23 : Grotta Uluzzo C, couche G, volumes en mm³ des principales matières premières.

mm³), illustrée dans le graphique ci contre (Graphique 23). Cette estimation nous a montré que le volume total des supports sur calcaire est significativement plus important, 4.163.715 mm³ contre les 2.150.087 mm³ du calcaire siliceux et les 1.316.264 mm³ du silex. Il est intéressant de constater ceci, car l'impression que nous avons d'un assemblage lithique est souvent biaisée par le nombre des pièces, donnée qui ne comporte pas nécessairement les mêmes implications pour nous et pour les artisans des industries, qui étaient sûrement davantage concernés par les problèmes d'approvisionnement en matières premières.

V.6 Technologie de production des supports

De façon générale, l'industrie de la couche G de Uluzzo C nous montre une forte tendance des artisans préhistoriques à l'utilisation de la méthode Levallois (Figures 63-69), quel que soit le matériel utilisé, pour la production de supports à retoucher ou à utiliser bruts. En même temps, la présence de produits issus d'un débitage peu élaboré, caractérisé par des chaînes opératoires sur éclat, n'est pas négligeable et sa compréhension est indispensable pour l'évaluation des modalités technologiques mises en œuvre. L'analyse de l'assemblage rend compte de la coexistence de plusieurs schémas de débitage caractérisés notamment par une faible variabilité opératoire.

Un regard global nous montre, en effet, une prédominance de la méthode Levallois (N = 620) sur les autres méthodes de débitage (N = 585), parmi les supports déterminables (Table 56 et 57). La place accordée aux débitages Levallois et les objectifs de ces productions s'articulent essentiellement autour de deux grandes catégories de supports, des éclats et des produits allongés (éclats laminaires).

Il faut d'abord noter le faible taux de nucléus dans l'assemblage, ce qui réduit les interprétations technologiques principalement aux produits de débitage. En effet, les nucléus sont au nombre de 9, dont 4 en calcaire, deux en calcaire siliceux, un en silex et un en matière première non déterminable à cause de

Supports	Levallois	Non Levallois	% lev	% non lev
Retouchés	497	510	37	63
Non retouchés	123	75	53	47
Total	**620**	**585**	**90**	**110**

Table 56 : Grotta Uluzzo C, couche G, fréquences et proportions des modes de débitage Levallois et non Levallois selon la catégorie technologique.

Supports	CNT	UNI	Indiff	Ind	Total
Retouchés	200	245	38	483	**966**
Non retouchés	143	188	37	128	**496**
Total	**343**	**433**	**75**	**611**	**1462**

Table 57 : Grotta Uluzzo C, couche G, décompte des supports Levallois (selon les directions d'enlèvements (UND : unidirectionnel ; CNT : centripète ; IND : indéterminable) et indifférenciés.

la forte combustion. Tous ont été fortement exploités voire fragmentaires, issus d'un débitage Levallois, tandis que deux sont relatifs à une phase de mise en forme. Un nucléus Levallois sur plaquette est à remarquer, qui nous montre la maîtrise d'une matière première dont la gestion volumétrique est tout à fait difficile. Les méthodes centripètes sont dominantes, ce qui va dans le sens d'une exploitation centripète à la fin de la chaîne opératoire, qui précède l'abandon du nucléus. Elle peut ou non être précédée par une série unipolaire. Les dimensions moyennes sont assez réduites, la longueur ne dépassant pas 5 cm, la largeur étant proche de 4 cm et l'épaisseur s'arrêtant à 2 cm. Pour une évaluation correcte des différentes modalités de débitage, il faut donc se tourner vers les caractéristiques des supports.

Le débitage Levallois, dans ses formes unipolaire et centripète, est dédié à la production d'éclats souvent allongés et aux bords fins. Le principe directeur de la séquence de débitage Levallois semble être d'obtenir des supports de dimensions les plus grandes possibles.

Chronologiquement, les séries unipolaires semblent être souvent antérieures aux autres agencements. Elles ont en effet des dimensions en moyenne plus grandes par rapport aux autres supports. Les éclats peuvent être ainsi issus d'une ou plusieurs séries unipolaires, les deuxièmes séries étant précédées par un réaménagement des convexités.

Les éclats centripètes sont produits après ces séries unipolaires ; ils participent à la régularisation des surfaces exploitées par l'enchaînement d'une ou plusieurs séries centripètes, qui précèdent l'abandon du nucléus. Ce changement de direction de débitage est précédé par l'aménagement d'un nouveau plan de frappe. En effet, à l'égard des morphologies, les supports unipolaires sont plus allongés, parfois

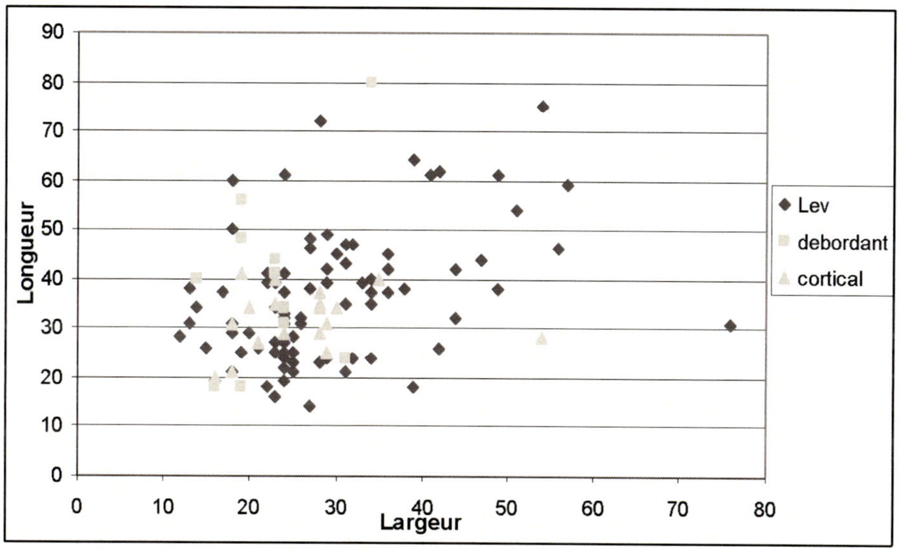

Graphique 24 : Grotta Uluzzo C, couche G, données métriques en millimètres selon la typologie du support.

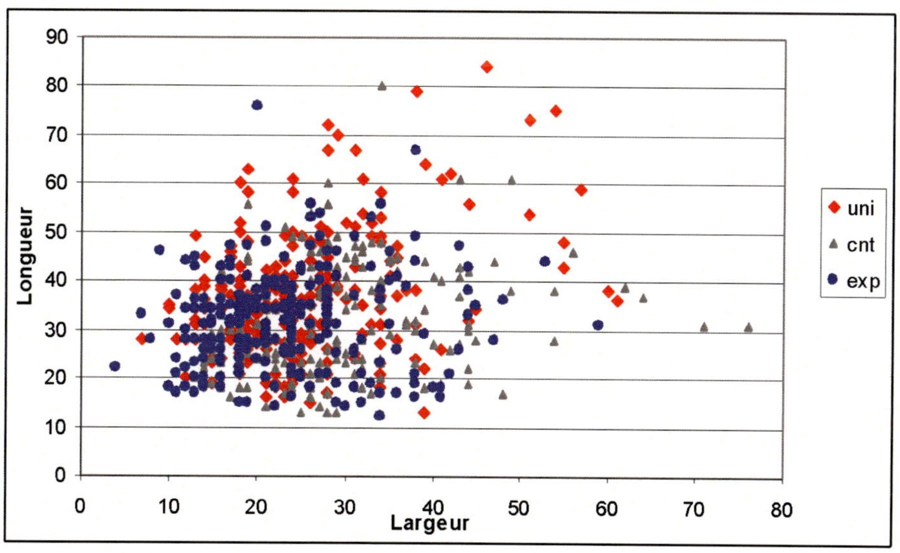

Graphique 25 : Grotta Uluzzo C, couche G, données métriques en millimètres selon la modalité de débitage.

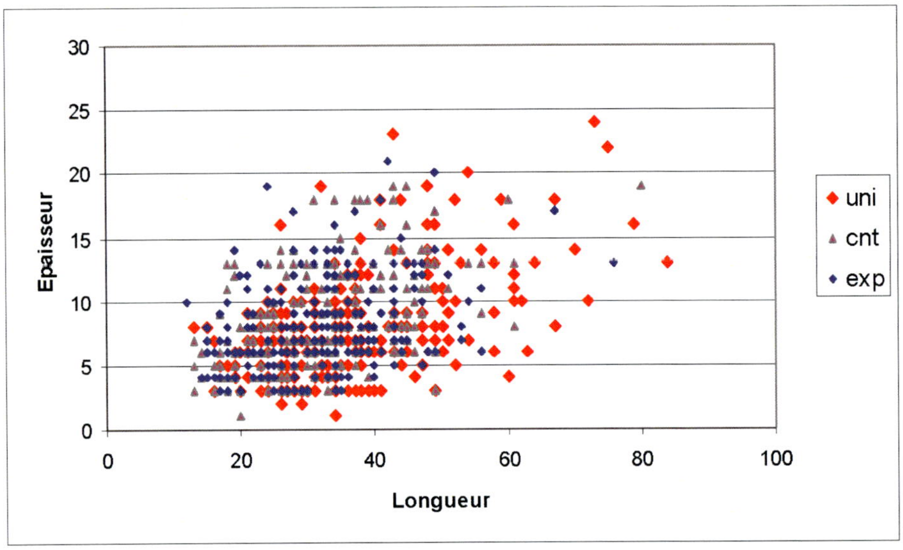

Graphique 26 : Grotta Uluzzo C, couche G, données métriques en millimètres selon la modalité de débitage.

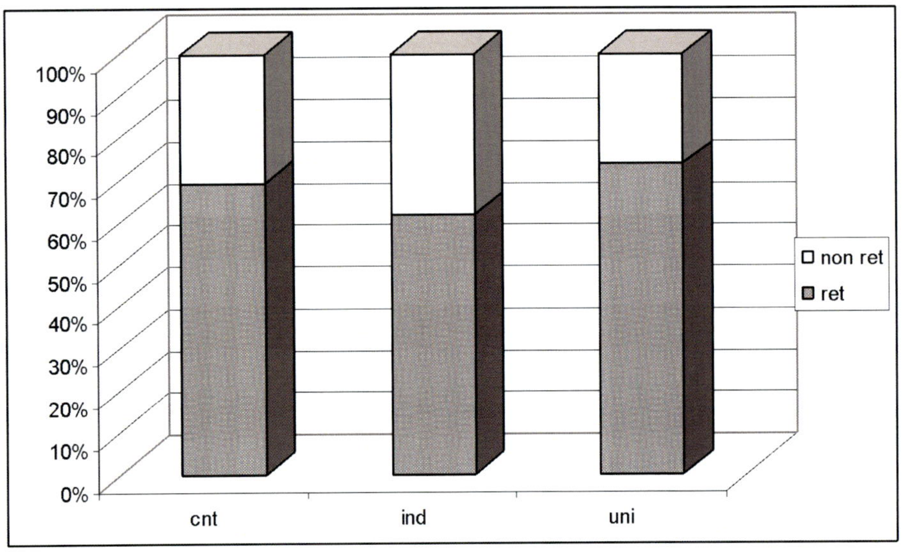

Graphique 27 : Grotta Uluzzo C, couche G, proportions des supports obtenus par des différentes modalités de débitage, selon la catégorie technologique (UNI : unidirectionnel ; CNT : centripète ; IND : indéterminable).

plus larges et plus épais par rapport aux supports centripètes. Globalement, ils ont des dimensions plus grandes. Ils sont ainsi produits durant une première phase d'exploitation du nucléus.

Les éclats Levallois « typiques » constituent 39 % des supports au sein desquels on compte 37 % de supports retouchés et 63 % non retouchés ; ils sont obtenus dans 30 % des cas avec une méthode unipolaire. Ainsi nous remarquons une préférence d'utilisation d'éclats non Levallois pour la retouche. Le débitage centripète concerne 37 % des supports Levallois. Il nous semble que cette modalité soit utilisée souvent pour extraire les derniers éclats des nucléus à la fin de leur exploitation, comme nous l'avons dit plus haut.

Parmi les éclats Levallois, plusieurs se caractérisent par de nombreux enlèvements unipolaires antérieurs correspondant visiblement à la mise en forme initiale et/ou à une première séquence d'enlèvements. La préparation des talons est présente dans environ 20 % des produits Levallois non retouchés et dans environ 30 % des supports Levallois retouchés.

Les produits unipolaires et centripètes présentent les mêmes proportions de talons préparés et lisses (Graphique 28-29).

L'éclat à dos cortical est un produit débordant qui intervient au cours du débitage en emportant un flanc naturel (non aménagé). Cette famille d'éclats est singulièrement absente de l'assemblage considéré, représentée seulement par 5 produits. Les éclats à dos non cortical peuvent être considérés comme une expression distincte des éclats à dos naturel : techniquement, ces supports ont un rôle comparable

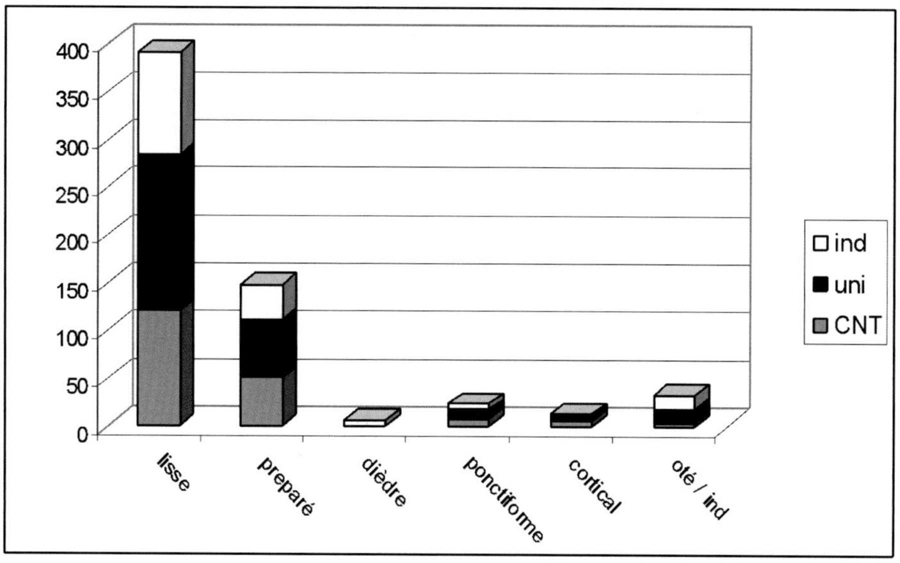

Graphique 28 : Grotta Uluzzo C, couche G, fréquences des différents types de talons selon la modalité de débitage.

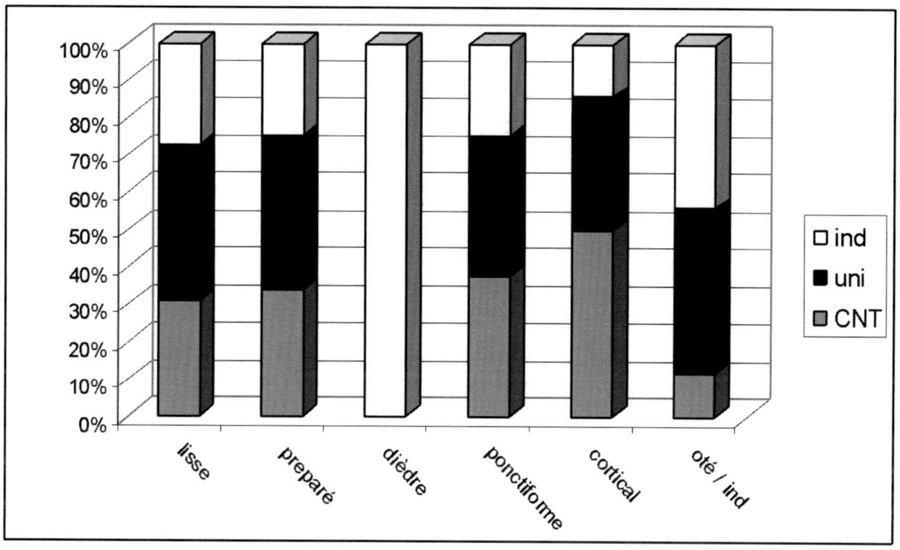

Graphique 29 : Grotta Uluzzo C, couche G, proportions des différents types de talons selon la modalité de débitage.

aux éclats débordants et ont, le plus souvent, un effet d'accentuation des convexités sur une surface de débitage. Ces éclats débordants sont mieux représentés que les éclats à dos cortical, mais ils sont également rares (N = 19). Les pointes pseudo – Levallois ont elles aussi un rôle d'accentuation locale d'une convexité et font partie des étapes préalables aux enlèvements des éclats prédéterminés : dans notre assemblage elles ne sont qu'au nombre de 6.

Par contre, les éclats Levallois à cortex résiduel sont mieux représentés (N = 79) : ils sont caractérisés par la présence de négatifs d'enlèvements principalement unipolaires et de zones corticales situées plutôt en bordures distales (parfois latérales). Parmi ces éclats quelques-uns sont outrepassés, ayant emporté une partie du bord opposé non aménagé, et correspondant probablement à des accidents de débitage (Roche et Tixier 1982).

Les autres types d'éclats qui contribuent à la mise en forme du nucléus sont aussi très faiblement présents dans la série : seulement 9 éclats d'aménagement de plan de frappe, reconnaissables par leur profil courbe et leur morphologie courte et large.

Ces éléments concordent avec une impression de faible soin des volumes au cours du débitage, mais ils sont contredits par l'aménagement des séries récurrentes unipolaires, qui génèrent au contraire des produits fortement soignés. Il nous semble probable, ainsi, que ces phases de la chaîne opératoire n'ont pas été effectuées à l'intérieur du site. Une interprétation alternative peut être une grande souplesse des changements de direction de débitage et un réaménagement des surfaces à travers des séries centripètes. Pareillement, la phase de décorticage et de préparation des convexités, discernable par la présence d'éclats partiellement ou totalement corticaux, n'est guère plus présente. En effet, parmi les produits non retouchés, les éclats corticaux primaires ne sont qu'au nombre de 18 et les autres produits corticaux secondaires ne sont que 21. Leurs négatifs d'enlèvements antérieurs sont unipolaires et centripètes dans les mêmes proportions. Parmi les centripètes, une majorité est sur plaquette de calcaire siliceux. Parmi les supports retouchés, ceux issus du débitage Levallois qui présentent des traces de cortex sont au nombre de 99, les éclats corticaux primaires sont absents et ceux pour lesquels le cortex représente 50 % de la surface sont plutôt rares (N = 7).

En général, étant donné la faiblesse avérée des phases 0 et 1, nous penchons pour l'idée que le débitage Levallois n'a pas été accompli entièrement sur place, mais en partie dans les environs de la grotte. L'aspect très fortement local des matières premières employées conforte cette hypothèse (cf. supra).

Les autres modalités de débitage, en dehors de la méthode Levallois, sont essentiellement de type opportuniste, car elles fournissent spécialement des produits indifférenciés (N = 215) et corticaux (N = 119). Évidemment, une partie de ces produits pourrait se rapporter aux premières phases du débitage Levallois, mais la morphologie de la matière première concernée nous impose un regard plus ponctuel devant les différentes approches que les Néandertaliens entreprenaient pour la gestion de ces dernières. Des séquences de débitage sur éclats sont reconnaissables à partir des supports indifférenciés produits à partir de plaquettes. Font partie de ces séquences les enlèvements à « face ventrale dièdre », déjà décrits par E. Borzatti. Du point de vue des dimensions, les produits indifférenciés sont plus larges et plus courts que les produits Levallois.

En ce qui concerne la technique de taille utilisée pour l'obtention des supports, les caractéristiques de certaines matières premières employées (telles que le calcaire) rendent parfois difficile l'application des données expérimentales disponibles. Néanmoins, la présence de stigmates liés à l'utilisation d'un percuteur de pierre dure (granite, quartzite), pourrait nous indiquer la présence d'un outil fantôme (Cahen *et al.* 1980) objet de transport et de forte « *curation* » de la part des artisans néandertaliens.

Toutefois, la lecture des supports sur silex, ainsi que la pauvreté des matériaux souhaitables pour la réalisation de percuteurs durs, nous suggèrent une utilisation de percuteurs de pierre tendre (calcaire), mais aussi une possible percussion au percuteur organique, mise en évidence par les caractéristiques morphologiques montrées par les activités expérimentales (Onhuma et Bergman 1982). En effet, les bulbes diffus, les talons plats ne montrant pas de point d'impact, ainsi que d'autres stigmates tels que l'esquillement du bulbe (Pèlegrin 2000) sont reconnaissables sur les supports en silex mais parfois également sur les pièces calcaires. Notamment, l'esquillement du bulbe est assez fréquent dans notre échantillon (N = 42) et il n'est pas lié à une matière première particulière.

La présence de telles marques sur les pièces en silex nous amène ainsi à envisager l'utilisation du percuteur tendre (minéral ou organique) aussi bien sur les matières premières plus aptes à la taille que sur les matériaux difficiles tels que le calcaire. Naturellement, l'hypothèse de l'utilisation d'un percuteur en bois nécessite une confirmation sur la base d'une expérimentation visant à l'individualisation des stigmates caractéristiques de l'une ou de l'autre matière.

V.6.1 Les matières premières locales

Les matières premières d'origine locale ont été débitées principalement selon le concept de débitage Levallois, pour les supports obtenus à partir du calcaire et du calcaire siliceux. Cette tendance n'est par contre pas très nette, car une deuxième subdivision doit être mise en place entre les lithotypes en calcaire (tels que les types de 1 à 6) et ceux sur calcaire siliceux (types 7-17). En effet, alors que les types en calcaire sont principalement débités selon la méthode Levallois (80 % des cas), les types en calcaire siliceux, provenant surtout de minces filons, sont débités généralement selon un processus opportuniste (52 %) sur éclat, qui dans certains cas, se limite à une fracturation des fragments de plaquette selon un axe perpendiculaire, produisant les classiques « faces ventrales dièdres » (Borzatti von Lowerstern 1966a).

Le débitage Levallois en calcaire est agencé en modalité unipolaire (37 %) et centripète (32 %) : les deux chaînes opératoires semblent être récurrentes, avec des séries qui se succèdent jusqu'à l'exhaustion des nucléus. Les enlèvements unipolaires sont chronologiquement antérieurs, comme nous l'avons déjà souligné. Les nucléus sont seulement au nombre de 4, tous fortement exploités.

Les bulbes sont majoritairement plats (59 %), puis très proéminents (19 %). Les talons sont lisses dans 59 % des cas et préparés dans 20 %. La technique de débitage est vraisemblablement au percuteur en pierre tendre (calcaire) et également au percuteur tendre (bois). Les supports en calcaire sont retouchés dans 58 % des cas, et non retouchés dans 23 %.

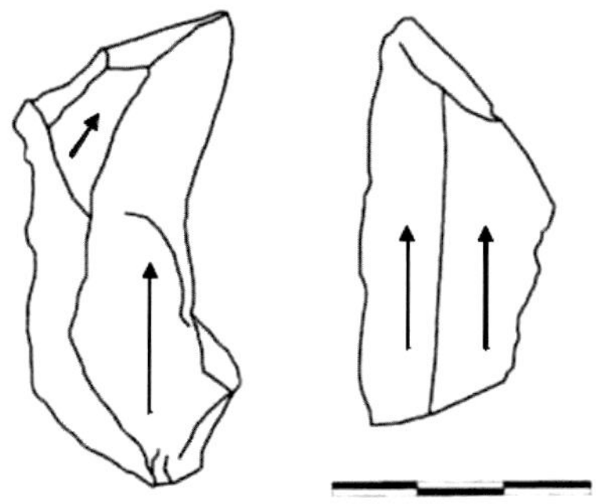

Figure 50 : Grotta Uluzzo C, éclats Levallois.

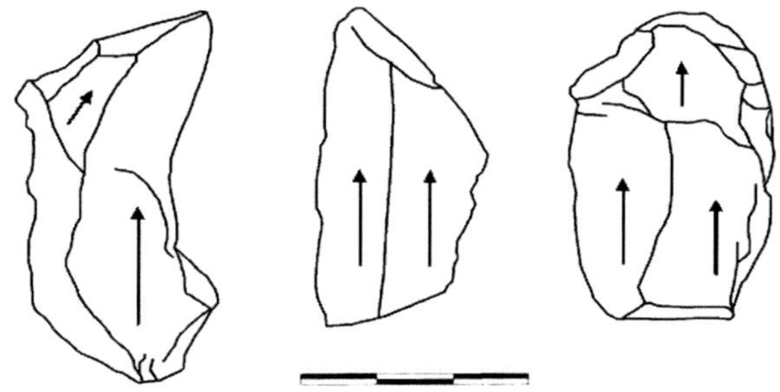

Figure 53 : Grotta Uluzzo C, éclats Levallois.

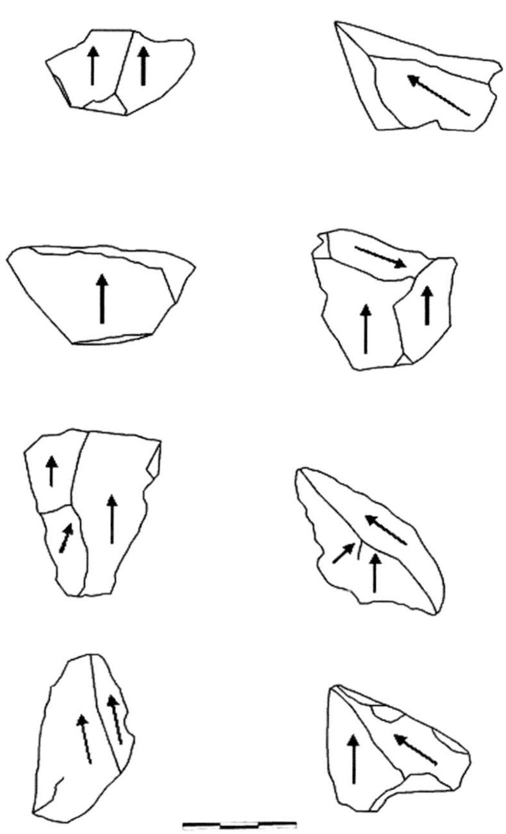

Figure 51 : Grotta Uluzzo C, éclats Levallois.

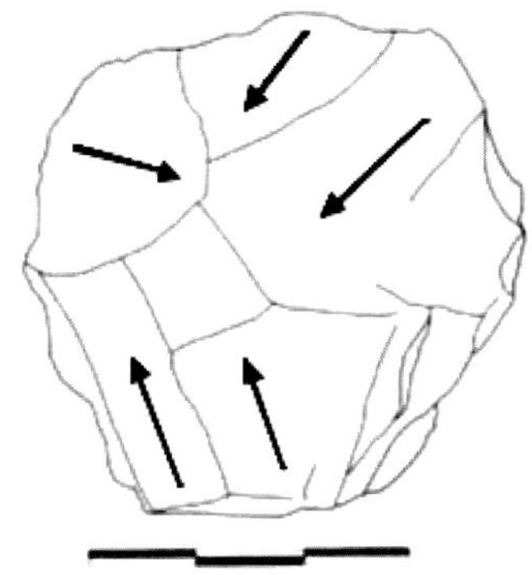

Figure 54 : Grotta Uluzzo C,
nucléus centripète en calcaire.

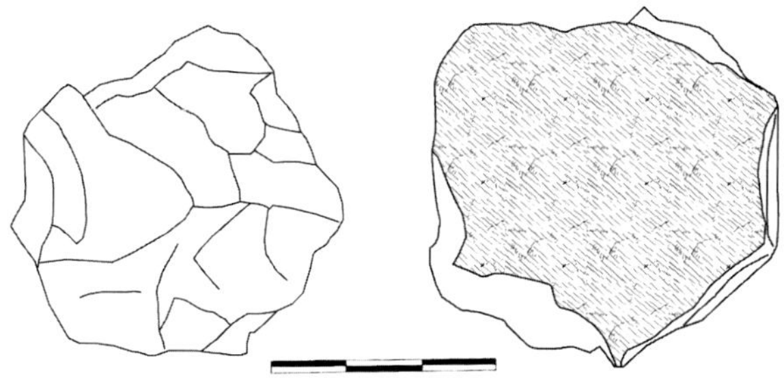

Figure 55 : Grotta Uluzzo C, nucléus centripète
sur plaquette de calcaire siliceux.

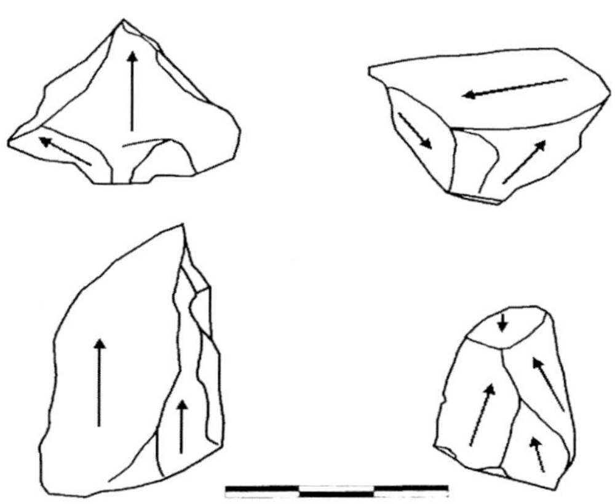

Figure 52 : Grotta Uluzzo C, éclats Levallois.

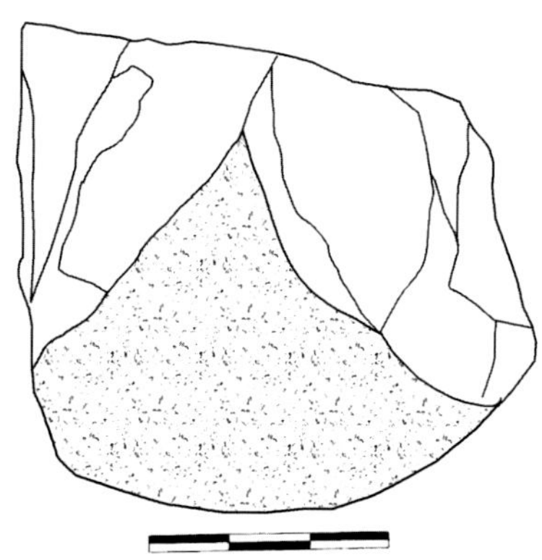

Figure 56 : Grotta Uluzzo C, nucléus pseudo
prismatique en calcaire.

Le débitage de calcaire siliceux, quand il est Levallois, suit des directions légèrement différentes par rapport à celui du calcaire. Les méthodes unipolaire et centripète sont présentes, mais sur cette matière première de morphologie très aplatie, la faible possibilité d'aménagement des surfaces de débitage induit une prédominance des modalités centripètes, qui démarrent donc les chaînes opératoires. Les talons ainsi sont le plus souvent lisses et les bulbes plats. Ainsi, un déterminisme lié à la morphologie de la matière première est détectable, qui n'empêche pas pour autant l'aboutissement des objectifs techniques.

Le débitage indifférencié sur calcaire siliceux montre très souvent une absence de bulbes (N = 48, 16 %), mais aussi la présence de rares bulbes dièdres (N = 3) ou, de manière fréquente, corticaux (N = 40, 13 %). Cela est à rapporter encore une fois à la morphologie de la matière première, les plaquettes, qui souvent sont débitées directement, sans aucune modification préalable du bloc : elles ont aussi une morphologie initiale d'éclats corticaux. Les talons sont en majorité lisses : ils ont été définis ainsi quand un point d'impact était visible, même en l'absence d'un véritable talon. Les talons corticaux (N = 42) et indéterminables (N = 48) abondent.

En ce qui concerne les supports en silex dont une origine locale a été présumée, ceux retouchés sont issus pour 79 % des cas d'un débitage non Levallois, opportuniste et seulement dans 6 cas d'un débitage Levallois unipolaire (N = 3) ou centripète (N = 1). Les supports en silex local non retouchés présentent par contre une plus grande composante Levallois : ils sont 7 sur un total de 9, dont 4 centripètes et 3 unipolaires.

V.6.2 Les matières premières allochtones

Les modalités de débitage des matières premières de provenance éloignée sont plus variées par rapport à celles sur les matières d'origine locale.

Les supports sur galet de silex (N = 11) sont issus en majorité d'un débitage non Levallois (N = 9), de type opportuniste et produisant des supports épais aptes à être retouchés. Les produits fabriqués à partir des rognons (N = 25) ont les mêmes caractéristiques : un débitage le plus souvent non Levallois (N = 17), une production de supports courts et épais et une retouche fréquente.

Les autres produits sur silex (N = 106) sont en majorité débités selon la méthode Levallois (N = 73), et plus rarement selon une méthode opportuniste. Les modalités unipolaire et centripète récurrent, sont équivalentes au niveau quantitatif. Elles sont à replacer probablement dans une même chaîne opératoire, qui débute avec les enlèvements unipolaires, plus allongés, et se termine avec la méthode centripète. Trois pointes Levallois sont présentes. Concernant ces matières premières qui ont à la fois une meilleure qualité pour la taille mais aussi une morphologie plus contraignante à cause de leurs petites dimensions, une grande souplesse dans le passage d'une modalité de débitage à l'autre a été remarquée. L'unipolarité des enlèvements constitue le principe directeur des séquences de débitage de la couche G, mais elle est soumise dans ce cas à la nécessité d'une exploitation complète des nucléus disponibles. Ainsi, la production d'éclats Levallois paraît correspondre dans cet assemblage à une exploitation maximale des potentialités dimensionnelles des nucléus, à travers la production de produits envahissant le plus possible les surfaces débitées. Le débitage est ainsi conditionné avant tout par la matière première : les limites dimensionnelles influencent directement les modalités de débitage.

Les produits d'entretien des surfaces et de réaménagement des nucléus sont quasiment absents. Cela est à imputer probablement aux petites dimensions de la matière première, ne permettant pas une récurrence des modes de débitage, mais aussi à la petite partie de débitage réalisé sur place. Cela est visible aussi par la faiblesse quantitative des produits corticaux : seulement 4 entames en silex exotique et un peu plus (N = 8) d'éclats partiellement corticaux, portant souvent des résidus de cortex dans la partie distale.

Les supports sur quartzite sont débités selon les mêmes modalités que ceux sur silex : aucune différence notable n'est à remarquer.

L'utilisation anecdotique du débitage sur enclume est attestée par deux supports sur jaspe, dont un dièdre.

V.7 Technologie de transformation et d'entretien des produits

Le complexe de Uluzzo C est caractérisé par une très forte représentation des outils et par un investissement particulièrement important dans leur transformation (Table 58 et 59). En effet, 74 % de l'ensemble des supports décomptés au sein de notre étude sont retouchés, mais sur la totalité des pièces décomptées par Borzatti et publiées en 1965-66, le pourcentage des pièces retouchées est largement inférieur, concernant seulement 28 % de l'assemblage total.

La retouche présente une très faible sélection des supports dans l'assemblage, où, quel que soit le type de débitage, elle est largement utilisée. De plus, il nous semble qu'aucune sélection métrique des supports à retoucher n'ait été faite (Graphique 30), car les deux ensembles (retouchés et non retouchés) ont des mesures qui se superposent en large majorité.

Typologie	N	%
Pointes	13	2
Limaces	53	7
Racloirs	587	72
Grattoirs	28	3
Enc. & dent	15	2
Burins	5	1
Éclats retouchées	108	13
Autre	2	0
Total	**811**	**100**

Table 58 : Grotta Uluzzo C, couche G, décompte typologique d'après Borzatti 1966, Borzatti et Magaldi 1966.

Typologie Borzatti	N	%
Pointes	266	19
Limaces	17	1
Racloirs	962	69
Grattoirs	20	1
Denticulés	22	2
Éclats retouchés	113	8
Total	**1400**	**100**

Table 59 : Grotta Uluzzo C, couche G, décompte typologique et proportion de l'outillage.

Les retouches souvent modifient profondément la morphologie initiale des éclats, ce qui rend parfois délicate la reconnaissance des caractères techniques et morphologiques initiaux des supports affectés par celle-ci.

En dehors de quelques cas, en ce qui concerne le débitage Levallois, le type de support semble avoir une incidence négligeable sur les modalités de sélection établies par l'artisan en vue de la réalisation de l'outillage. Aucune sélection des supports destinés à être retouchés n'a ainsi été individualisée, car la retouche affecte de manière égale toutes les catégories technologiques (produits corticaux, indifférenciés et Levallois). Pourtant, bien que cette pratique de transformation soit généralisée, elle est établie d'après nous de préférence sur la base non pas du type de débitage, mais de la matière première, de sa morphologie et de sa disponibilité sur le territoire (Graphique 31-32).

D'un point de vue typologique, la classification utilisée ici repose sur la nomenclature établie par F. Bordes (Bordes 1961). La typologie ne présente pas de surprises, et peut être insérée dans le cadre du Moustérien du Salento, selon les caractéristiques typologiques qui lui ont été attribuées par les différents auteurs (Borzatti von Lowerstern 1966a).

Les **racloirs** (Table 60) sont le type le plus fréquent, représentant 72 % du total. Ils sont majoritairement simples, puis convergents, quoique les doubles et les transversaux soient bien présents aussi. De façon sporadique, l'emploi de petits galets de silex implique la réalisation de racloirs d'allure « pontinienne », obtenus à partir d'éclats corticaux retouchés à une extrémité.

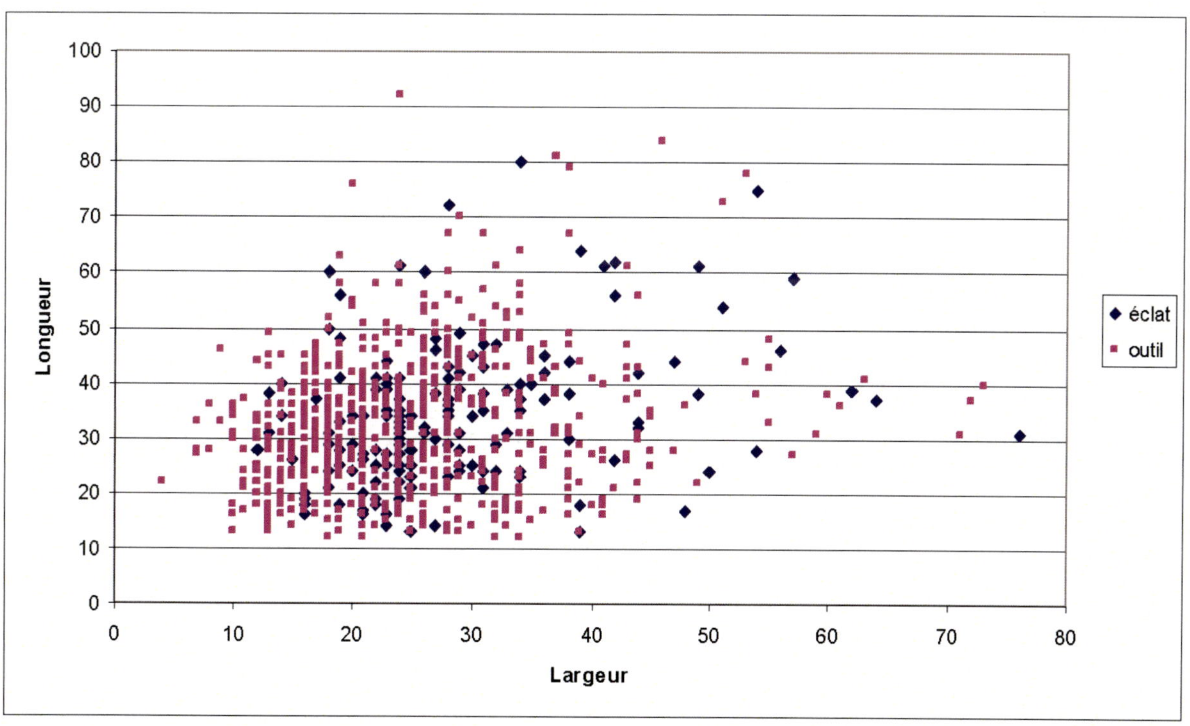

Graphique 30 : Grotta Uluzzo C, couche G, données métriques en millimètres selon la catégorie technologique.

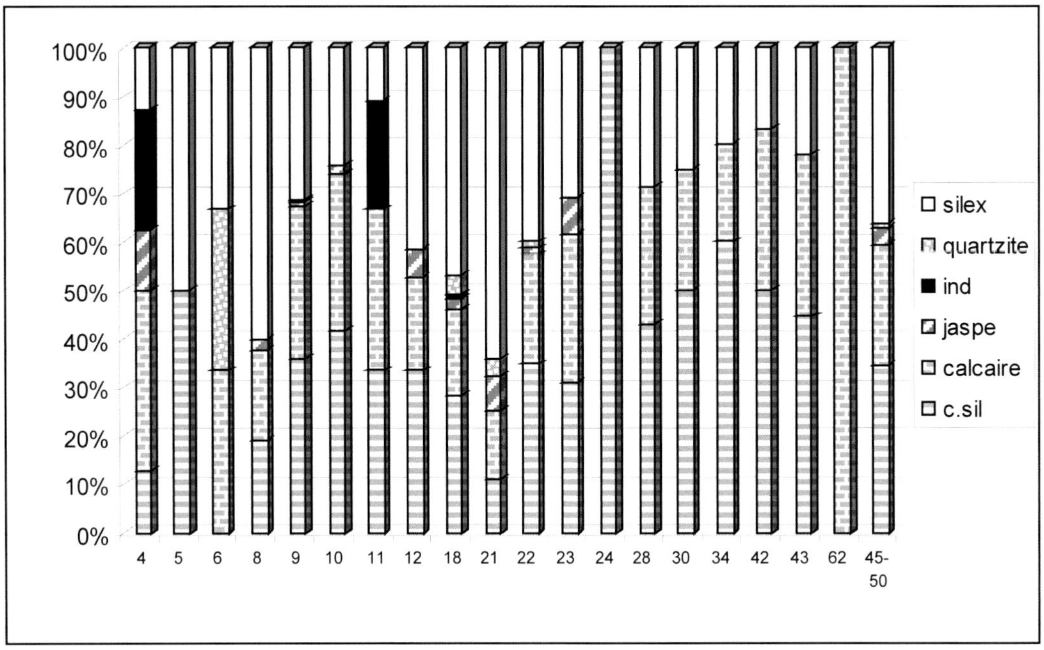

Graphique 31 : Grotta Uluzzo C, couche G, proportions des outils (liste Bordes 1961) selon la matière première.

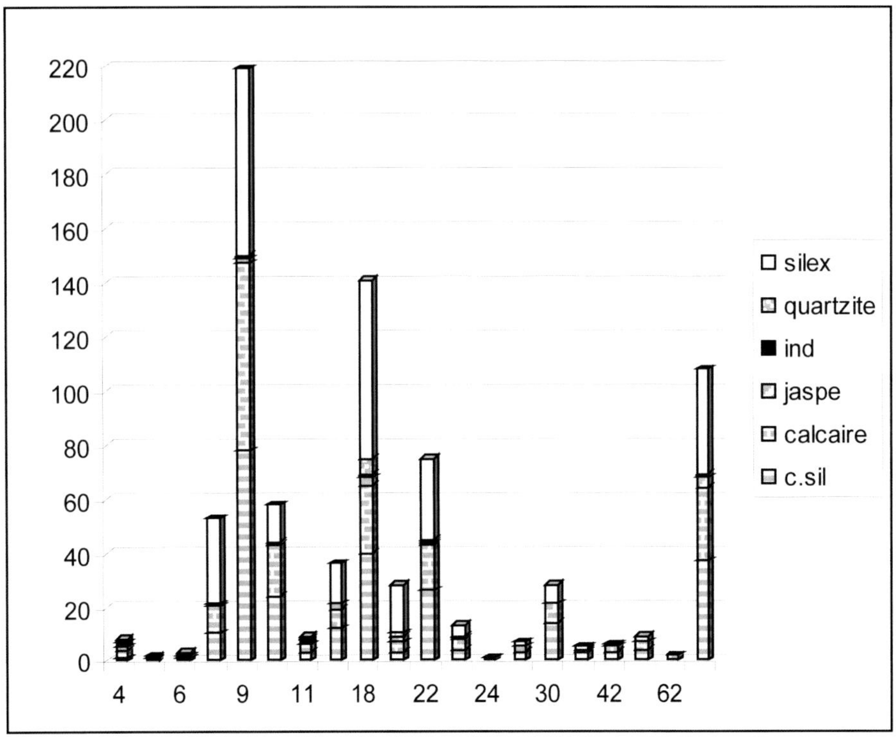

Graphique 32 : Grotta Uluzzo C, couche G, fréquences des outils (liste Bordes 1961) selon la matière première.

Parmi les supports retouchés les plus caractéristiques, il y a les racloirs sur « *placchetta* », obtenus à partir des minces tablettes de calcaire siliceux, ou de silex de qualité moyenne, conservant le cortex sur les deux faces. Dans ce cas, les retouches sont rarement envahissantes, et se limitent à une modification assez marginale des supports. Ces racloirs expédients sur plaquette sont certainement l'un des types caractéristiques de cet assemblage et ils ne sont pas typologiquement différents des typiques racloirs uluzziens, particulièrement fréquents dans la phase plus ancienne.

De façon générale la retouche est souvent envahissante, écailleuse et abrupte, donnant aux pièces une allure

Racloirs	N	%
Simples	286	49
Doubles	36	6
Convergents	141	24
Déjetés	28	5
Transversaux	89	15
Bifaciales	7	1
Total	**587**	**100**

Table 60 : Grotta Uluzzo C, couche G, décompte typologique des racloirs (selon Bordes 1961).

Quina. Dans les cas des éclats retouchés elle est rarement discontinue, plus souvent continue sur la totalité ou une grande partie d'un bord, même de façon légère.Les autres types ne sont pas très bien représentés. La **limace**, pourtant un des outils typiques de cette région, n'est présente qu'à hauteur de 7 %. Les proto-limaces sont plus rares qu'à Grotta dei Giganti (N = 5) et les limaces sont souvent façonnées pour obtenir des pointes très aiguës sur les deux extrémités. Des traces de cortex restent rarement visibles sur la surface dorsale. Les morphologies peuvent être très variables : les profils ont souvent une coupe quadrangulaire, plus rarement polygonale ou arrondie. Elles ont souvent la morphologie des racloirs convergents doubles, et sont rarement obtenues avec des retouches plus aplaties. Les extrémités peuvent être plus ou moins aiguës, particulièrement si la matière première est de bonne qualité.

Les **encoches et denticulés** représentent 2 % de l'outillage. Les encoches sont le plus souvent clactoniennes, et les denticulés sont formés par une série d'encoches, généralement de deux à quatre. Les encoches portent très rarement des traces de retouche.

Les éclats à retouche partielle sont également bien représentés, constituant 13 % de l'assemblage retouché.

La retouche écailleuse scalariforme, particulièrement bien représentée et, dans certains cas, associée à des amincissements des faces ventrales, génère une importante modification morphologique et métrique des produits originaux. Les amincissements (N = 9) affectent essentiellement la partie proximale des pièces, oblitérant généralement la totalité du talon et du bulbe. La retouche inverse est présente et affecte surtout les supports sur plaquette : elle est rarement envahissante, même si un petit nombre de racloirs à retouche bifaciale a été enregistré (N = 7).

S'il est difficile de cerner les critères technologiques qui ont conduit au choix des pièces à retoucher, il est pourtant utile d'avancer des remarques relatives à la matière première, pour clarifier l'aspect économique des processus de modification des supports pratiqués sur le site.

Les supports en calcaire sont retouchés dans 58 % des cas : cette proportion change radicalement pour les supports en calcaire siliceux, retouchés dans 83 % des cas.

Les supports en silex sont aussi très fréquemment transformés : 79 % d'entre eux portent des traces de retouche. Si l'on se réfère aux valeurs absolues, les supports retouchés sur silex sont les plus abondants (N = 305). Il est probable ainsi que les retouches effectuées sur ces différentes matières premières n'aient pas joué le même rôle au sein de l'économie des groupes humains qui les ont produites, étant donné la grande différence de ces dernières quant à leur aptitude à la taille (Table 61-65).

L'analyse morphométrique comparée permet de mettre en évidence une distinction concernant les caractères de longueur, largeur et épaisseur. La longueur n'est affectée que dans le cadre de la réalisation de racloirs transversaux.

A l'inverse, les racloirs simples ou doubles et les pièces convergentes (racloir convergent, limace) résultent

Intensité retouche	L	l	È
Ret. légère	29,7	22,84	6,65
Ret. moyenne	31,56	24,1	7,34
Ret. intense	33,82	24,86	8,81

Table 61 : Grotta Uluzzo C, couche G, dimensions moyennes en millimètres selon l'intensité de la retouche.

Tous MP	L	l	È
Racl. conv	31,19	21,81	7,34
Limaces	34,96	18,13	9,73
Racl. simples	34,86	23,7	7,74
Racl. doubles	29,83	21,91	6,58

Table 62 : Grotta Uluzzo C, couche G, dimensions moyennes en millimètres de certains outils.

Silex	L	l	È
Racl. Conv	28,125	18,56	5,93
Limaces	30,75	16,33	7,78
Racl. simples	29,78	18,8	5,7
Racl. doubles	28,66	18,5	5,22

Table 63 : Grotta Uluzzo C, couche G, dimensions moyennes en millimètres de certains outils en silex.

C.sil	L	l	È
Racl. conv	39,33	24,85	7,66
Limaces	33,75	14,5	9,75
Racl. doubles	30,16	24,41	7,41
Racl. simples	33,86	23,91	7,89

Table 64 : Grotta Uluzzo C, couche G, dimensions moyennes en millimètres de certains outils en calcaire siliceux.

Calcaire	L	l	È
Racl. conv	31,83	27,5	9,33
Limaces	50,83	26,16	17,5
Racl. doubles	32,28	26,42	8,14
Racl. simples	40,71	27,92	9,42

Table 65 : Grotta Uluzzo C, couche G, dimensions moyennes en millimètres de certains outils en calcaire.

d'une transformation affectant la largeur des supports et la longueur dans le cas des racloirs convergents.

En effet, la plus grande réduction semble affecter la largeur des objets, puis l'épaisseur, alors que la longueur semble faiblement modifiée. Cela est en accord avec la relative rareté des racloirs transversaux (N = 89) comparée avec l'abondance des racloirs convergents (N = 141).

On peut facilement tester une possible séquence de réduction continue entre les racloirs simples, doubles, convergents et les limaces, en comparant leurs longueurs moyennes, comme on l'a déjà réalisé pour les autres sites analysés, selon le modèle proposé par Dibble (Dibble 1984, 1987, 1995).

Les limaces en silex ont une réduction de la largeur, mais elles sont fabriquées à partir des supports en silex parmi les plus allongés et les plus épais.

Pour ces outils, on peut donc envisager une réduction seulement de leur largeur, et au contraire une sélection des supports bruts les plus grands pour leur réalisation. Les limaces sont donc les plus allongées, les plus étroites et les plus épaisses de tous les outils en silex : cela nous impose une réflexion à l'égard de leur fonction dans l'assemblage et en général dans l'économie néandertalienne, qui pour l'instant, faute de données tracéologiques, reste sans réponse. La possibilité de l'utilisation de ces outils comme réserve de matière première sera envisagée plus loin (*cf.* V partie).

Les moyennes des largeurs des racloirs simples, doubles et convergents, en ce qui concerne le silex, sont équivalentes. Les racloirs convergents présentent un certain degré de réduction par rapport à la largeur des supports non retouchés, mais aucune séquence de réduction qui puisse mettre en relation leurs différents types n'est envisageable.

En effet, c'est exactement le même processus qui s'observe sur les supports en calcaire, dont les plus allongés et les plus épais ont été choisis pour la fabrication des limaces. Une réduction de la largeur, conséquence directe de la retouche, est présente sur les différents types de racloirs latéraux, mais du même degré pour chaque type. Dans ce sens une réduction est envisageable seulement à partir des racloirs simples, vers les convergents et les doubles.

Le calcaire siliceux est façonné de la même manière, mais les limaces et les racloirs convergents présentent des dimensions supérieures à la moyenne.

En effet les petites dimensions des outils sur matières premières exotiques, peuvent être mises en relation avec les morphologies originaires de telles matières premières plus qu'à un processus de réduction. En même temps, la retouche peut être considérée comme un moyen d'entretien des outils, quel que soit le degré de réduction relevé.

Ces éléments sont indicateurs de deux aspects notables de cette industrie. En premier lieu, malgré le manque de matière première de bonne qualité, les supports à retoucher étaient choisis *ad hoc* pour la réalisation d'un outil de morphologie souhaitée. En deuxième lieu, certains outils, comme c'est le cas des limaces, étaient fabriqués malgré la dépense notable de matière première impliquée. Il est fort probable que ces supports soient l'objet d'un transport sur le site, et qu'aucune phase de leur production ne se déroulait sur place. De plus, les moyennes des dimensions nous montrent que les supports plus grands, plus longs et plus épais ont fait l'objet d'une retouche plus intense par rapport aux pièces plus petites. Cela est à mettre en relation avec le concept de « *curation* » déjà abordé dans le cadre des autres industries analysées. À partir des données examinées ici, on pourrait se demander si l'affirmation que « *reduction is a measure of curation* » (Shott et Weedman 2006) est toujours pertinente. Si la *curation* est l'indice de la présence d'outils qui étaient l'objet d'une attention particulière par leurs artisans, cela n'implique pas pour autant nécessairement leur réduction pour l'entretien : on peut assister dans des assemblages comme celui-ci, à la présence d'éléments « *curated* » qui n'ont pas été réduits. Cette situation pourrait mieux correspondre, en fait, à la définition de *curation* avancée par Jelinek (Jelinek 1976) comme une « *conservation to use elsewhere* ». En effet, parmi les éléments qui définissent la *curation*, la réduction est importante mais pas unique, car le transport et le cycle de vie jouent un rôle aussi important au sein de ces comportements. *Curation* a été définie par Shott (Shott 1996) comme la différence entre les conditions initiales de l'outil avant l'usage et les conditions qui caractérisent l'objet au moment où il intègre le dépôt archéologique. Les modifications telles que les fracturations et les altérations provenant de l'exposition au feu, participent probablement à l'idée de *curation* si elles sont intentionnelles et visent à prolonger la durée de vie des objets. En conséquence, les altérations importantes qui affectent environ 50 % des outils en silex de notre assemblage pourraient être un indice de *curation*. L'importance de la *curation* dans cet assemblage est en outre d'autant plus grande si l'on considère les distances de transport des matières premières exotiques, qui peuvent être supérieures aux 100 km. Leur présence est ainsi le résultat d'un transport sur longue distance, impliquant un investissement notable de la part des groupes humains qui les exploitaient.

Finalement, une partie de l'assemblage de la Grotte de Uluzzo C nous semble répondre aux caractéristiques des « *mobile toolkits* » définis par Kuhn (Kuhn 1992), mais dans le sens d'un transport d'outils multifonctionnels.

D'un autre côté, une catégorie particulière de pièces retouchées, malgré le fait que leur retouche soit souvent intense, fait partie d'un ensemble qui aurait été défini comme « *expedient* » par L. Binford. Il s'agit de pièces qui ne présentent aucune caractéristique de « *curation* ». Dans cet assemblage, c'est le cas des racloirs sur plaquette de calcaire siliceux, qui, fabriqués à partir d'une matière première strictement locale, sont faits sur supports indifférenciés, souvent dépourvus de bulbes et de talons et majoritairement corticaux. Aucune évidence de réduction, de transport, ou d'une longueur de vie importante n'affecte ces outils, qui apparaissent au contraire issus d'une stratégie non programmée, mais totalement liée à l'occupation du site.

V.8 Essai d'approche diachronique

Étant donné l'épaisseur de la couche, issue d'un palimpseste qui relève d'occupations différentes, nous avons décidé de tenter une approche diachronique en partageant les différents niveaux en trois ensembles stratigraphiques. Le premier (ES 1), qui va du niveau 1 à 13 comprend donc la partie au sommet de la couche, qui ne témoigne pas d'une occupation très intense, étant donné la raréfaction des vestiges. Le deuxième (ES 2), du niveau 14 au niveau 16, réunit la partie de la stratigraphie qui montre la plus forte concentration de vestiges et la seule qui présente des restes des foyers non structurés. Le troisième (ES 3) est relatif à la partie basale de la couche, comprenant les niveaux 17 à 25, qui témoignent d'une première phase d'occupation de la cavité, qui montre aussi une fréquentation peu intense. Ainsi, on pourrait tester si les vestiges lithiques provenant des divers ensembles rendent compte de différentes modalités d'occupations du site.

On observe sur le tableau 66 que les ensembles 1 et 2 sont quasiment équivalents au niveau quantitatif, alors que l'ensemble 3 est considérablement plus réduit.

Table 66 : Grotta Uluzzo C, couche G, décompte de vestiges par ensemble stratigraphique.

Niveaux	N
ES1	440
ES2	444
ES3	196

En ce qui concerne l'utilisation des différentes matières premières au sein des ensembles, aucune différence notable n'est à remarquer, car leur distribution reste proportionnellement très uniforme (Graphique 33).

Le débitage Levallois est dominant dans les trois ensembles, représentant 61 % (ES1) à 67 % (ES2 et ES3). Les autres modes de débitage sont eux aussi répartis de manière uniforme dans les différents ensembles stratigraphiques (Table 67).

La typologie de l'outillage nous indique encore une fois une grande uniformité des choix des morphologies des outils et des matières premières choisies pour leur fabrication.

En somme, même si les ensembles stratigraphiques peuvent relever d'occupations différenciées, et même

Niveaux	Disc	Anvil	Komb	Levallois	Ind	Non lev	Total
ES1	3	2	0	241	41	114	**401**
ES2	1	1	1	248	20	106	**377**
ES3	2	0	1	124	23	33	**183**
Total	**6**	**3**	**2**	**613**	**84**	**253**	**961**

Table 67 : Grotta Uluzzo C, couche G, fréquences des différents modes de débitage par ensemble stratigraphique.

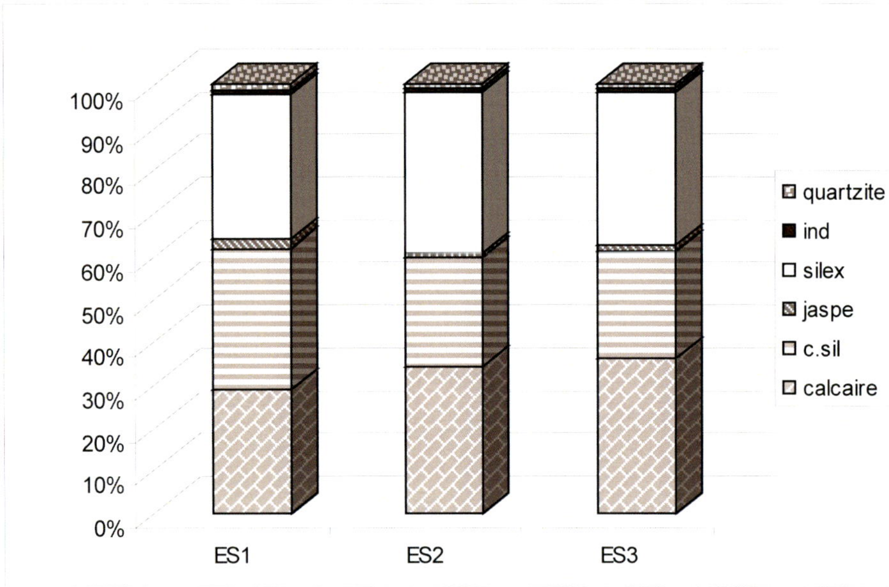

Graphique 33 : Grotta Uluzzo C, couche G, proportions des diverses matières premières par ensemble stratigraphique.

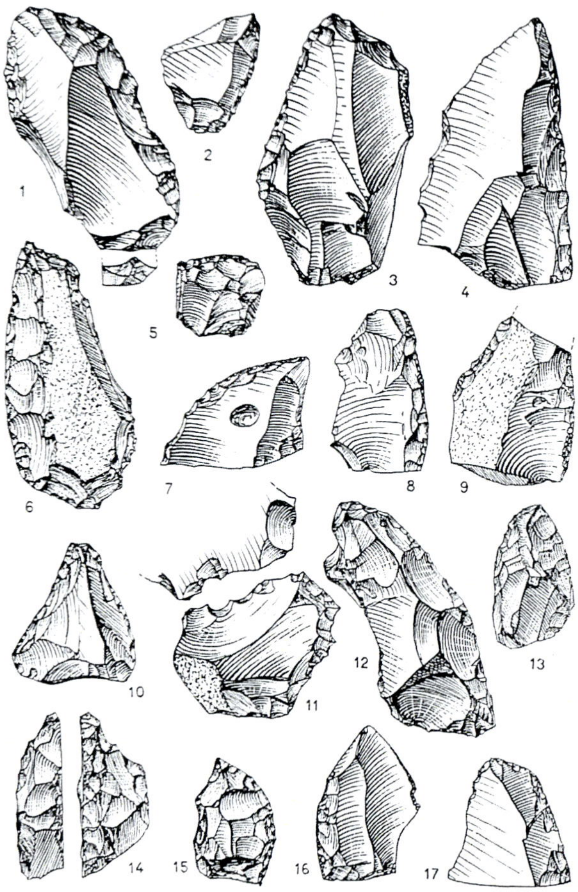

Figure 57 : Grotta Uluzzo C, outils de la couche G, modifié d'après Borzatti 1965.

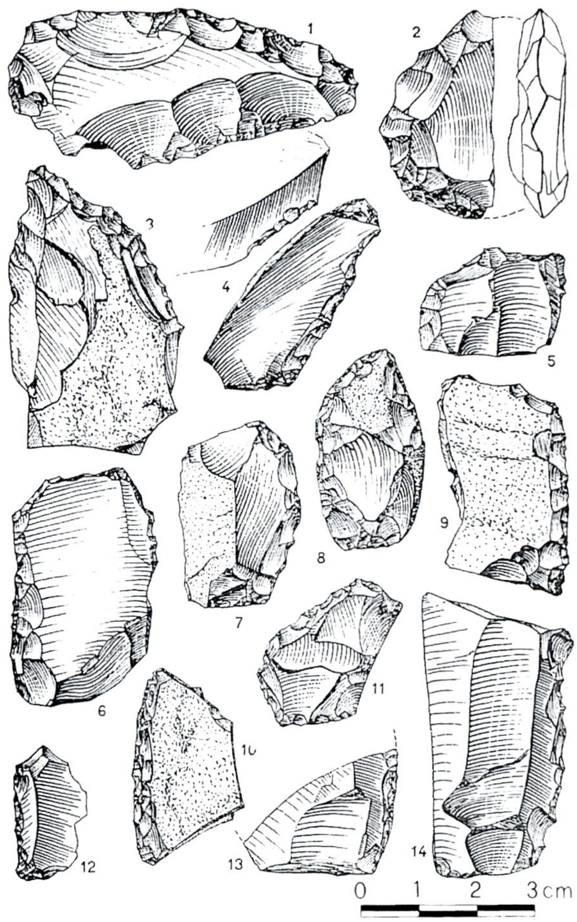

Figure 58 : Grotta Uluzzo C, outils de la couche G, modifié d'après Borzatti 1965.

si la fonction du site a changé dans le temps, cela n'est pas perceptible à partir de notre échantillon. Bien que cela nous induit une certaine frustration, il n'est pas impossible que l'exceptionnelle uniformité des choix des Néandertaliens qui ont occupé le site sur un écart de temps plutôt long, soit à attribuer à une

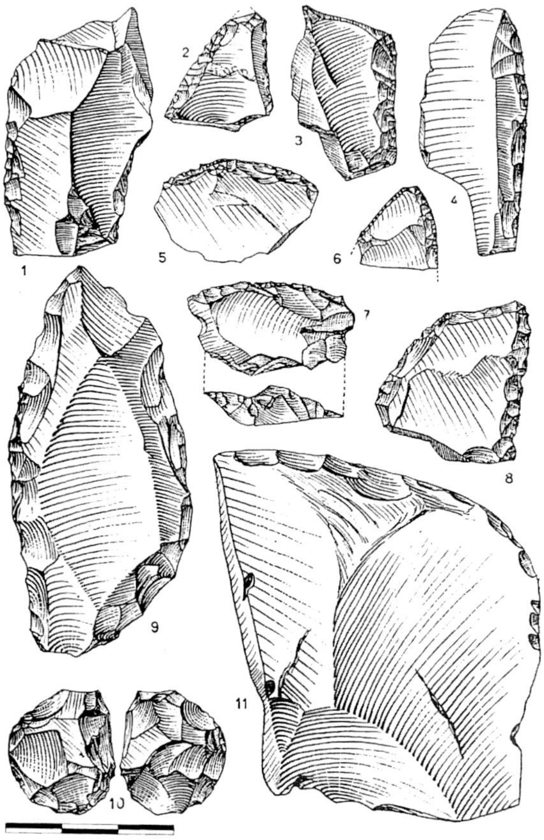

Figure 59 : Grotta Uluzzo C, outils de la couche G, modifié d'après Borzatti 1965.

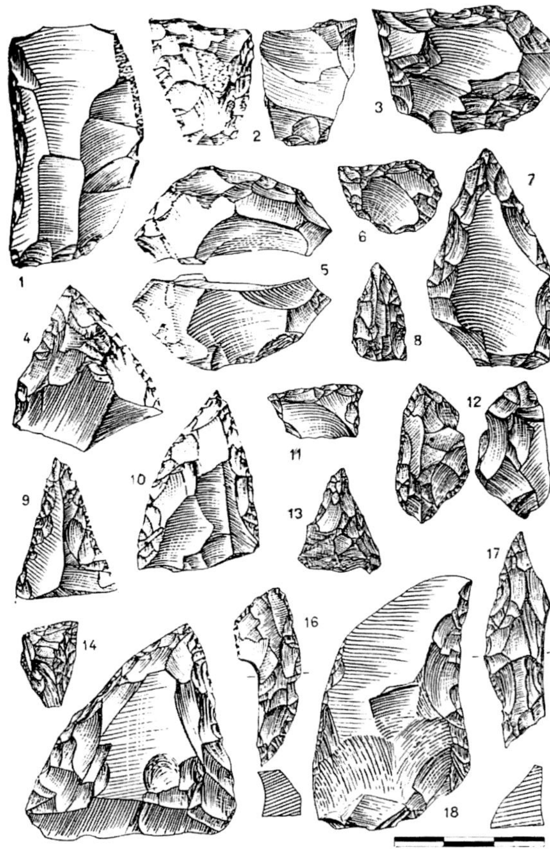

Figure 61 : Grotta Uluzzo C, outils de la couche G, modifié d'après Borzatti 1965.

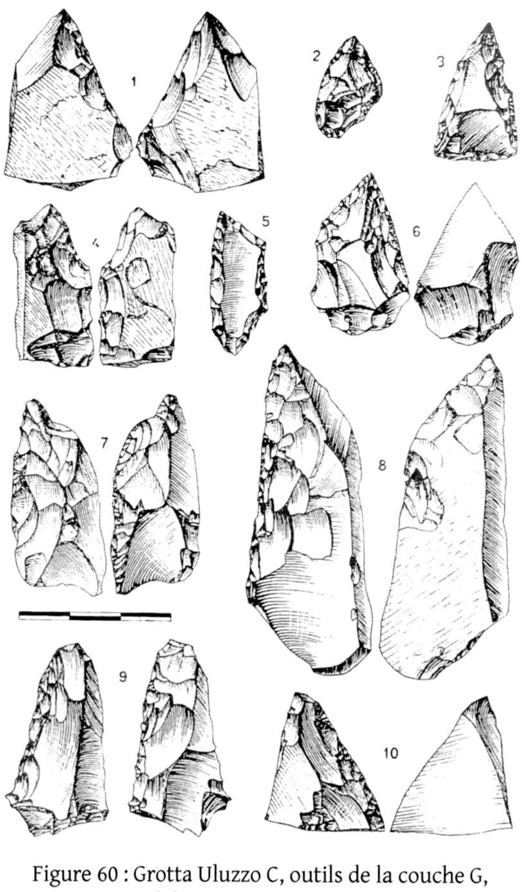

Figure 60 : Grotta Uluzzo C, outils de la couche G, modifié d'après Borzatti 1965.

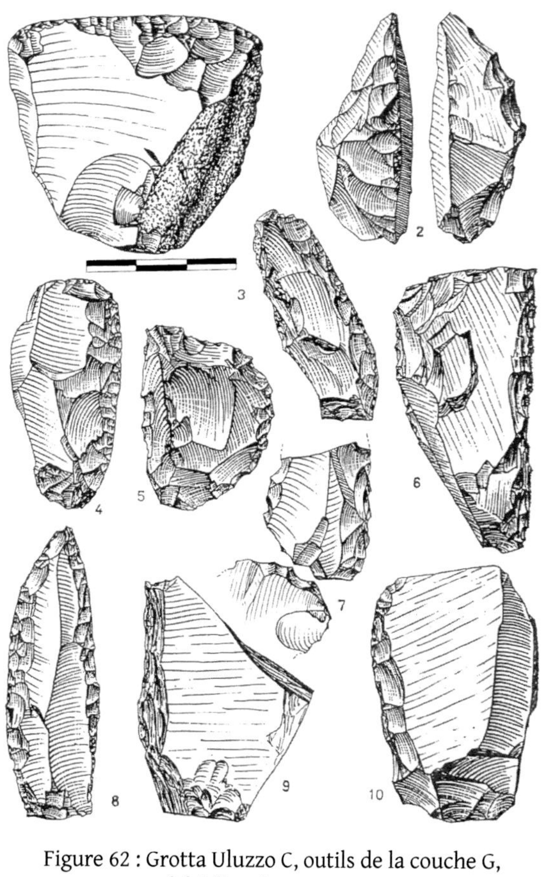

Figure 62 : Grotta Uluzzo C, outils de la couche G, modifié d'après Borzatti 1966.

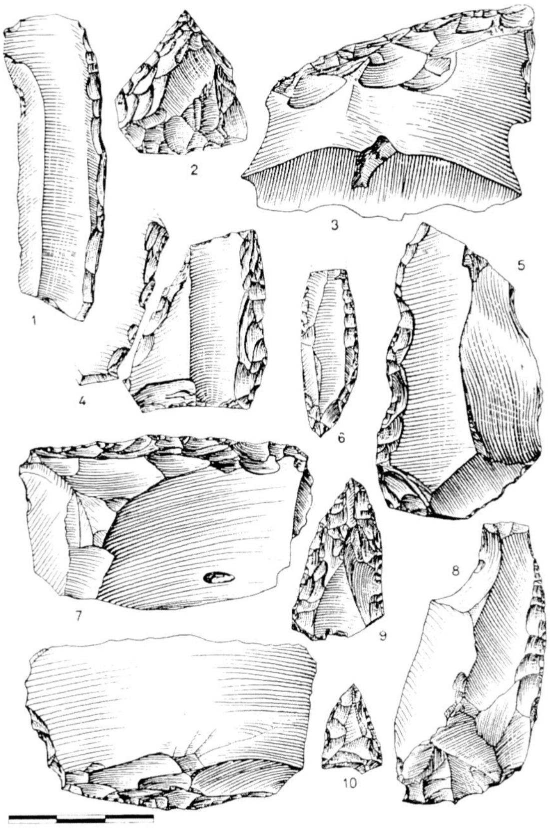

Figure 63 : Grotta Uluzzo C, outils de la couche G, modifié d'après Borzatti 1966.

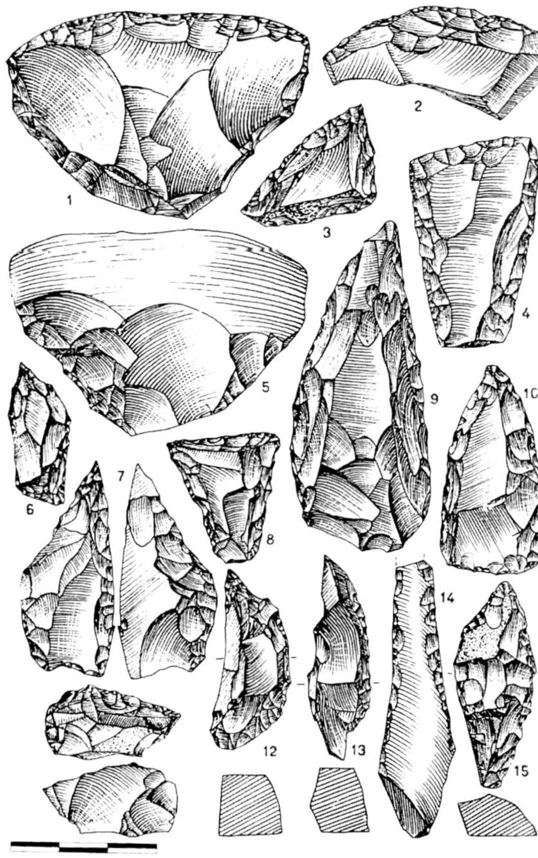

Figure 65 : Grotta Uluzzo C, outils de la couche G, modifié d'après Borzatti 1966.

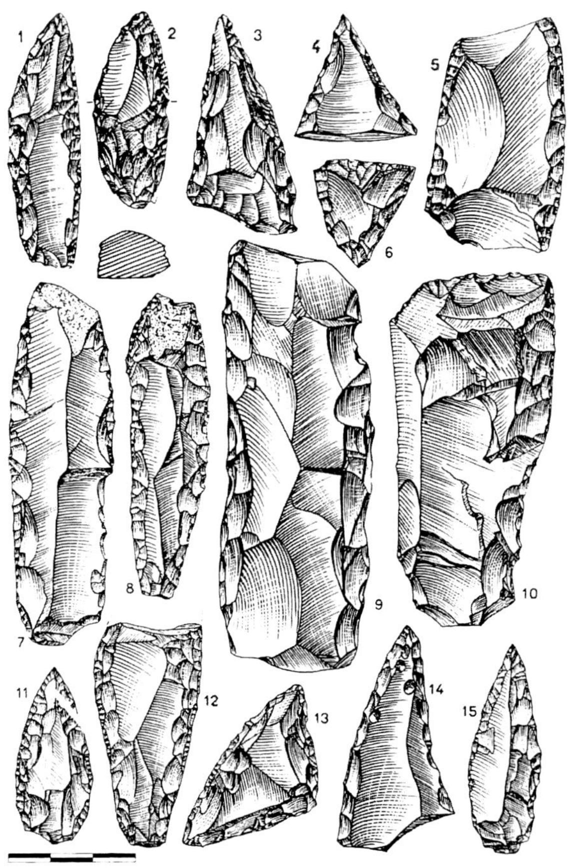

Figure 64 : Grotta Uluzzo C, outils de la couche G, modifié d'après Borzatti 1966.

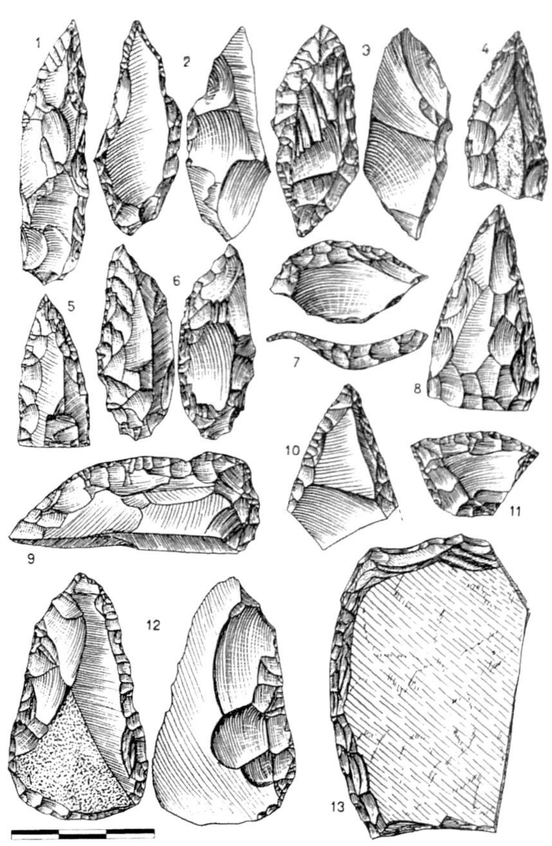

Figure 66 : Grotta Uluzzo C, outils de la couche G, modifié d'après Borzatti 1966.

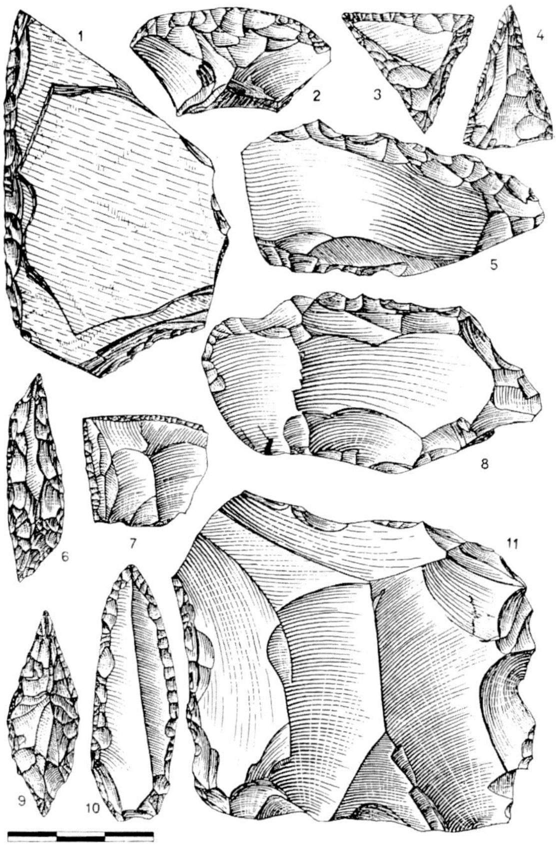

Figure 67 : Grotta Uluzzo C, outils de la couche G, modifié d'après Borzatti 1966.

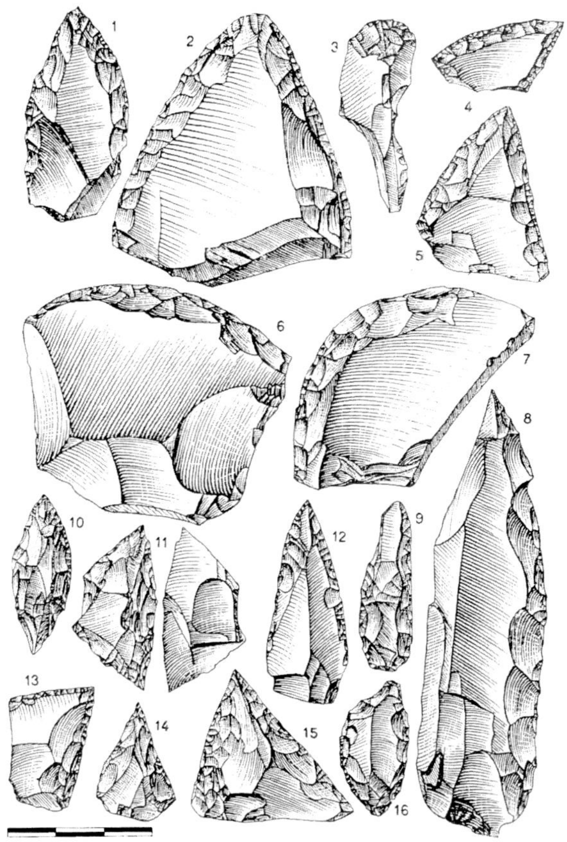

Figure 69 : Grotta Uluzzo C, outils de la couche G, modifié d'après Borzatti 1966.

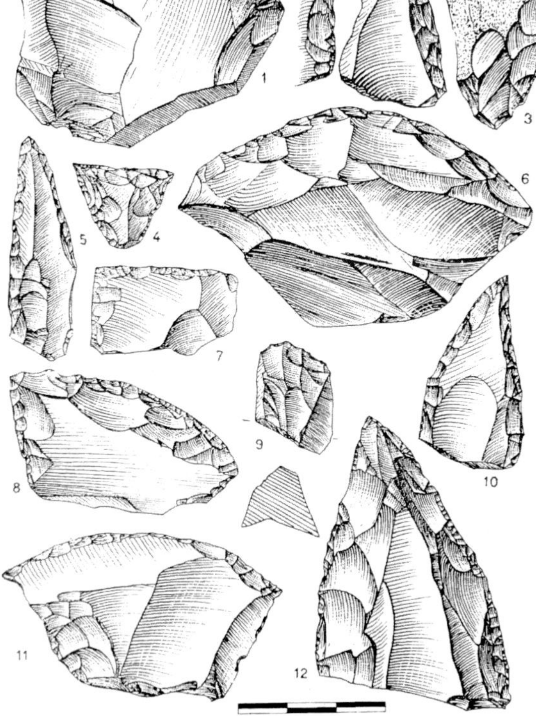

Figure 68 : Grotta Uluzzo C, outils de la couche G, modifié d'après Borzatti 1966.

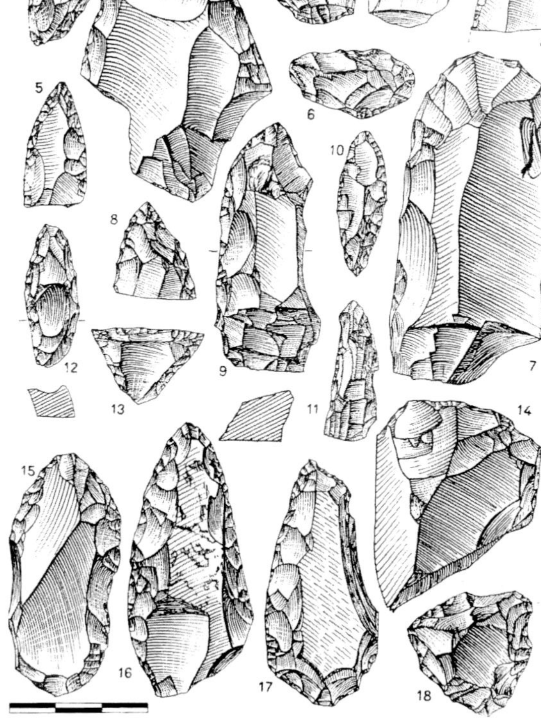

Figure 70 : Grotta Uluzzo C, outils de la couche G, modifié d'après Borzatti 1966.

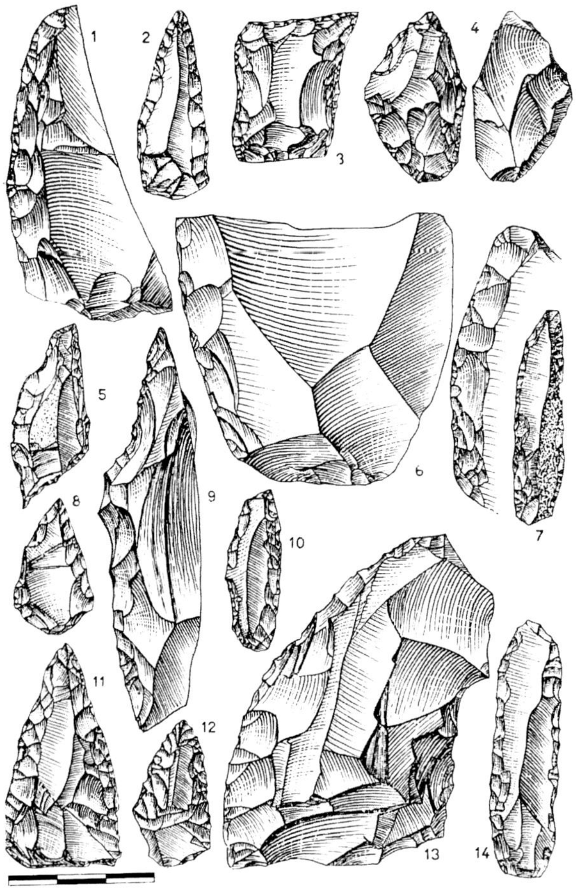

Figure 71 : Grotta Uluzzo C, outils de la couche G, modifié d'après Borzatti 1966.

tradition culturelle très forte, répondant de manière répétitive, mais performante, aux contraintes dictées de l'environnement.

Autrement, il nous arrive de hasarder comme une probabilité concernant notre site, que des comportements différents peuvent aboutir à des ensembles archéologiques similaires (Shott 1989).

V.9 Typologie économique du site

La définition des possibles stratégies économiques qui ont participé à la formation d'un ensemble archéologique est une partie indispensable à la compréhension de l'assemblage même. De telles stratégies peuvent être perçues à travers les choix relatifs au système de chasse/cueillette, par les relations sociales entretenues par les composantes du groupe, mais aussi par les choix relatifs à l'approvisionnement en matériaux nécessaires à tous les domaines de la vie quotidiennes, telles que les matières premières lithiques au Paléolithique. Telle est l'analyse que l'on propose dans ce travail, partant de l'assertion que « *L'utilisation des matériaux présents dans un ensemble lithique peut varier selon l'emplacement du site par rapport aux sources et selon le type de culture* » (Geneste 1985). La gestion économique et la modification des supports sont donc fortement conditionnées par l'emplacement du site par rapport aux ressources disponibles : cela concerne également les différents apports provenant de chaînes opératoires qui n'ont pas nécessairement commencé et abouti au même endroit. Comme on l'a déjà remarqué, la région du Salento est constituée par un territoire difficile sur le plan de l'approvisionnement en matériaux lithiques. Cela a sûrement affecté l'intégrité des chaînes opératoires, qui, à Grotta di Uluzzo C sont rarement complètes. D'abord il faut noter que la grande différence concernant la présence de la phase 2 entre notre assemblage et l'assemblage analysé par Borzatti est probablement le résultat d'un problème de représentativité de la série examinée, qui ne comprend pas autant de supports bruts que ceux indiqués par l'auteur de la fouille. En effet, l'assemblage considéré ici nous montre une quasi-absence de la phase 1 (2 % de l'assemblage), une certaine faiblesse de la phase 2 (20 %), une nette prédominance des outils (49 %) et une certaine importance de la phase d'abandon (29 %). Au contraire, la série examinée par Borzatti compte 60 % d'éclats bruts (phases 1 et 2 confondues), 38 % d'outils (phase 3) et 12 % de nucléus (phase 1). Aucune donnée n'est disponible pour évaluer la phase 5, ni pour évaluer le poids de la phase 1 : il reste tout de même indubitable que le manque de nucléus et la prédominance de supports non retouchés est en contradiction avec notre propre constat sur l'assemblage conservé à Tarant. En aucun cas, dans les séries mentionnées par Borzatti, le nombre d'outils ne dépasse celui des supports non retouchés. Le manque de nucléus rapproche cette série de celle de la Grotte dei Giganti, et on peut fournir dans ce cas les mêmes hypothèses explicatives : un transport sélectif dans le site de supports débités, mais aussi une très grande exploitation des matières premières disponibles. En ce qui concerne les matières premières exotiques, un transport sur longue distance de nucléus, d'outils finis ou de supports à retoucher ne peut pas être exclu.

L'aspect contradictoire de ces données ne nous permet pas une interprétation dépourvue de biais, mais il nous semble important de souligner la faiblesse des phases 0 et 1, et la caractérisation des supports de plein débitage, apportant de minces indices d'activités de taille dans la grotte, au-delà de processus de raffûtage ou retouche des pièces.

Pour des contraintes liées à l'accès aux matériaux, aucun essai de remontage n'a été tenté sur les pièces disponibles : la présence d'outils fortement modifiés aurait rendu en tout cas très difficile cette tâche. Un seul rapprochement a par contre été isolé. Il compte 7 pièces en silex marron sur nodule qui ne remontent pas entre elles.

V.10 Modalités d'occupation

Le palimpseste d'Uluzzo C est très complexe, et il est difficilement possible de donner une interprétation rigoureuse à ce stade de l'analyse : le manque de données archéozoologiques, la faiblesse de l'ensemble considéré par rapport à la totalité des vestiges, l'absence de datations absolues sont des éléments qui contribuent à une vision incomplète des modalités d'occupation du site. Un essai d'interprétation n'est pas pourtant inutile. Partant des données disponibles et tenant compte des nombreux manques, il est possible d'esquisser une série de suggestions.

En premier lieu, la maîtrise technique de la méthode Levallois est, dans ce cas comme dans celui d'autres sites du Salento, totale, et elle paraît répondre à une tradition culturelle bien ancrée dans le territoire. Cela est indiqué d'abord par la faible variabilité des modalités d'obtention des supports prédéterminés, à travers une méthode très performante pour la production de supports allongés aux bords coupants, mais aussi de supports plus épais. Ces derniers peuvent être issus aussi bien d'un débitage opportuniste, qui trouve dans l'adaptation à la difficile matière première locale tabulaire, une expression de son importance dans un milieu minéral pauvre. Et c'est cette adaptation aux ressources locales qui est l'un des aspects les plus remarquables de cette industrie, qui nous montre une forte maîtrise de l'environnement. Il est fort probable que les attractions principales de la Baie de Uluzzo n'étaient pas liées aux matériaux lithiques, mais probablement aux possibilités de chasse et de cueillette fournies par le plateau surmontant la baie (Spinapolice 2018). Cependant, parmi les différentes zones minérales du Salento, elle apparaît comme étant l'une des meilleures quant à la qualité de la matière première (Spinapolice 2012). L'hypothèse de minces filons de silex local joue un rôle prépondérant dans cette vision (*cf.* partie IV). Les calcaires dolomitiques et les plaquettes de calcaire siliceux font aussi partie de ce milieu pauvre, mais non inhospitalier. C'est ainsi qu'une interprétation de ce site comme occupation résidentielle, probablement prolongée durant l'année, nous semble la plus probable, au moins en ce qui concerne la couche G. Il ne faut pas oublier que cette couche se caractérise par la présence de nombreux foyers superposés, bien qu'au niveau spatial, les données disponibles ne permettent aucune hypothèse sur l'aménagement de l'espace à l'intérieur de la grotte. Il est à remarquer pourtant que les fouilles ont concerné une portion définie par les fouilleurs (Borzatti von Lowerstern 1966) comme une moitié de l'espace total, et qu'ils ont constaté une certaine raréfaction des vestiges vers l'entrée de la cavité. En ce qui concerne les autres couches, par manque de nouvelles données, on considère comme sensé de partager le point de vue de Borzatti, qui imaginait une fréquentation humaine peu constante.

De manière générale, le placement géographique de la grotte, au centre de la presqu'île salentine, l'éloigne de la condition de forte marginalité qui caractérise les sites qui se trouvent à la limite du territoire et en fait un endroit souhaitable pour des occupations de plus longue durée. Une importance non négligeable devait être accordée à la source d'eau potable présente dans la cavité adjacente à la Grotte, qui, d'après les interprétations des fouilleurs, était présente à l'époque de l'occupation préhistorique.

La présence massive des matériaux importés nous impose néanmoins de considérer le cycle d'occupation de ces territoires comme ayant un rayon bien plus étendu que quelques kilomètres, et de l'insérer dans un contexte d'occupation ample du territoire. Il est pour le moment impossible d'évaluer l'importance de cette mobilité, ainsi que la place accordée à l'approvisionnement en matières premières lithiques au sein de l'économie globale des groupes humains.

III.VI Torre dell' Alto

VI.1 Historique et présentation de la grotte

La grotte dell' Alto est l'une des grottes qui ont été découvertes en 1961 pendant la campagne de prospection entreprise par l'IIPP à la suite d'une proposition faite par le Musée Castromediano de Lecce. La Grotte est localisée quasiment à la base de la Torre dell' Alto, près de Santa Caterina (Nardò). Elle s'ouvre au niveau d'une fissure élargie par l'action de l'eau, sur le flanc d'une falaise de calcaire crétacé, qui forme comme un escarpement qui descend de façon abrupte dans la mer.

Lors de sa découverte, la grotte était presque entièrement comblée de terre. Un sondage préliminaire montrait la présence d'un dépôt archéologique moustérien, qui avait été coupé par des sépultures de l'Age du Fer, creusées sur une épaisseur de 80 cm environ. Après ce sondage, une première fouille stratigraphique fut réalisée en 1964, sous la direction de E. Borzatti. La tranchée, de 3,20 m de longueur pour 1,50 m de largeur, atteint le fond du dépôt archéologique, à une profondeur de 2,20 m environ. Une deuxième campagne fut conduite à terme en 1967, par la réalisation d'une tranchée de 1,50 X 1,50 m (Borzatti von Lowerstern 1966a ; Borzatti von Lowerstern et Magaldi 1967).

La grotte est plutôt pauvre en sédiment, du fait de ses petites dimensions, mais la stratigraphie continue aussi à l'extérieur de la cavité sur une vingtaine de mètres en direction de la mer. Cette partie extérieure du dépôt est fortement concrétionnée et ainsi difficile à évaluer dans son extension et sa profondeur. Ce sédiment externe est à mettre en relation, d'après Borzatti, avec la paroi Nord de la grotte, actuellement écroulée, qui devait être haute et abrupte. En outre, la présence de grosses pierres devant l'entrée témoigne de l'existence d'une possible voûte de la cavité, ensuite effondrée.

La fouille a montré l'existence de deux différentes phases de formation du dépôt. La stratigraphie présente, du bas vers le haut :

- Couche G : argile limonitique résultant de la dissolution du calcaire.
- Couche F : niveau fortement concrétionné avec oxydes de manganèse et de fer, contenant du sable grossier à éléments arrondis.
- Couche E : au-dessus, un sédiment brun de faible épaisseur, qui est probablement une altération de la couche superposée. Au sommet un foyer riche en charbons a été fouillé.
- Couche D : terre verte-grise sableuse d'origine éolienne, avec éléments abrupts de petites dimensions, mélangés à éléments plus grossiers d'origine éolienne. Toute la couche est altérée par des croûtes de manganèse.
- Couche C : terrain limoneux – sableux de couleur jaune brun, souple et avec peu de cailloutis, riche en incrustations de manganèse.
- Couche B : sédiment limoneux – sableux rouge clair à grosses pierres et cailloutis, partiellement concrétionné.
- Couche A : sédiment limoneux – sableux friable, rouge brun à grosses pierres et cailloutis.
- Couche A' : résidus de brèche et argile rouge concrétionnée visibles sur les parois de la grotte à quelques mètres de hauteur.

L'analyse sédimentologique de Magaldi (Borzatti von Lowerstern et Magaldi 1967) indique une origine éolienne pour le remplissage de la grotte. Il remarque également que la capacité de transport éolien diminue progressivement du bas vers le haut de la séquence, témoignant d'une réduction de l'aridité du climat. L'origine du sédiment serait à rechercher dans les dunes proches de la mer.

En outre, des éléments d'origine volcanique ont été détectés dans le sédiment. Ces derniers sont issus également d'un apport éolien, étant donné leur morphologie arrondie. Ils sont à mettre en relation avec le volcanisme quaternaire du Monte Vulture, bien que leur entrée dans la cavité soit plus récente, et probablement due à un transport à travers les fleuves de la Basilicata et suivie d'une distribution tout au long des côtes ioniques. Dans son ensemble, la stratigraphie est, d'après Magaldi, à attribuer à une phase glaciaire (Würm).

La faune est très pauvre car les fragments sont rares, et pour la plupart des cas indéterminables quant à l'espèce et à la partie anatomique représentée.

Dans la partie de base du dépôt les restes fauniques sont très fossilisés.

Dans les couches E et F les espèces les plus abondantes sont *Equus hydruntinus* et *Bos primigenius* ; sont présents également *Equus caballus* et *Canis lupus* ; *Cervus elaphus* est très rare ; il y a en outre des probables fragments de rhinocéros.

À partir de la couche D, *Equus hydruntinus* diminue mais *Bos primigenius* reste constante ; *Lepus europaeus* devient très fréquent ; le cerf reste rare. La présence du rhinocéros est probable, et celle des carnivores tels que le renard (*Vulpes vulpes*) et *Canis lupus* est seulement anecdotique.

Dans la couche C l'espèce qui prédomine est *Lepus europaeus*, lorsque toutes les autres espèces deviennent de plus en plus rares. Les couches B et A sont caractérisées par une soudaine augmentation du cerf.

De rares restes de carnivores sont présents dans quasiment toutes les couches ; un coprolithe d'hyène provient de la couche F.

Une dent humaine, jamais publiée provient de la couche B.

Nous allons illustrer dans le prochain chapitre les données lithiques publiées et dans un deuxième temps nous illustrerons les résultats de notre analyse.

VI.2 L'etude de Borzatti Von Löwenstern

E. Borzatti publia les données des fouilles à Torre dell' Alto en deux articles. Le premier, en 1966, est un travail qui croise les données de cette grotte avec celles de la Grotta Uluzzo C (Borzatti von Lowerstern 1966a). Le deuxième, en 1967, fait partie des dernières recherches accomplies par l'IIPP sur le gisement. Depuis, aucune étude des matériaux de cette grotte n'a été menée à terme.

La série illustrée par Borzatti comprend les matériaux relatifs à la totalité des couches archéologiques, par année de fouille. Nous résumons ci-contre la totalité des données publiées.

Même en se concentrant sur l'outillage, Borzatti ne manque pas d'énumérer les autres pièces issues de la fouille et leurs matières premières.

Nous avons pu ainsi faire un inventaire complet de l'assemblage fouillé à partir de ces publications. Cette récapitulation est utile à cause de la faible lisibilité des données telles qu'elles étaient présentées dans les publications.

Le tableau 68 et les graphique 34 nous montrent les compositions technologiques des différentes couches. Il s'agit d'une série lithique très riche, comptant au total 19.720 pièces sur moins de 4 m² fouillés. L'assemblage est dominé, au niveau quantitatif, quel que soit le niveau, par les supports non retouchés, qui touchent 90 % dans la couche B. Les outils, bien que numériquement abondants (N = 2072), ne représentent que 11 % du total.

La couche E a livré un nombre important de petits galets que Borzatti attribue à la technique pontinienne. Dans les matériaux relatifs à la couche C, les petits galets diminuent mais les éclats avec plan de frappe aménagé augmentent. Dans la couche A, les éclats à plan de frappe préparé augmentent encore.

A propos des matières premières, les trois principales roches caractéristiques du Salento y sont représentées,

	E	%	D	%	C	%	B	%	A	%	Total	%
Outils	117	13	942	10	561	12	219	8	240	12	**2072**	**11**
Éclats	703	79	8520	89	3849	86	2483	90	1724	86	**17279**	**88**
Nucléus	15	2	79	1	86	2	63	2	32	2	**275**	**1**
Galets	51	6	7	0	12	0	1	0	3	0	**74**	**0**
Total	**886**	**100**	**9548**	**100**	**4508**	**100**	**2766**	**100**	**1999**	**100**	**19720**	**100**

Table 68 : Grotta Torre dell' Alto, proportions et fréquences des différentes catégories technologiques par couche (d'après les données de Borzatti 1966).

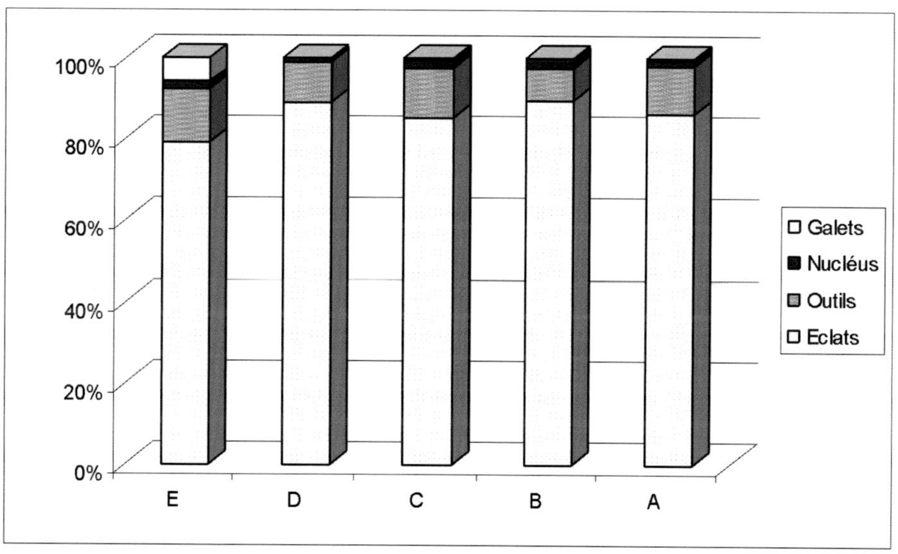

Graphique 34 : Grotta Torre dell' Alto, proportions des différentes catégories technologiques par couche (d'après les données de Borzatti 1966).

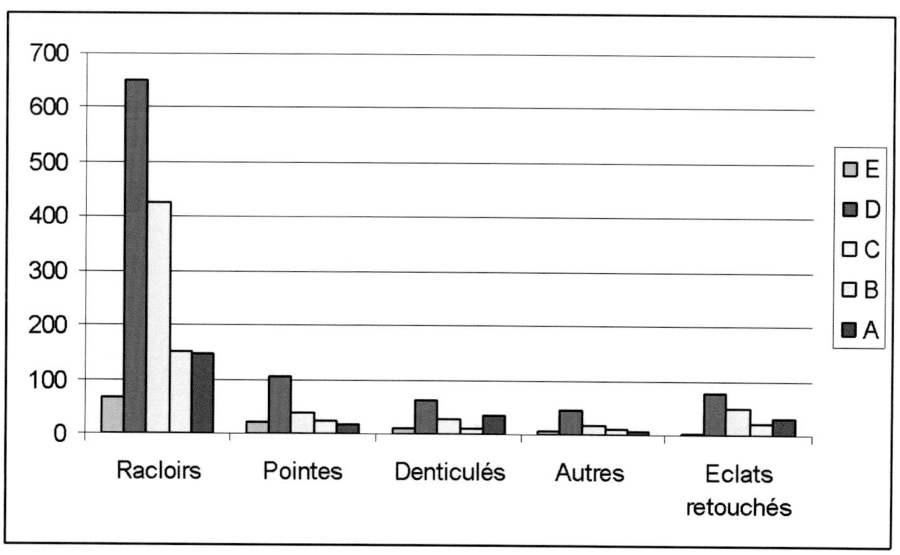

Graphique 35 : Grotta Torre dell' Alto, fréquences des différents outils par couche (d'après les données de Borzatti 1966).

MP	Calcaire	Silex	C. sil	Quartzite	C. chione
A	1705	172	122	0	0
B	1999	400	363	0	4
C	2973	787	761	0	0
D	7636	658	1253	1	0
E	681	63	141	1	0
Total	**14994**	**2080**	**2640**	**2**	**4**

Table 69 : Grotta Torre dell' Alto, proportions des différentes matières premières par couche (d'après les données de Borzatti 1966).

en proportions variables (Table 69). Les matières premières ne montrent pas de changements majeurs au cours des occupations des différentes couches quant à leurs proportions relatives. Le calcaire est le matériau le plus utilisé, alors que le calcaire siliceux et le silex ont une importance quantitative comparable, qui ne dépasse pas 10-15 % du total de chaque couche. Seulement deux pièces en quartzite ont été retrouvées, l'une dans la couche D et l'autre dans la couche E. L'exploitation des matières premières organiques telles que les coquillages marins n'est témoignée que par 4 fragments de *Callista chione*, dont un seul retouché (couche B).

Quant aux méthodes es de débitage, Borzatti mentionne l'utilisation de la méthode Levallois, qui est attestée également par un nombre de supports illustrés dans les publications. En effet des supports Levallois, le plus souvent unipolaires, sont illustrés : parfois, comme d'ailleurs mentionné par l'auteur, ils ont des talons facettés. D'après Borzatti, la fréquence des éclats Levallois augmente sensiblement dans la couche A (1966, p. 234).

Le débitage sur enclume est attesté par un nombre de pièces illustrées qui montrent des caractéristiques plutôt typiques, telles que les bulbes dièdres ou plats.

Le débitage opportuniste est attesté sur les plaquettes de calcaire siliceux, mais également par l'utilisation de petits galets de silex non modifiés, retouchés sur un seul bord, souvent de façon bifaciale. Il est possible que ces galets soient ouverts aussi bien par la technique sur enclume.

D'ailleurs, la gestion du débitage semble subir des changements parfois importants au cours des différentes occupations en fonction des matières premières. Le calcaire reste toujours le principal matériel utilisé pour la production d'éclats. Le calcaire siliceux, bien que jamais très présent, est moins utilisé dans la couche A. Le silex, présent de façon négligeable parmi les pièces non retouchées des assemblages des couches A, D et E est débité plus fréquemment pendant les occupations des couches B et D.

L'exploitation des matières premières non locales, probablement liée à leur circulation en tant qu'objets finis, est illustrée par les pourcentages relatifs des pièces retouchées selon les matières premières (Graphique 39). Ces dernières sont en silex dans 25 % des cas, alors que le silex ne représente que 11 % de l'assemblage dans sa globalité. Au contraire, les pièces retouchées en calcaire siliceux sont globalement moins importantes, représentant seulement 6 % de l'assemblage retouché, par rapport à 13 % de l'assemblage total.

Tout cela peut être interprété dans le sens d'une gestion différente des matières premières lointaines, mobiles, par opposition aux locales, moins mobiles et dont le cycle de vie se déroule entièrement sur place.

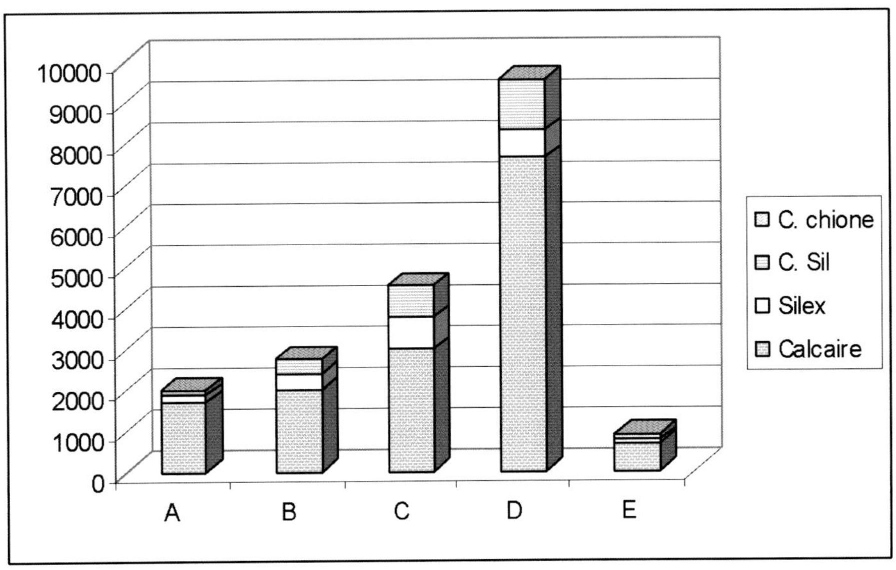

Graphique 36 : Grotta Torre dell' Alto, proportion différentes matières premières par couche (d'après les données de Borzatti 1966).

Graphique 37 : Grotta Torre dell' Alto, fréquences des différentes matières premières par couche (d'après les données de Borzatti de Borzatti 1966).

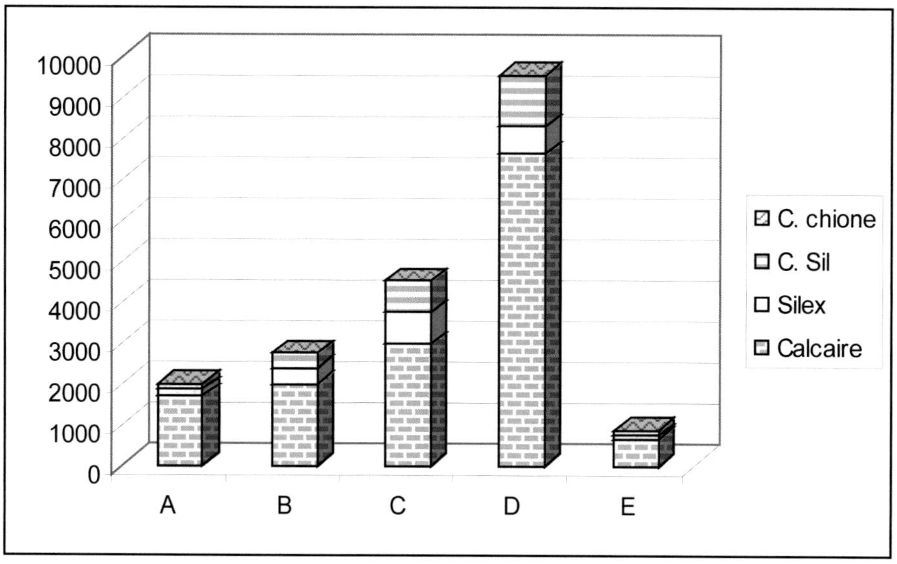

Graphique 38 : Grotta Torre dell' Alto, proportions des différentes matières premières par couche (d'après les données de Borzatti 1966).

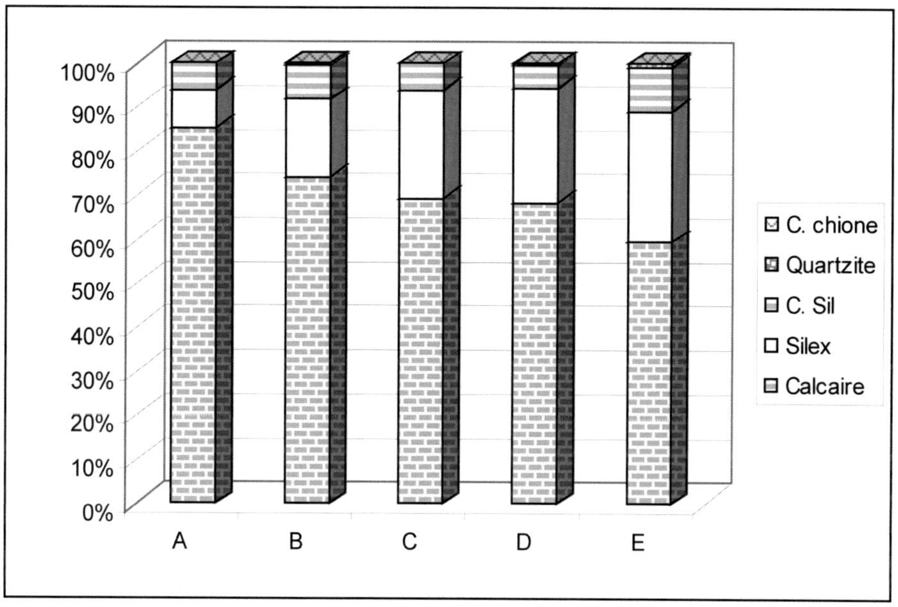

Il est à remarquer que l'assemblage de la couche B est également celui qui présente la plus petite quantité de pièces retouchées en silex. Cela nous indique probablement un changement dans les stratégies d'approvisionnement à l'égard de cette matière première. Il est important de rappeler la présence de plaquettes de silex local, mentionnées par Borzatti, qui pourrait provenir d'une source proche.

Malheureusement E. Borzatti détaille rarement la morphologie des matières premières présentes et il nous est ainsi impossible de faire une distinction entre silex local et silex allochtone. La présence de galets de silex d'origine marine est plusieurs fois mentionnée, alors qu'aucune indication concernant le silex local n'est présente.

La manque de toute précision technologique nous empêche d'examiner l'éventuel choix des supports retouchés, et de mieux discerner le débitage *expedient* ou les effets de la réduction sur l'assemblage.

En ce qui concerne l'outillage, classifié par Borzatti selon la liste typologique de G. Laplace (1964), nous allons l'examiner en détail plus bas, à partir des copieuses données et illustrations fournies dans les publications (Table 70 et 71).

En général, les racloirs sont largement dominants. La typologie des racloirs présente des types simples, doubles, déjetés, transversaux et parfois à retouche bifaciale. Les types convergents ainsi que les « pointes moustériennes » sont le plus souvent associés au silex.

Outils	Calcaire	Silex	C. sil	Quartzite	C. chione
A	168	56	16	0	0
B	162	39	17	0	1
C	394	140	35	0	0
D	644	247	50	1	0
E	66	33	11	1	0
Total	**1434**	**515**	**129**	**2**	**1**

Table 70 : Grotta Torre dell' Alto, fréquences supports retouchés selon les différentes matières premières par couche (d'après les données de Borzatti 1966).

A	1504	114	106
B	1796	338	346
C	2521	616	712
D	6933	390	1197
E	576	15	112
Total	**13330**	**1473**	**2473**

Table 71 : Grotta Torre dell' Alto, fréquences des supports non retouchés selon les différentes matières premières par couche (d'après les données de Borzatti 1966).

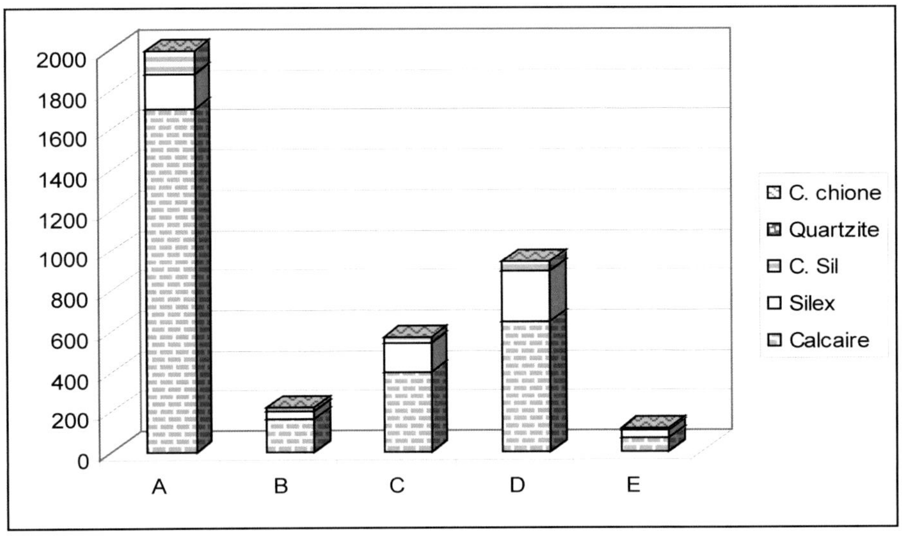

Graphique 39 : Grotta Torre dell' Alto, fréquences des supports retouchés selon les différentes matières premières par couche (d'après les données de Borzatti 1966).

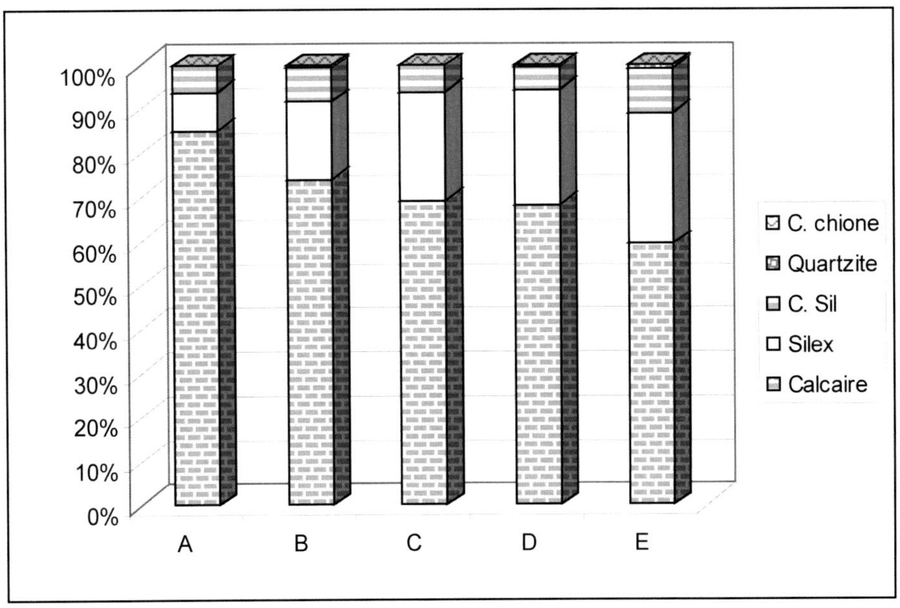

Graphique 40 : Grotta Torre dell' Alto, fréquence s des supports non retouchés selon les différentes matières premières par couche (d'après les données de Borzatti 1966).

Les autres types d'outils ne sont pas très nombreux, et les éclats à retouche partielle ne présentent que de faibles modifications des bords.

La **couche A'** est la plus ancienne couche de la Grotte. Il s'agit d'une brèche concrétionnée qui se trouve en hauteur sur les parois de la cavité. L'industrie lithique est très pauvre, et comprend quelques éclats et deux nucléus. L'outillage compte des racloirs et deux bifaces en calcaire.

La **couche E** est la plus ancienne couche stratifiée de la grotte.

Elle se compose en majorité de supports non retouchés et l'outillage représente 13 % de l'assemblage. Les nucléus sont très rares. Un nombre de galets calcaires fait partie de l'assemblage (probables percuteurs). Concernant l'outillage (Table 72, Graphiques 41 et 42), il est pour la plupart constitué de racloirs (60 %), suivi par les pointes (20 %). Tous les autres types d'outils ne représentent qu'une partie minoritaire de l'assemblage. Parmi les racloirs, certains sont sur galet de silex, d'allure « pontinienne », à retouches écailleuses scalariformes : ils sont ici plus nombreux que dans toute autre couche. Les racloirs sont majoritairement simples, droits ou convexes. Suivent les transversaux et les autres types. Les pointes sont souvent à retouches abruptes envahissantes et six pointes à retouches bifaciales sont présentes. Les denticulés sont le plus souvent à microdenticulation, une seule encoche clactonienne est présente.

Cinq pièces bifaciales sont présentes, en calcaire. Aucune limace n'est présente.

Couche E	N	%
Racloirs	67	60
Pointes	22	20
Denticulés	10	3
Outils bifaciales	5	5
Grattoirs	1	1
Éclats retouchés	5	5
Total outils	**110**	**100**

Table 72 : Grotta Torre dell' Alto, décompte typologique de la couche E (d'après les données de Borzatti 1966).

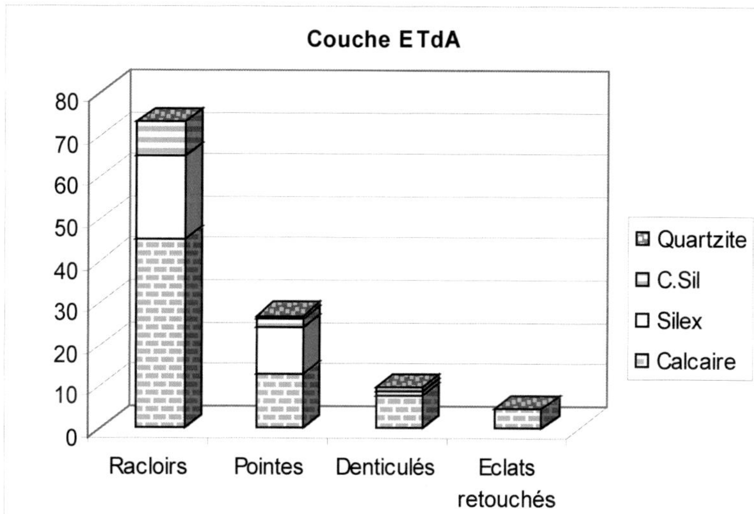

Graphique 41 : Grotta Torre dell' Alto, couche E, fréquences des supports retouchés selon les différentes matières premières (d'après les données de Borzatti 1966).

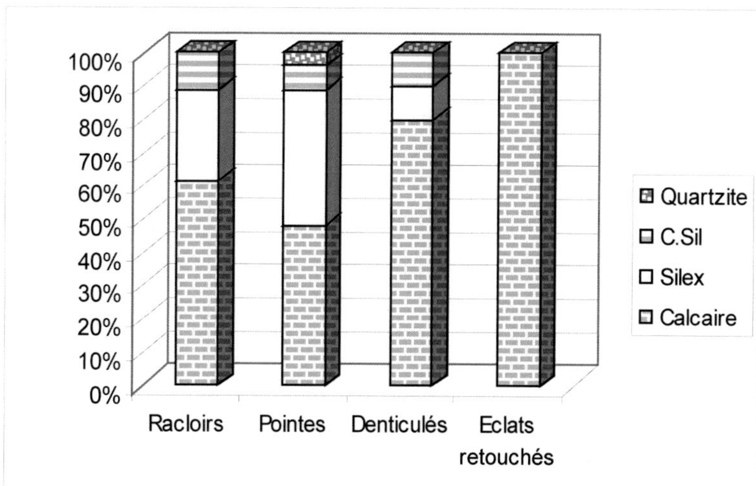

Graphique 42 : Grotta Torre dell' Alto, couche E, proportions des supports retouchés selon les différentes matières premières (d'après les données de Borzatti 1966).

La **couche D** présente également une majorité de racloirs (Table 73, Graphiques 43 et 44). Il s'agit de racloirs le plus souvent simples, convexes ou droits. 11 racloirs sont à retouche bifaciale, en grande majorité sur calcaire. Un seul parmi eux est fabriqué à partir d'un galet de silex. Des racloirs transversaux et déjetés sont présents aussi. La retouche est en grande majorité abrupte et écailleuse. La particularité de la couche D est la présence d'outils bifaciaux, qui constituent seulement 3 % de l'assemblage, mais qui ont une certaine importance par leur présence quasi exclusive dans ce site. Parmi ces outils, une partie présente une retouche bifaciale qui ne couvre pas la totalité de la surface, d'autres (la majeure partie) sont des bifaces à part entière. Ces derniers sont souvent sur plaquette de calcaire siliceux.

Les enlèvements sont larges et couvrants. En ce qui concerne leur morphologie, on trouve surtout des bifaces ovalaires et de type limande. Des types franchement foliacés sont présents aussi, ayant une morphologie très allongée et une pointe aiguë. Les bifaces sont en large majorité en calcaire, mais quelques pièces en silex sont également présentes. Parmi ceux-ci, deux bifaces ont été fabriqués à partir de plaquettes de silex beige/blond probablement local.

Les outils dénommés pointes par Borzatti sont majoritairement des racloirs convergents en calcaire, parfois sur petits galets de silex, ouverts par percussion

Couche D	**N**	**%**
Racloirs	652	69
Pointes	104	11
Denticulés	64	7
Outils bifaciales	31	3
Limaces	2	0
Planes	6	1
Grattoir	6	1
Éclats retouchés	77	8
Total outils	**942**	**100**

Table 73 : Grotta Torre dell' Alto, décompte typologique de la couche D (d'après les données de Borzatti 1966).

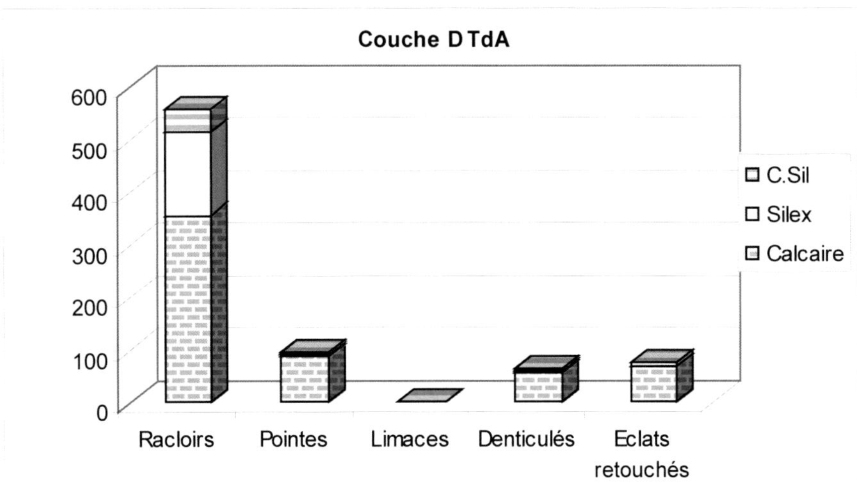

Graphique 43 : Grotta Torre dell' Alto, couche D, fréquences des supports retouchés selon les différentes matières premières (d'après les données de Borzatti 1966).

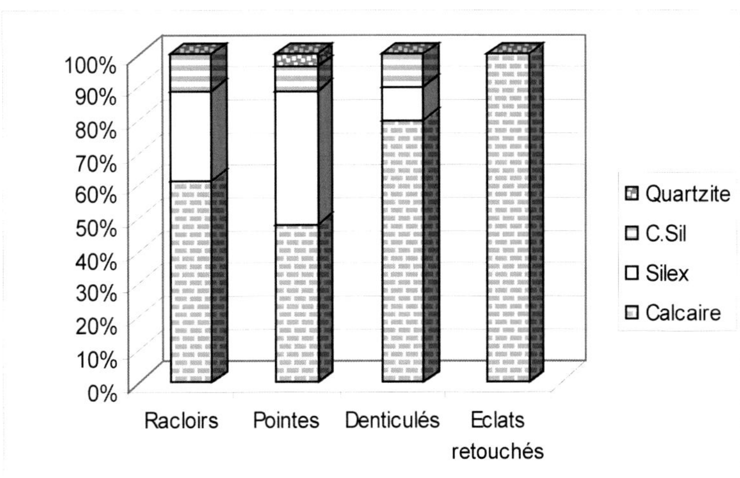

Graphique 44 : Grotta Torre dell' Alto, couche D, proportions des supports retouchés selon les différentes matières premières (d'après les données de Borzatti 1966).

sur enclume (Figures 81, 82, 83). Les morphologies sont le plus souvent plutôt larges, parfois plus allongées à pointes aiguës. Les supports sont plutôt massifs, mais quelques supports Levallois ont été parfois utilisés. Les retouches sont le plus souvent abruptes, parfois alternes et majoritairement envahissantes.

Les denticulés sont peu abondants et pour la plupart en calcaire. Ils sont très peu illustrés, mais Borzatti note une « bonne qualité de la facture » et la présence de quelques encoches clactoniennes.

Le grattoir illustré par Borzatti nous semble plutôt un nucléus.

Les éclats à retouche partielle sont pour la plupart en calcaire, à retouches courtes.

La **couche C** (Table 74, Graphiques 45 et 46) ne présente pas de grandes différences par rapport aux couches inférieures, exception faite pour l'absence des pièces bifaciales. Le calcaire reste la matière première la plus employée et au contraire l'utilisation des plaquettes de calcaire siliceux devient tout à fait anecdotique.

Couche C	**N**	**%**
Racloirs	424	75
Pointes	40	7
Denticulés	29	5
Outils bifaciales	1	1
Limaces	3	0
Planes	9	2
Grattoir	4	1
Éclats retouchés	51	9
Total outils	**561**	**100**

Table 74 : Grotta Torre dell' Alto, décompte typologique de la couche C (d'après les données de Borzatti 1966).

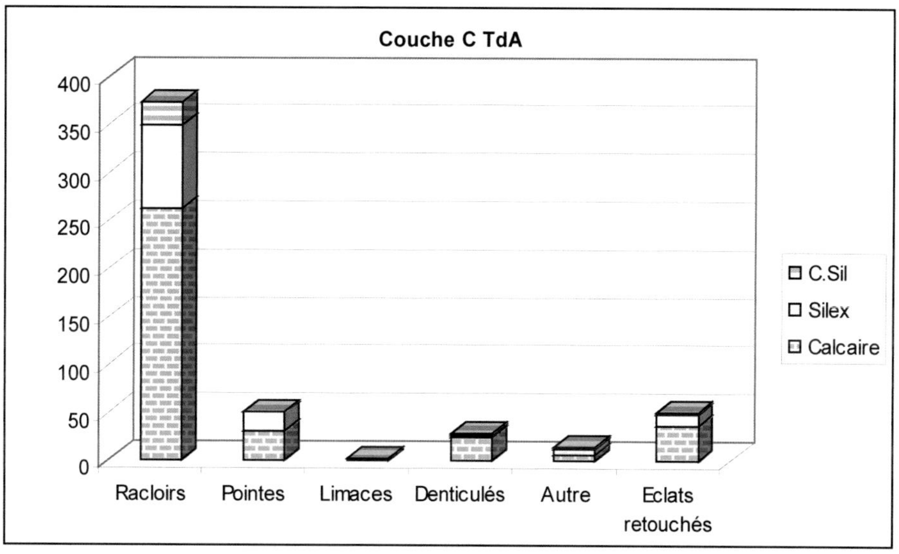

Graphique 45 : Grotta Torre dell' Alto, couche C, fréquences des supports retouchés selon les différentes matières premières (d'après les données de Borzatti 1966).

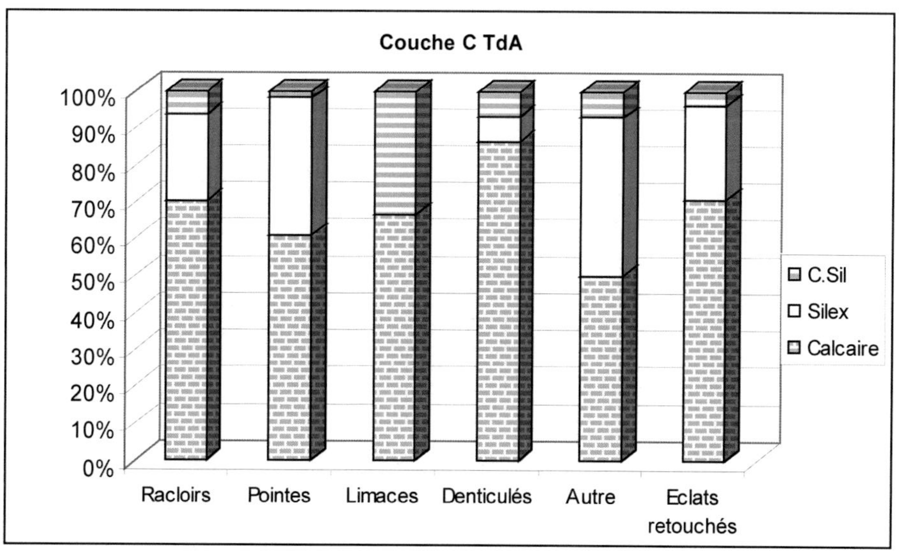

Graphique 46 : Grotta Torre dell' Alto, couche C, proportions des supports retouchés selon les différentes matières premières (d'après les données de Borzatti 1966).

Des supports laminaires Levallois, débités par modalité unipolaire sont illustrés : d'après Borzatti les supports à talon facetté sont ici plus nombreux.

Les racloirs constituent 75 % de l'outillage. Ils sont en majorité simples (N = 115), puis transversaux (N = 23) et doubles (N = 20). Les retouches sont le plus souvent écailleuses, parfois subparallèles. Les supports sont plutôt massifs et rarement Levallois. Quelques racloirs sur petits galets siliceux sont présents, mais globalement moins nombreux que dans les couches inférieures.

Les pointes ne sont pas très communes, ce sont des racloirs convergents en calcaire, rarement en silex, obtenus sur supports très épais. Seulement deux d'entre elles ont été débitées à partir d'un support Levallois. Parfois elles ont une morphologie très aigüe et une pointe très fine.

Des limaces et des protolimaces en calcaire sont présentes : elles sont très épaisses et de morphologie irrégulière.

La présence d'un galet calcaire présentant des incisions est à remarquer.

La couche **B** a un outillage plutôt semblable aux couches inférieures, dominé typologiquement par les racloirs et utilisant le calcaire comme principale matière première (Table 75, Graphiques 47 et 48). La présence d'un outil sur coquillage est à remarquer. Les racloirs sont, dans la quasi-totalité, simples, à retouche écailleuse ou subparallèle. Ils sont rarement fabriqués à partir de galets de silex. Les pointes sont très épaisses et massives. Les retouches sont abruptes et les enlèvements importants. Il en est de même pour les limaces, en calcaire. Les denticulés sont rares et pour un seul cas à encoches clactoniennes, autrement ils sont le plus souvent à microdenticulation. Ils sont en calcaire et seules deux pièces en calcaire siliceux sont présentes. Les éclats à retouche partielle sont également rares et exclusivement en calcaire.

Couche B	**N**	**%**
Racloirs	151	70
Pointes	26	12
Denticulés	12	5
Limaces	2	1
Planes	7	3
Grattoir	1	0
Éclats retouchés	20	9
Total outils	**219**	**100**

Table 75 : Grotta Torre dell' Alto, décompte typologique de la couche B (d'après les données de Borzatti 1966).

La **couche A** présente, au niveau de l'outillage, une légère baisse des racloirs, qui n'est pourtant pas très significative (Table 76, Graphiques 49 et 50). Le calcaire reste la matière première la plus utilisée, suivi par le silex, lorsque les plaquettes ne sont utilisées que de façon anecdotique. Les supports Levallois sont moins rares que dans les autres couches.

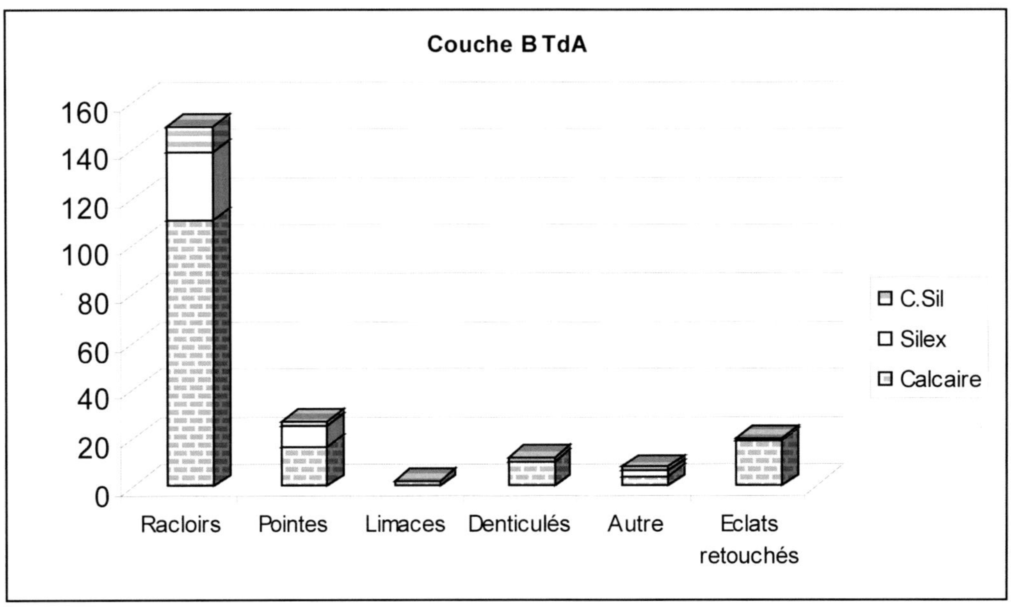

Graphique 47 : Grotta Torre dell' Alto, couche B, fréquences des supports retouchés selon les différentes matières premières (d'après les données de Borzatti 1966).

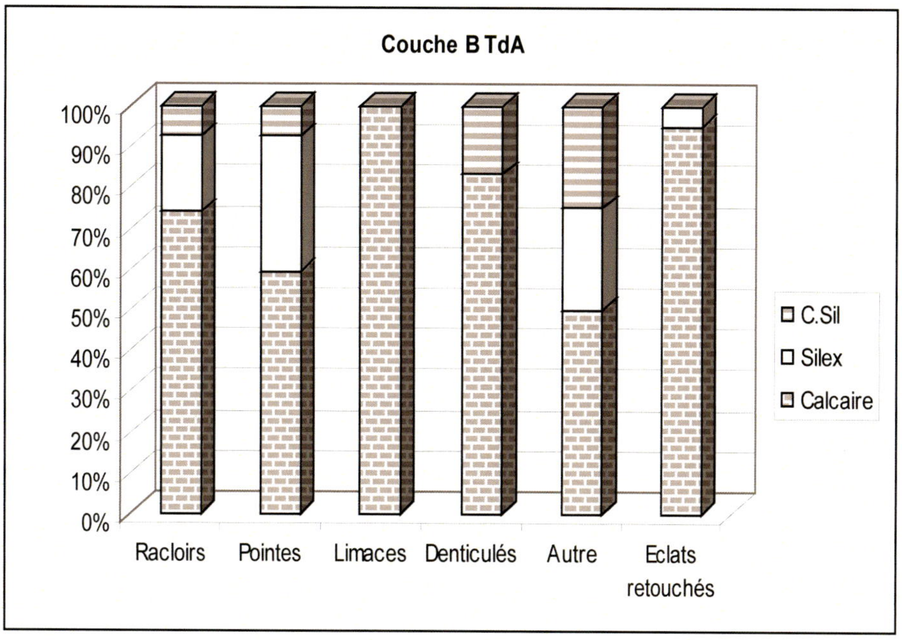

Graphique 48 : Grotta Torre dell' Alto, couche B, proportions des supports retouchés selon les différentes matières premières (d'après les données de Borzatti 1966).

Les racloirs simples sont majoritaires, obtenus par retouche écailleuse ou parallèle, courte. Des types à retouches abruptes scalariformes sont présents aussi.

Les pointes sont le plus souvent des racloirs convergents, dans un cas à retouche bifaciale et avec amincissement du bulbe. Les supports sont plutôt épais et massifs.

Les denticulés constituent 14 % de l'assemblage et sont ainsi plus fréquents ici que dans les autres couches. Les encoches uniques sont rares : 8 sont simples et une seule clactonienne. Une seule limace en calcaire siliceux est présente.

Couche A	N	%
Racloirs	148	62
Pointes	18	8
Denticulés	34	14
Limaces	1	0
Planes	4	2
Grattoir	2	1
Burins	1	0
Éclats retouchés	32	13
Total outils	**240**	**100**

Table 76 : Grotta Torre dell' Alto, décompte typologique de la couche A (d'après les données de Borzatti 1966).

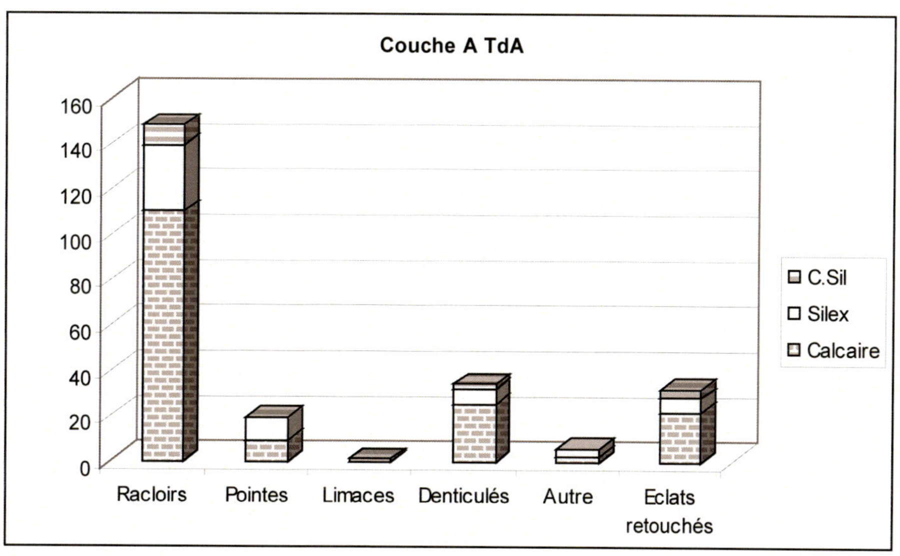

Graphique 49 : Grotta Torre dell' Alto, couche A, fréquences des supports retouchés selon les différentes matières premières (d'après les données de Borzatti 1966).

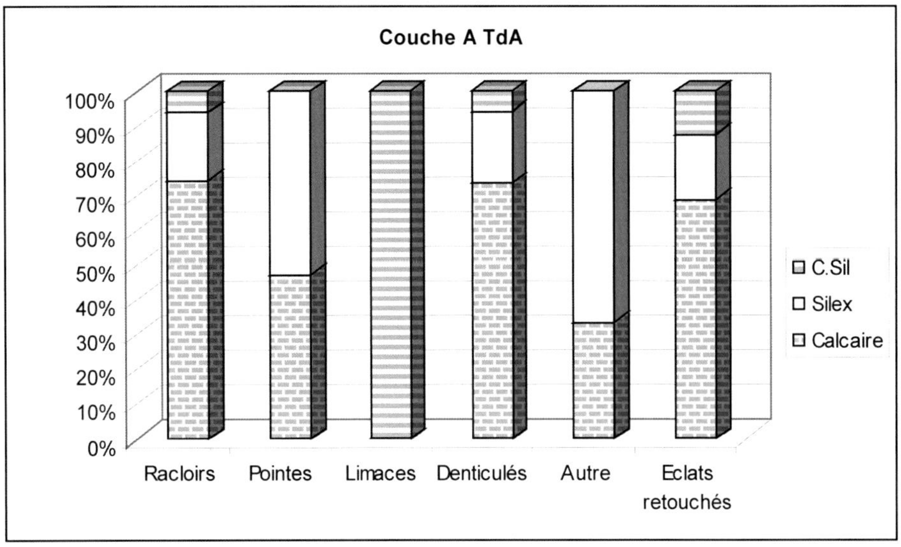

Graphique 50 : Grotta Torre dell' Alto, couche A, proportion s des supports retouchés selon les différentes matières premières (d'après les données de Borzatti 1966).

Les éclats à retouche partielle sont rares et majoritairement sur calcaire. Les retouches sont souvent marginales et courtes.

VI.3 Présentation de la série analysée

La série analysée est conservée à la SABAP près de Tarant. Malheureusement, notre échantillonnage a été biaisé par l'impossibilité de reconduire la plupart des matériaux répertoriés aux couches mentionnées par Borzatti.

En effet, les matériaux conservés à Tarant sont marqués par des numéros qui ne correspondent pas aux couches de Borzatti. L'exception est faite pour certains matériaux de la couche D, qui ont fait l'objet de notre étude.

Nous n'avons pas examiné les matériaux de provenance stratigraphique inconnue, bien que nombreux. Ainsi, la série examinée n'est pas très abondante ni très représentative peut-être, mais elle constitue pour l'instant la seule étude technologique de ce site.

Nous avons examiné un total de 236 pièces lithiques, dont 4 débris et 26 pièces fragmentaires ou indéterminables (Table 77). Ainsi, notre analyse se focalise sur 176 supports retouchés et 30 supports bruts. Nous ignorons si les matériaux analysés font partie de ceux publiés ou sont à mettre en relation avec un autre assemblage.

	N
Éclats	30
Outils	176
Fragm/Ind	26
Débris	4
Total	**236**

Table 77 : Grotta Torre dell' Alto, décompte des catégories technologiques analysées.

VI.4 État de conservation

43 % de l'assemblage présentent des altérations de surface, qui ne sont pas très importantes dans la majorité des cas. De rares pièces se présentent émoussées et avec des traces de chocs mécaniques. La patine blanche affecte gravement 15 % de l'assemblage et surtout les pièces en calcaire. Aucune patine rouge n'a été retrouvée. Les pièces qui n'ont pas été altérées ont cependant des bords très coupants et frais.

Les traces de feu sont anecdotiques, n'affectant que 10 pièces, dont 6 en silex.

État de surface	0	1	2	3	Total
Feu	0	0	2	8	**10**
Frais	137	0	0	0	**135**
Patine	0	49	26	14	**91**
Total	**137**	**49**	**28**	**22**	**236**

Table 78 : Grotta Torre dell' Alto, décompte des types d'altérations de surface selon le différent degré.

VI.5 Les matières premières

La représentation des matières premières analysées ne reflète que partiellement celle de l'assemblage étudié par Borzatti, car les pourcentages relatifs des différents matériaux utilisés ne correspondent pas aux pièces déjà publiées. Cela n'est pas surprenant, compte tenu de la pauvreté de la série examinée, comparée à la totalité des matériaux publiés.

MP	Galet	Ind	Tabulaire	Total	%
C. sil	5	77	53	**135**	**58**
Calcaire	2	57	0	**59**	**25**
Jaspe	0	1	0	**1**	**0**
Ind	1	2	0	**3**	**1**
Silex	7	27	4	**38**	**16**
Total	**15**	**164**	**57**	**236**	**100**

Table 79 : Grotta Torre dell' Alto, couche D, morphologie du bloc selon la matière première.

Dans la série examinée (Table 79), le calcaire siliceux constitue 58 % du total et est ainsi le matériel le plus utilisé, suivi par le calcaire (25 %) et le silex (16 %). Le jaspe n'est présent qu'avec une pièce.

Comme pour les autres séries, nous avons classé les différentes matières premières utilisées à Torre dell' Alto en lithotypes.

Le **calcaire** est représenté par différents lithotypes, de textures et aptitudes à la taille très différenciées. Il a été classé en 3 types, selon sa probable provenance géologique.

Le ***type 1*** regroupe tous les calcaires gris et beiges, secs au toucher, à texture poreuse et matrice granuleuse, ayant en général une mauvaise aptitude à la taille. Leur source primaire est la formation locale des Dolomie de Galatina (0-20 km du site). N = 12.

Le ***type 2*** concerne tous les calcaires gris-beiges, provenant de la même formation, mais ayant une matrice plus fine et la texture modérément granuleuse. N = 25.

Le ***type 3*** a été attribué à la seule pièce sur galet portant les mêmes caractéristiques. Sa provenance est probablement liée aux conglomérats situés à proximité du site.

Le ***type 4*** comprend les calcaires gris-beiges à texture fine et neutres au toucher. Ce type présente une meilleure aptitude à la taille que les précédents. N = 11.

Les **calcaires siliceux**, souvent sous forme tabulaire, sont les matières premières les plus utilisées à Torre dell' Alto. Même s'ils proviennent fort probablement tous des mêmes formations locales (Calcari di Melissano ou Dolomie di Galatina), leur variabilité est plutôt forte, comprenant des types plus ou moins adaptés au débitage.

Le ***type 5*** est un calcaire siliceux gris ou beige, de morphologie tabulaire, facilement repérable dans la formation des Calcaires de Melissano. Sa texture est fine et sa matrice légèrement poreuse. N = 45.

Le ***type 6*** est constitué par les calcaires siliceux gris ou beiges de morphologie indéterminable et constitue simplement une variante du type 4. N = 42.

Le ***type 7*** et ***type 8*** sont deux variantes d'un calcaire siliceux de morphologie tabulaire ou indéterminable, de couleur bleu clair à foncé, ayant une matrice fine et une bonne aptitude à la taille. Son origine stratigraphique est à rechercher dans les Dolomie de Galatina (0-20 km du site). Le type 7, sur plaquette, est constitué de 6 pièces. Le type 8, indéterminable, compte 8 pièces dans notre assemblage.

Enfin, le ***type 9*** regroupe les calcaires siliceux de couleur marron et noire, qui ne sont qu'une variante des autres types susmentionnés. N = 3.

Le **silex** est représenté à Torre dell' Alto par un faible effectif de pièces qui comprend un grand nombre de types. D'abord il faut dire que les silex tabulaires, sur minces bancs très semblables morphologiquement aux plaquettes de calcaire siliceux, sont probablement locaux et imputables à la formation de Galatina, sous forme d'accident siliceux. D'autres types de silex, tels que ceux sur petits galets sont exclusivement non locaux, comme nous l'avons déjà vu dans les autres sites. Souvent, un lithotype est constitué par une seule pièce, étant donné la grande variabilité de cette matière première au sein des assemblages du Salento.

Le ***type 10*** comprend les silex tabulaires de couleur bleue (N = 3) et le ***type 11*** une seule pièce tabulaire marron. Leur matrice est vitreuse et leur support est une plaquette mince. Le cortex est plutôt épais, parfois sur les deux faces et à transition diffuse. L'aptitude à la taille est moyenne.

Le ***type 12*** regroupe toutes les pièces ayant les mêmes caractéristiques lithologiques mais une morphologie indéterminable (N = 13). Ce type inclut des pièces de couleur beige, marron et bleue. Formations d'origine : Dolomies de Galatina.

Le ***type 13*** est constitué par une seule pièce de morphologie indéterminable, de couleur bleue avec des zonations jaune foncé. Elle a une matrice grossière et une texture granuleuse. Son origine est inconnue. N = 1.

Le ***type 14*** comprend les silex marrons sur galet. Les cortex sont très fins et la transition n'est pas très nette. La matrice est très fine et l'aptitude à la taille très bonne. N = 3. Provenance exotique. Le ***type 15*** concerne une seule pièce sur galet, de couleur beige et de qualité plutôt modeste. Le cortex est très fin, la transition diffuse. Son origine stratigraphique est inconnue. N = 1.

Le ***type 16*** regroupe deux pièces de silex sur galet. Elles sont de qualité moyenne et de couleur bleu foncé. Leur provenance est inconnue.

Le ***type 17*** est une pièce de silex sur galet, de qualité moyenne, de texture fine. Sa couleur est verte foncée. Provenance exotique.

Enfin, seulement une pièce de **jaspe** verte, classée avec le ***lithotype 18***, a été trouvée dans l'échantillon examiné. Sa provenance est exotique.

Globalement, les matières premières ne sont pas très dissemblables des autres séries examinées jusqu'ici. Les matières premières disponibles dans les environs du site ont été entièrement exploitées, mais de nombreuses pièces de provenance lointaine témoignent de l'ampleur des zones d'approvisionnement des groupes humains qui habitaient la grotte.

VI.6 Technologie de production des supports

Aucun nucléus n'a pu être examiné et les séquences de production seront ainsi commentées seulement à partir des morphologies des supports et des négatifs d'enlèvements antérieurs sur leurs faces dorsales.

Comme dans les autres séries lithiques examinées, à Torre dell' Alto le débitage Levallois est la méthode principale mise en œuvre par les occupants du site, relevée sur 53 % des supports (Table 80). L'ensemble des pièces qui ne sont pas issues de cette chaîne opératoire représente 32 % de l'assemblage et comprend également les supports issus de débitage expedient et les supports indifférenciés, souvent relevant des premières phases de débitage, qui n'ont pas pu être attribués à la chaîne opératoire Levallois. Un très faible pourcentage de pièces débitées sur enclume a été retrouvé. Il s'agit essentiellement de pièces à talon dièdre, souvent sur galet. Le débitage Levallois a été décrit ici sur la base des pièces en calcaire et calcaire siliceux, car seulement quatre pièces en silex sont issues de cette méthode, les autres étant trop retouchées ou trop altérées pour nous permettre leur attribution.

D'ailleurs, les supports issus d'un débitage Levallois, mais dont les directions d'enlèvements ne sont pas déterminables sont très nombreux (N = 112), soit plus de 65 % du total. Les supports unidirectionnels et centripètes constituent respectivement 12 % et 15 % de l'assemblage. Il nous semble, à partir de notre échantillon, que ces deux modalités jouaient un rôle également important dans les modalités opératoires. La longueur des enlèvements unidirectionnels ainsi que leur morphologie particulièrement allongée nous porte à penser que, comme dans les autres séries examinées, ces enlèvements étaient mis en place au début du débitage. Les éclats Levallois issus d'enlèvements centripètes sont plus courts et de morphologie quadrangulaire. Ils participent également à la régularisation des surfaces et à la création des convexités latérales.

Les supports Levallois sont morphologiquement très soignés bien que 17 % seulement des talons soient préparés.

Seuls trois éclats témoignent de la préparation du plan de frappe (Table 81). Dans l'ensemble, les éclats corticaux représentent environ 30 % du total, mais il nous est impossible, dans la plupart des cas, de déterminer s'ils préludent à un débitage Levallois ou pas. Les éclats corticaux Levallois sont très rares, voire absents (N = 1). De plus, aucun éclat débordant ni à dos cortical n'est présent dans l'assemblage (Table 82).

Talons	**Total**	**%**
Enlevé	**43**	**22**
Cortical	**17**	**8**
Facetté	**35**	**17**
Lisse	**104**	**52**
Ponctiforme	**1**	**0**
Indéterminable	**2**	**1**
Total	**31**	**100**

Table 81 : Grotta Torre dell' Alto, couche D, fréquences et proportions des différents types de talons.

Cortex	**N**
1	22
2	16
3	55
4	106
ind	4
Total	**172**

Table 82 : Grotta Torre dell' Alto, couche D, décompte des surfaces corticales (1 : 100 % ; 2 : 50 %; 3 :25 % ; 4 : absent).

Débitage	**N**
Levallois	106
Non lev	65
Indéterminable	27
Enclume	5
Total	**203**

Table 80 : Grotta Torre dell' Alto, couche D, fréquences des différents modes de débitage.

Le débitage non Levallois fournit des produits épais, des morphologies très variables, souvent corticaux. Les pièces à « *face ventrale dièdre* » sont tout à fait nombreuses, comme déjà remarqué par Borzatti. Les talons sont souvent enlevés ou indéterminables, comme souvent pour les supports sur plaquettes.

Enfin, 4 débris de silex, identifiés comme éclats de retouche, nous indiquent le déroulement d'activités de retouche sur place.

Une analyse métrique (Graphiques 51-53) nous montre que les supports issus d'un débitage Levallois centripète sont en général moins allongés et plus épais, alors que les pièces unipolaires sont plus longues et moins larges.

Les éclats indifférenciés, le plus souvent débités par une méthode opportuniste, ont une dimension plus réduite dans le sens de la largeur, sont donc plutôt allongés et

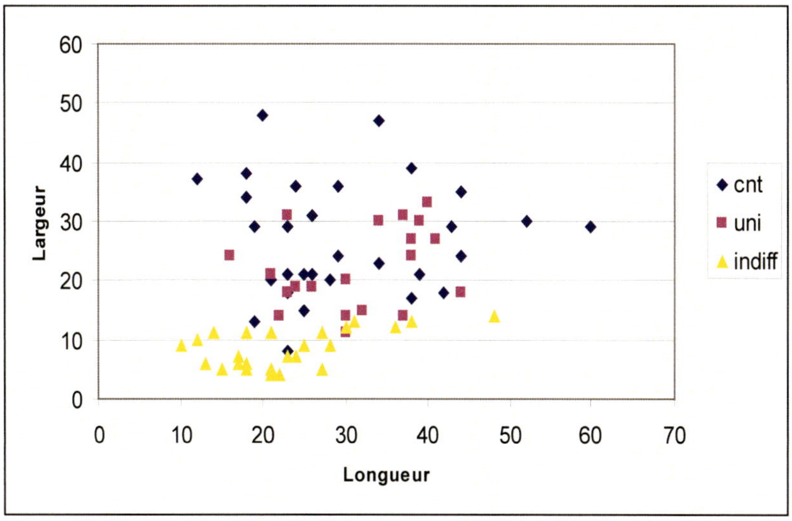

Graphique 51 : Grotta Torre dell' Alto, données métriques (largeur/longueur) en millimètres selon la modalité de débitage.

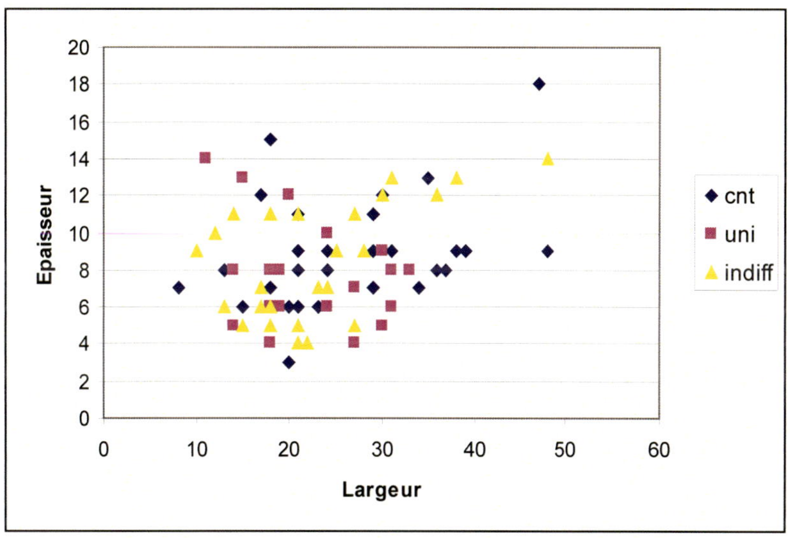

Graphique 52 : Grotta Torre dell' Alto, données métriques (largeur/épaisseur) en millimètres selon la modalité de débitage.

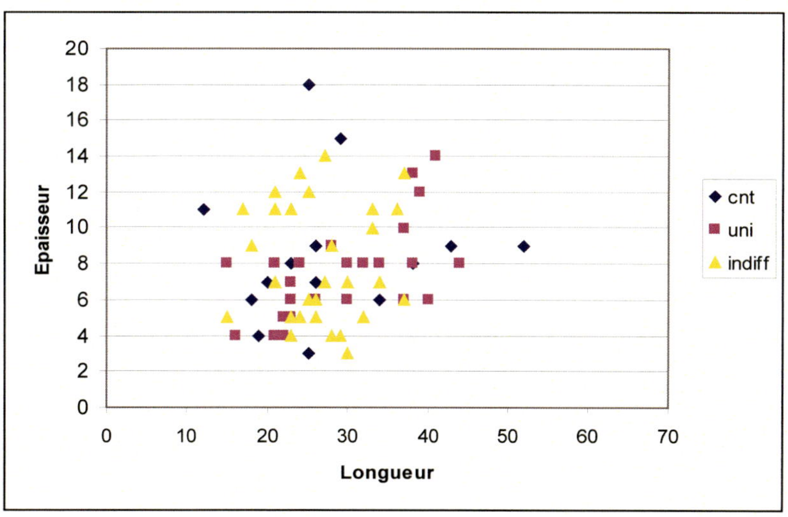

Graphique 53 : Grotta Torre dell' Alto, données métriques (longueur/épaisseur) en millimètres selon la modalité de débitage.

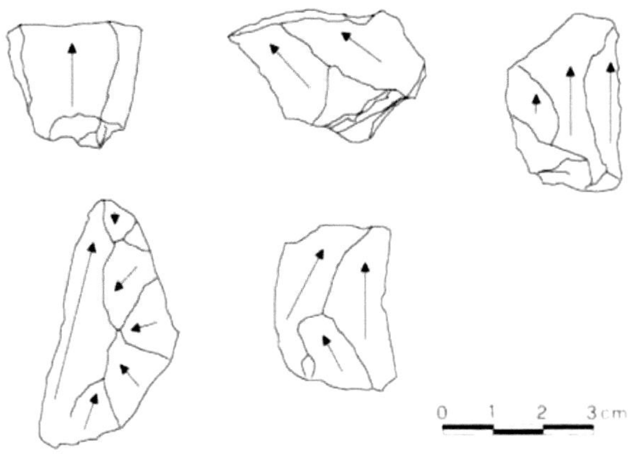

Figure 72 : Grotta Torre dell'Alto, couche D, éclats Levallois.

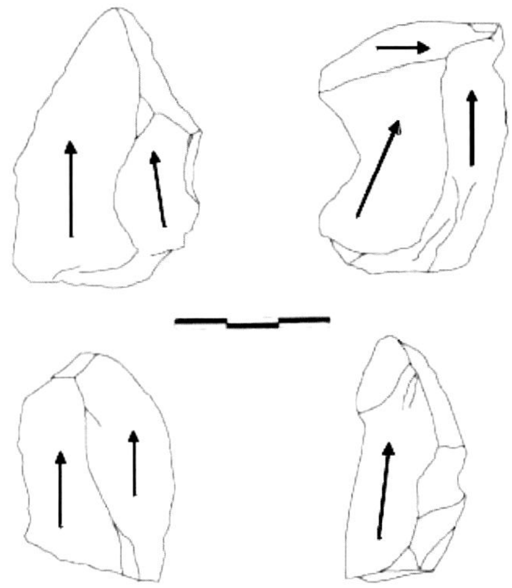

Figure 73 : Grotta Torre dell'Alto, couche D, éclats non retouchés.

sont également plus épais que les supports Levallois. Cela est à mettre en relation avec la morphologie du calcaire siliceux, notamment les plaquettes, qui sont des supports naturellement exploités dans le sens de la longueur. Il est à remarquer que tous ces supports proviennent de formations tabulaires.

VI.7 Technologie de transformation et d'entretien des produits

Les outils constituent 74 % de l'assemblage considéré mais, comme on l'a vu plus haut, seulement 11 % de l'assemblage total fouillé par Borzatti (Table 83).

Sur le plan typologique, notre échantillon est assez proche des données de Borzatti concernant la couche D. Les racloirs constituent 71 % du total, confirmant leur place prédominante dans l'outillage moustérien des Pouilles. Il s'agit de racloirs le plus souvent simples (N = 75) et rarement doubles (N = 7), qui sont majoritairement obtenus à partir de plaquettes de calcaire siliceux. Les retouches de ces outils sont rarement envahissantes et sont le plus souvent continues et abruptes. La retouche directe est courante, mais les retouches alternes sont aussi représentées.

Typologie	N	%
Limaces	5	3
Racloirs	121	71
Encoches	6	3
Denticulés	8	5
Éclats retouchés	30	17
Autre	2	1
Total	**172**	**100**

Table 83 : Grotta Torre dell' Alto, couche D, décompte typologique et proportion de l'outillage.

D'autres types plus réduits sont présents, mais jamais prédominants : il s'agit de racloirs convergents (N = 17), transversaux (N = 19) ou, moins fréquemment, déjetés (N = 3). Les types en silex ne se différencient pas trop, sur le plan typologique, des pièces issues d'autres matières premières.

Les encoches et les denticulés ne sont pas très fréquents (N = 14), mais présentent des morphologies caractéristiques, et, à la différence des racloirs, sont souvent fabriqués à partir d'éclats Levallois. Les encoches sont profondes, occasionnellement clactoniennes.

Les éclats à retouche partielle sont plus nombreux dans notre échantillon que dans l'assemblage de Borzatti : cela est dû vraisemblablement à une sélection *a priori* de l'échantillon faite par Borzatti, à laquelle des éclats retouchés ont échappé.

En général, la retouche n'est pas très intense et ne modifie pas de façon importante les bords des pièces.

Le taux de réduction des outils retouchés n'est pas très important (Table 84). Leurs dimensions moyennes ne diffèrent pas beaucoup de celles des produits non retouchées (Table 85). En raison des distances d'approvisionnement, les outils en silex sont les plus petits en moyenne, parmi tous les supports

Retouche	Total
Intense	**44**
Légère	**69**
Moyenne	**55**
Aucune	**4**
Total	**172**

Table 84 : Grotta Torre dell' Alto, couche D, fréquences des intensités de la retouche.

	L	l	É
Éclats	35	37	15,5
Outils	27,8	22,8	8
Outils silex	22,6	19	7,6
Outils calcaire	26,6	23,5	9,8
Outils c.sil	27,9	22,6	7,8

Table 85 : Grotta Torre dell' Alto, couche D, dimensions moyennes selon catégorie technologique et matière première.

retouchés (Graphiques 54 et 55). Les pièces retouchées sur plaquettes sont les plus longues et larges et la morphologie de la matière première conditionne leur épaisseur, qui reste plutôt faible.

VI.8 Typologie économique du site

Il est naturel que notre vision de ce site soit biaisée par les faibles données disponibles et il faut situer chaque catégorie technologique à sa juste place pour interpréter de façon claire les modalités d'occupation du site. Les différences importantes entre notre petite série et celle publiée par Borzatti est le point de départ de cette analyse. En effet, dans notre échantillon, les outils typologiques constituent 74 % du total, alors que dans la série de la couche D de Borzatti ils n'atteignent que 11 %. Au contraire, les supports bruts, seulement 14 % dans notre échantillon, constituent l'essentiel des assemblages non seulement de la couche D, mais de toutes les couches fouillées à Torre dell' Alto. Ainsi, une évaluation des structures des chaînes opératoires mises en œuvre n'est pas possible à partir de cet échantillon. Le faible nombre de nucléus, classique des assemblages

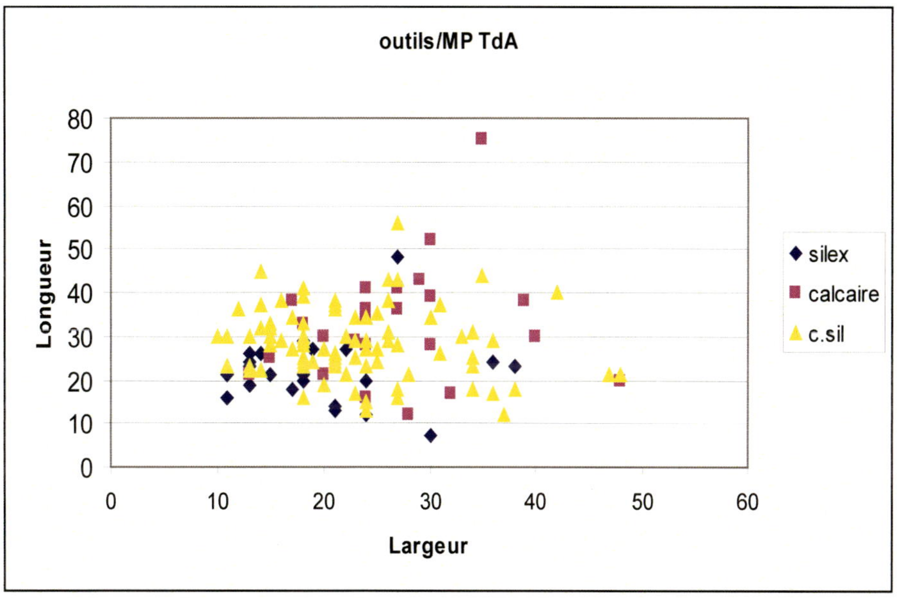

Graphique 54 : Grotta Torre dell' Alto, données métriques (longueur/largeur) en millimètres de l'outillage selon la matière première.

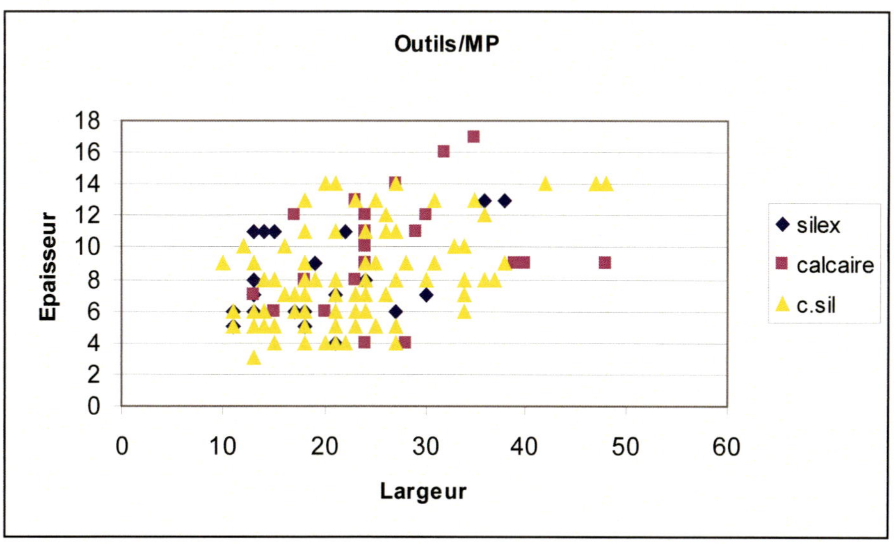

Graphique 55 : Grotta Torre dell' Alto, données métriques (largeur/épaisseur) en millimètres de l'outillage selon la matière première.

salentins, est ici attesté par Borzatti et indique une certaine fragmentation des chaînes opératoires, qui se déroulaient sûrement en partie hors de la grotte. Néanmoins, de fréquentes activités de taille sont indiquées par le grand nombre de supports issus de la fouille. Les activités de transformation sur place sont suggérées par la présence d'éclats de retouche.

La présence de galets calcaires entiers et de galets de silex faiblement débités, souvent corticaux ou semi-corticaux, est à remarquer.

Afin d'évaluer correctement les proportions des deux modes opératoires (dans le site et ailleurs), un nouvel examen de l'industrie sera nécessaire, afin d'évaluer les typologies de supports débités sur place.

VI.9 Modalités d'occupation

La couche D de Torre dell' Alto se présente, pour ses caractéristiques stratigraphiques et pour la quantité des vestiges, comme un palimpseste qui relève d'une succession d'occupations différentes, dont il est impossible à l'heure actuelle de définir la fréquence et la durée globale. Cette configuration est probablement valable pour toutes les couches archéologiques, qui montrent pourtant un certain nombre de différences, parfois notables, entre elles. La présence simultanée du spectre complet de ressources locales (plaquette, calcaire et coquillage), associée à celle de ressources lointaines, nous donne une idée de la complexité des mouvements territoriaux qui ont contribué à la formation de tels assemblages.

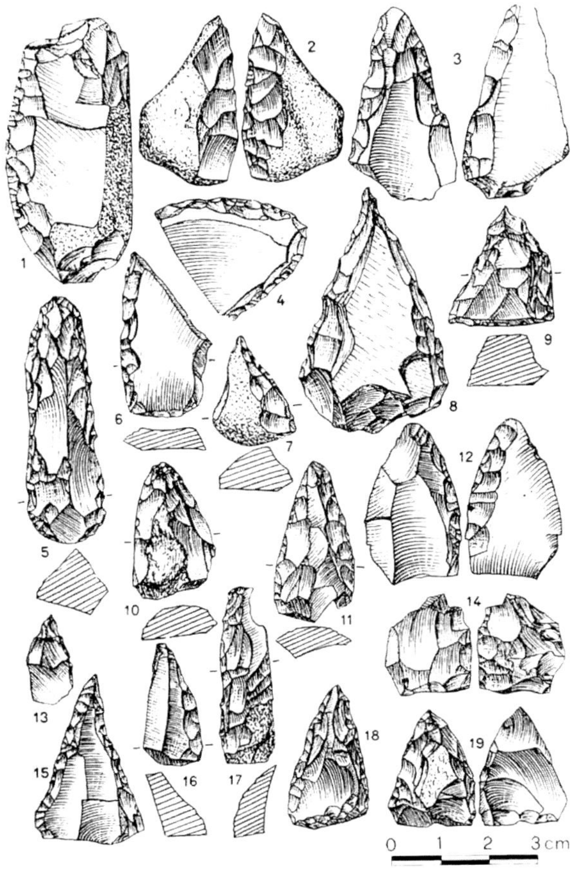

Figure 74 : Grotta Torre dell'Alto, outils des couches A, D et E (modifié d'après Borzatti 1966).

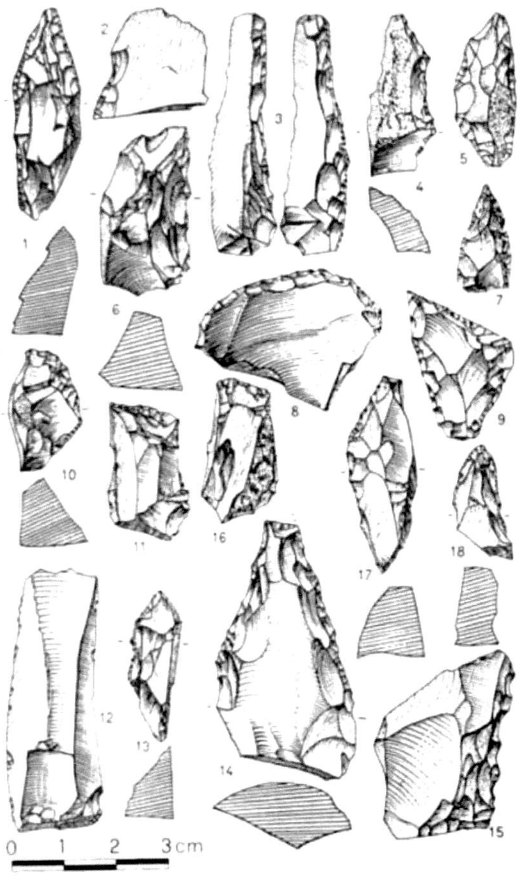

Figure 75 : Grotta Torre dell'Alto, outils des couches A et B (modifié d'après Borzatti et Magaldi 1966).

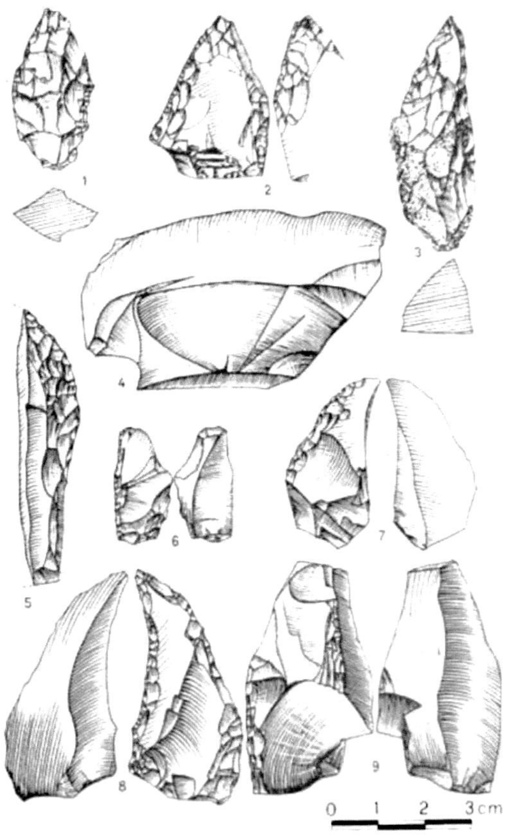

Figure 76 : Grotta Torre dell'Alto, outils des couches A et C (modifié d'après Borzatti et Magaldi 1967).

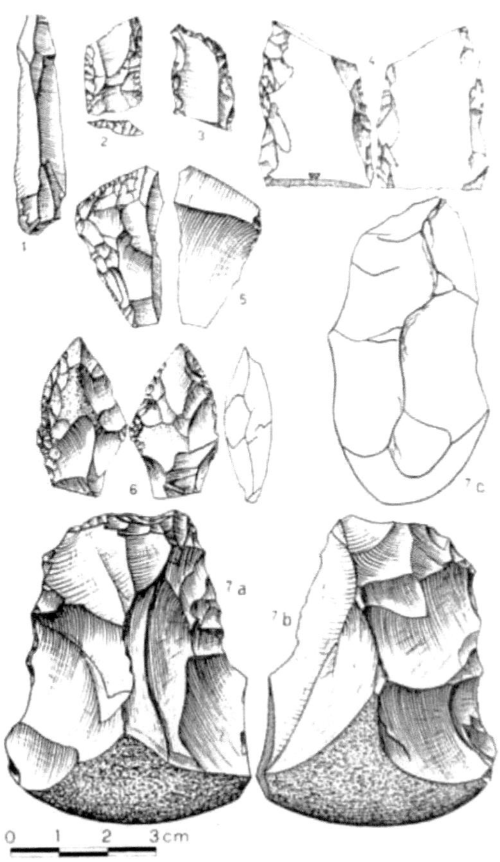

Figure 77 : Grotta Torre dell'Alto, outils des couches A' et C (modifié d'après Borzatti et Magaldi 1967).

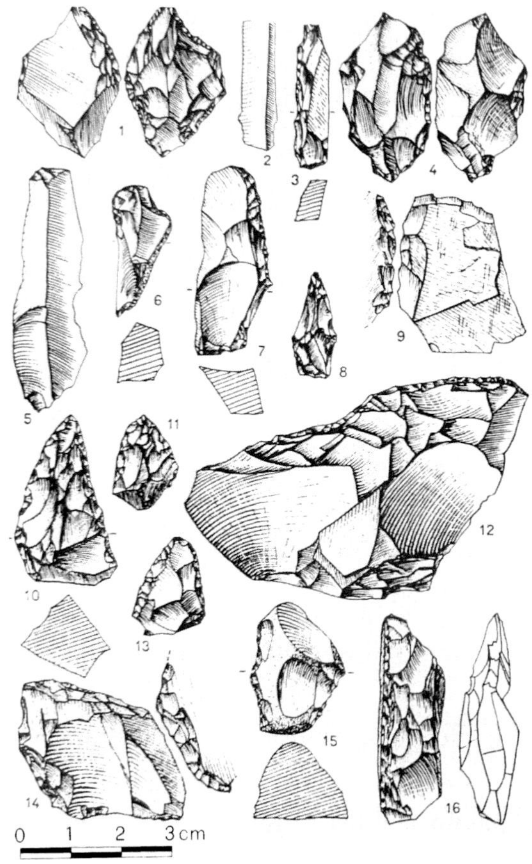

Figure 78 : Grotta Torre dell'Alto, outils de la couche C (modifié d'après Borzatti et Magaldi 1967).

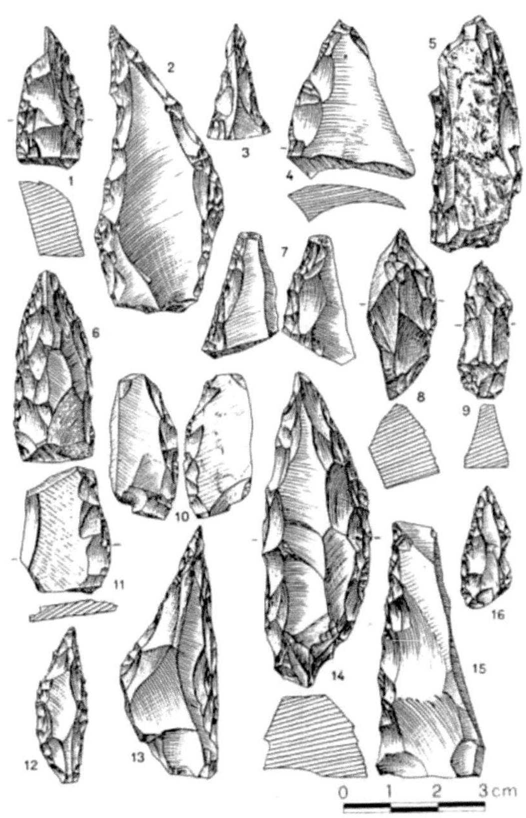

Figure 79 : Grotta Torre dell'Alto, outils des couches C et D (modifié d'après Borzatti 1966).

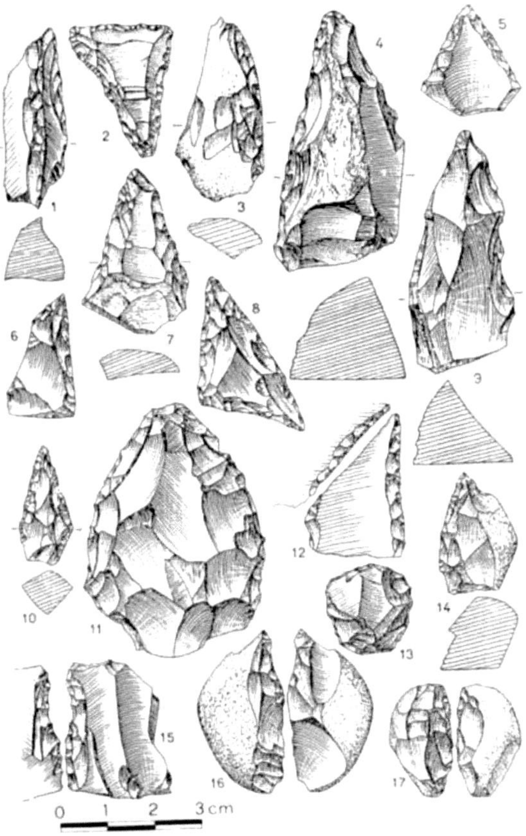

Figure 80 : Grotta Torre dell'Alto, outils de la couche D (modifié d'après Borzatti 1966).

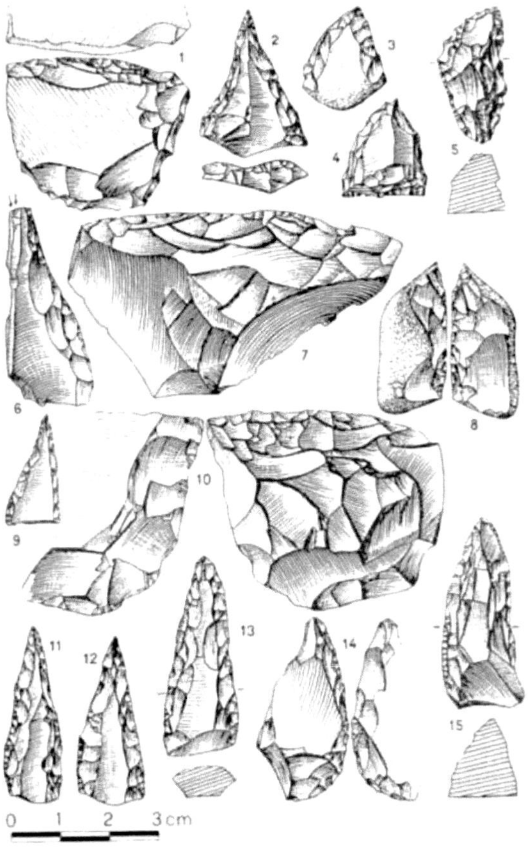

Figure 81 : Grotta Torre dell'Alto, outils de la couche D (modifié d'après Borzatti 1966).

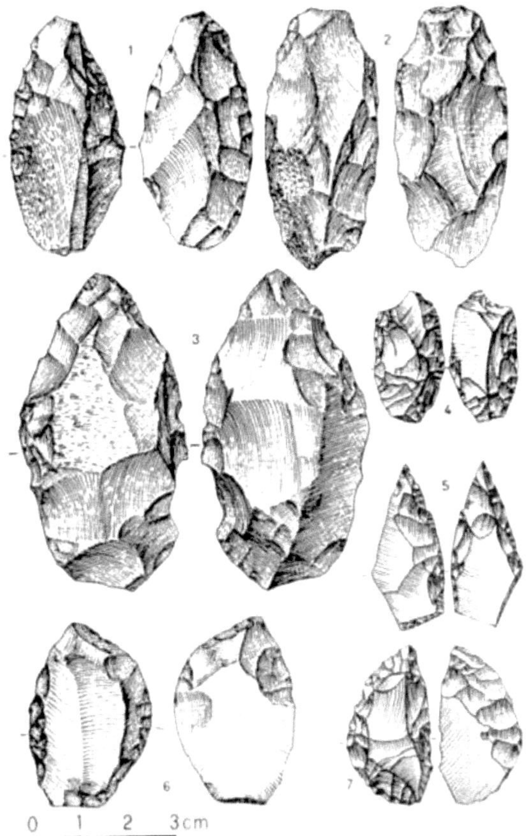

Figure 82 : Grotta Torre dell'Alto, outils de la couche D (modifié d'après Borzatti 1966).

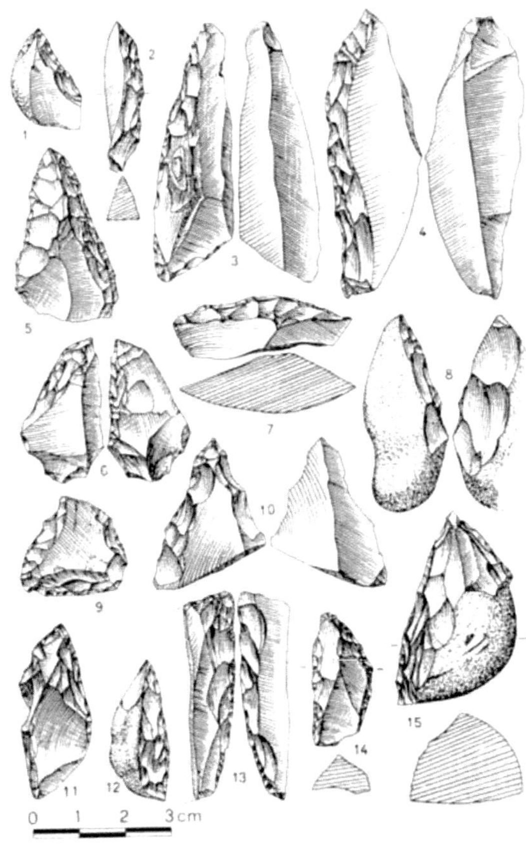

Figure 83 : Grotta Torre dell'Alto, outils de la couche D (modifié d'après Borzatti 1966).

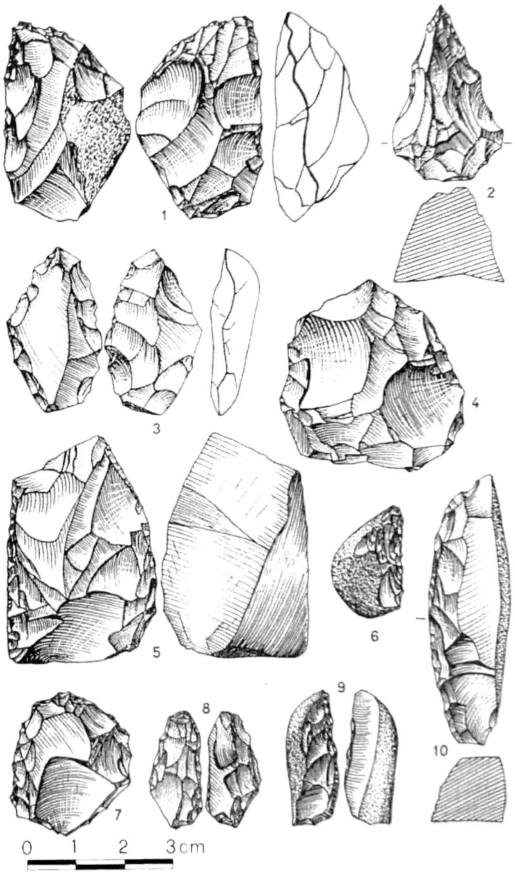

Figure 84 : Grotta Torre dell'Alto, outils de la couche D (modifié d'après Borzatti et Magaldi 1967).

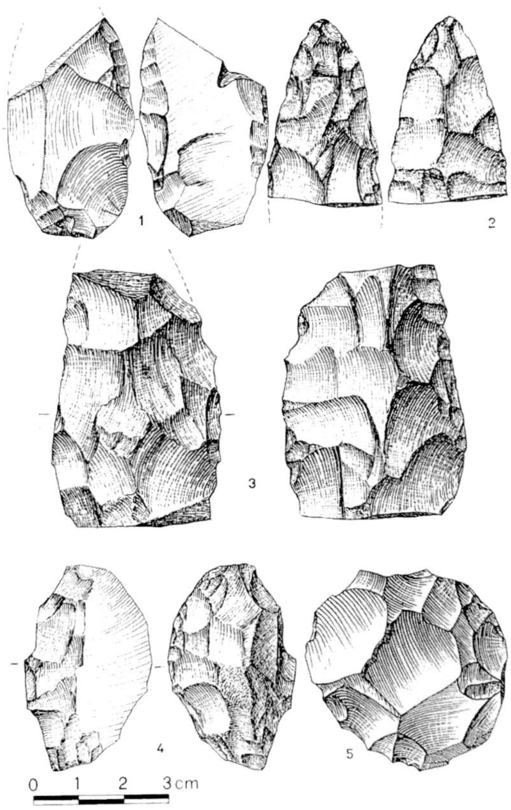

Figure 85 : Grotta Torre dell'Alto, outils de la couche D (modifié d'après Borzatti et Magaldi 1967).

De plus, une certaine homogénéité typologique caractérise cet assemblage, qui dans sa globalité est plutôt différente d'autres séries étudiées.

III.VII Grotta M. Bernardini

VII.1 Historique et présentation de la grotte

La découverte de la Grotte Bernardini (Figure 86 et 87) fait partie des explorations faites par l'IIPP durant les années 1961-1962. La cavité se trouve non loin de la baie de Uluzzo, à proximité de la Serra Cicora. En 1961 elle fut signalée par E. Borzatti avec le nom de Grotte de S. Margherita. Elle fut ensuite dédiée au Directeur du Musée National « Sigismondo Castromediano » de Lecce, Mario Bernardini. Des nouvelles fouilles sont en cours sous la direction de Filomena Ranaldo et Leonardo Carmignani, depuis 2015.

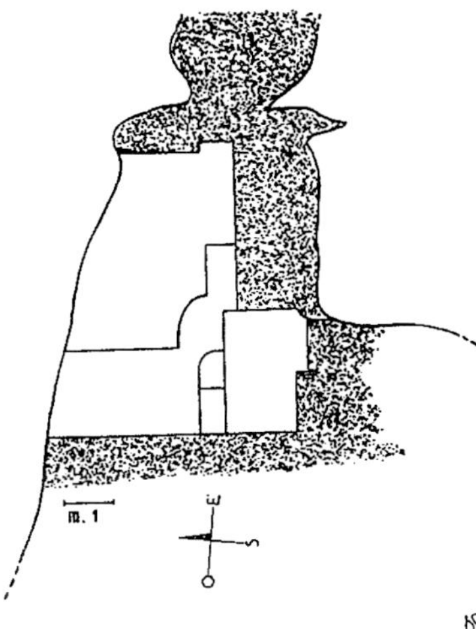

Figure 86 : Topographie de Grotta Mario Bernardini (modifié d'après Borzatti 1970).

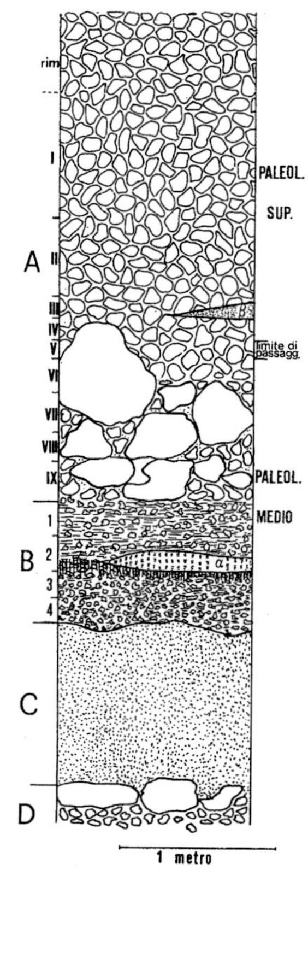

Figure 87 : Grotta Mario Bernardini, coupe stratigraphique (modifié après Borzatti 1970).

La grotte s'ouvre sur une paroi de calcaire à quelques mètres au- dessous du plateau qui constitue la partie la plus élevée de la zone. La voûte est située à environ 35 m a.s.l.

La grotte est presque entièrement remplie de sédiment et son entrée n'est pas facilement visible. La puissance du sédiment peut arriver à 10-15 m à partir du *talus* qui continue à l'extérieur de l'entrée. Un premier sondage fait par Borzatti en 1961 a mis en évidence des niveaux relatifs au premier Age du Fer/Age du Bronze final (Borzatti von Lowerstern 1970, 1971).

Ce premier sondage a été repris en 1967, mais entre-temps des visites de clandestins ont endommagé le dépôt protohistorique et également la partie relative aux niveaux du Paléolithique supérieur. Cette fouille clandestine avait altéré 1 m de stratigraphie sur la quasi-totalité de la surface de la grotte. En 1967 une tranchée fut ouverte qui atteignit une profondeur de 3 mètres. Cette première fouille permettait d'identifier un ensemble remanié dont une partie attribuable aux habitants protohistoriques de la cavité, qui ont remanié le dépôt jusqu'à une profondeur de 2,5 m. Le dégagement du sédiment remanié a intéressé une grande partie du dépôt, qui était fortement perturbé à l'intérieur de la cavité, mais plus intègre vers l'extérieur. La fouille systématique du dépôt en place a débuté en 1969 et continué en 1970. Le dépôt a été divisé en quatre contextes stratigraphiques A, B, C et D, tous attribués au Moustérien sauf le niveau A, qui marque le passage entre Paléolithique moyen et supérieur. Les trois premières couches ont été explorées dans la première campagne de fouille, alors que la fouille de la couche D a été accomplie en 1970.

La Grotte Bernardini a été l'objet de deux seules publications par son inventeur et fouilleur, E. Borzatti, apportant les résultats des deux campagnes de fouilles menées en 1969-70. Malheureusement, aucune étude plus approfondie n'a suivi, empêchant une compréhension plus complète du complexe et faunique de la grotte, bien qu'elle fût particulièrement importante pour la succession stratigraphique entre le Moustérien et l'Uluzzie.

Une description de la stratigraphie (Borzatti von Lowerstern 1970) illustre la succession des quatre couches. La couche A est constituée de cailloutis mélangés avec des blocs de dimensions plus grandes. La matrice est un sable rougeâtre. Dans la partie basale du dépôt, se trouve un amas de blocs issus d'une forte thermoclastie, qui a provoqué l'écoulement d'une partie de la voûte, dont témoignent également les altérations mécaniques provoquées par l'impact. Cette couche a été divisée en niveaux de 10 à 40 cm d'épaisseur, selon la morphologie du terrain et les dimensions des cailloutis. Dans le niveau VA, les fouilleurs ont identifié le passage entre Uluzzien et Moustérien, sans aucun signe d'interruption sédimentologiques ou d'arrêt de la fréquentation humaine (niveaux stériles). Vers la moitié du dépôt a été identifié un sable volcanique verdâtre, qui a été dénommé β par analogie avec le sédiment retrouvé dans la Grotte de Uluzzo C. Ce sable est caractérisé par la présence de grains de quartz d'apport éolien. Une certaine continuité des éléments environnementaux qui ont participé à la formation du dépôt a été remarquée, malgré les différentes cultures humaines qui ont participé à la formation du dépôt. (Borzatti von Lowerstern 1971).

Sous la couche A, la couche B est plus riche en matrice terreuse à son sommet, et riche en cailloutis de petites dimensions (2-5 cm) dans sa partie basale. L'épaisseur est de 85 cm environ.

La matrice est un sable argileux brun-rougeâtre, légèrement concrétionné à la base. Au-dessus il y a un sédiment d'origine volcanique de couleur blanche (α), très discontinu en morphologie et épaisseur, qui atteint 20 cm par endroit. En haut, les niveaux B1 et B2 témoignent d'une fréquentation humaine plus intense, apportant un plus grand nombre de vestiges lithiques et osseux. Dans B1 un foyer avec charbons de bois sans aucune structure évidente a été dégagé.

La couche C, sous-jacente, clôt la séquence stratigraphique explorée pendant la première campagne de fouille de la grotte. Il s'agit d'un niveau de sable rouge d'origine éolienne de plus d'un mètre d'épaisseur. Il est probable que le sable soit de provenance des dunes littorales devant la cavité. Cette couche est dépourvue d'industrie lithique et elle semble être issue d'une accumulation très rapide du sédiment.

La couche D présente à son sommet une forte accumulation de gros blocs posés sur un plan horizontal qui semble être issue des mêmes facteurs thermoclastiques qui ont participé à la mise en place de la couche B.

Les restes fauniques sont faiblement représentés et les données publiées se limitent à une énumération des espèces relevées au cours de la fouille. La faune de la couche D montre une prédominance des cervidés dans les niveaux de base, suivie par une forte présence, dans les niveaux sur-jacents, du cheval et de *Equus hydruntinus*. Est attestée également la présence de *Oryctolagus cuniculus* au milieu de la couche.

Ensuite, on assiste à une deuxième phase humide au cours de laquelle sont présents aussi des restes de *Sus scrofa ferus*, de *Lynx lynx* et de *Canis lupus* ; vers la fin on observe une nouvelle phase sèche. De rares restes de pachydermes ont été recueillis parmi les restes de la première phase humide. La couche C est dépourvue de restes fauniques tout comme de vestiges lithiques.

La partie basale de la couche B est caractérisée par une abondance de cervidés et par quelques vestiges de bovidés (*Bos primigenius*). Au sommet de la couche, au contraire, est visible une association faunique très différente, où la présence du cheval (*Equus caballus*) est majoritaire : cette situation continue jusqu'à la base de la couche A. Une nouvelle alternance plus humide, avec cervidés, a été relevée ensuite dans la séquence stratigraphique, qui se termine avec une dernière phase sèche marquée par la présence des équidés, y compris *Equus hydruntinus*.

Comme dans les autres chapitres, nous allons d'abord illustrer les données publiées et ensuite aborder notre analyse.

VII.2 L'étude de Borzatti Von Löwenstern

La publication des données de Borzatti concerne les couches A, B et D (Borzatti 1970, 1971). Les matières premières sont variées comme dans les autres sites de la baie. Encore une fois, nous avons réélaboré les données énumérées dans les publications pour les insérer dans notre étude (Table 86).

Les proportions relatives de matières premières nous montrent une forte prédominance quantitative du **calcaire siliceux**, souvent sur plaquettes, qui représente 60 % de l'assemblage total. Le **calcaire** a été, d'après Borzatti, l'objet d'importantes altérations post-dépositionnelles, qui ont participé à sa dissolution et le nombre de pièces sur cette matière première a peut-être été sous-estimé.

MP	N	%
Calcaire	535	18
Silex	584	19
C. sil	1822	60
Quartzite	62	2
Jaspe	1	0
C. chione	45	1
Total	**3049**	**100**

Table 86 : Grotta Mario Bernardini, proportions des diverses matières premières présentes dans les couches A, B et D (d'après les données de Borzatti 1970, 1971).

En effet, à Mario Bernardini le **silex** est plus utilisé que le calcaire, composant 19 % de l'assemblage, et en général de bonne qualité, bien que de petites dimensions.

Quant au **quartzite**, il est présent en quantité très faible.

Quand elle est mentionnée, l'origine des pièces analysées en silex est toujours le galet, de dimensions réduites.

L'interprétation de Borzatti est que les outils sur calcaire siliceux sont plus abondants dans la phase la plus ancienne et diminuent progressivement vers le haut de la séquence.

Il est à remarquer la présence d'une industrie sur ***Callista chione***, pertinente surtout dans la couche D, et

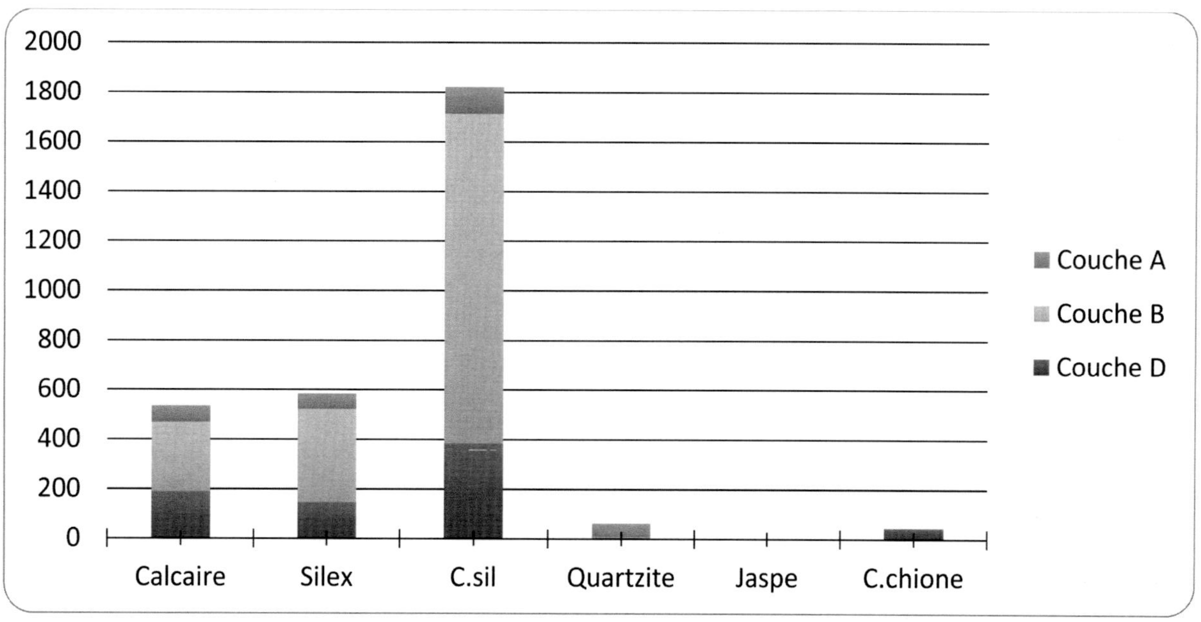

Graphique 56 : Grotta Mario Bernardini, fréquence des diverses matières premières présentes dans les couches A, B et D (d'après les données de Borzatti 1970, 1971).

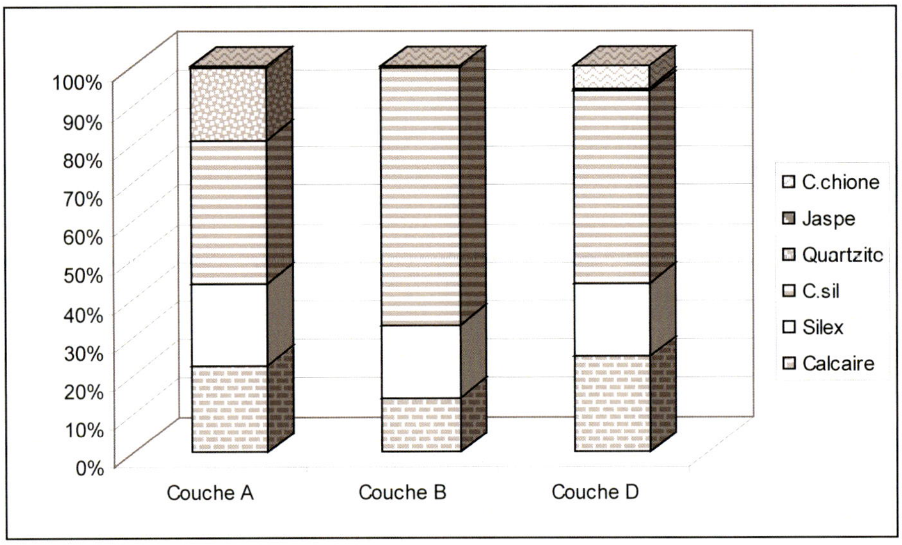

Graphique 57 : Grotta Mario Bernardini, proportions des diverses matières premières présentes dans les couches A, B et D (d'après les données de Borzatti 1970, 1971).

	A	%	B	%	D	%	Total	%
Éclats	211	56	1724	87	415	56	**2549**	**76**
Outils	154	42	242	12	136	18	**604**	**17**
Nucléus	6	2	18	1	107	14	**148**	**4**
Autre	0	0	1	0	93	12	**106**	**3**
Total	**371**	**100**	**1985**	**100**	**751**	**100**	**3407**	**100**

Table 87 : Grotta Mario Bernardini, proportions et fréquences des différentes catégories technologiques par couche (d'après les données de Borzatti 1970, 1971).

composée de 45 pièces, retouchées et non. Des valves de *Petunculus sp.* qui proviennent particulièrement de la couche A, dont on ignore par contre le nombre exact, sont également mentionnées.

Quant à la densité des vestiges archéologiques, elle est plutôt faible de manière générale, mais ces derniers ne sont pas distribués de façon uniforme tout au long de la séquence archéo-stratigraphique (Table 87). On a déjà mentionné la couche C comme étant stérile ; la couche A a livré seulement 274 pièces, pour 1985 dans la couche B et 751 dans la couche D. Bien que la portion de la grotte qui a été fouillée soit relativement petite, il nous semble que de telles différences relèvent quand même d'une fréquentation non constante dans le temps, qui doit de quelque manière être le reflet des modalités d'occupation de la cavité.

Il est intéressant de remarquer que dans ce site les éclats non retouchés constituent globalement 76 % de l'assemblage, pour atteindre 87 % dans la couche B. Donc il est à envisager une importante chaîne de production de supports qui se déroulait dans les environs de la grotte et pas exclusivement à l'intérieur, comme le démontre la faible quantité des nucléus retrouvés. Cette faible présence de nucléus, encore une fois, peut-être à attribuer à leur complète exhaustion, encore ont-ils pu être exportés ou recyclés en outils. De plus, Borzatti mentionne un bon nombre de galets calcaires non taillés (N = 45 dans la couche D) qui peuvent être autant des blocs de matière première non exploités, mais aussi des percuteurs de pierre tendre. Un changement de fonction du site est à envisager pendant le dépôt de la couche A, où, comme l'on a déjà remarqué, les vestiges sont beaucoup plus rares et surtout le pourcentage d'outils est plus important (42 %).

Les observations concernant la technologie des supports sont, chez Borzatti, très pauvres. La méthode Levallois est mentionnée par cet auteur surtout en relation avec la couche B, où elle a été mise en place pour le débitage des supports de grandes dimensions sur calcaire, qui ont le plus souvent le talon facetté et ne sont quasiment pas retouchés. Borzatti définit, dans sa totalité, le complexe de M. Bernardini comme un Moustérien de type Quina.

VII.3 Présentation de la série analysée

La série analysée comprend les vestiges des fouilles Borzatti conservés à la SABAP à Tarant. La totalité des vestiges de la couche B ici conservés a été l'objet d'un échantillonnage casuel, étant donné qu'aucun inventaire des pièces présentes ni de leur nombre n'était disponible. Ainsi une estimation de la quantité totale des pièces disponibles a été faite et l'échantillonnage a inclus environ 75 % de l'assemblage.

La couche A a été exclue de l'analyse pour deux raisons principales. Premièrement, les données stratigraphiques publiées par Borzatti ne sont pas assez claires pour nous permettre de reconnaître de façon non ambiguë la césure Paléolithique moyen/Paléolithique supérieur. Ensuite, les pièces relatives à la couche A ont été l'objet d'une étude par J. Riel Salvatore (Riel Salvatore 2007). Aucune pièce de la couche D n'était disponible pour l'étude.

Notre analyse a ainsi concerné un total de 659 pièces, dont 138 débris et, parmi les éclats, 117 fragments, tous provenant de la **couche B** (Table 88). L'impression générale est de se trouver face à une sélection faite par les fouilleurs, qui ont gardé les outils et ont rendu les sachets avec le débitage et les débris à la Soprintendenza. En effet, la présence d'objets retouchés est assez anecdotique. Les pièces n'étant ni marquées ni lavées, on a l'impression qu'elles ont été négligées dans les études précédentes. La présence d'un bon nombre de débris, non séparés du reste de l'assemblage, nous conforte sur la bonne qualité de la fouille.

Si cette hypothèse est correcte, notre étude serait complémentaire à celle de Borzatti pour la couche B. Par contre, notre série comprend des vestiges des niveaux 1, 2 et 3 mais aucune pièce relative au niveau 4 n'a été analysée.

Table 89 : Grotta Mario Bernardini, fréquences des typologies des éclats, couche B.

Éclats	N
Déterminables	284
Indéterminables	17
Fragments	117
Total	**418**

VII.4 État de conservation

En ce qui concerne les états de surface des pièces analysées, des conservations différentielles ont été remarquées selon la matière première concernée (Table 90 et 91). En effet, les pièces en calcaire présentent en large majorité une forte patine blanche, qui rend parfois impossible une lecture technologique de la pièce. Au contraire, les supports en calcaire siliceux, bien qu'affectés parfois par la patine (N = 44), sont le plus souvent très frais, présentant des bords très coupants et aucun signe d'altération mécanique.

De rares pièces en silex ont été affectées aussi par une patine blanche (N = 6), qui a rarement atteint un niveau élevé d'altération.

Aucune altération mécanique due à l'eau n'a été répertoriée, et en général les altérations post-dépositionnelles semblent être faibles dans ce site.

En ce qui concerne les altérations relatives à la combustion, elles ne sont pas très communes non plus, affectant seulement 4 % de l'assemblage.

	N
Nucléus	14
Éclats	418
Outils	88
Débris	138
Autre	1
Total	**659**

Table 88 : Grotta Mario Bernardini, proportions et fréquences des différentes catégories technologiques examinées, couche B.

État de surface	0	1	2	3	Total
Feu	0	1	10	18	**29**
Frais	330	0	0	0	**330**
Patine	0	106	100	94	**300**
Total	**332**	**105**	**110**	**112**	**659**

Table 90 : Grotta Mario Bernardini, types et degrés des altérations de surface et fréquence des pièces altérées.

État de surface	C. sil	Calcaire	Jaspe	Ind.	Silex	Total
Brûlé	10	10	3	4	2	**29**
Frais	199	116	2	0	13	**330**
Patine	44	250	0	0	6	**300**
Total	**252**	**376**	**5**	**4**	**21**	**659**

Table 91 : Grotta Mario Bernardini, types des altérations de surface selon la matière première.

VII.5 Les matières premières

Les matières premières présentes dans la série étudiée sont qualitativement les mêmes que celles indiquées par Borzatti, mais, comparant notre série à celle de Borzatti, une forte différence dans leurs proportions relatives est à remarquer, notamment dans la proportion de calcaire siliceux. Comme nous l'avons déjà vu dans l'assemblage de la Grotte de Uluzzo C, cela est sans doute à attribuer à une façon différente de qualifier cette matière première par rapport au calcaire.

L'assemblage analysé est composé comme illustré dans le table 92.

Niveau	C. sil	Calcaire	Jaspe	Ind.	Silex	Total
1	33	53	1	4	1	**92**
2	140	204	2		10	**356**
3	80	119	6		6	**211**
Total	**253**	**376**	**9**	**4**	**17**	**659**

Table 92 : Grotta Mario Bernardini, fréquence des différentes matières premières par niveau.

En effet, dans notre assemblage, le calcaire siliceux représente 38 % de la totalité, alors que dans l'assemblage analysé par Borzatti (Table 93) il atteint 67 % du total. Une différence est aussi à remarquer pour les matières premières cryptocristallines (silex et jaspe) qui dans notre assemblage, ne dépassent pas 4 % (N = 25) et chez Borzatti arrivent à 29 %.

MP	Couche B
Calcaire	279
Silex	374
C. sil	1329
Quartzite	3
Jaspe	0
C. chione	0
Total	**1985**

Table 93 : Grotta Mario Bernardini, fréquences des différentes matières premières, couche B (d'après les données de Borzatti 1970, 1971).

Cette dernière donnée est sans doute à imputer à une sélection opérée par Borzatti au sein des matériaux, dont il résulte fort probablement que les outils ont été triés. Dans notre assemblage, au contraire, les matières premières sont caractérisées par une certaine monotonie (Table 94 et 95). Les calcaires (siliceux et non) sont les matériaux les plus abondants.

Le calcaire a été classé en deux lithotypes (unités de matière première lithique).

Le premier (***type 1***) (N = 9) est à attribuer à la formation des Dolomies de Galatina, qui, comme nous l'avons déjà vu, est constituée par des calcaires dolomitiques, souvent à fracture conchoïde, d'une bonne qualité pour la taille. Leur couleur varie du gris au beige clair. Ils sont parfois poreux et la texture est très fine. Leur nombre est peut-être sous-estimé à cause des patines qui ont particulièrement affecté ce calcaire poreux. La distance d'approvisionnement est de l'ordre de 0-20 km du site. Ce lithotype est identique à certains types des Calcaires de Melissano.

MP	G1	G2	G3	V1	V2	V3	Total
C. sil	102	6	0	0	0	122	**230**
Calcaire	76	106	119	0	0	0	**301**
Jaspe	0	0	0	1	4	0	**5**
Ind.	4	0	0	0	0	0	**4**
Silex	1	0	0	9	3	8	**21**
Total	**183**	**112**	**119**	**10**	**7**	**130**	**561**

Table 94 : Grotta Mario Bernardini, fréquences des textures par matière première (G = granuleux ; V = translucide ; 1 : faiblement ; 2 : moyennement ; 3 : très).

MP	Beige	Blanc	Bleu	Gris	Marron	Noir	Rouge	Vert	Total
G1	105	0	37	26	1	10	0	4	**183**
G2	92	10	3	6	0	0	0	1	**112**
G3	72	45		2	0	0	0	0	**119**
V1	2	0	0	0	2	0	4	2	**10**
V2	1	0	2	0	0	0	2	2	**7**
V3	56	0	65	3	0	1	0	5	**130**
Total	**328**	**55**	**107**	**37**	**3**	**11**	**6**	**14**	**561**

Table 95 : Grotta Mario Bernardini, fréquences des textures par couleur de matière première (G = granuleux ; V = translucide ; 1 : faiblement ; 2 : moyennement ; 3 : très).

Le ***type 2*** (N = 275) est constitué par les calcaires locaux, attribuables à la formation des Dolomie de Galatina, qui constitue l'essentiel du substratum local en calcaire dans lequel les grottes s'ouvrent. Il s'agit d'un calcaire de couleur grise à noisette, à fracture irrégulière, de texture fine.

Le **calcaire siliceux** qui constitue le ***type 3*** (N = 155) provient de la même formation crétacée, et est caractérisé par une fracturation plus régulière, une matrice plus fine et une morphologie souvent tabulaire (N = 42). Les couleurs varient entre le gris et le marron noisette. La confusion entre les types 2 et 3, de même provenance stratigraphique, est à attribuer à la façon qualitative de classifier son aptitude à la taille, à partir du type de fracturation observé de façon expérimentale.

Un deuxième type de calcaire siliceux a été défini (***type 4***, N = 98), qui comprend des calcaires silicifiés, proches des chailles, de morphologie souvent indéterminable (N = 59), ou tabulaire (N = 39), qui ont une granulométrie fine et sont vitreux. Ils sont de couleur bleue.

Contrairement aux autres sites analysés, où les types en silex présentent des variétés plus diversifiées et témoignent d'une certaine mobilité dans l'approvisionnement en matière première, dans ce site on retrouve exclusivement des types de silex de provenance probablement locale.

Le ***type 5*** (N = 5) est l'un des possibles silex locaux, issus d'accidents siliceux dans les calcaires crétacés. Il s'agit d'un silex beige, de très bonne qualité, qui se présente en morphologie tabulaire (N = 3) ou indéterminable (N = 2).

Le ***type 6*** (N = 4) est un silex bleu, de qualité plutôt mauvaise, de granulométrie grossière et opaque. Il s'agit fort probablement d'une silicification ultérieure du type 4, et donc issue de sources locales de matière première de bonne qualité, sur plaquette (N = 2) ou de morphologie indéterminable (N = 2). Son origine locale est aussi mentionnée par Borzatti (Borzatti 1970, p. 122).

Un silex marron de bonne qualité est représenté seulement par un débris. Il pourrait témoigner du passage d'un « outil fantôme » (*sensu* Cahen *et al.* 1980).

Les matières premières exotiques de Grotta M. Bernardini se limitent exclusivement aux jaspes, ici classés en deux types.

Le ***type 7*** (N = 5) regroupe tous les jaspes rouges retrouvés dans le site dont un seul a une morphologie déterminable (galet). Il s'agit d'une matière première de très bonne qualité, très vitreuse et à texture très fine. Sa provenance est probablement dans les conglomérats de la vallée du Bràdano, à environ 100 km au nord.

Le ***type 8*** regroupe les jaspes verts, qui sont au nombre de 3, dont un seul provenant d'un galet.

Comme les jaspes rouges, ils proviennent des conglomérats fluviatiles du Bràdano, dans la région de la Basilicata.

Pour conclure, les matières premières de cet assemblage ne sont pas autant diversifiées que dans les autres sites examinés. Deux raisons possibles peuvent expliquer cela. Premièrement, comme nous avons déjà dit, il peut s'agir d'un biais relatif à l'échantillonnage. Deuxièmement, cette distribution de matière première peut nous montrer une différence dans les stratégies économiques du site par rapport aux autres sites environnants, ou l'occupation de la grotte dans des moments chronologiquement décalés par rapport aux autres sites.

Nous allons considérer plus tard les implications de cela.

VII.6 Technologie de production des supports

L'échantillon de Mario Bernardini nous donne la possibilité d'analyser ponctuellement les modalités de débitage, étant donné le faible degré de réduction des supports. Toutes les catégories technologiques sont présentes. Les chaînes opératoires s'articulent autour du débitage Levallois, dont les produits constituent 68 % de l'assemblage (Table 96). Une partie non négligeable des supports (16 %) est débitée au moyen d'un débitage opportuniste, parfois sur éclat, qui donne des produits indifférenciés. Le débitage sur enclume, et le débitage discoïde sont représentés par des pièces anecdotiques.

Les nucléus (N = 14), bien qu'en nombre réduit, sont représentatifs des deux modalités principales de débitage. Le débitage opportuniste est présent avec 6 nucléus, tous en calcaire siliceux, pour la plupart fragmentaires. Ces nucléus indifférenciés présentent des morphologies très différentes, de globulaire à informe et comportent un nombre de négatifs variable (généralement entre 5 et 10). Les nucléus indifférenciés ainsi que les nucléus prismatiques semblent correspondre à des réponses aux difficultés rencontrées par les tailleurs à l'égard de la matière première. Le débitage Levallois est présent avec 5 nucléus, dont 4 en calcaire siliceux et un seul en silex. Les dimensions

Débitage	**N**	**%**
Levallois	255	68
EXP	58	16
Indéterminable	52	14
Autre	6	2
Total	**371**	**100**

Table 96 : Grotta Mario Bernardini, couche B, fréquences et proportions des différents modes de débitage.

des nucléus sont très petites en moyenne, ne dépassant pas 3 cm de longueur et largeur (2,65 cm et 2,58 cm en moyenne) et 1,5 cm d'épaisseur.

Ces nucléus se caractérisent par des aménagements assez sommaires et par un degré d'exhaustion élevé au moment de leur abandon. Un aménagement très limité du plan de frappe a été réalisé. Les séries récurrentes sont organisées sur une même surface de débitage selon plusieurs directions. Le débitage s'est fréquemment poursuivi au-delà du 4e ou 5e enlèvement, produisant des supports courts et non prédéterminés. Ces tentatives de con du débitage semblent témoigner d'une volonté d'exploitation maximale des nucléus, dont la matière première est souvent tabulaire (N = 4) et impose ainsi de fortes contraintes au débitage à cause de sa mince épaisseur.

Les nucléus Levallois révèlent l'usage quasiment exclusif du débitage récurrent centripète. Cet examen est à compléter par l'analyse des produits, qui ne montrent pas toujours les mêmes modalités.

Des nucléus pseudo-prismatiques sont également présents (N = 4), qui témoignent de la même volonté d'exploitation maximale de la surface à débiter, par un grand nombre d'enlèvements souvent de directions différentes, que les nucléus Levallois. Ils se caractérisent par une forte épaisseur et correspondent à une exploitation du volume, distincte de la gestion en plan qui caractérise le débitage Levallois, comme l'a déjà remarqué A. Delagnes (1992).

Les éclats Levallois constituent la catégorie de produits la plus abondante et la plus élaborée techniquement. Par contre seulement 27 % des éclats Levallois présentent des talons facettés et 63 % ont des talons lisses.

Les éclats Levallois (N = 89) sont issus d'un débitage unipolaire ou centripète. Sur le plan métrique, les produits centripètes et unipolaires ne présentent pas de différences majeures, bien que les unipolaires soient plus longs. Les seules différences remarquées concernent leur morphologie. Les produits unipolaires se caractérisent par des formes allongées, les produits centripètes ont une morphologie quadrangulaire et courte.

Ainsi, nous croyons que les deux modalités de débitage sont interchangeables, ou que les enlèvements unipolaires précédaient les centripètes dans l'agencement de la chaîne opératoire. Les éclats Levallois à cortex résiduel (N = 6) sont anecdotiques dans la série et se caractérisent par des zones corticales distales ou latérales, comme c'est le cas dans la série de Uluzzo C. Les éclats Levallois à dos cortical (N = 23) et débordant (N = 12) ne sont pas très nombreux, témoignant d'un faible soin dans l'entretien des convexités, qui est à rapporter à la morphologie de la matière première, d'épaisseur très réduite. Bien que la phase de décorticage se passait probablement à l'extérieur de la grotte, la présence de couteaux à dos naturel nous montre que les aménagements des surfaces de débitage étaient pratiqués sur place.

Les éclats de préparation du plan de frappe (N = 17), de morphologie courte et vaguement quadrangulaire, ne sont pas très nombreux non plus.

Les éclats corticaux et partiellement corticaux sont faiblement représentés. Les éclats entièrement corticaux sont à attribuer quasi exclusivement au débitage opportuniste, mais il n'est pas à exclure qu'ils témoignent de l'initialisation de nucléus Levallois.

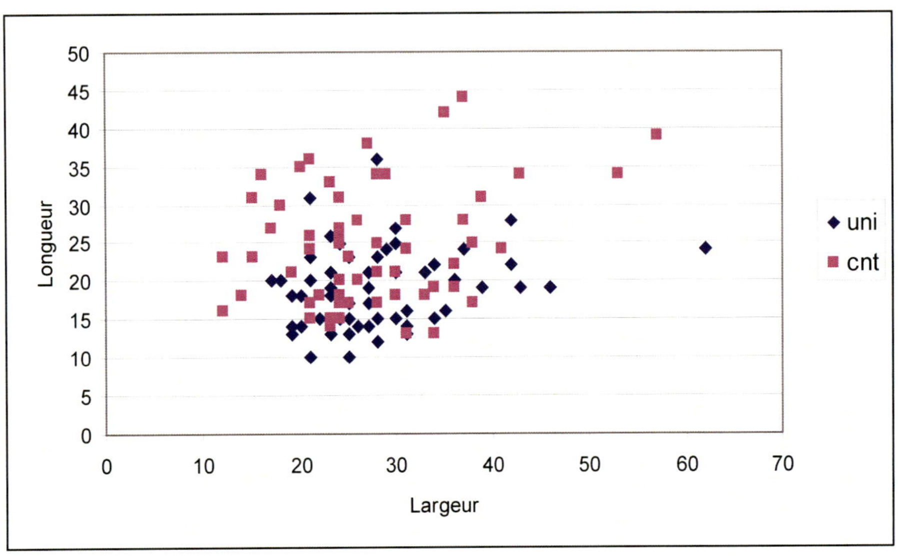

Graphique 58 : Grotta Mario Bernardini, données métriques (largeur/longueur) en millimètres selon la modalité de débitage.

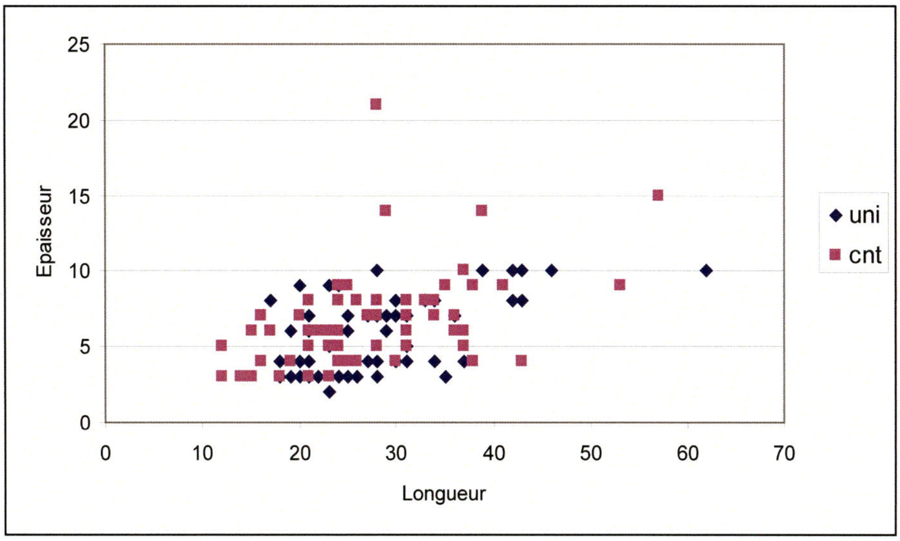

Graphique 59 : Grotta Mario Bernardini, données métriques (longueur/ épaisseur) en millimètres selon la modalité de débitage.

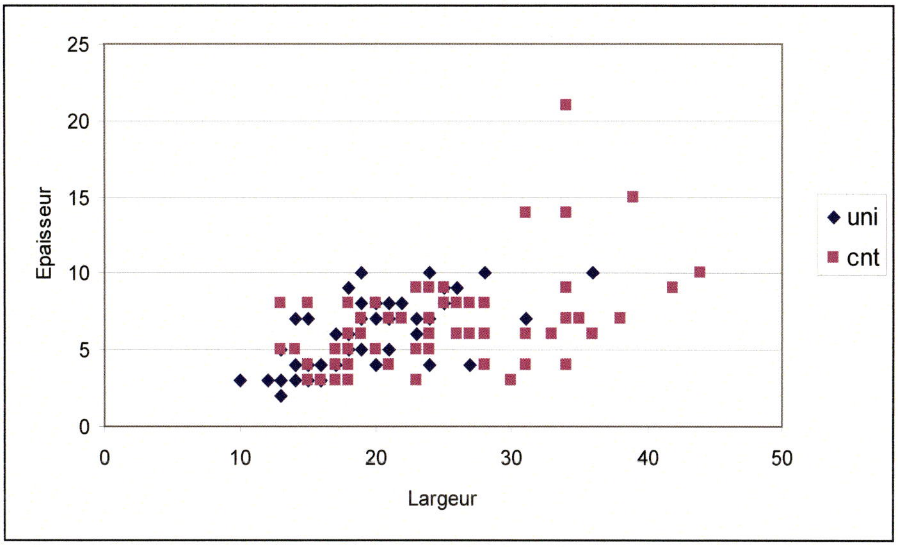

Graphique 60 : Grotta Mario Bernardini, données métriques (largeur/ épaisseur) en millimètres selon la modalité de débitage.

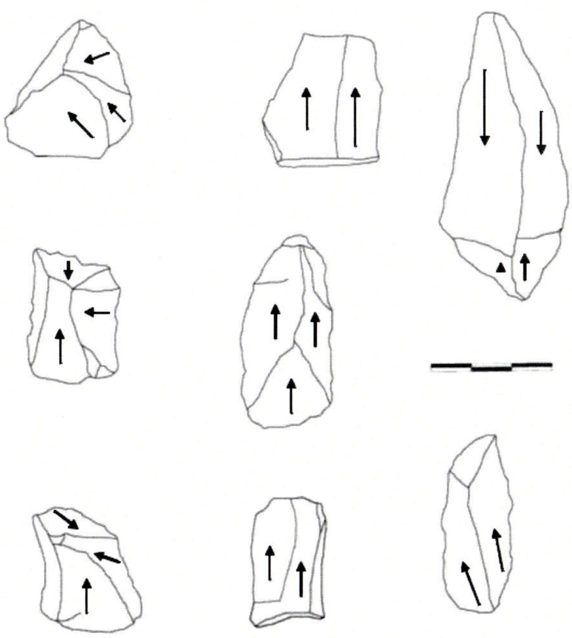

Figure 88 : Éclats Levallois, Grotta Mario Bernardini.

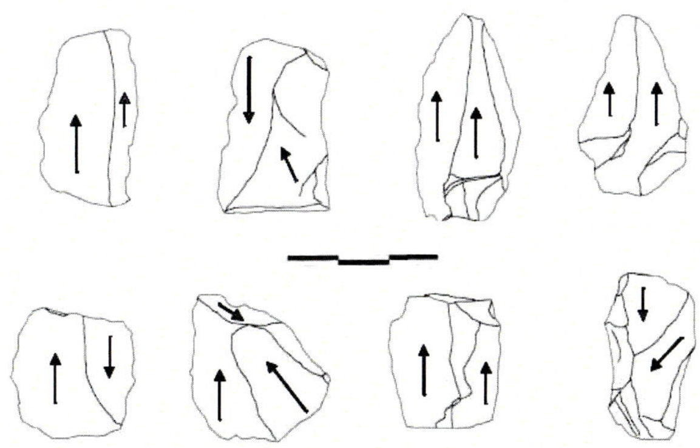

Figure 89 : Éclats Levallois, Grotta Mario Bernardini.

La technique de débitage n'est ici documentée que par des bulbes le plus souvent plats (N = 165, 44 %) et l'absence généralisée de points d'impacts visibles. Les talons sont le plus souvent lisses (N = 161). Nous pensons que, comme dans les autres sites analysés, le

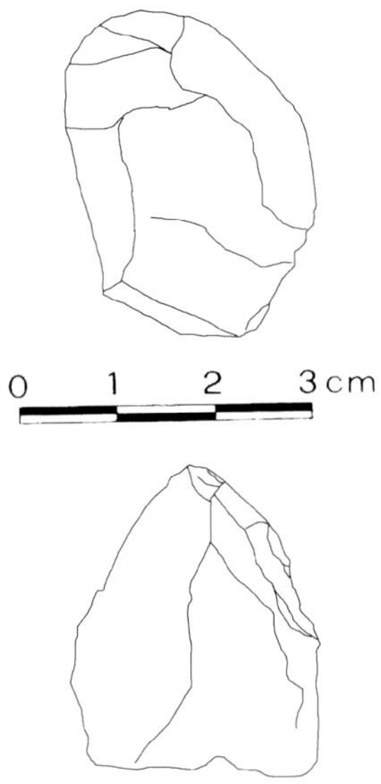

Figure 90 : Éclats Levallois, Grotta Mario Bernardini.

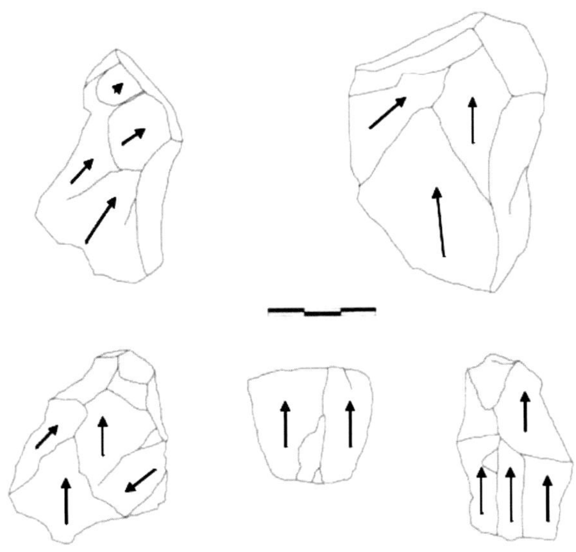

Figure 91 : Éclats Levallois, Grotta Mario Bernardini.

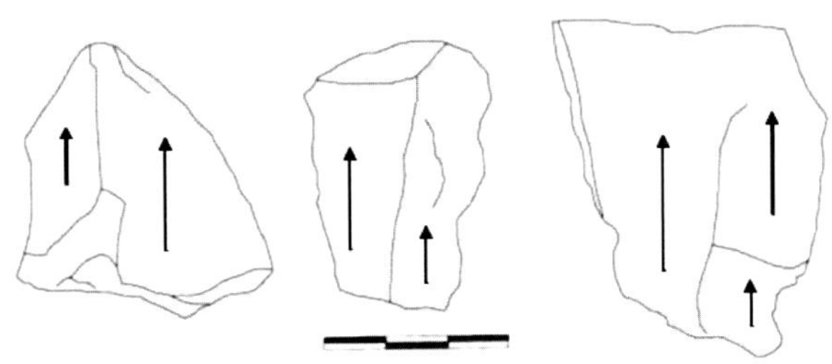

Figure 92 : Éclats Levallois, Grotta Mario Bernardini.

débitage a été accompli à l'aide de percuteurs en pierre tendre, moins probablement en bois animal ou végétal.

Les débris décomptés (N = 186) sont en grand majorité en calcaire siliceux (N = 86), témoignant d'activités de débitage et façonnage sur place. Il est intéressant de remarquer la présence de trois éclats de retouche en matières premières exotiques, qui témoignent d'activités de retouche sur place et de la présence éventuelle d'outils fantômes.

VII.7 Technologie de transformation et d'entretien des produits

L'ensemble des produits retouchés qui ont été analysés pendant cette étude (Table 97 et 98), révèle un modèle très différent de celui montré par Borzatti (1970, 1971). Encore une fois, l'échantillonnage conditionne lourdement les interprétations du même assemblage. Ainsi, nous allons analyser ici les données acquises et ensuite nous allons les comparer avec les données publiées, qui sont, en ce qui concerne les outils, très détaillées.

Table 97 : Grotta Mario Bernardini, couche B, décompte typologique et proportion de l'outillage.

Typologie	**N**	**%**
Racloirs	15	18
Encoches	16	19
Denticulés	37	44
Éclats retouchés	16	19
Total	**84**	**100**

Typologie	**B1**	**B2**	**B3**	**Total**
Racloirs	2	8	5	**15**
Encoches	0	8	8	**16**
Denticulés	2	16	19	**37**
Éclats retouchés	1	8	7	**16**
Total	**5**	**40**	**39**	**84**

Table 98 : Grotta Mario Bernardini, couche B, décompte typologique et proportion de l'outillage selon les différents niveaux.

Nous avons analysé 84 pièces retouchées, toutes provenant de la couche B. La typologie illustrée dans le tableau 113 nous montre une très forte prédominance du groupe des encoches et des denticulés, qui représentent environ 65 % du total des outils.

Il nous semble probable que les outils que nous avons analysés ont échappé à la sélection pratiquée par Borzatti pour la publication. La typologie de la couche B présentée par Borzatti est présentée dans les tableaux ci-dessous (Table 99).

Aucune corrélation entre les proportions des différents outils dans les deux assemblages n'est possible. Pour les raisons expliquées ci-dessus, nous avons fait un essai de croisement des données pour avoir un regard général sur l'outillage de la couche B de Mario Bernardini.

Table 99 : Grotta Mario Bernardini, couche B, décompte typologique et proportion de l'outillage selon les différents niveaux (d'après les données de Borzatti 1970, 1971).

Typologie	B1	B2	B3	B4	N	%
Racloirs	13	18	47	6	84	34
Pointes	2	8	14	0	24	10
Troncatures	1	5	5	0	11	5
Grattoirs	2	2	3	0	7	3
Denticulés	3	29	30	4	66	27
Éclats retouchés	1	19	26	4	50	21
Total	**22**	**81**	**125**	**14**	**242**	**100**

Typologie	B1	B2	B3	N	%
Racloirs	17	34	66	117	37
Encoches					
Denticulés	5	53	57	115	37
Grattoirs	2	2	3	7	2
Troncatures	1	5	5	11	4
Éclats retouchés	2	27	33	62	20
Total	**27**	**121**	**164**	**312**	**100**

Table 100 : Grotta Mario Bernardini, couche B, décompte typologique et proportion de l'outillage selon les différents niveaux d'après le croisement des données de Borzatti 1970, 1971 et les nôtres.

Voici un possible tableau définitif (Table 100) qui croise les données de Borzatti et les nôtres :

Toutefois, cet essai de croisement des données typologiques qui ont comme référentiel la typologie Bordes et la typologie Laplace, pose de grands problèmes à cause des critères différents qui ont contribué à la définition des outils. Par exemple, la catégorie des « pointes » de la typologie Laplace n'est pas automatiquement convertible racloirs convergents, comme nous l'avons constaté à travers les planches publiées. En outre, les encoches et les denticulés ont été classés ensemble par Borzatti, mais ces catégories d'outils ne sont pas toujours de fonction similaire (Thiebaut 2005). De plus, certaines catégories d'outils ne trouvent pas de correspondance avec la typologie Bordes, comme par exemple les racloirs sinueux. Toutes ces raisons nous ont fait considérer comme aléatoire une considération globale de l'industrie. Finalement, le tableau présenté ici peut être sujet à un fort biais.

Notre analyse va donc se limiter à l'assemblage que nous avons étudié et à une description concise des autres types faite à partir de la publication de Borzatti.

La catégorie majeure d'outils examinés est celle des **denticulés** (N = 37). Leurs supports sont des éclats le plus souvent Levallois (78 %) et fins (épaisseur moyenne 6,5 mm). Ils sont constitués pour la plupart par une série de deux, trois encoches, parfois clactoniennes et sont rarement issus de micro-denticulations. La matière première est pour 50 % en calcaire siliceux (N = 19) et pour 50 % en calcaire (N = 18). Par contre, il faut remarquer que Borzatti mentionne 17 denticulés en silex. Une forte sélection des supports est évoquée pour cette catégorie typologique.

En ce qui concerne les **encoches**, certains paramètres de sélection des supports ont été relevés, car 62 % d'entre elles ont été obtenues à partir d'éclats Levallois peu épais. Une seule encoche en matière première exotique a été retrouvée. Il s'agit d'une encoche en jaspe vert, de dimensions très petites (longueur maximale 2 cm) et sur éclat Levallois unipolaire.

Les racloirs examinés sont au nombre de 15, dont 7 convergents, 4 simples rectilignes, un double rectiligne et un simple convexe. Ils sont issus d'un débitage Levallois (N = 6) ou opportuniste (N = 8). Les dimensions moyennes étant de 3 cm et leur épaisseur de 0,8 cm, mais quelques pièces de dimensions plus grandes (5-6 cm environ) sont présentes, réalisées à partir de plaquettes de calcaire siliceux. La retouche est écailleuse, parfois écailleuse scalariforme. La matière première utilisée est en effet le calcaire siliceux (N = 8) ou le calcaire (N = 5).

Seule une pièce en silex sur banc local est présente, c'est-à-dire un racloir déjeté issu du débitage Levallois. Les 7 racloirs convergents montrent une intensité de retouche de forte à moyenne, les autres types étant retouchés de façon plus légère.

D'après Borzatti, les racloirs de la couche B sont surtout simples (N = 51), ensuite doubles (N = 17). Les transversaux, déjetés et convergents ont des fréquences plus basses.

Aucune étude sur la réduction des outils et sur le degré de *curation* dans l'assemblage n'est possible à partir des données disponibles.

L'outillage de la couche B décrit par E. Borzatti ne s'éloigne pas trop, quant à la typologie, des autres sites régionaux (Table 101). Les racloirs ne montrent pas un degré élevé de réduction, exception faite pour les types convergents. Diversement, les racloirs expédients sur

Typologie Racloirs (Borzatti 1970, 1971)	B1	B2	B3	Total
Racloirs simples rectilignes	4	4	7	**15**
Racloirs simples convexes	2	7	17	**26**
Racloirs simples concaves	0	1	3	**4**
Racloirs simples sinueux	0	3	3	**6**
Racloirs doubles	6	0	7	**13**
Racloirs doubles concaves	0	0	0	**0**
Racloirs doubles convexes	0	1	1	**2**
Racloirs doubles sinueux	0	0	2	**2**
Racloirs transversaux rectilignes	1	0	3	**4**
Racloirs transversaux convexes	0	1	0	**1**
Racloirs déjetés	0	1	4	**5**
Pointes moustériennes	2	8	0	**10**

Table 101 : Grotta Mario Bernardini, couche B, décompte typologique et proportion des racloirs selon les différents niveaux (d'après les données de Borzatti 1970, 1971).

plaquette sont assez abondants, issus d'un débitage opportuniste et présentant une faible modification des bords. Une des caractéristiques typologiques de cet assemblage est l'absence des limaces, pourtant très communes dans les sites environnants. De même, les pointes ne sont pas très nombreuses et présentent un niveau de réduction moyen.

Globalement, l'assemblage de la couche B de Mario Bernardini nous semble répondre à des stratégies d'occupation et d'aménagement de l'outillage différentes par rapport à la Grotta Uluzzo C ou à d'autres sites analysés. Le degré de *curation* de l'outillage est très faible et au contraire un certain opportunisme dans l'exploitation des matières premières est avéré. Aucun indice ne montre la présence d'outils suscepti-bles d'une forte mobilité, ni d'une durée de vie importante.

En ce qui concerne la typologie des couches A et D, seulement quelques petites différences typologiques sont à remarquer.

La **couche A** (Graphiques 61 et 62, Tables 102 et 103) qui touche le passage entre Moustérien et Uluzzien, ne montre aucune particularité typologique par rapport à la couche sous-jacente. Nous considérons ici seulement les niveaux de base de la couche, qui ont été attribués au Moustérien. Les outils ne sont pas abondants (N = 77). L'assemblage est dominé par le groupe des denticulés et par les racloirs. Le plus souvent il s'agit de denticulés à micro-denticulation. Les racloirs sont simples ou doubles et la retouche souvent écailleuse et parfois scalariforme. Les éclats à retouche partielle constituent 29 % des outils.

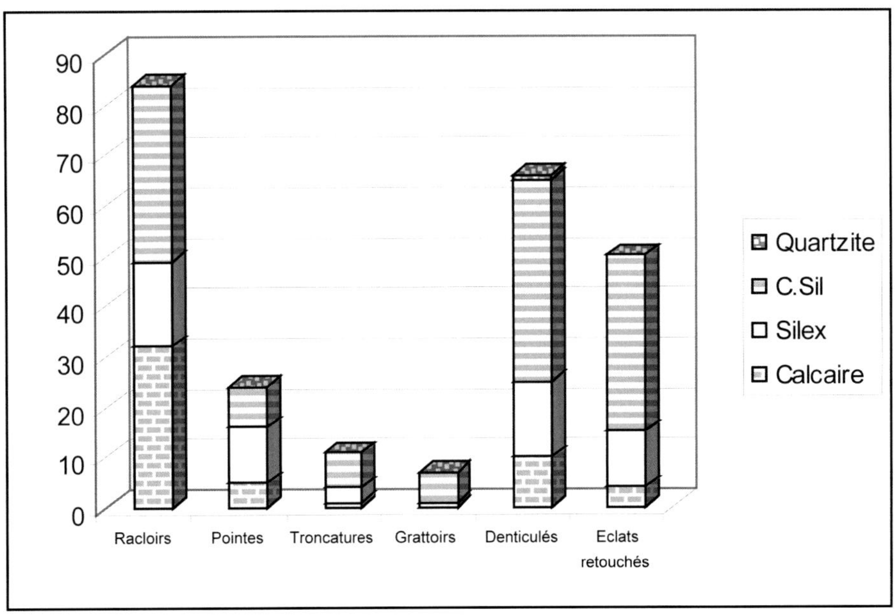

Graphique 61 : Grotta Mario Bernardini, couche A, fréquences de l'outillage selon les différentes matières premières.

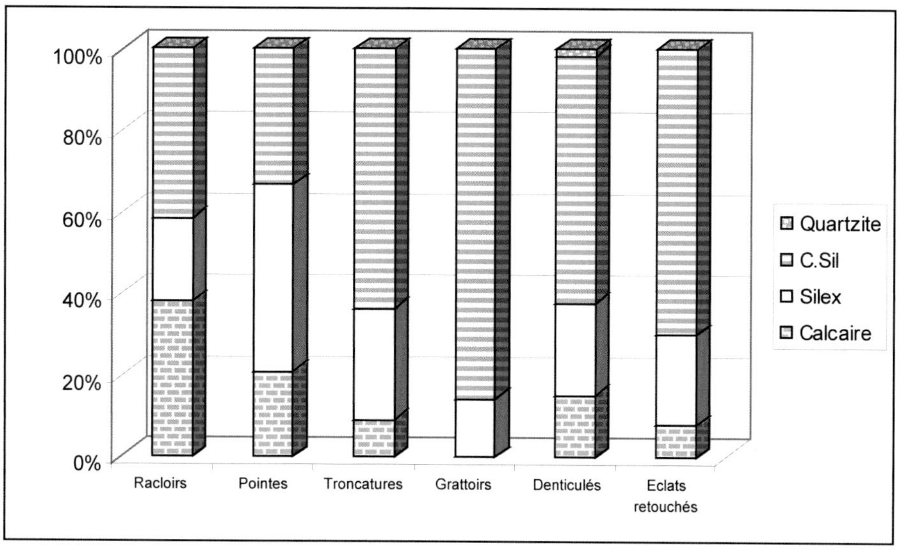

Graphique 62 : Grotta Mario Bernardini, couche A, proportion de l'outillage selon les différentes matières premières (d'après les données de Borzatti 1970, 1971).

Typologie A	N	%
Racloirs	21	27
Pointes	7	9
Troncatures	2	3
Denticulés	25	32
Éclats retouchés	22	29
Total	**77**	**100**

Table 102 : Grotta Mario Bernardini, couche A, décompte typologique et proportion de l'outillage (d'après les données de Borzatti 1970, 1971).

Typologie	AVI	AVII	AVIII	AIX	N	%
Racloirs	3	9	7	2	21	27
Pointes	3	0	2	2	7	9
Troncatures	1	0	1	0	2	3
Denticulés	5	2	15	3	25	32
Eclats retouchés	5	7	8	2	22	29
Total	**17**	**18**	**33**	**9**	**77**	**100**

Table 103 : Grotta Mario Bernardini, couche A, décompte typologique et proportion de l'outillage selon les différents niveaux (d'après les données de Borzatti 1970, 1971).

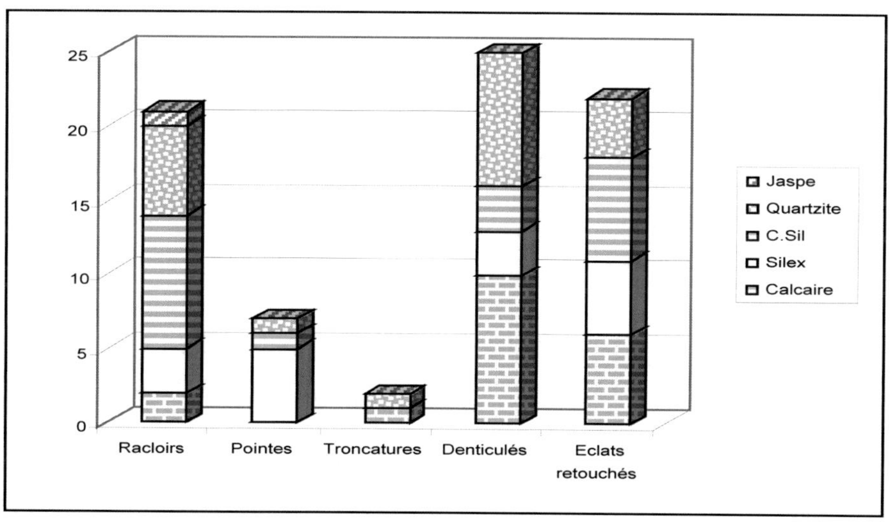

Graphique 63 : Grotta Mario Bernardini, couche B, fréquences de l'outillage selon les différentes matières premières.

Concernant les matières premières, il n'existe pas de catégories d'outils qui sont fabriquées à partir d'une matière première exclusive. Globalement, le calcaire n'est plutôt pas commun. La présence d'un nombre de denticulés en quartzite est à remarquer. Les outils convergents sont fabriqués le plus souvent à partir

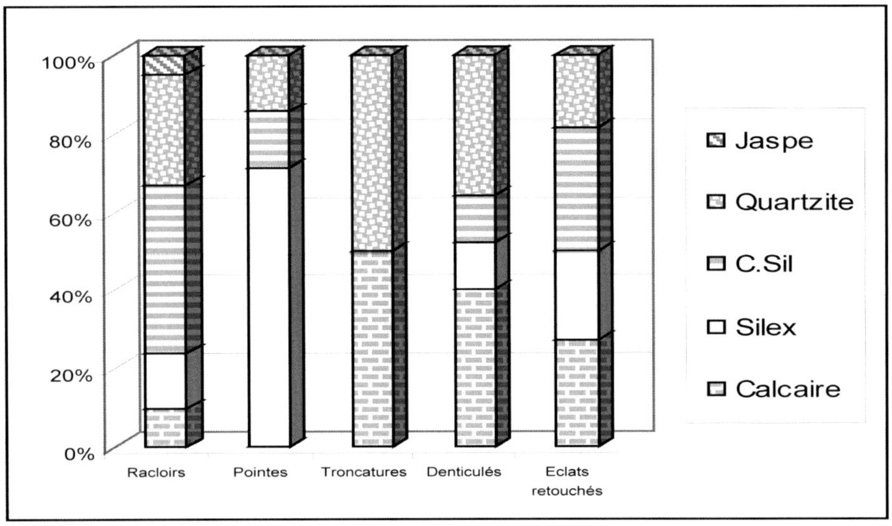

Graphique 64 : Grotta Mario Bernardini, couche B, proportion de l'outillage selon les différentes matières premières.

de matières premières d'origine lointaine (silex et quartzite) et seulement dans un cas sur calcaire siliceux.

La **couche D** (Table 104, Graphiques 65 et 66) se différencie typologiquement des autres par l'absence de troncatures, et la présence de deux bifaces et d'une « *plane* ». Ces outils sont définis sur la base de la typologie utilisée par Bottet et Bottet (Bottet et Bottet 1951a) sur le site de la Baume Bonne, qui a initié la définition de Quinsonien.

De plus, l'industrie sur coquillage marin a été retrouvée seulement dans cette couche. L'impression donnée par les planches de Borzatti 1971 est celle d'une plus grande réduction des outils dans la couche D. Cette dernière est corrélée chronologiquement par Palma (1996) et par Borzatti à la couche G de la grotte Uluzzo C.

La retouche est écailleuse et parfois scalariforme. Certains racloirs sont obtenus par retouche alterne rasante. Les racloirs expédients sur plaquette de calcaire siliceux sont plutôt communs.

Les racloirs sur coquillages sont obtenus par enlèvements directs et/ou alternes, le plus souvent sur le bord naturel de la valve.

VII.8 Typologie économique du site

Une certaine intégrité de la chaîne opératoire en matières premières locales est attestée à la Grotta M. Bernardini, exception faite pour les éclats de décorticage, comme nous l'avons déjà remarqué plus haut.

La chaîne de retouche est attestée par les outils et par les éclats de retouche isolés parmi les débris.

MP	Calcaire	Silex	C. sil	Quartzite	C. chione	N
D1	9	1	22	0	0	32
D2	48	18	46	2	4	118
D3	22	33	58	0	32	145
D4	12	13	50	0	9	84
D5	4	6	25	1	0	36
D6	2	2	37	0	0	41
D7	16	17	23	0	0	56
D8	9	9	20	0	0	38
D9	18	14	22	1	0	55
D10-11	19	20	44	1	0	84
D12	16	8	26	0	0	50
D13	15	6	11	0	0	32
Total	**190**	**147**	**384**	**5**	**45**	**771**

Table 104 : Grotta Mario Bernardini, couche D, décompte des différentes matières prèmières selon les niveaux (d'après les données de Borzatti 1970, 1971).

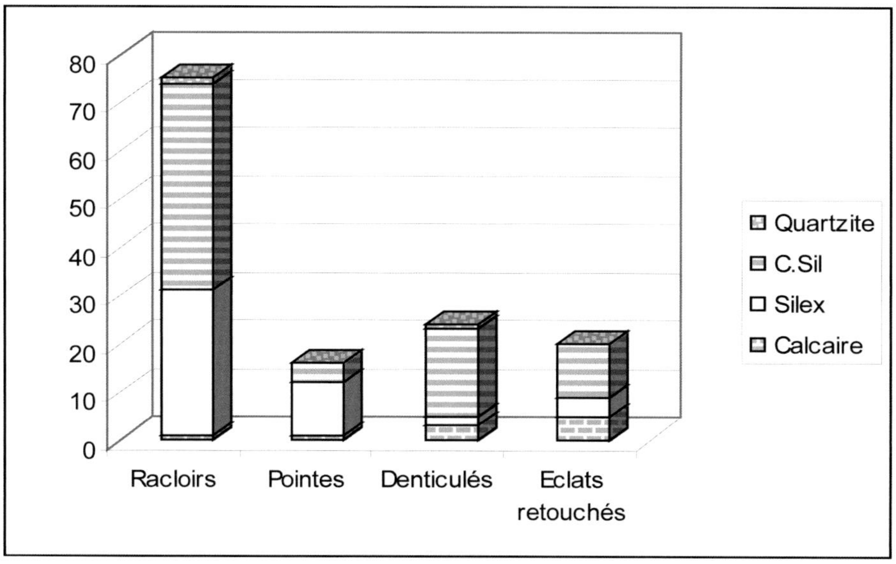

Graphique 65 : Grotta Mario Bernardini, couche D, fréquences de l'outillage selon les différentes matières premières (d'après les données de Borzatti 1970, 1971).

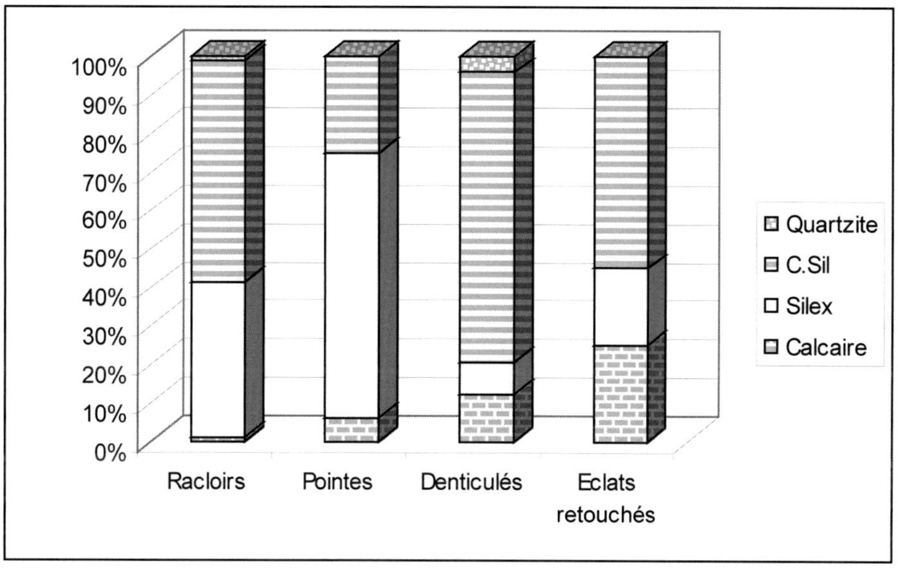

Graphique 66 : Grotta Mario Bernardini, couche D, proportions de l'outillage selon les différentes matières premières (d'après les données de Borzatti 1970, 1971).

Les phases liées à l'abandon des outils (fractures, altérations dues à la combustion, etc.) sont représentées et 26 % des pièces sont fragmentaires tandis que 50 pièces portent des traces de combustion. Néanmoins, une certaine fraîcheur de l'industrie a été remarquée.

Par contre, en ce qui concerne les matières premières non locales, qui sont présentes dans l'assemblage publié par Borzatti et, en mesure mineure, dans celui que nous avons étudié, les chaînes opératoires ne sont pas complètes.

Une certaine quantité d'éclats en silex (N = 315) est en effet mentionnée par Borzatti (Borzatti von Lowerstern 1970) dont seulement expressément 20 d'origine locale. Concernant les pièces restantes nous ignorons l'origine du silex. Dans notre échantillonnage elles se limitent à 21 pièces au total, ne respectant pas la proportion de l'assemblage publié, mais cela n'est pas étonnant si l'on considère que l'échantillon est surtout biaisé au niveau des produits retouchés.

Quant au quartzite, il s'agit d'une matière première de provenance lointaine, qui est cependant présente et parfois bien représentée.

Encore une fois, le croisement des données issues des anciens travaux avec les nôtres, la difficulté d'un échantillonnage biaisé, l'impossibilité d'évaluer le volume du dépôt fouillé, sont des contraintes qui limitent fortement les perspectives interprétatives de ce travail. Cependant, il nous semble avéré que le site de Mario Bernardini montre une très forte exploitation des matières premières disponibles *in situ* et une technologie qui s'adapte bien aux contraintes imposées par celles-ci.

VII.9 Modalités d'occupations

Les données illustrées jusqu'ici nous montrent un aperçu des interprétations possibles des occupations humaines de la grotte. Celle-ci a été utilisée sur un long espace temporel et a sans doute rempli des fonctions différentes au fil du temps.

Pendant le dépôt de la couche B, l'occupation humaine ne semble pas très intense, étant donné le faible nombre de vestiges récoltés. Cependant, seulement la fouille extensive de toute la surface de la grotte nous donnera une image plus précise de l'intensité de l'occupation.

Une hypothèse sur la fonction du site nous semble, en l'état actuel des recherches, sans doute hasardeuse. La méconnaissance des données fauniques est un handicap lourd pour ce genre d'interprétation, car nous ignorons quel type de chasse était pratiqué et quel type de transport sur le site. De plus nous ignorons tout de la possible saisonnalité de l'occupation.

Les chaînes opératoires examinées nous montrent une bonne maîtrise de la matière première, visant à la production du plus grand nombre possible de supports, qui révèlent par leur morphologie le soin mis à leur production. Les éclats Levallois allongés sont le produit-clé de cette chaîne opératoire. Par contre, une occupation très large du territoire n'est pas suggérée par les données disponibles. Les matières premières majoritairement locales participent à cette idée, ainsi qu'un certain caractère expédient du débitage.

Il nous semble pourtant exclus que la couche B soit issue d'une occupation résidentielle de longue durée, qui aurait conduit au dépôt d'un palimpseste. Nous penchons plutôt en faveur d'un site lié à des tâches spécifiques qui actuellement nous échappent ou bien à une occupation de courte durée, probablement saisonnière.

La couche B reste quand même la plus intensément fréquentée parmi les couches archéologiques.

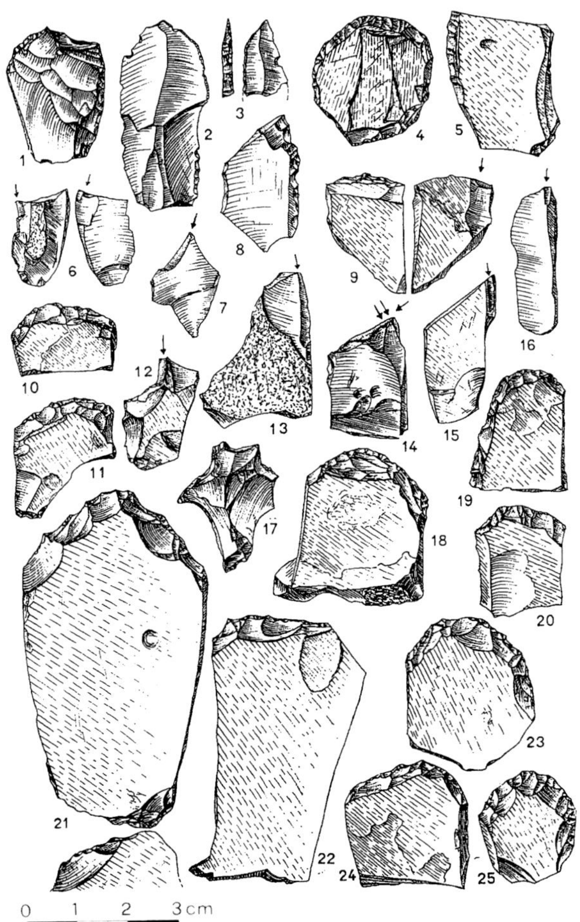

Figure 93 : Outils de la couche A Grotta Mario Bernardini, modifié d'après Borzatti 1970.

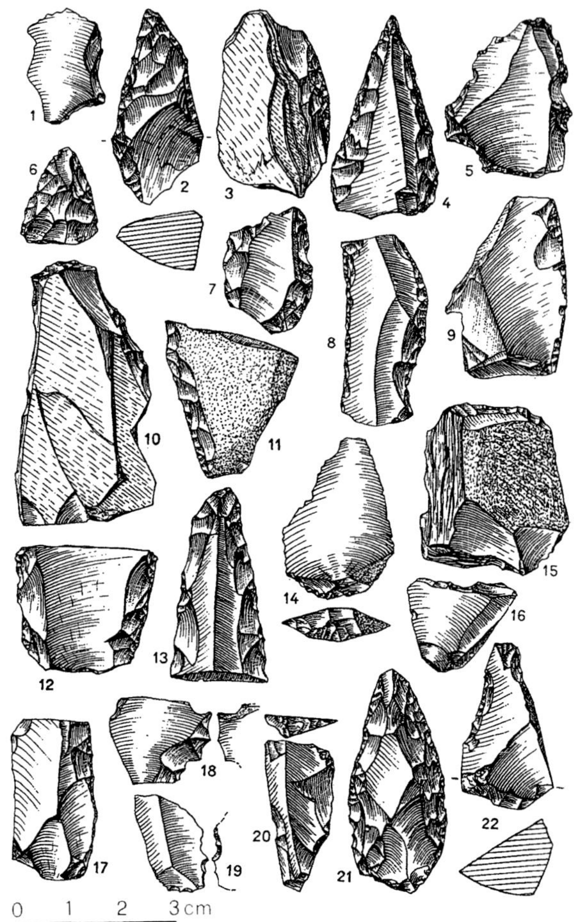

Figure 94 : Outils de la couche A Grotta Mario Bernardini, modifié d'après Borzatti 1970.

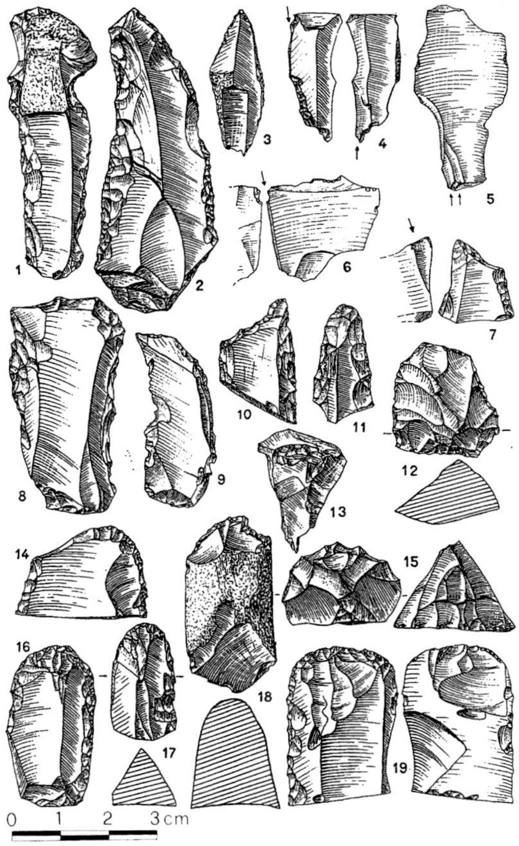

Figure 95 : Outils de la couche A Grotta Mario Bernardini, modifié d'après Borzatti 1970.

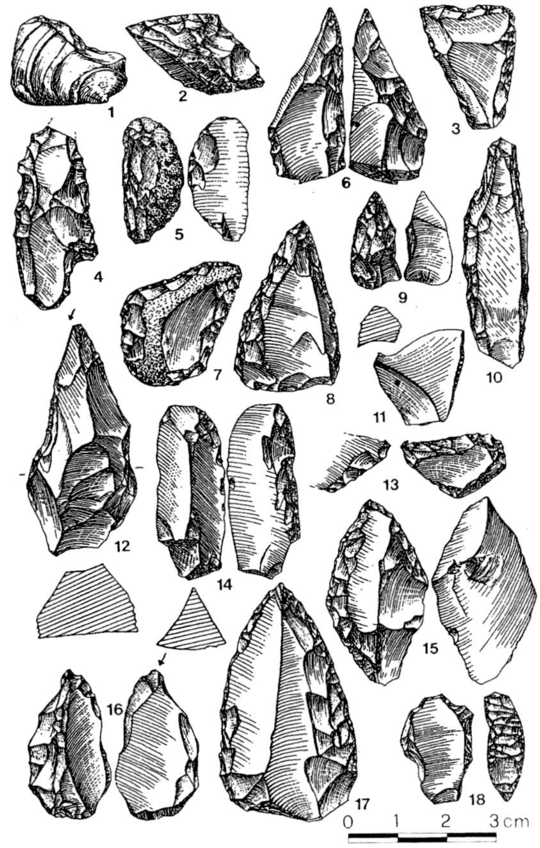

Figure 97 : Industrie de la couche D Grotta Mario Bernardini, modifié d'après Borzatti 1971.

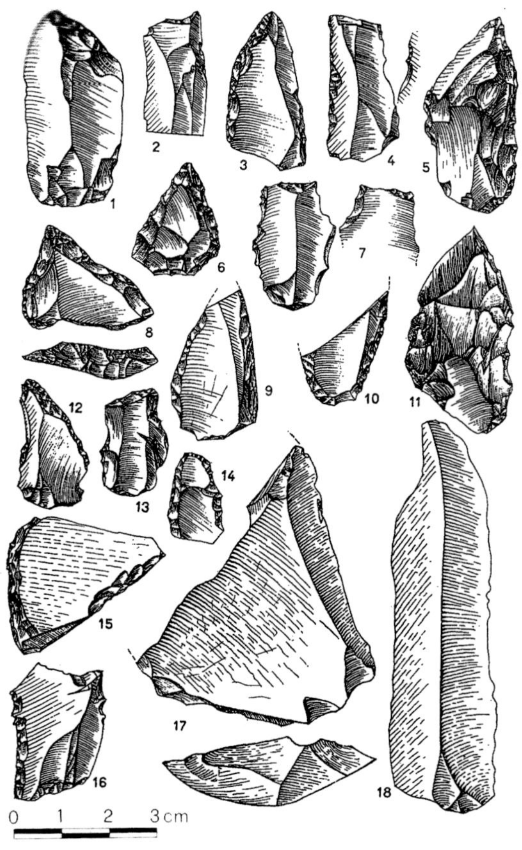

Figure 96 : Industrie de la couche B Grotta Mario Bernardini, modifié d'après Borzatti 1970.

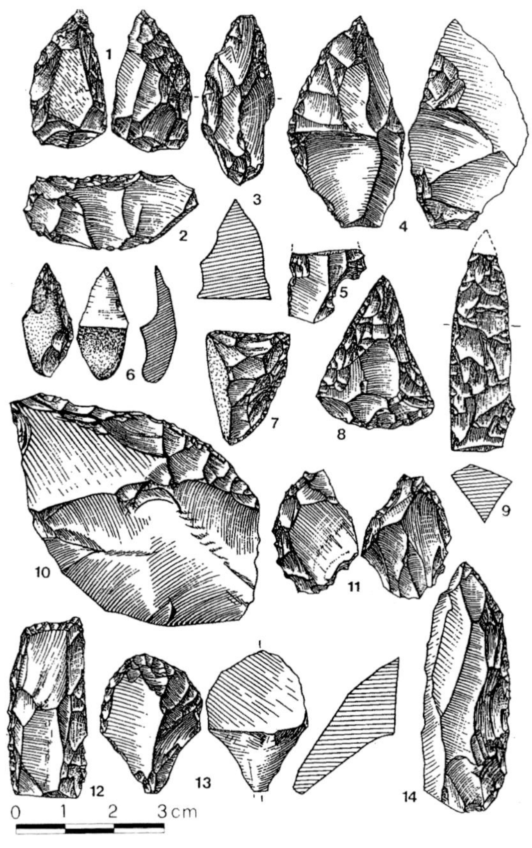

Figure 98 : Outils de la couche D Grotta Mario Bernardini, modifié d'après Borzatti 1971.

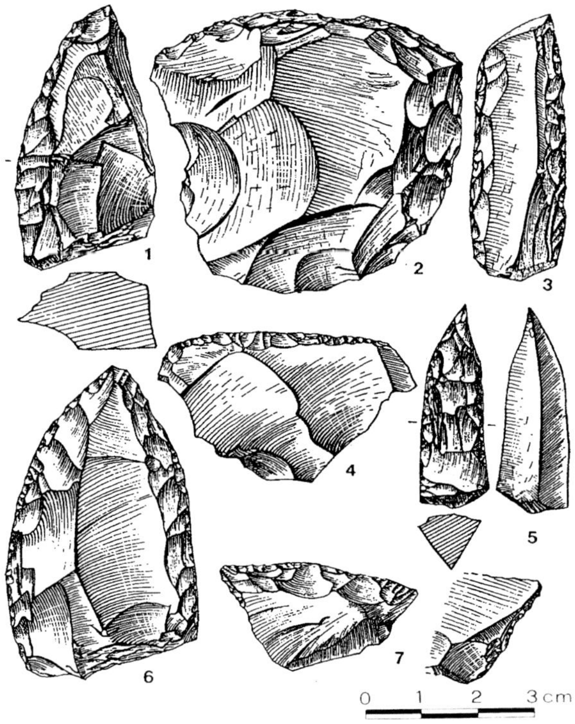

Figure 99 : Outils de la couche D Grotta Mario Bernardini, modifié d'après Borzatti 1970.

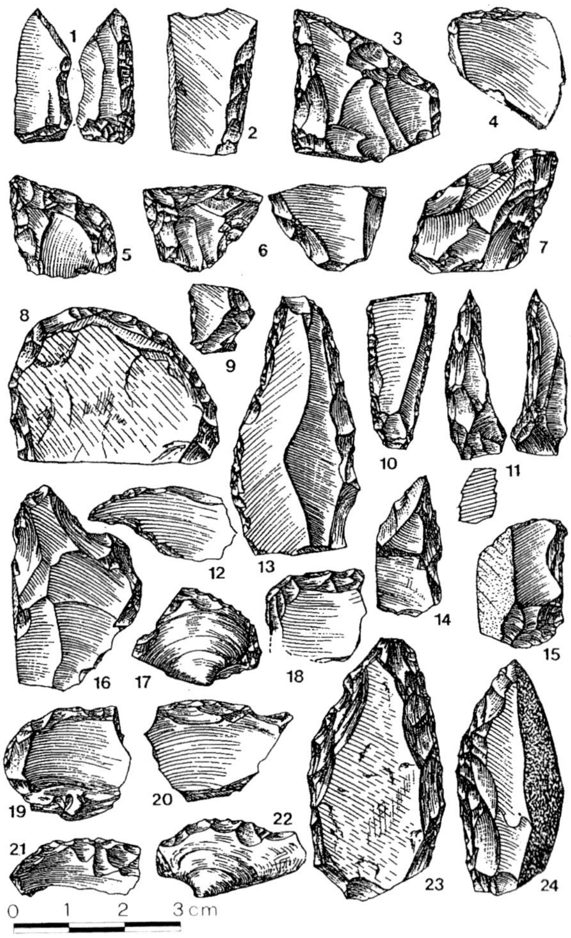

Figure 100 : Outils de la couche D Grotta Mario Bernardini, modifié d'après Borzatti 1971.

Quatrième partie
Revue documentaire

IV.I Introduction

L'analyse des séries lithiques moustériennes du Salento est suivie ici par une revue documentaire de tous les sites qui n'ont pas pu faire l'objet d'une analyse *de manu*. Ces sites comprennent des petites séries peu publiées, tels que Fondo Cattìe et S. Ermete, ainsi que les assemblages emblématiques de la région, tel que Grotta del Cavallo. La revue documentaire comprend un résumé des données disponibles concernant la stratigraphie, les restes fauniques et d'autres études éventuelles. La revue des données publiées de l'industrie lithique constitue un essai visant à mettre celles-ci en relation avec les autres données disponibles, afin d'en révéler les aspects communs et les différences, en accord avec les possibilités intrinsèques des publications.

IV.II Grotta del Cavallo

II.1 Introduction et historique des recherches

La Grotta del Cavallo s'ouvre dans la zone ionienne de la presqu'île salentine, sur la côte rocheuse de la baie d'Uluzzo. Le paysage environnant la grotte présente une morphologie douce, avec un plateau calcaire qui ne dépasse pas l'altitude de 60 m au-dessus du niveau de la mer. La grotte a été découverte par C. Cosma en 1960 et ensuite explorée pendant les prospections de terrain encouragées par le Musée de Paléontologie de Lecce pendant les saisons 1960-61 (Palma di Cesnola 1963, 1964). Le premier sondage a été réalisé en 1961 par A. Palma di Cesnola et E. Borzatti. Il s'agissait d'une tranchée de 1 m de profondeur, côtoyant la paroi N-E de la grotte.

L'ouverture de la grotte est orientée au N-O et le porche est large de 5 m et haut de 2,50 m environ. Le plan de la cavité présente une forme approximativement circulaire, d'un diamètre de 9 m.

Durant la campagne de fouille 1963, une tranchée de 2,50-3 m de large fut ouverte, qui atteignit une profondeur de 2 m sur toute la surface et de 3 m environ sur une surface d'un mètre carré. Au cours de cette première fouille, le dépôt moustérien n'a été touché que dans la partie sommitale de sa dernière couche (FI). Pendant la deuxième campagne, en 1964, la fouille atteignait la couche moustérienne I sur une surface plus ample (2 x 1 m). Dans les deux campagnes suivantes, 1965-1966, l'élargissement de la tranchée et la fin du sondage du dépôt moustérien furent accomplis (Palma di Cesnola 1965b).

En guise de stratigraphie définitive, nous reportons ici la description stratigraphique effectuée par Palma di Cesnola en 1996 (Palma di Cesnola 1966). La base du remplissage est représentée par une plage marine tyrrhénienne, située à environ 5 m d'altitude, à blocs arrondis et à galets enveloppés dans un sable très concrétionné (NII). Cette plage a été partiellement érodée, probablement au cours d'une transgression marine successive qui a ensuite laissé, dans les cavités produites par l'érosion, du sable incohérent riche en coquilles. Le dépôt moustérien repose sur ce sédiment marin, ainsi que sur les lambeaux de la plage plus ancienne. De bas en haut, la séquence est la suivante :

- horizon M IV-III : sédiment argilo-sableux rougeâtre, contenant des fragments de stalactites tombés du plafond. À la base, existe un cailloutis abondant, en partie cimenté au sommet. La faune comprend du rhinocéros de Merck et du cheval, fréquents à la base, et de l'aurochs, du cerf élaphe et du daim, fréquents au sommet (Palma di Cesnola 1966).
- horizon M II-I : sédiment très argileux rougeâtre, au sommet, à détritus calcaires cimentés et altérés. La faune appartient presque entièrement au milieu forestier (cerf et daim).
- couche L : rouge à tendance brunâtre (en raison de sa richesse en substance organique) au sommet, à cailloutis anguleux abondants, d'origine cryoclastique. La faune est très semblable à celle du niveau sous-jacent.
- horizon I 3-2 : sable rouge d'origine éolienne, stérile, totalement dépourvu de cailloutis à la base.
- horizon I 1 : cailloutis cryoclastique enveloppé dans un sédiment rougeâtre, avec majoritairement une faune de prairie (cheval) et de milieu ouvert (bouquetin).
- couche H : plancher stalagmitique enrobant un cailloutis légèrement altéré. Faune à cerf élaphe dominant, accompagné par de l'aurochs, du cheval et du bouquetin assez rares.
- couche G: sable éolien et volcanique rouge à gris clair, à aurochs et cheval. Archéologiquement stérile.
- horizon F III : sédiment rougeâtre, dans lequel s'intercale, au sommet, une lentille de sable

volcanique verdâtre. La faune se compose d'aurochs, cerfs, sanglier, cheval.

Immédiatement au-dessus, le dépôt se rapporte au Paléolithique supérieur archaïque (Uluzzien). Les variations sédimentologiques et fauniques présentées dans la séquence susmentionnée ont permis à Palma de proposer la chronologie suivante (Palma di Cesnola 1967, 1996). Dans les horizons M IV-III et M II-I, se produit un passage d'un milieu plus continental et ouvert (fin du « Würm I » ?) à un milieu plus forestier et humide (début de l'interstade « Würm I-II » ?). Ce même interstade serait représenté par la couche sur jacente L, où une tendance vers un climat continental suggère cependant, à la fin, la phase initiale du « Würm II ». Ce stade, froid et aride, paraît bien être documenté par le sable de I 3-2 et le cailloutis de I 1, ainsi que par l'abondance du cheval et la présence du bouquetin. Cette phase à caractère continental marqué semble cependant être brusquement interrompue par le plancher stalagmitique de la couche H, qui marque peut-être l'oscillation plus tempérée et humide du « Würm II a- II b ».

Les sédiments éoliens volcaniques de la couche sus-jacente G pourraient correspondre à la deuxième partie du « Würm II » d'après Palma. En effet, une récente datation du niveau volcanique **tephra X5** a donné un âge de **108 ka**, correspondant à un moment froid du stade 5 (B. Giaccio, communication personnelle, 2008).

Ensuite, les horizons F III et F II -I, qui fournissent des indications de milieu en partie forestier, devraient s'inscrire dans l'interstade « Würm I-II », vers la fin duquel le Moustérien cède la place à l'Uluzzien.

La séquence stratigraphique de cette Grotte, avec les interprétations fournies par Palma di Cesnola, a constitué jusqu'à présent quasiment le seul référentiel pour l'étude des séries lithiques du Salento. Les élèves de Palma et de Borzatti ont repris cette séquence et y ont adapté leurs données, accomplissant à chaque travail une corrélation avec la séquence culturelle de cette grotte. Aujourd'hui cette approche nous semble restrictive, pour la forte connotation typologique qui est à la base de la chronologie et de toutes les interprétations conséquentes.

II.2 Les nouvelles fouilles

La fouille du dépôt moustérien a été reprise en 1986 sous la direction de Sarti (Sarti 1987-88, 1993, 1994) et continue jusqu'à présent. Cette nouvelle exploration se proposait d'élargir la surface fouillée, qui dans les anciennes fouilles se limitait à une tranchée, jusqu'à une surface de 12 m^2, et en même temps de vérifier les hypothèses de Palma sur la séquence culturelle du dépôt.

Les premiers résultats publiés relatifs aux nouvelles fouilles concernent la couche F (Sarti *et al.* 1998-2000), qui, en accord avec Palma, a été divisée en trois horizons, ainsi décrits :

- FI (10 cm) sédiment à matrice sablo-limoneuse rougeâtre concrétionné, séparé de la couche superposée par un mince niveau de sables volcaniques de couleur verte.
- FII (40 cm) sédiment à matrice sablo-limoneuse sans concrétions avec des rares cailloutis calcaires.
- FIII (50 cm) sédiment rouge gris plus argileux, riche en charbons.

La fouille de l'horizon FIII a été conduite en divisant des différentes paléosurfaces (a, b, c etc.) La paléosurface FIII e est caractérisée par la présence d'un foyer et s'appuie directement sur la couche G sous-jacente.

En outre, la stratigraphie de la couche I a été ainsi décrite (Sarti *et al.* 2002) :

- I 1A niveau sablo-argileux de couleur rougeâtre avec cailloutis de dimensions moyennes. Il a été interprété comme une paléosurface. Rares vestiges.
- I 1B niveau sablo-argileux rougeâtre foncé, avec cailloutis.
- I 1C niveau sablo-argileux rouge foncé avec rares cailloutis.
- I 2A niveau argileux rouge foncé avec abondants cailloutis. Il a été interprété comme une paléosurface.
- I 2B niveau rouge clair avec abondant cailloutis fortement altéré. Plusieurs zones de combustion non structurées.
- I 2C niveau sableux rouge. Rares vestiges.
- I 3A niveau sablo-argileux rougeâtre, dépourvu d'éléments calcaires. Paléosurface caractérisée par une structure de combustion organisée, avec des grosses pierres probablement alignées.
- I 4 niveau sableux rouge, sans industrie et avec de rares vestiges fauniques.

II.2.1 La faune

L'analyse de la faune de la couche F a été conduite par Boscato et publiée en 2000. Elle concerne exclusivement les matériaux provenant des nouvelles fouilles, en raison des difficultés de corrélation avec les niveaux des fouilles faites de Palma di Cesnola. Cette analyse des faunes est particulièrement importante dans le cadre de notre recherche car elle est la seule complète pour un site moustérien du Salento et mérite donc d'être examinée en détail.

Les ossements présentent un fort degré de fragmentation, en partie dérivant des fracturations intentionnelles pratiquées pour l'extraction de la moelle. Cette fragmentation a fortement affecté le pourcentage de restes déterminables qui sont au total 939, dont 870 d'ongulés, auxquels il faut ajouter deux espèces de carnivores (*Vulpes vulpes* et *Felis silvestris*) et un lagomorphe (*Lepus europaeus*).

Parmi les ongulés, la distribution des parties anatomiques présente une majorité de dents, qui, associées aux autres parties du crâne, forment 69,7 % du total. Les éléments anatomiques provenant des membres inférieurs sont au contraire étonnement rares (9 %). Très rares sont également les parties relatives à la portion axiale du squelette (vertèbres, côtes). Cela porte à supposer que durant la phase de boucherie des carcasses, les parties terminales des membres ont été éliminées et que le transport dans la grotte concernait seulement les crânes et les os longs, dont la quantité est difficile à estimer en raison du degré élevé de fragmentation. L'absence de traces de rongement sur ces os atteste une faible contribution des carnivores à la fragmentation des ossements en question. En outre, un certain nombre de restes indéterminables porte des traces de combustion.

L'aurochs (*Bos primigenius*) est l'espèce la mieux représentée dans cette couche, avec 394 éléments. La fréquence de dents isolées est très importante (68,7 %) Deux fragments présentent des traces de boucherie : un os hyoïde avec des incisions sur la partie médiane, résultat de la désarticulation de la langue de l'animal et un fragment d'hémimandibule.

Le cerf est la deuxième espèce la plus commune, ayant une fréquence plus importante dans les couches supérieures. Sa diminution dans la partie basale s'accompagne d'une forte augmentation des restes de daim (*Dama dama*), qui est présent dans tous les niveaux de la couche F.

Le cheval (*Equus caballus*) est représenté dans l'assemblage par 130 fragments, dont 83 % sont des dents.

La présence du chevreuil est tout à fait anecdotique dans la série, ne comptant que 9 fragments déterminés, dont 4 dents.

Seulement 5 dents isolées et deux phalanges témoignent de la présence du sanglier (*Sus scrofa*).

Le renard est le carnivore le plus abondant (55 éléments), présent dans toute la couche, à l'exception du niveau F III e. De l'autre carnivore, *Felis silvestris*, seulement deux dents ont été retrouvées.

Le milieu environnant la grotte a sans doute favorisé la diffusion du cheval, incompatible avec des morphologies plus accidentées. En général, l'association faunique de la couche F est caractérisée par la présence d'un nombre restreint d'espèces d'ongulés, liés, sur le plan paléo-environnemental à un milieu de forêt mais également à un milieu plus ouvert, de prairie ou de prairie arborée. Les variations de composition végétale de ce milieu sont liées à différentes phases climatiques, discernables dans la séquence des espèces de la grotte.

La phase la plus ancienne de la couche F montre, par la présence dominante de l'aurochs, un climat relativement aride et frais, avec une faible couverture arborée. La deuxième phase (FIII d, c et b) marque une modification vers un milieu plus fermé de forêt, avec l'augmentation d'espèces telles que le Daim et le chevreuil. Dans la troisième phase (FIII a, FII, FI), une nouvelle diminution des ongulés de milieu fermé a été constatée et l'existence d'un milieu arboré plus ouvert, comme le témoigne la forte composante de restes de cerfs.

Les restes d'ossements qui proviennent des couches H et I de la Grotte del Cavallo sont issus des campagnes de fouilles 1993-96 ; ils ont été étudiés et publiés par Boscato en 2002.

La couche H est un niveau stalagmitique qui est très pauvre en restes fauniques et en industrie. La couche G, constituée par des sables volcaniques, est stérile. Donc une continuité de fréquentation de la grotte entre les couches I – H n'est pas attestée et ce constat est véritablement confirmé par les variations des pourcentages d'ongulés des deux couches.

L'échantillon analysé comporte 434 ossements dont 97 % déterminés comme ongulés. La présence occasionnelle du rhinocéros est avérée par deux fragments dentaires de petites dimensions. Le cheval est l'ongulé le mieux représenté, avec une prévalence des individus jeunes. Le sanglier est sporadique ainsi que l'aurochs. Deux fragments montrent la présence du bouquetin, classiquement associé avec un refroidissement climatique. Le cerf est l'espèce la plus abondante de la couche H (34 %) et la distribution des parties anatomiques, comme pour le cheval, comporte une prévalence de dents isolées et un total de 77 % des parties crâniennes.

Les animaux chassés étaient pour la plupart des cerfs adultes, rarement âgés. Le daim n'est pas en présence continue dans l'assemblage et montre des fréquences et une typologie des parties anatomiques semblables à celles du cerf.

L'interprétation paléoenvironnementale de Boscato suit la division en horizons. Les couches inférieures (I4, I3, I2c) sont caractérisées par une prédominance du cheval et du cerf, c'est ici que les deux fragments de rhinocéros ont été trouvés. Ces données, avec une faible présence de daim et de chevreuil, indiquent un milieu ouvert de steppe – prairie avec un climat froid de type continental. Dans les deux horizons suivants, le même milieu est présent, avec un autre refroidissement du climat attesté par la réduction du spectre faunique présent, qui se limite aux espèces du cheval (84 %) et du cerf. Il s'agit d'une situation climatique très remarquable dans les contextes de l'Italie du Sud, qui le plus souvent sont caractérisés par la présence conjointe de différents taxons. Au niveau de la chasse, cela implique d'après l'auteur, une probable raréfaction des espèces présentes sur le territoire, qui rendait peu productive leur poursuite : elles étaient remplacées par d'autres espèces plus communes et de la même valeur alimentaire. Donc, l'absence de certaines espèces dans la série en question implique moins leur absence dans le milieu que leur raréfaction et la difficulté de chasse qui en résulte de la part des groupes préhistoriques. Dans les deux niveaux suivants, la prédominance des deux espèces susnommées se poursuit, mais des restes de bouquetin, aurochs et daim sont sporadiquement attestés. La présence du bouquetin est remarquable comme indicateur d'un milieu accidenté, pas nécessairement élevé, mais rocheux : cela n'était pourtant pas le cas du plateau constituant l'environnement direct de la grotte. Ces remarques corrèlent ces deux horizons à la phase climatique précédente, lorsque dans l'horizon suivant (I1A) on assiste à un net changement de milieu, avec une augmentation de la température, caractérisée par la présence dominante du daim, comptant 60 % de la série. En général, les ongulés à régime forestier représentent 82 %.

La présence des cervidés est attestée également dans la couche H, qui présente le même profil climatique que l'horizon I1A.

Les os avec des traces de combustion sont quasiment absents, alors que les traces de fracturation intentionnelle sont nombreuses. Une évaluation générale de la fréquence des différentes parties anatomiques, montre l'absence quasi-totale des vertèbres et des parties distales des membres, pour toutes les espèces examinées. Cela n'est pas à imputer à une mauvaise conservation ni à l'œuvre des carnivores, mais fort probablement à un transport sélectif de certaines parties anatomiques dans le site. En effet, les traces de carnivores ne sont qu'anecdotiques, étant donné que les marques de mastication sont absentes. Les coprolithes et les restes de carnivores se limitent à 5 fragments de renard et à un seul de lynx.

Le transport sélectif dans la grotte après le lieu d'abattage et de boucherie comportait donc le crâne et les parties proximales des membres, dont les diaphyses étaient exploitées pour l'extraction de la moelle. Cela ne correspond pas à une tendance plutôt commune à d'autres sites paléolithiques italiens, tels que Grotta Paglicci, Grotta delle Mura mais aussi Grotta Romanelli, où les os du carpe et du tarse sont nombreux. Cela est interprété par l'auteur comme la conséquence d'une nécessité moins poussée de l'exploitation des ressources de moelle contenues dans les ossements des parties distales.

Les faunes des deux couches les plus anciennes du Moustérien de Grotta del Cavallo n'ont jamais été publiées de façon complète. On connaît uniquement une liste des espèces fauniques présentes.

La couche L a livré des vestiges de *Cervus elaphus* et *Dama dama*, plus fréquents, mais aussi une discrète quantité de restes de *Bos primigenius* et *Equus caballus*. Plus rarement se trouvent des vestiges de *Sus scrofa, Lepus europaeus, Erinaceus europaeus, Vulpes vulpes* et *Felis silvestris.* De nouvelles données ont été présentées par Boscato et Crezzini (2006). Le cerf constitue 43,2 % de l'assemblage faunique et les parties anatomiques présentes sont essentiellement les dents (55,4 %).

Les faunes de la couche M ne sont pas mieux connues. Les niveaux supérieurs ont restitué des fragments de cerf et de daim avec d'autres espèces de milieu arboré.

Dans les couches inférieures est présent le rhinocéros associé à des restes de cheval.

II.2.2. L'industrie lithique

Après une analyse générale, les industries lithiques présentent des spécificités par niveau (Sarti *et al.* 2017).

La couche F, subdivisée en trois unités stratigraphiques, inclue une industrie très abondante (16091 pièces décomptés sur les trois niveaux, dont 6296 fragments et 2737 éclats « génériques » non inclus dans l'étude).

Le premier niveau (Unità 1) est largement plus riche en matériel. La matière première (Graphique 67 et 68) la plus utilisée pour la confection d'outils, est le calcaire siliceux ; le silex n'est pas très abondant mais il est bien représenté, alors que le jaspe et les quartzites proviennent exclusivement de petits galets arrondis. Les modalités de débitage ne sont pas plus précisées dans la publication. Les pièces à cortex résiduel vont de 28,6 % en F I-II à 40,4 % en F III e.

En ce qui concerne les talons, ceux invisibles ou enlevés sont les plus abondants, suivis par les types lisses. Les talons préparés ne représentent que 8 % du total, mais étant donné le degré élevé de réduction de l'outillage, cet élément est sûrement biaisé par la suppression des supports non retouchés de l'analyse. Leur présence

Graphique 67 : Fréquences des diverses matières premières présentes, Grotta del Cavallo, couche F (d'après Sarti *et al.* 1998-2000).

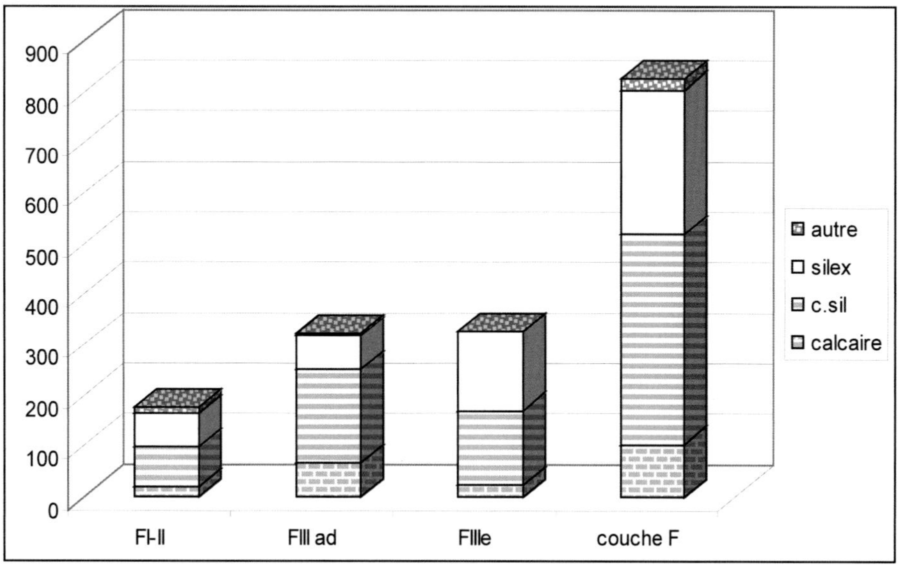

Graphique 68 : Proportions des diverses matières premières présentes, Grotta del Cavallo, couches F (d'après Sarti *et al.* 2002).

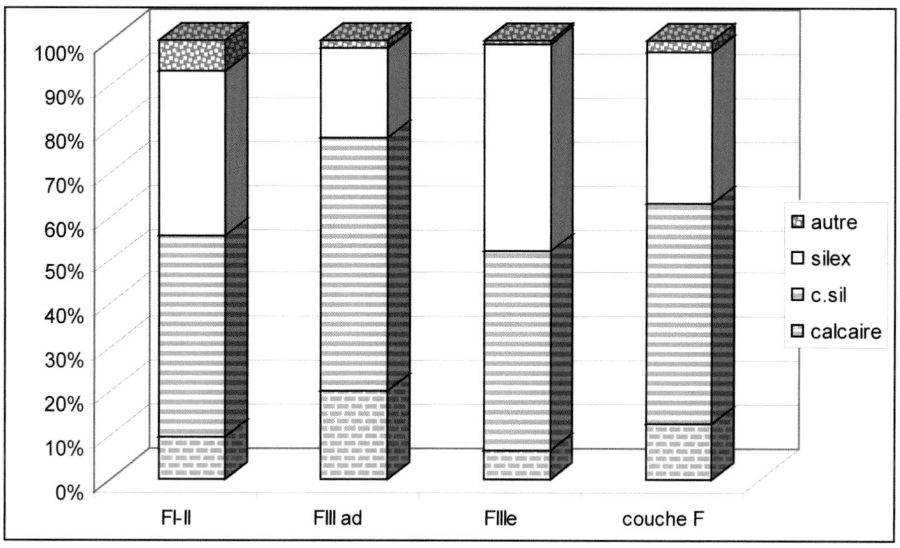

nous donne un indice de l'utilisation de la méthode Levallois. Des talons punctiformes sont également présents (environ 5 %), ainsi que des dièdres (7,4 %) qui pourraient témoigner respectivement de l'utilisation d'un percuteur tendre et d'un débitage sur enclume.

Dans les trois unités (Figures 101, 103), les **racloirs** sont les outils les plus communs (Table 105), parmi lesquels on trouve également des pièces à retouche très légère, non envahissante et des pièces retouchées plus intensément, sur un ou plusieurs bords. Les types sur plaquette y semblent assez communs : en général les racloirs sont souvent courts et les types convergents sont plutôt rares. Dans les niveaux FI-II les **denticulés** sont assez fréquents (36,7 %) (Figure 105).

Diversement, les types convergents et doubles (Figure 102) sont particulièrement importants dans le niveau F IIIa-d, dont l'outillage est formé pour 56,6 % de racloirs. Seulement 5,6 % des outils sont fabriqués à partir des plaquettes. La retouche des racloirs est présente généralement sur la totalité du bord. Dans ces niveaux, les denticulés semblent en pourcentages assez faibles (11,3 %). Les encoches sont pour la plupart petites à retouche sommaire (Figure 103-104).

Dans le niveau plus profond, FIIIe les racloirs forment encore le groupe typologique le mieux représenté, dont seulement 5,7 % sur plaquette. Dans 40 % des cas les supports sont corticaux. Les denticulés forment 7,9 % de l'assemblage.

Les trois « horizons » présentent des aspects communs, tels que la petite dimension des supports, la prévalence des talons lisses, la présence d'éclats corticaux.

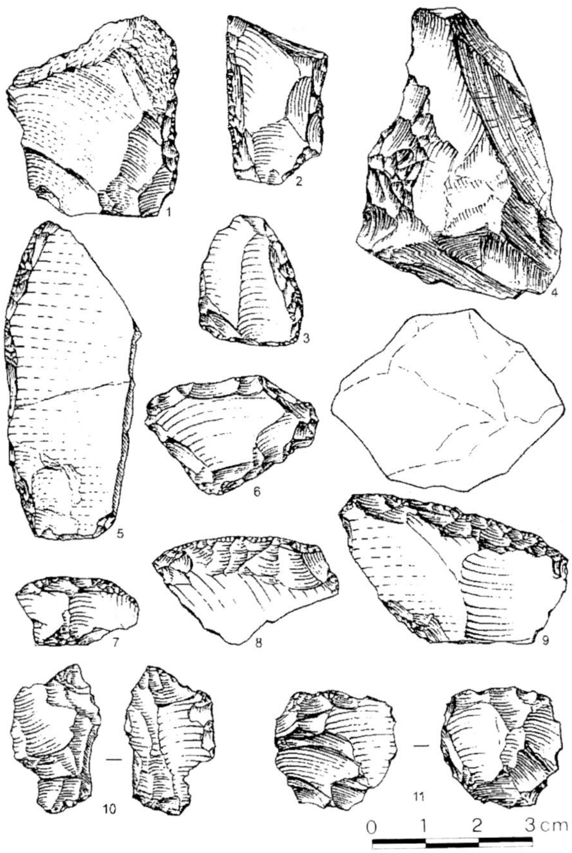

Figure 101 : Outils de la couche F, Grotta del Cavallo, modifié d'après Sarti *et al.* 1999-2000.

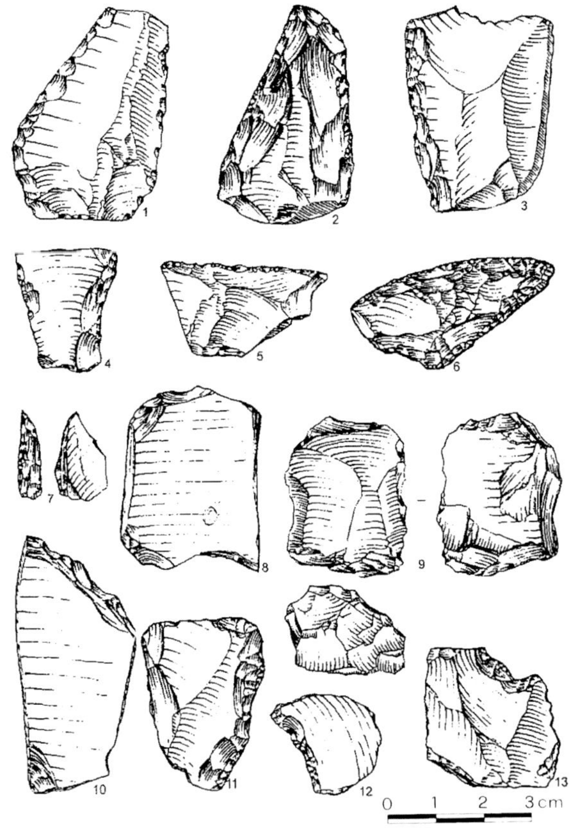

Figure 103 : Outils de la couche F, Grotta del Cavallo, modifié d'après Sarti *et al.* 1999-2000.

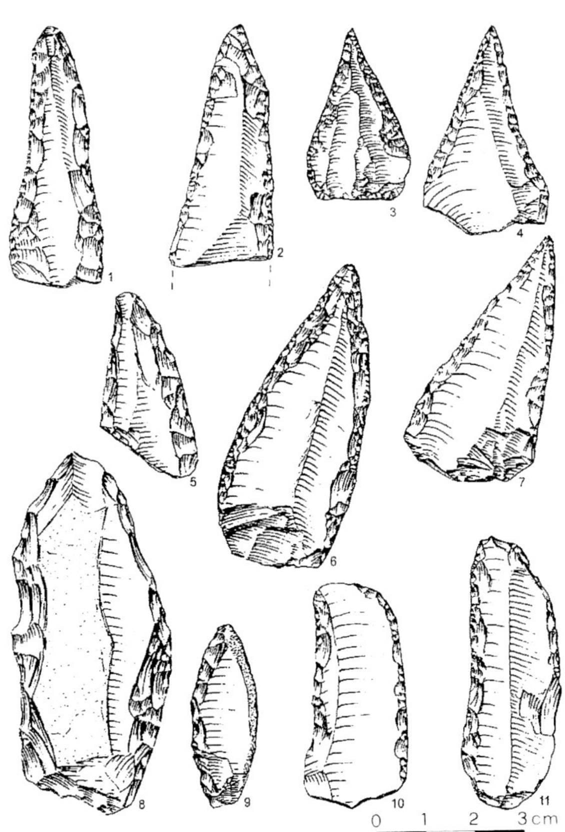

Figure 102 : Outils de la couche F, Grotta del Cavallo, modifié d'après Sarti *et al.* 1999-2000.

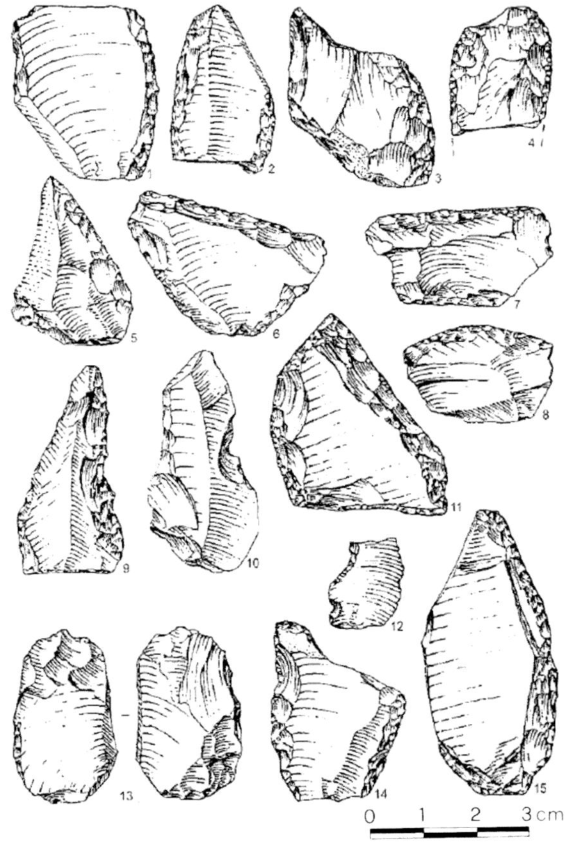

Figure 104 : Outils de la couche F, Grotta del Cavallo, modifié d'après Sarti *et al.* 1999-2000.

Table 105 : Décompte typologique de la couche F, Grotta del Cavallo, d'après Sarti *et al.* 1998-2000.

Typologie	**FI-II**	**%**	**FIII ad**	**%**	**FIIIe**	**%**
Burins	0	0	3	0,9	3	0.9
Grattois	0	0	1	0,3	0	0
Piéces tronquées	2	1,1	3	0,9	0	0
Piéces foliacées	0	0	0	0	0	0
Becs	1	0,5	0	0	0	0
Pointes	4	2,2	42	12,8	0	0
Lames racloirs	9	5	41	12,5	56	16,9
Racloirs	81	45	170	56,7	195	57,4
Fragments retouchés	4	2,2	10	3,1	7	2,1
Erts indifférenciés	1	0,6	0	0	0	0
Denticulés	66	36,7	37	11,3	26	7,9
Pièces ésquillées	12	6,7	5	1,5	6	1,8
Total	**180**	**100**	**312**	**100**	**293**	**87**

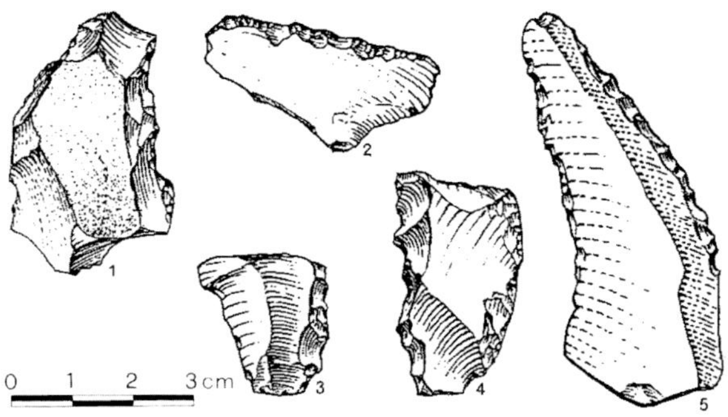

Figure 105 : Outils de la couche F, Grotta del Cavallo, modifié d'après Sarti *et al.* 1999-2000.

Ici les concepts de débitage sont principalement deux : l'un Levallois et l'autre laminaire/lamellaire. Le niveau FIII a été décrit en détail (Carmignani 2010), car il présente des spécificités marquées par rapport aux autres Unités. La présence d'une chaine opératoire visant à la production de lames et lamelles à partir d'une exploitation volumétrique des blocs, dans le Moustérien final, a été décrite. La matière première principale est ici le calcaire siliceux sur plaquettes locales.

La couche H compte seulement de 9 pièces retouchées et la couche I 510 pièces.

Les matières premières les plus utilisées sont le silex et le calcaire siliceux, comme indiqué dans le graphique ci-contre (Graphique 69 et 70) ; l'utilisation du calcaire n'est pas constante et celle de la *Callista chione* seulement anecdotique. Les outils sur silex sont principalement les racloirs allongés, les limaces et en général les pièces intensément retouchées, alors que les encoches et les denticulés sont principalement en calcaire siliceux. Les talons lisses sont majoritaires, suivis par les corticaux et les talons préparés. Les bulbes sont majoritairement diffus.

Graphique 69 : Fréquences des diverses matières premières présentes, Grotta del Cavallo, couches H et I (d'après Sarti *et al.* 2002).

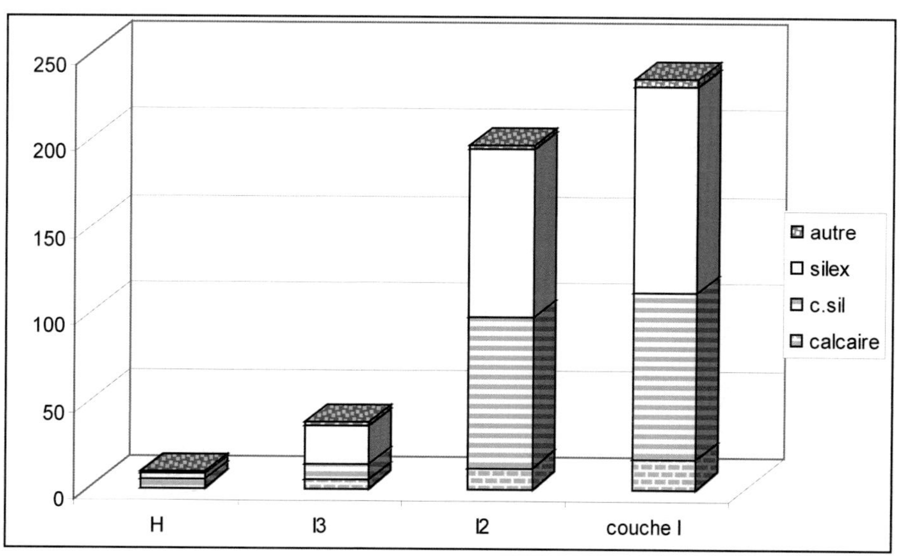

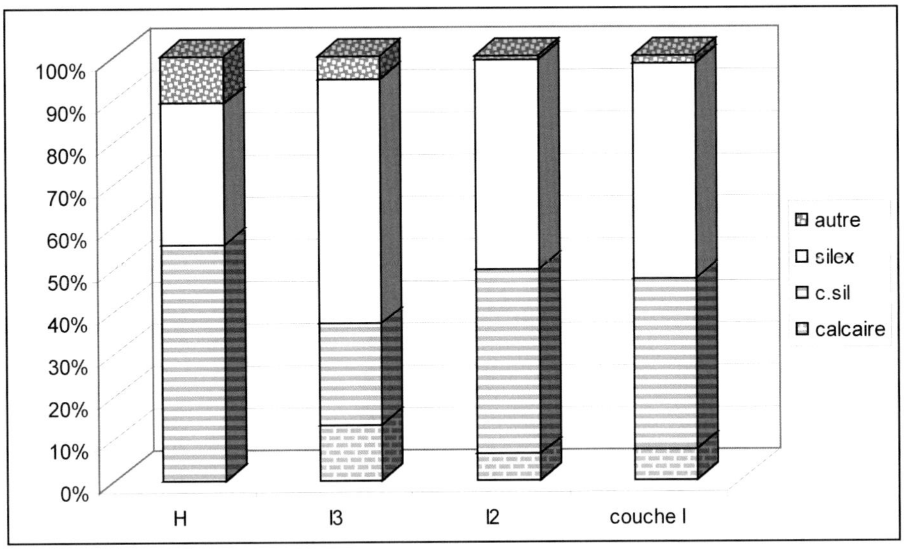

Graphique 70 : Proportions des diverses matières premières présentes, Grotta del Cavallo, couches H et I (d'après Sarti *et al.* 2002).

La typologie, établie avec la méthode Laplace, a mis en évidence, comme dans les autres couches, une prévalence de racloirs, qui sont quasi exclusifs dans la couche I2c (Table 106). Les racloirs sont sur éclat et sur lame avec des retouches plus ou moins envahissantes (Figure 106-116). Le silex est la matière première le plus fréquemment employée pour la fabrication de racloirs sur lame, mais aussi les pointes et les racloirs sur éclats à retouche intense.

Les denticulés (Figure 111) constituent le deuxième ensemble typologique représenté, souvent à microdenticulation et seulement de rares pièces encochées font partie de la série (Figure 113).

Remarquable est la forte présence des pièces esquillées, qui n'est par contre pas évaluable d'un point de vue technologique, faute d'une description des stigmates présents. Pourtant, nous pouvons imaginer l'utilisation de la percussion sur enclume.

La couche I a été définie par Palma comme un « Moustérien à denticulés » (Palma 1967), mais cette définition a été rejetée dans un travail récent (Thiébaut 2005, p. 118) car le caractère assez marginal et irrégulier des enlèvements des pièces « denticulées » rend douteuse l'attribution de cette industrie au Moustérien à denticulés.

La couche L a été fouillée au travers de deux sondages, qui ont livré environ 400 pièces d'industrie lithique et 300 fragments de *Callista chione*, dont 45 retouchés (Figure 117 et 118). Dans les niveaux supérieurs, les coquillages constituent plus de la moitié de l'assemblage, alors qu'ils deviennent de plus en plus rares vers la base de la couche inférieure.

Typologie	**I 3**	**%**	**I 2c**	**%**	**I2b**	**%**	**I2a**	**%**	**I1c**	**%**	**I1b**	**%**	**I1a**	**%**	**H**
Burins	0	0	0	0	0	0	0	0	0	0	0	0	0	0	
Grattoirs	0	0	1	6	1	0,5	1	0,8	3	3,1	1	8	0	0	
Pièces tronquées	1	1,8	1	6	1	0,5	5	3,6	3	3,1	1	8	1	4	
Pièces foliacées	3	0	0	0	0	0	0	0	1	1	0	0	1	4	
Becs	0	0	0	0	4	2,2	3	2,2	1	1	1	8	0	0	1
Pointes	0	0	1	6	3	1,7	0	0	43	44,4	1	8	0	0	3
Lames Racloirs	0	0	0	0	171	0	7	5	0	0	0	0	0	0	
Racloirs	0	0	10	55	0	0	52	37,9	0	0	3	26	13	47	4
Fragments retouchés	0	0	0	0	5	2,7	5	2,2	2	2	1	8	1	4	
Retouche abrupte indifférenciée	1	1,8	0	0	5	2,7	3	2,2	3	3,1	1	8	5	19	
Denticulés	8	15,2	4	21	34	19	33	24,1	29	29,9	3	26	3	11	
Pièces ésquillées	1	1,8	1	6	24	13	25	18,4	12	12,4	0	0	3	11	1
Total	**54**	**100**	**18**	**100**	**248**	**42**	**134**	**96,4**	**97**	**100**	**12**	**100**	**27**	**100**	**9**

Table 106 : Décompte typologique de la couche I, Grotta del Cavallo, d'après Sarti *et al.* 2002.

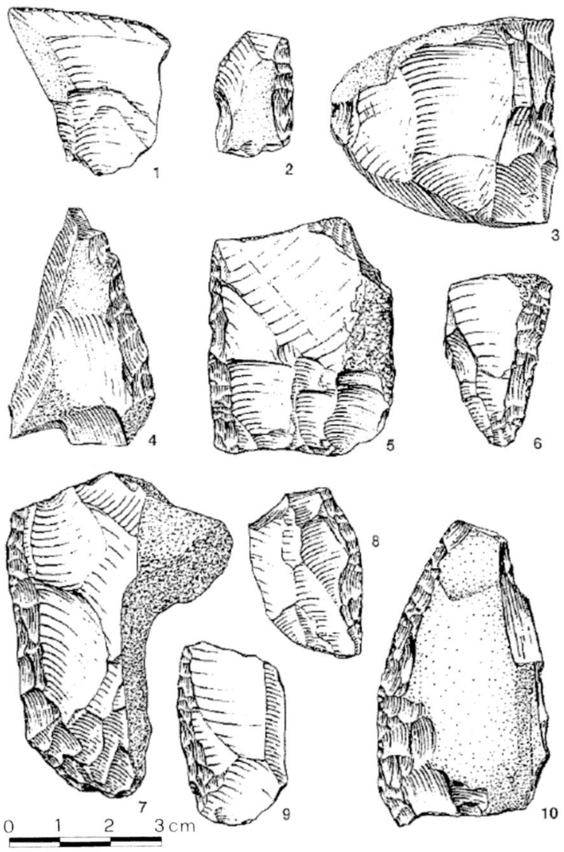

Figure 106 : Outils de la couche I, Grotta del Cavallo, modifié d'après Sarti *et al.* 2002.

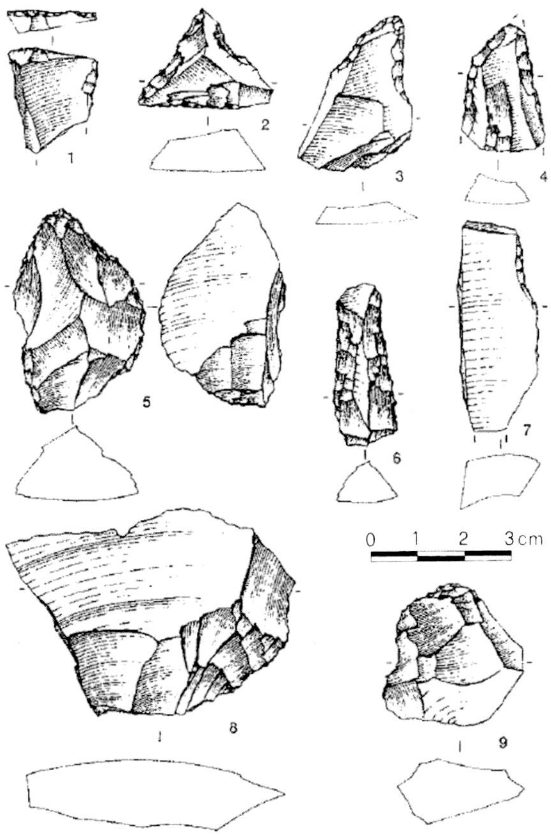

Figure 107 : Outils de la couche I, Grotta del Cavallo, modifié d'après Sarti *et al.* 2002.

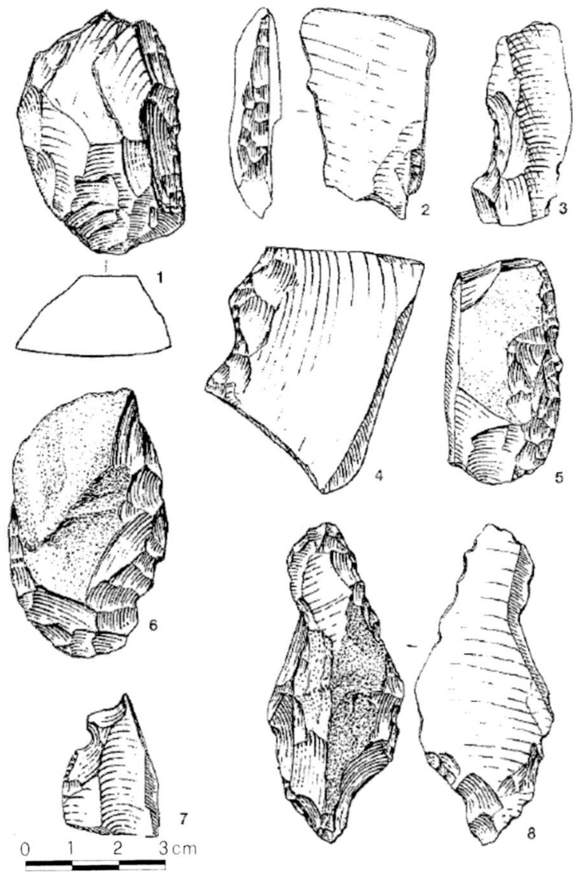

Figure 108 : Outils de la couche I, Grotta del Cavallo, modifié d'après Sarti *et al.* 2002.

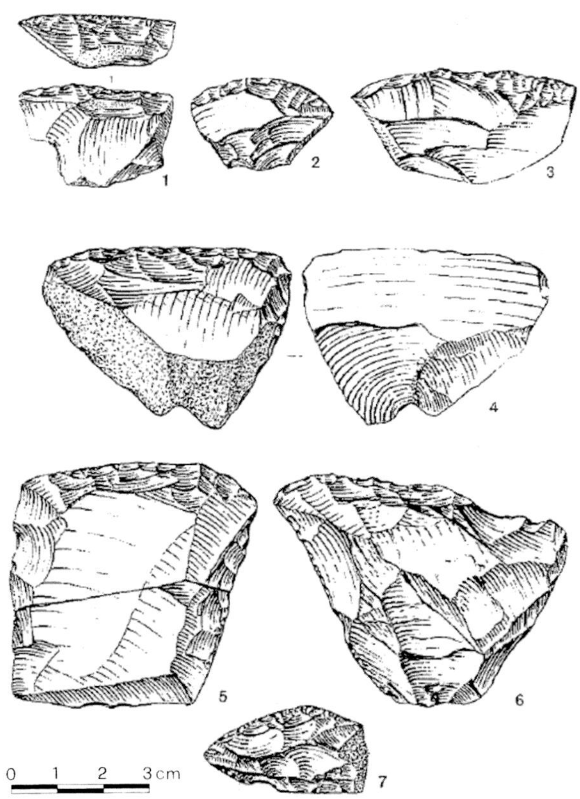

Figure 109 : Outils de la couche I, Grotta del Cavallo, modifié d'après Sarti *et al.* 2002.

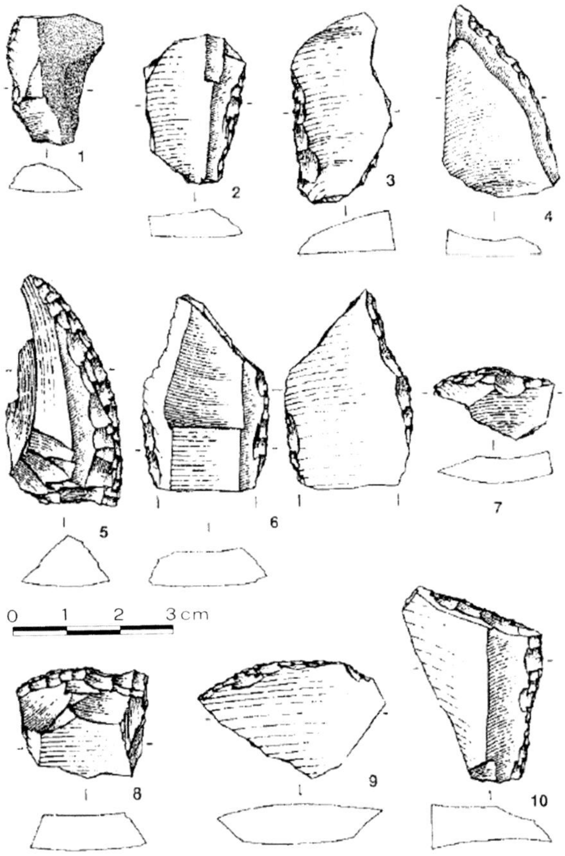

Figure 110 : Racloirs de la couche I, Grotta del Cavallo, modifié d'après Sarti *et al.* 2002.

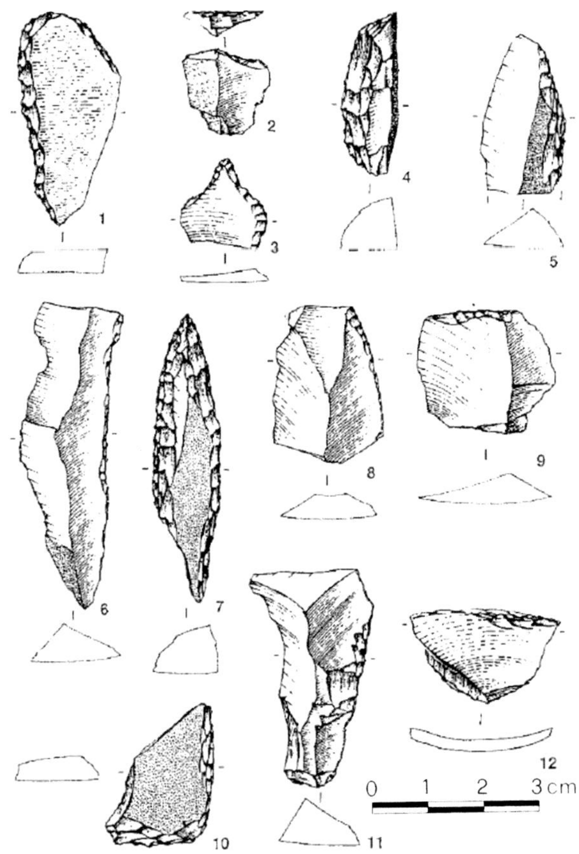

Figure 112 : Outils de la couche I, Grotta del Cavallo, modifié d'après Sarti *et al.* 2002.

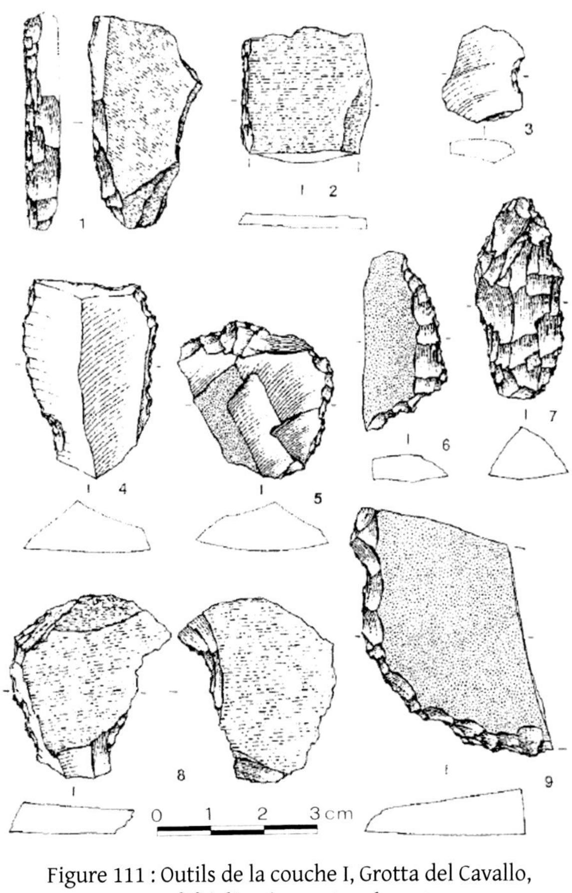

Figure 111 : Outils de la couche I, Grotta del Cavallo, modifié d'après Sarti *et al.* 2002.

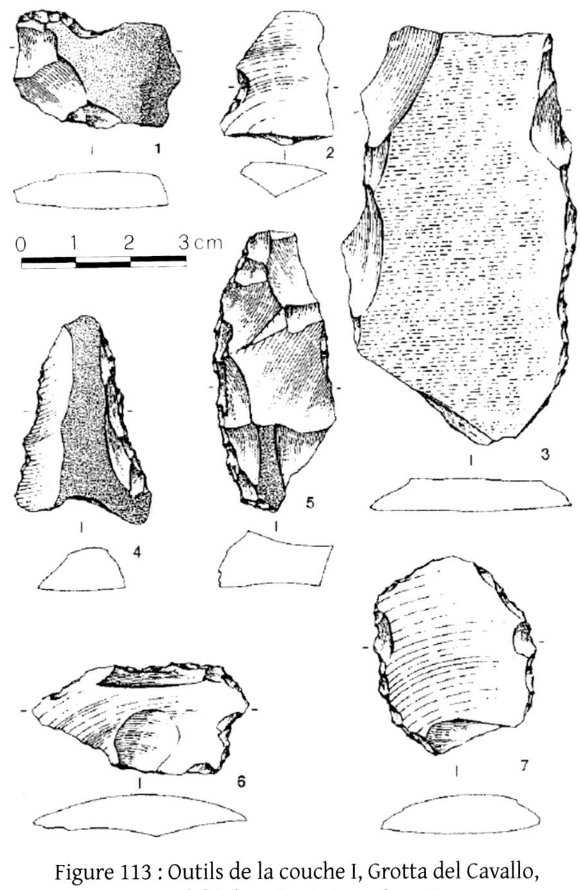

Figure 113 : Outils de la couche I, Grotta del Cavallo, modifié d'après Sarti *et al.* 2002.

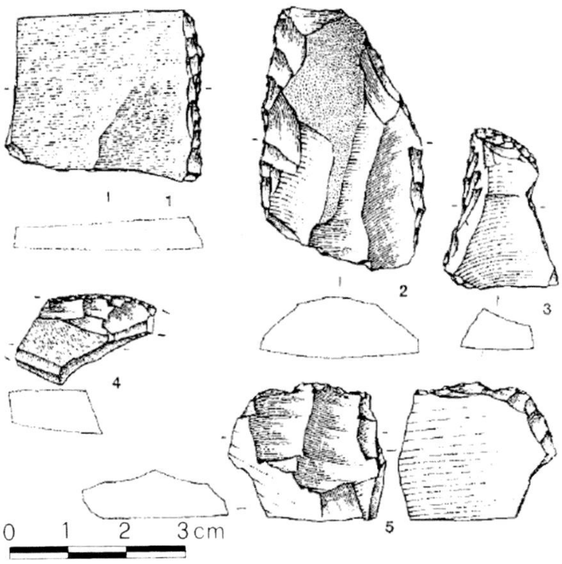

Figure 114 : Outils de la couche I, Grotta del Cavallo, modifié d'après Sarti *et al.* 2002.

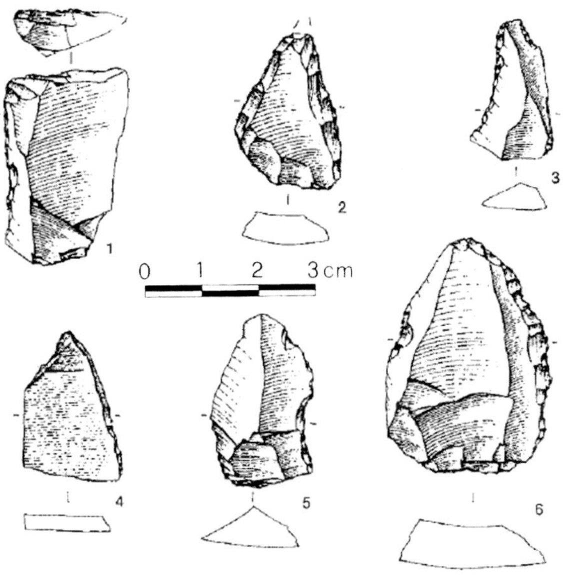

Figure 115 : Outils de la couche I, Grotta del Cavallo, modifié d'après Sarti *et al.* 2002.

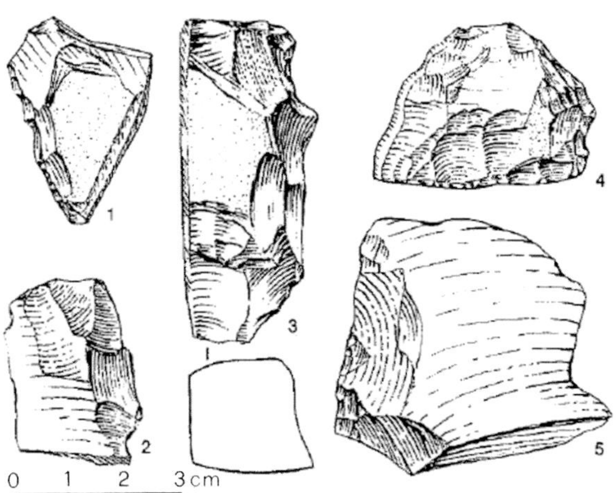

Figure 116 : Outils de la couche I, Grotta del Cavallo, modifié d'après Sarti *et al.* 2002.

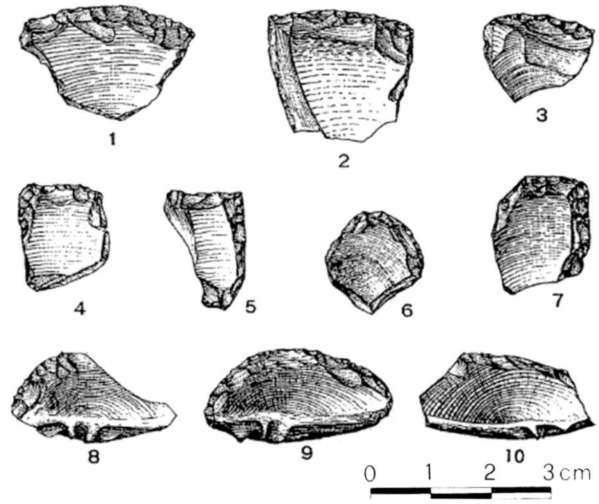

Figure 117 : Industrie sur *Callista chione*, couche L, Grotta del Cavallo, modifié d'après Palma di Cesnola 1966.

L'outillage lithique en silex est de dimensions petites, voire très petites, alors que les outils sur calcaire et calcaire siliceux sont de dimensions en moyenne plus grandes (Figure 118 et 119). Les supports fins et épais sont présents en quantité dans l'assemblage. Les racloirs forment la majeure partie de l'outillage (80 %), dans lequel on trouve aussi de rares pointes (3-4 %) et quelques pièces encochées. Aucune notation sur les modalités de débitage n'a été publiée.

La couche M a une épaisseur de 115 cm, de laquelle proviennent un ensemble de 500 outils, avec un nombre non spécifié d'autres vestiges lithiques.

Dans les niveaux plus récents de cette couche, la présence de *Callista chione* a été signalée.

La typologie de l'assemblage publié est illustrée dans le tableau 107. Les racloirs constituent la majeure partie de l'outillage, comme c'est toujours le cas dans cette série. Les types pointus sont assez fréquents, souvent sous forme de petits racloirs convergents en silex, mais aussi de grandes pièces fines en calcaire. Aucune relation entre typologie et matière première n'a été remarquée par Palma.

Cette couche a été mise en relation par Palma avec la couche G de la grotte d'Uluzzo C, mais aussi avec

Table 107 : Décompte typologique de la couche L et M Grotta del Cavallo, modifié d'après Palma di Cesnola 1963, 1966.

Couche L	N	%
Grattoirs	2	0
Becs	1	0
Pointes	108	21
Racloirs	358	69
Denticulés	55	10

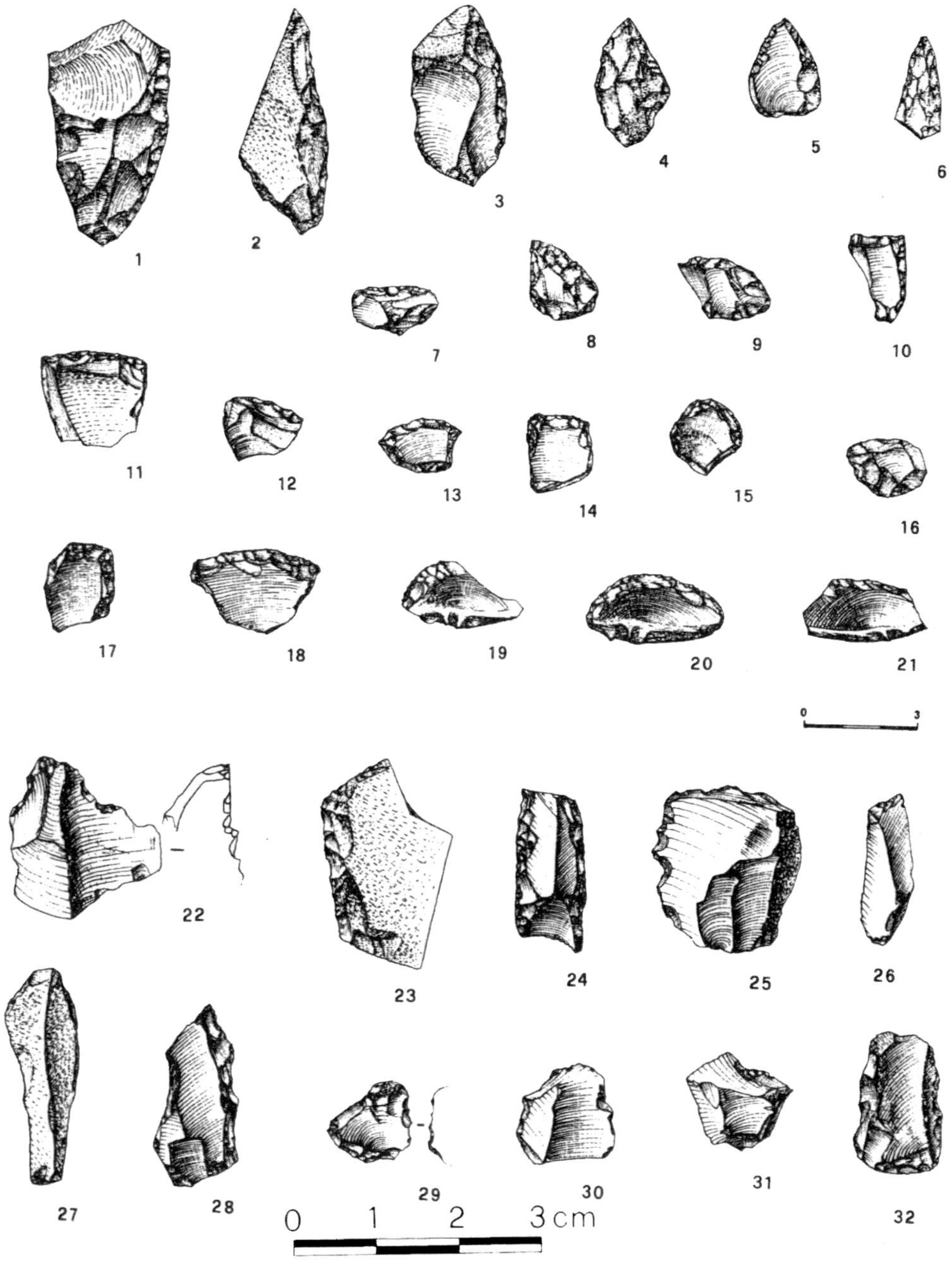

Figure 118 : Outils des couches I et L de Grotta del Cavallo, modifié d'après Palma di Cesnola 1996.

la couche D de Mario Bernardini et avec la couche G de Grotta Romanelli. Nous verrons par la suite les possibles éléments de rapprochement chronologique et technologique.

La couche M présente une sélection du calcaire comme matière première, présentant une production discoïde associée à la production de supports unipolaires allongés. La production de supports de petites dimensions (mm 25-55 ; 66 %) est associée à un allongement prononcé de l'assemblage. Les outils sont communs, constituant 30% environ du total, et pour la plupart sont typologiquement des racloirs (75 %), et une recherche des morphologies pointues (racloirs, convergents et déjetés) a été soulignée.

Dans la couche L au contraire, tous les lithotypes locaux sont utilisés, y compris les mollusques *Callista chione* et la production est métriquement plus petite, voire microlithique. Ici les pointes (notamment les pointes pseudo-Levallois), obtenues par une chaîne opératoire Discoïde, sont parmi les objectifs de la production. A ceci est associé un débitage adjacent unipolaire, visant à maximiser la production à partir des blocs quadrangulaires. Les outils sont de dimensions très petites, comprises entre 13 et 30 mm (64 %). Ici, comme déjà souligné pour les assemblages Moustériens du Salento (Spinapolice 2018) les supports sur matières premières exotiques présentent un plus grand degré de retouche et réduction par rapport à ceux sur les matières premières locales.

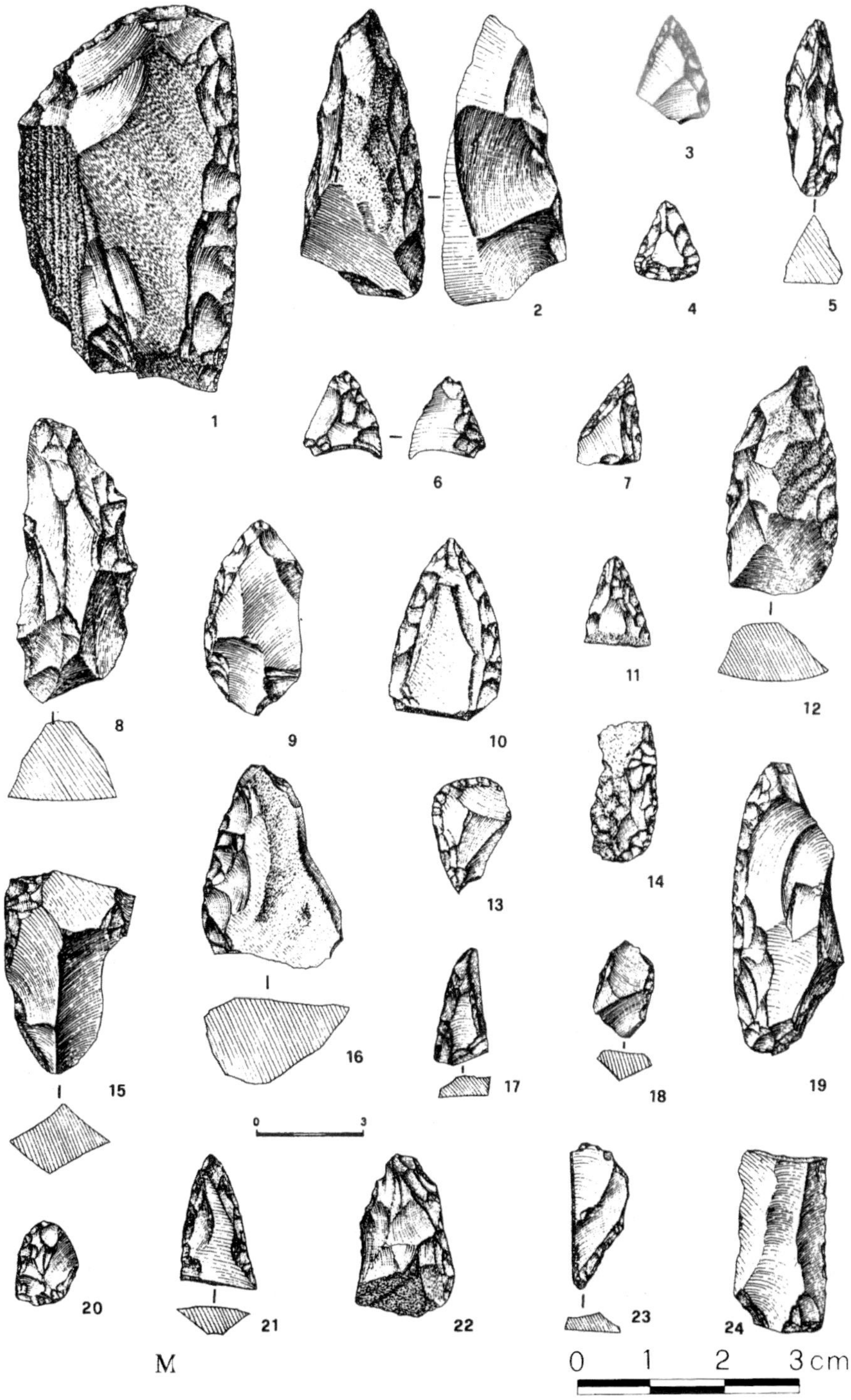

Figure 119 : Outils de la couche M de Grotta del Cavallo, modifié d'après Palma di Cesnola 1994.

II.3 Conclusions

La Grotta del Cavallo est un site très important pour le Moustérien du Salento, pour sa puissante séquence stratigraphique, qui est ininterrompue de la plage tyrrhénienne jusqu'au Paléolithique supérieur. Il est probable que, les modalités d'exploitation de la cavité ayant changé plusieurs fois au long des séquences d'occupation, des groupes humains de traditions culturelles différentes l'aient occupé.

IV.III Grotte Marcello Zei

III.1 Historique et présentation de la grotte

La grotte M. Zei se trouve dans les alentours de la Torre dell'Alto, à 200 mètres environ de la grotte homonyme, sur la côte de Santa Caterina (Nardò). La cavité s'ouvre sur la falaise calcaire à environ +50 m a.s.l. dans la formation des calcaires de Melissano. La voûte de la cavité s'étant écroulée, la grotte est de nos jours un

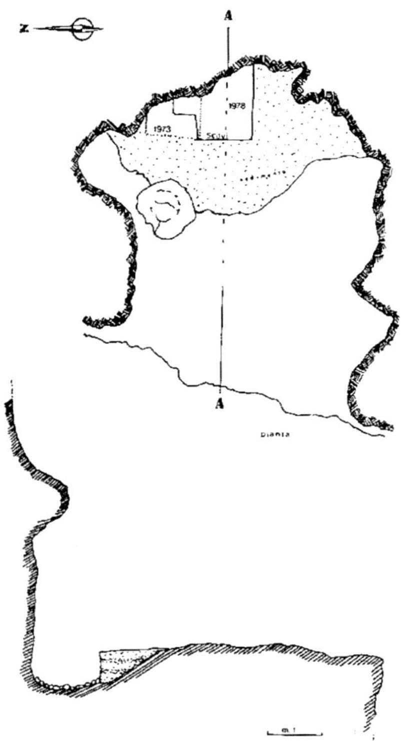

Figure 120 : Planimétrie et surface fouillée de Grotta M. Zei (modifié d'après Dantoni et Nardi 1980).

abri sous roche, large d'environ 8 m et haut 2,5 m (Dantoni et Nardi 1980). Cette grotte a été découverte pendant la première campagne de recherche menée par le Laboratoire d'Ecologie du Quaternaire, sous la direction de M. Zei, en 1972 et ensuite fouillée par le même groupe de recherche en 1973 et 1978 (Figure 120).

La grotte a subi l'action des transgressions marines et donc l'érosion marine, qui a gravement endommagé le dépôt archéologique, se limitant de nos jours à une épaisseur de 90 cm environ, dans une séquence stratigraphique qui se trouve seulement conservée vers le fond de la cavité). Un autre élément qui a contribué à l'érosion du dépôt est le ruissellement opéré par les eaux de drainage karstique. Des résidus concrétionnés de l'ancien dépôt sont visibles à différents niveaux des parois formant une brèche très dure, contenant des ossements indéterminables et de l'industrie lithique en calcaire. Une bande de trous de lithodomes est en outre visible à environ 9,25 m de hauteur dans la cavité, qui est par endroit couverte par la brèche susmentionnée et s'est donc déposée dans une phase postérieure de sédimentation. Une deuxième transgression marine est attestée par une autre ligne de trous de bivalves, à environ + 8 m du niveau actuel de la mer. Ces deux transgressions ont été attribuées respectivement l'une au Riss « II-III » (13 ka BP) et l'autre à l'interglaciaire « Riss - Würm ». Cette brèche (A') attribuée au « Riss III » est donc parmi les plus anciens témoignages de la région.

Le sédiment fouillé (couche A) a subi d'importantes altérations concernant sa composition chimique et a été concrétionné par l'eau marine qui rentre dans la grotte.

La matrice est sableuse et une certaine quantité de substance organique y est mélangée. Aucune différence notable n'est à signaler dans la séquence de la couche, qui a été divisée en trois parties seulement pour commodité de fouille. La base de la couche A (A4) s'appuie directement sur la plage tyrrhénienne. Un galet calcaire présente des incisions linéaires jugées intentionnelles par les fouilleurs.

III.2 La faune

La faune comprend des restes de grands mammifères, oiseaux et mollusques marins, mais malheureusement en raison du mauvais état de conservation, le pourcentage de fragments déterminables est assez faible et inférieur à la moitié de l'assemblage, qui compte environ 800 fragments. De nombreux fragments de mollusques marins ont été également retrouvés. Les fragments provenant du long des parois, bien que d'attribution stratigraphique plus difficile, ont été inclus dans l'analyse générale (Dantoni et Nardi 1980) car ils présentent globalement un meilleur état de conservation. L'uniformité stratigraphique des dépôts de la grotte rend possible ce groupement.

L'ensemble des faunes a été ainsi subdivisé en trois groupes : 1) surface remaniée ; 2) couche A ; 3) couche A'.

De la surface remaniée proviennent 27 fragments déterminables, comprenant presque toutes les différentes espèces présentes dans l'assemblage : *Equus caballus*, *Oryctolagus cuniculus*, *Cervus elaphus* et *Lepus europaeus*. Parmi les mollusques marins, l'on compte les espèces *Patella caerulea*, *Strombus bubonius*, *Columbella rustica*, *Conus ventricosus*, *Chlamys opercularis*, *Spondylus gaederopus*, *Chama gryphoides*.

La couche A a livré 105 fragments déterminables et un plus grand nombre d'indéterminables, dont certaines portant des traces de combustion. Dans le niveau A1, la plupart des fragments appartiennent à *Bos primigenius* et à *Oryctolagus cuniculus*. Des fragments de cerf (*Cervus elaphus*) et de cheval (*Equus caballus*) sont également présents. Un seul fragment de *Vulpes vulpes* et un de *Testudo hermanni* attestent la présence de ces espèces. Parmi les oiseaux sont présents le faucon de palude (*Circus aeroginosus*), la chouette (*Athene noctua*) et *Corvus monedula*. Parmi les mollusques, seulement des restes de *Patella caerulea* et *Monodonta turbinata*.

Le niveau A2 montre la présence des mêmes espèces, avec la notable exception du rhinocéros (*Dicerorhinus hoemithecus*). Moins d'espèces de mollusques sont présentes, avec *Spondylus gaederopus, Monodonta turbinata* et *Clanculus cruciatus.*

De la couche A3 proviennent seulement 25 fragments déterminables, qui montrent le même spectre faunique que les niveaux supérieurs, y compris les mollusques marins.

Le niveaux A4 montre une association de faune terrestre et de faune marine littorale, qui est dans ce niveau plus abondante et plus variée, avec davantage d'espèces, parmi lesquelles, absentes dans les niveaux supérieurs, *Diodora gibberula, Patella lusitanica, Astrea rugosa, Cantharus dorbigny, Hinia incrassata, Barbatia barbata, Striarca lactea, Lima lima, Cardita calyculata.*

De la brèche A' proviennent un fragment de mandibule de *Bos primigenius* et un fragment d'os coxal d'équidé.

En conclusion, une reconstitution paléontologique fiable de l'association faunique est difficile, en raison de la faiblesse quantitative de l'ensemble et de son mauvais état de conservation. Les faunes témoignent d'habitats très différents.

III.3 L'industrie lithique

Le dépôt fouillé a livré 887 pièces lithiques en calcaire et calcaire siliceux et des pièces plus rares en silex, quartzites, jaspe (Dantoni et Nardi 1980). Des coquillages *Callista chione* retouchés (Figure 124) ont été également retrouvés (Dantoni 1980a). La morphologie originaire des blocs est presque toujours le galet et des galets calcaires non utilisés sont également présents.

Une analyse métrique a permis de mettre en évidence les différentes morphologies des supports non retouchés. Les éclats larges sont prédominants sur les éclats allongés : les lames et les éclats laminaires sont présents en faible quantité.

La méthode Levallois a été reconnue, mais les modalités d'exploitation des surfaces n'ont pas été décrites ; l'utilisation de plaquettes de calcaire siliceux pour obtenir des racloirs à travers un débitage opportuniste est également attestée (Table 108).

L'analyse typologique a attribué la série lithique à un Moustérien de type Quina, pour la prévalence des racloirs sur les pointes, la présence de pointes carénées et de limaces, l'utilisation de la retouche scalariforme (Table 109). Des éléments typologiques définis comme « archaïques », tels que les pointes de type Quinson et des racloirs bifaciaux sont également présents. L'analyse des vestiges lithiques de cette grotte montre, d'après l'auteur, une certaine variabilité dans les typologies tout comme dans les modalités de débitage (Figure 121-124).

Couche A	**1**	**2+3**	**4**	**1%**	**2+3 %**	**4%**
Outils	88	79	40	27	21	20
Nucléus	13	13	6	4	3	3
Éclats	222	291	158	69	76	77
Total	**323**	**383**	**204**	**100**	**100**	**100**

Table 108 : Proportions des différentes catégories technologiques, Grotta Marcello Zei, Couche A (d'après les données de Dantoni 1980).

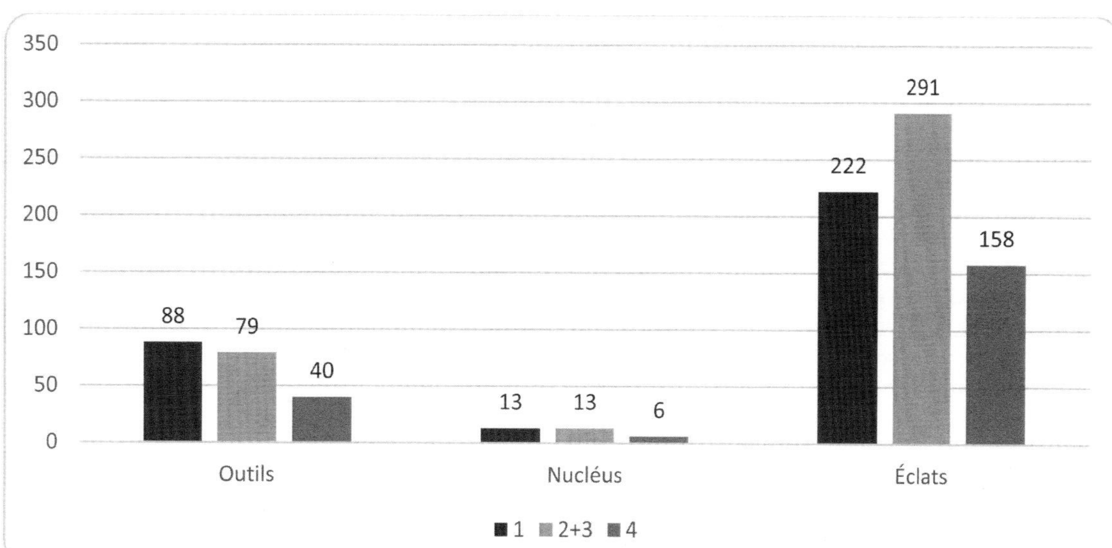

Graphique 71 : Fréquences des différentes catégories technologiques par niveau, couche A, Grotta M. Zei (d'après les données de Dantoni 1980).

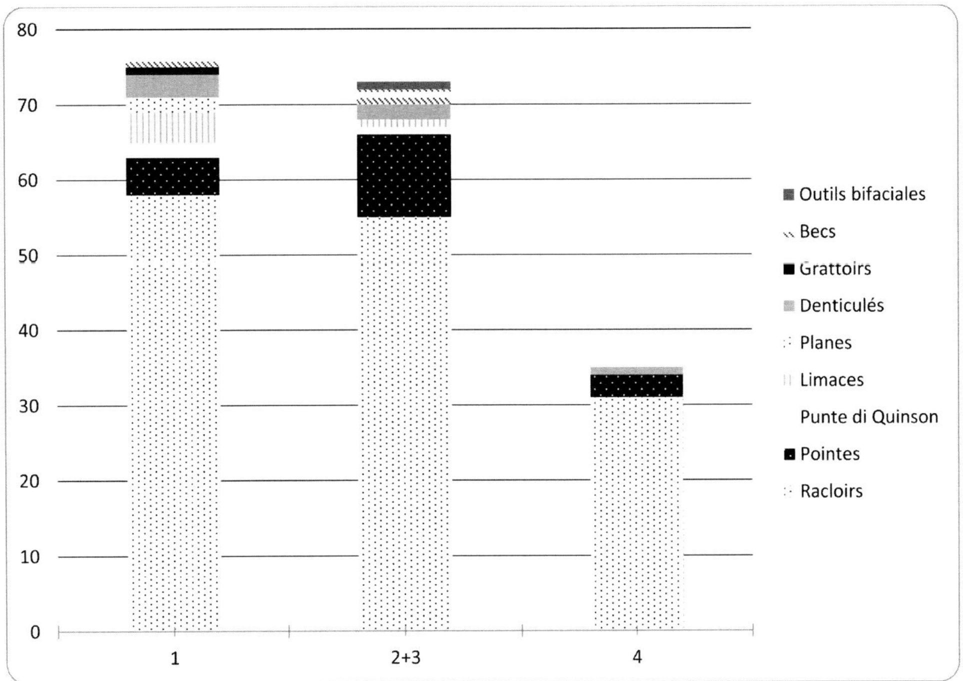

Graphique 72 : Proportions des différents outils par niveaux, couche A, Grotta M. Zei (d'après les données de Dantoni 1980).

Typologie	1	2+3	4
Racloirs	58	55	31
Pointes	5	11	3
Pointes de Quinson	2	1	0
Limaces	4	1	0
Planes	2	0	0
Denticulés	3	2	1
Grattoirs	1	0	0
Becs	1	2	0
Outils bifaciaux	0	1	0
Total outils	**76**	**73**	**35**

Table 109 : Typologie grotte M. Zei (d'après les données de Dantoni 1980).

Ce niveau moustérien a été mis en relation avec la couche D de M. Bernardini, B de Grotta Torre dell' Alto, L et M de Grotta del Cavallo. Il a été chronologiquement attribué au « Würm II », pour les éléments typologiques mais aussi pour la présence des racloirs sur *Callista chione* (N = 2).

L'industrie provenant de la brèche (A') a été attribuée au Riss. Les éléments sont plus archaïques, avec des pièces bifaciales, des racloirs sur supports plus massifs. L'assemblage se compose de 5 outils et d'un nombre non précisé d'éclats et de nucléus. Cette brèche a été mise en relation, au niveau chronologique, avec celle de la Grotta Torre dell'Alto.

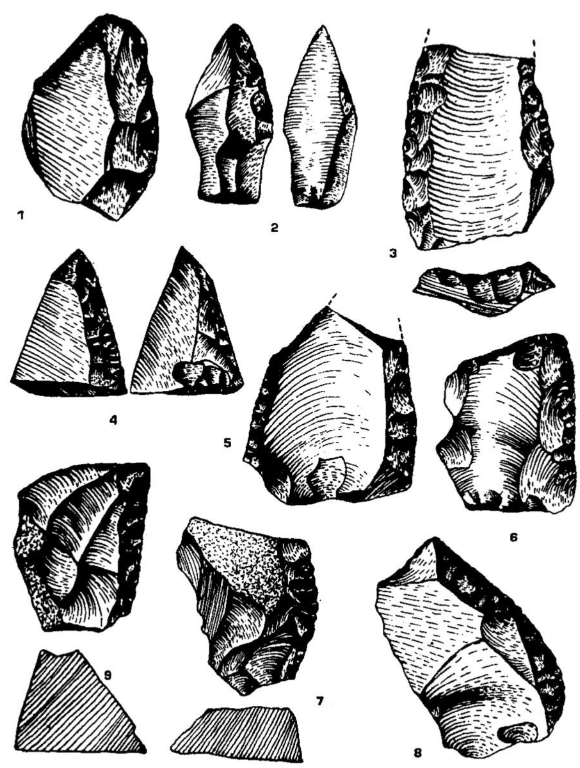

Figure 121 : Industrie lithique de la couche A1 de Grotta Marcello Zei, d'après Dantoni 1980.

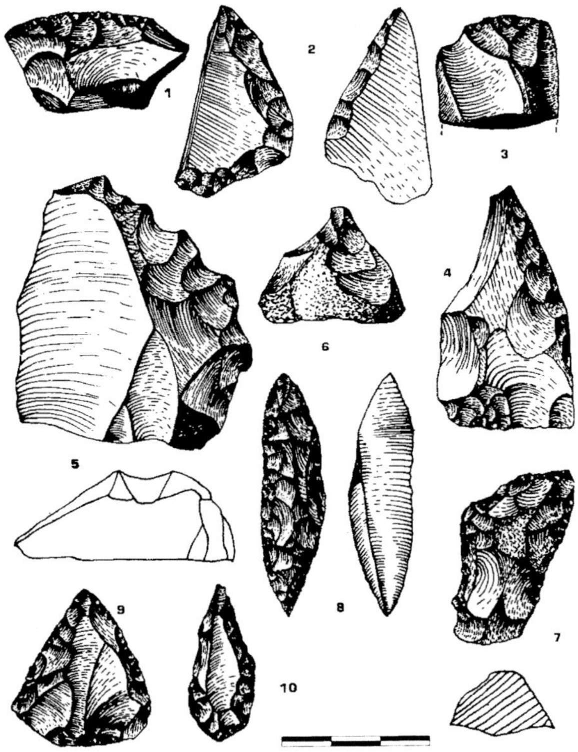

Figure 122 : Industrie lithique de la couche A1 de Grotta Marcello Zei, d'après Dantoni 1980.

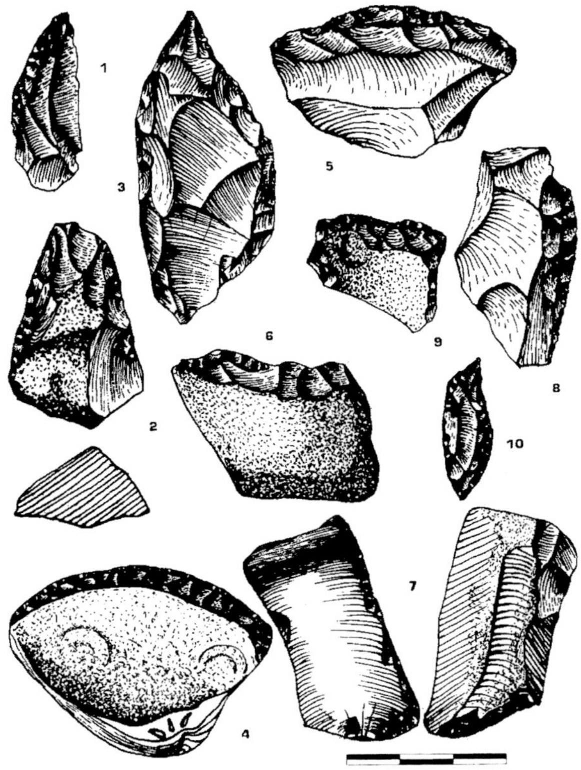

Figure 124 : Industrie lithique et sur coquillage de la couche A2, Grotta Marcello Zei. D'après Dantoni 1980.

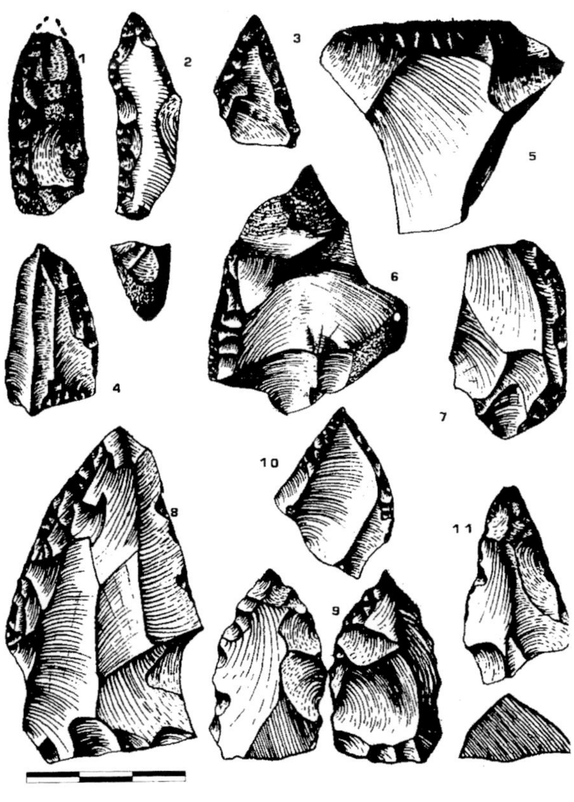

Figure 123 : Industrie lithique de la couche A1, Grotta Marcello Zei. D'après Dantoni 1980.

IV.IV Grotta di Capelvenere

IV.1 Historique et présentation de la grotte

La grotte de Capelvenere se trouve sur la route qui mène de Santa Caterina à Torre dell'Alto. Elle fut découverte en 1960 par E. Borzatti qui y pratiqua un premier sondage en 1961 (Borzatti von Lowerstern 1961). Ensuite, les fouilles furent reprises par l IIPP durant trois saisons en 1971, 1974 et 1975 (Figure 125).

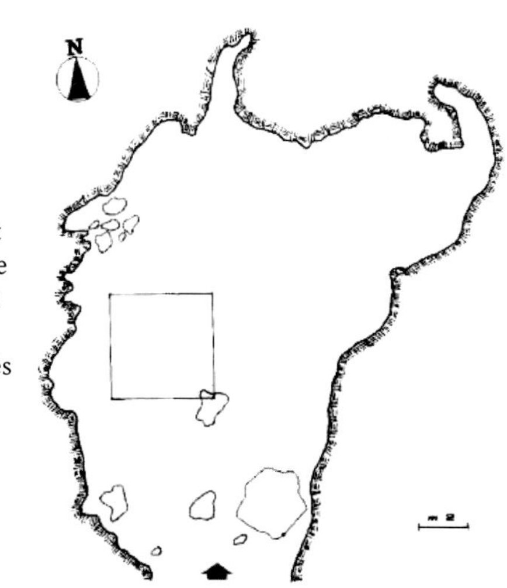

Figure 125 : Planimétrie et surface fouillée de la Grotta di Capelvenere (modifié d'après Giusti 1979).

La cavité s'ouvre à l'intérieur, à une centaine de mètres de la mer, sur un petit promontoire de calcaire crétacé. Il s'agit d'une vaste caverne bien aérée et éclairée, orientée Sud-Nord, longue d'environ 18 m, large de 10 à 15 m et dont la hauteur varie approximativement de 2 à 6 m.

La cavité se termine par un passage inaccessible à cause du remplissage qui le comble jusqu'à la voûte et elle n'a ainsi jamais été explorée dans sa totalité.

La première tranchée, ouverte par Borzatti, mesurait 1,80 m x 2 m, et a atteint une profondeur de 3 m. Pendant cette fouille, des niveaux holocènes ont été découverts, livrant des céramiques de l'âge du Fer. Aucune publication n'est relative aux fouilles de 1971. Les fouilles ont été reprises ensuite pendant l'été 1974.

Le dépôt pléistocène est recouvert par une concrétion stalagmitique uniforme, partiellement dégagée par les fouilles des niveaux protohistoriques et modernes. Dix différents niveaux archéologiques ont été reconnus (Figure 126). Pendant la saison 1974, la partie superficielle, remaniée par les fouilles clandestines, a été dégagée sur une épaisseur de 55 cm (niveau 1). Ensuite, on trouve successivement le niveau 2, à matrice rouge, le niveau 3 à matrice sableuse jaune et les niveaux 4 et 5 plus sableux et plus clairs. À partir du niveau 6 des blocs de dimensions de plus en plus grandes ont été mis au jour, jusqu'au niveau 10.

Les analyses granulométriques (Patriarchi 1980) ont donné des résultats très proches de ceux obtenus par Magaldi dans l'étude des sédiments d'Uluzzo C (Borzatti von Lowerstern et Magaldi 1966a).

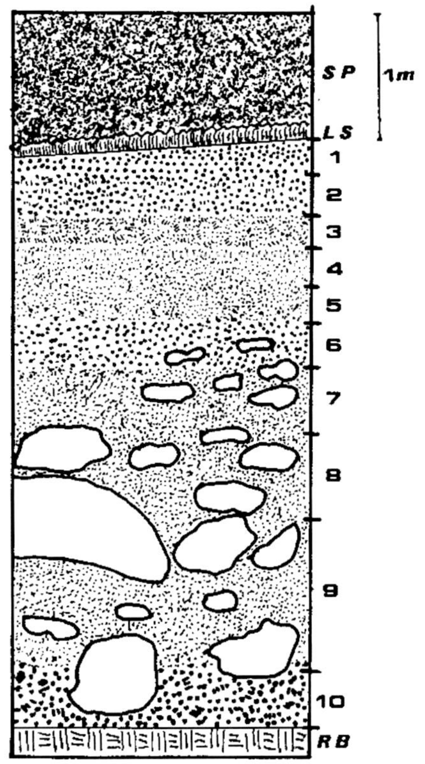

Figure 126 : Coupe stratigraphique, Grotta di Capelvenere (modifié d'après Giusti 1979).

Le remplissage, d'origine éolienne, est formé par des sables de dune interne, ou de dunes côtières partiellement pédogénèses. Le climat qui a généré le remplissage semble être continental froid, avec de faibles variations dans la série stratigraphique. En détail, du bas vers le haut, voici les résultats de l'analyse : les couches 9, 8 et 7 montrent un climat continental plutôt froid, qui devient encore plus rigide au cours de la sédimentation de la couche 6, qui a provoqué

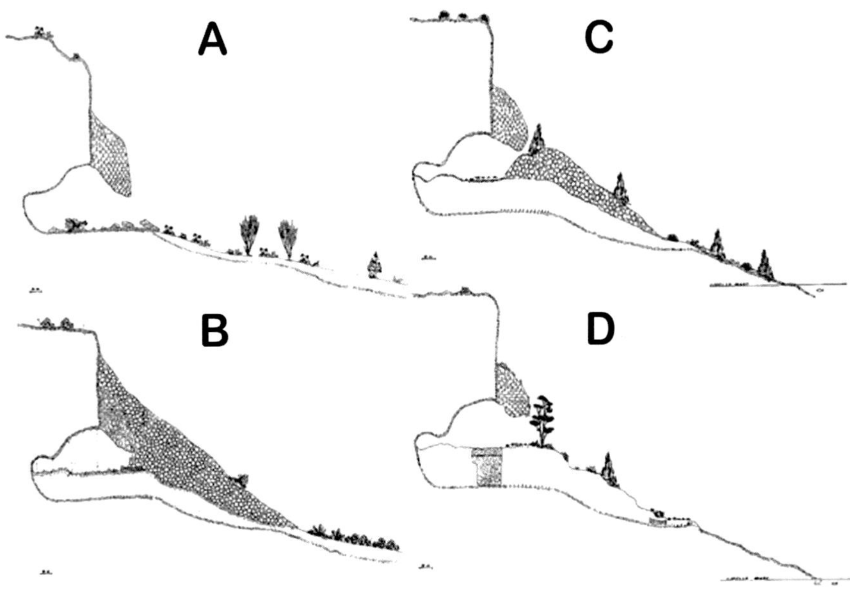

Figure 127 : Hypothèse d'évolution de la morphologie de la Grotta di Capelvenere, modifié d'après Giusti 1980.

également le détachement de fragments calcaires de la paroi rocheuse. Dans la couche 5, on assiste aux mêmes conditions de dépôt des couches 7-9 : cette phase humide est suivie encore par un refroidissement du climat (couches 4-3) et les conditions humides se remettent en place pendant les périodes relatives au dépôt des couches 2-1.

Concernant la chronologie, les premières phases d'occupation devraient remonter au « Würm II » (A, Figure 127). Pendant le « Würm III », un écroulement de la voûte s'est produit, qui a obstrué l'accès de la cavité (B, Figure 127), devenue à nouveau accessible seulement il y a 5000 ans, par l'érosion de l'éboulis (C et D, Figure 127).

IV.2 La faune

La faune déterminable présente une grande variété d'espèces et aucune différence notable n'a été remarquée dans les différentes couches. Cela a été mis en relation avec un possible remplissage très rapide de la cavité, couvrant un espace temporaire de quelques centaines d'années seulement. Les restes de grands mammifères ne sont pas très abondants, et parmi les espèces les plus fréquentes il y a le lapin (*Oryctolagus cuniculus*), ainsi que de nombreuses espèces de différents d'oiseaux. Parmi les grands mammifères, les couches inférieures (10-8) ont livré seulement quelques fragments d'*Equus caballus*, *Cervus elaphus* et *Canis lupus*. Les carnivores sont également représentés dans les couches intermédiaires (7-5), où fait son apparition *Ursus speleus*, mais les cerfs et l'aurochs sont ici plus fréquents. Dans les couches supérieures (4-1) les mêmes espèces sont présentes, toujours avec de très rares fragments.

Globalement, mise à part cette détermination d'espèces, aucune étude zooarchéologique n'est disponible.

IV.3 L'industrie lithique

L'industrie lithique de la grotte (Table 110 et 111) compte au total 989 pièces dont 928 proviennent du sondage de 1974 et 124 du sondage de 1975 (Giusti 1979, 1980). Il s'agit d'un sondage de 2 x 2 m dans la première saison de fouille, élargi d'un m^2 durant la saison suivante, sur une profondeur maximale de 5,35 m.

La densité des vestiges est donc faible par rapport au volume fouillé.

L'assemblage se compose en grande majorité d'éclats, alors que les produits retouchés n'atteignent que 11 % de la totalité des vestiges (Graphique 73). Comme

Fouille 1974	**10B**	**10**	**9**	**8**	**7**	**6**	**5**	**4**	**3**	**2**	**1**
Outils	1	19	38	10	8	7	9	3	6	0	4
Éclats	21	86	245	106	17	33	26	27	63	70	99
Nucléus	0	3	4		0	0	1	1	0	0	0
Galets	0	4	7	2	1	0	0	0	0	0	7
Total	**22**	**112**	**294**	**118**	**26**	**40**	**36**	**31**	**69**	**70**	**110**

Table 110 : Fréquences globales des différentes catégories technologiques, Grotta di Capelvenere (d'après les données de Giusti 1979, 1980).

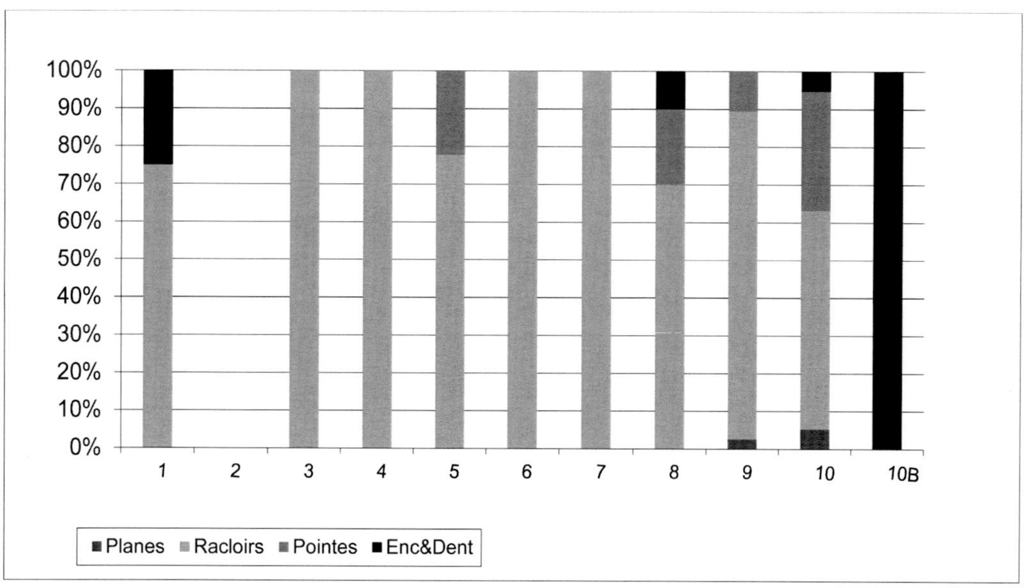

Graphique 73 : Proportions des différentes catégories technologiques par niveaux, Grotta di Capelvenere (d'après les données de Giusti 1979, 1980).

Fouille 1974	10B	10	9	8	7	6	5	4	3	2	1
Planes	0	1	1	0	0	0	0	0	0	0	0
Racloirs	0	11	33	7	8	7	7	3	6	0	3
Pointes	0	6	4	2	0	0	2	0	0	0	0
Enconches & Denticulés	1	1	0	1	0	0	0	0	0	0	1
Éclats	21	86	245	106	17	33	26	27	63	70	99
Nucléus	0	3	4	0	0	0	1	1	0	0	0
Galets	0	4	7	2	1	0	0	0	0	0	7

Table 112 : Proportions des différentes catégories technologiques, Grotta di Serra Cicora (d'après les données de Campetti 1986).

	N	%
Outils	105	11
Éclats	793	86
Nucléus	9	1
Galets	21	2
Total	**928**	**100**

Table 111 : Décompte typologique par niveau, Grotta di Capelvenere (d'après les données de Giusti 1979, 1980).

dans toutes les séries salentines, les nucléus sont anecdotiques ; par contre, un certain nombre de galets calcaires entiers a été retrouvé.

L'industrie est majoritairement débitée sur calcaire et calcaire siliceux, cependant quelques pièces en silex sur galets sont également attestées. Des outils sur valve de *Callista chione* sont aussi représentés.

Concernant la typologie, selon Laplace (1966), (Table 112), les racloirs sont le type dominant (Figures 128-129). Les retouches sont souvent très abruptes et envahissantes, modifiant fortement les morphologies des bords. Des racloirs à retouche bifaciale sont présents. Les supports sur plaquette et sur calcaire ont des dimensions moyennes plutôt grandes et les types convergents, souvent sur silex, sont plus petits. Tous les autres types sont faiblement représentés.

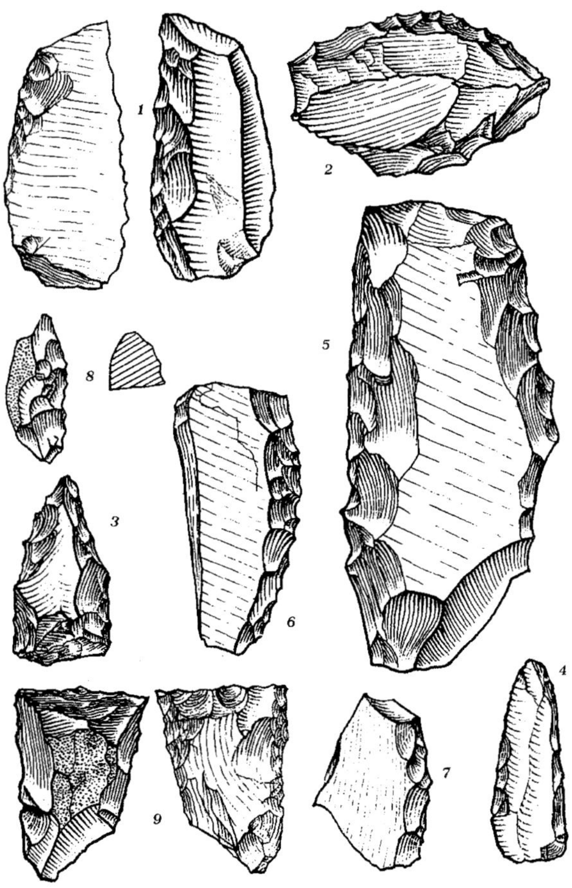

Figure 128 : Outils, Grotta di Capelvenere. D'après Giusti 1980.

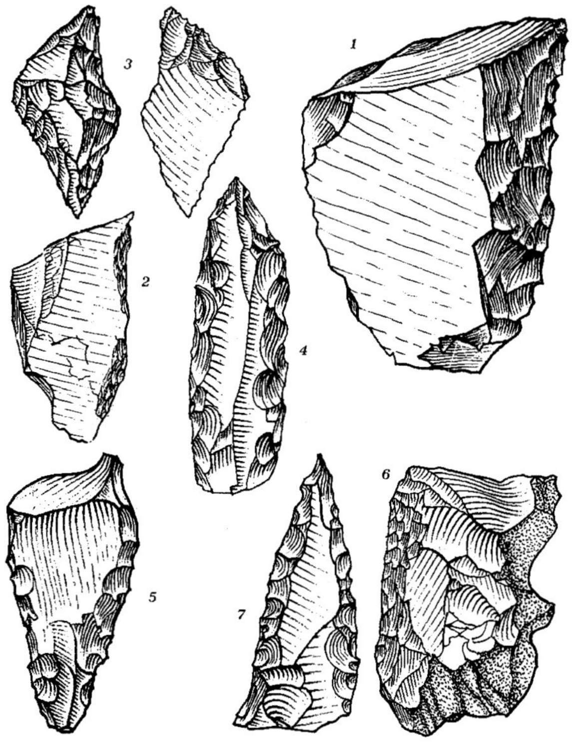

Figure 129 : Outils, Grotta di Capelvenere. D'après Giusti 1980.

IV.4 Conclusions

La grotte témoigne d'une fréquentation humaine ininterrompue, mais pas trop intense, pendant une période qui, d'après l'analyse du sédiment, ne semble pas être très longue.

Toute autre interprétation nécessiterait une analyse *de manu* de l'industrie ou l'édition d'autres publications.

IV.V Grotta di Serra Cicora

V.1 Historique et presentation de la grotte

La Grotte de Serra Cicora s'ouvre sur le littoral ionien, sur la route qui mène de Santa Caterina à Porto Cesareo, non loin des autres grottes de la baie d'Uluzzo (Campetti 1986). La grotte a été découverte en 1978 par E. Borzatti, qui l'a ensuite fouillée la même année et l'année suivante. Des nouvelles fouilles sont actuellement conduites par Filomena Ranaldo depuis 2015.

La grotte se trouve à + 37 m a.s.l. et à quelques mètres seulement de la mer actuelle ; elle est ouverte aux dépens d'une diaclase d'origine karstique, juste derrière la serre qui lui donne son nom. Au moment de sa découverte, la grotte était totalement comblée par le sédiment, et la présence d'un abri sous roche et d'une petite grotte fut mise au jour, seulement après le début des fouilles du talus. Probablement l'entrée originale de la grotte se trouvait plus au N-O, compte tenu de l'inclinaison du dépôt qui présente une pente orientée NO-SE.

La partie supérieure de la stratigraphie est relative à une occupation de l'âge du Bronze final/âge du Fer initial, qui, entre outre, a livré une sépulture humaine dépourvue de crâne. Au-dessous de cette partie de sédiment holocène, la stratigraphie continue avec un dépôt du Paléolithique supérieur, à l'extérieur de la grotte et, encore au-dessous, mais cette fois à l'intérieur de la cavité, une couche de terre rouge d'origine.

Les pierres calcaires sont localement altérées dissolution chimique, résultat de la circulation éolienne, attribuée au Moustérien (Figure 130).

La fouille de 1978 a intéressé le sédiment externe, et celle du 1979 a concerné le sédiment interne de la grotte. La fin du dépôt moustérien n'a jamais été atteinte, bien que la fouille ait atteint une profondeur de 2,20 m.

La séquence stratigraphique a été ainsi détaillée, de haut en bas (Campetti 1986) :

- Couche A : sables éoliens, à la base gros blocs dans une matrice cimentée ;
- Couche B : sédiment d'origine détritique, localement cimenté ;

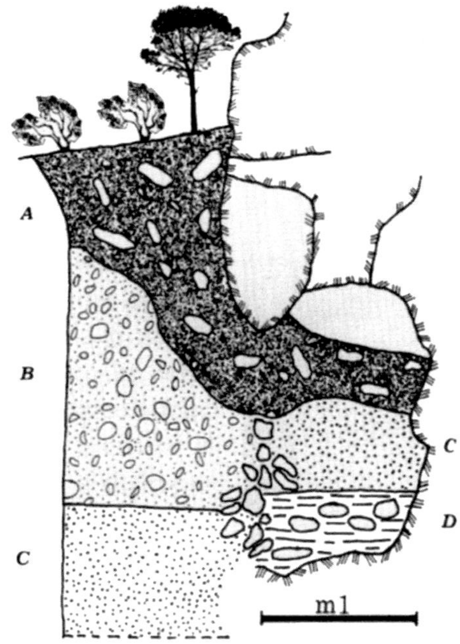

Figure 130 : Coupe stratigraphique, Grotta di Serra Cicora (modifié d'après Campetti 1986).

- Couche C : sédiment friable de couleur claire, pedogénisé ;
- Couche D : sédiment de couleur noir, friable ;
- Couche E : sédiment friable de couleur brune ;
- Couche F : sédiment rouge riche en cailloutis.

V.2 La faune

Les restes fauniques qui proviennent du dépôt moustérien sont très fragmentaires et pour la plupart indéterminables, exception faite pour les dents. Les espèces déterminées ne sont pas nombreuses, et il s'agit essentiellement de mammifères de grande taille : cela est sans doute à attribuer au mauvais état de conservation des fragments, ayant subi d'importantes altérations post-dépositionnelles. Parmi les espèces individualisées, une dent de lion est remarquable, s'agissant d'un carnivore très rare dans les dépôts archéologiques, attesté sur le territoire seulement dans la Grotte de Capelvenere. Le cheval et l'aurochs sont les espèces les mieux représentées, suivies par des restes de cerfs de taille très imposante. La présence du rhinocéros, probablement *Dicerorhinus hemitoecus*, est attestée par une seule dent.

Aucun détail sur la composition des parties anatomiques, sur les profils de mortalité ni sur la présence éventuelle de traces de boucherie ou de carnivores n'a été donnée dans la publication.

V.3 L'industrie lithique

L'assemblage lithique de la grotte compte 1084 pièces (Table 113), dont 28,6 % sont des outils, 1,4 % nucléus

	B-C	D-E	F	Total
Outils	135	128	48	**311**
Éclats	361	257	133	**751**
Galets	2	3	1	**6**
Nucléus	11	5	0	**16**
Callista				
Chione	11	1	1	**13**
Total	**509**	**393**	**182**	**1084**

Table 113 : Proportions des différentes catégories technologiques, Grotta di Serra Cicora. (d'après les données de Campetti 1986).

et 66,3 % des supports non retouchés (Campetti 1986). Tous les artefacts ont été attribués au même faciès par S. Campetti et ils constituent un complexe homogène, divisé en trois « horizons » pour des raisons stratigraphiques. Cette industrie est définie comme un « complexe Charentien de type Quina ». Les matériaux utilisés sont le calcaire, le calcaire siliceux, le silex et les valves de Callista chione. Le quartzite et le jaspe sont attestés de façon anecdotique. La présence d'une diaphyse osseuse lissée est mentionnée, sans aucune précision ultérieure. Le calcaire est la matière première la plus utilisée si l'on considère l'assemblage total, mais dans le cadre des outils retouchés c'est le silex qui compte le plus grand nombre de pièces. En effet, les outils en silex représentent environ 55 % du total, ceux en calcaire 30 à 40 % et les outils en calcaire siliceux ont des pourcentages de 10 à 15 %.

En moyenne, les dimensions des artefacts en silex sont fortement réduites par rapport à ceux en calcaire, comme c'est souvent le cas des séries régionales.

La morphologie des supports est plutôt épaisse et ils sont majoritairement peu allongés.

Les plans de frappe lisses sont les plus communs et la méthode Levallois n'est pas très utilisée, d'après l'auteur de la publication. Cependant, la présence d'un nombre de talons préparés (jusqu'à plus de 11 % des supports en silex) nous indique une utilisation au-delà de l'anecdotique pour cette méthode, surtout sur le silex (Table 114). De même, les talons dièdres pourraient témoigner du débitage sur enclume. Les talons ponctiformes pourraient indiquer l'utilisation d'un percuteur tendre ou concerner le débitage à la pierre tendre. L'absence d'autres précisions dans la publication nous prive d'une analyse de ce point.

Les nucléus en calcaire, à enlèvements irréguliers, sont plus nombreux que ceux en silex, montrant une exploitation moins poussée ; des galets calcaires non utilisés (percuteurs ?) sont également présents. Remarquable est la présence de deux petits galets entiers de jaspe : le seul témoignage de matière première lointaine sous forme de blocs bruts.

En ce qui concerne les outils, la typologie est plutôt monotone (Table 115). Les racloirs sont très abondants, atteignant 80 % de l'outillage et les denticulés sont rares, tout comme les pointes (Graphiques 74 et 75). Des outils caractéristiques du Moustérien de la région sont également présents, telles que les limaces, bien que peu fréquents (Figures 131-135).

Les retouches Quina sont les plus communes et en général la retouche apporte des modifications importantes aux bords de la pièce. Un seul racloir sur *Callista chione* est présent, complété par 13 fragments non retouchés.

L'assemblage est corrélé par l'auteur aux niveaux qui présentent un « micro moustérien associé à valves de *Callista chione* », tels que la couche D de Mario

Typologie	B-C	D-E	F	Total
Pointes	6	5	1	**12**
Limaces	2	2	0	**4**
Racloirs	111	105	43	**259**
Encoches & Denticulés	12	6	0	**18**
P. tronquées	0	0	1	**1**
Eclats retouchés	0	3	1	**4**
Autre	4	7	1	**12**
Galets	2	3	1	**6**
Callista chione	11	1	1	**13**
Supports Levallois	7	5	2	**14**
Nucléus	0	5	0	**5**
Total	**155**	**142**	**51**	**348**

Table 115 : Décompte typologique par couche, Grotta di Serra Cicora (d'après les données de Campetti 1986).

	Silex				**Calcaire**			
Talons	lisse	ponctiforme	dièdre	préparé	lisse	ponctiforme	dièdre	préparé
Éclats	45,3	38,9	5,3	10,5	79,5	10,9	6,4	3,2
Outils	65	13,7	10	11,2	80,3	9,8	9,8	0,1

Table 114 : Proportions des diffèrent types de talons par catégorie technologique et matière première, Grotta di Serra Cicora (d'après les données de Campetti 1986).

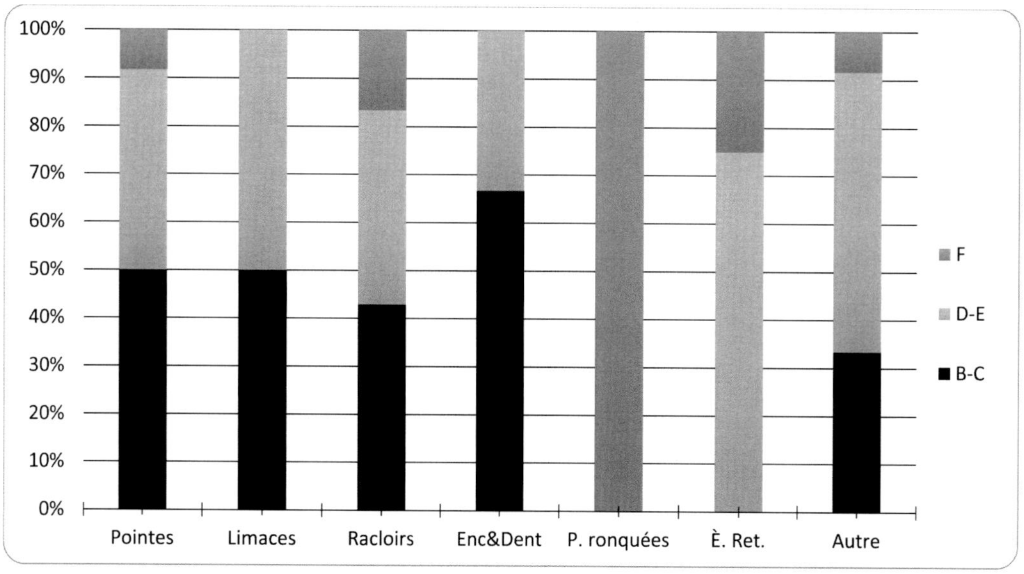

Graphique 74 : Proportions des différents outils par niveaux, Grotta di Serra Cicora (d'après les données de Campetti 1986).

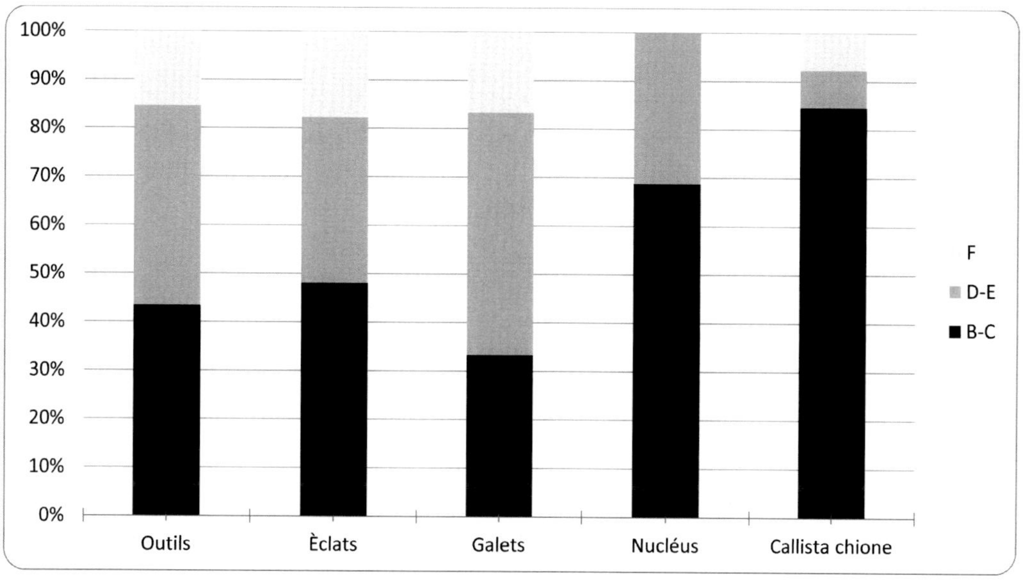

Graphique 75 : Proportions des différentes catégories technologiques par niveaux, Grotta di Serra Cicora (d'après les données de Campetti 1986).

Bernardini, la couche L de Grotta del Cavallo et la couche A de la Grotte M. Zei. L'auteur apporte des éléments de rapprochement typologiques et technologiques particulièrement poussés avec cette dernière grotte, surtout en raison de l'industrie sur coquillage. Étant donné la rareté des pièces retouchées sur *Callista chione*, ces comparaisons nous semblent hasardeuses, d'autant plus qu'aucun élément géologique n'étaye ces rapprochements et qu'aucune datation radiométrique ne précise la chronologie.

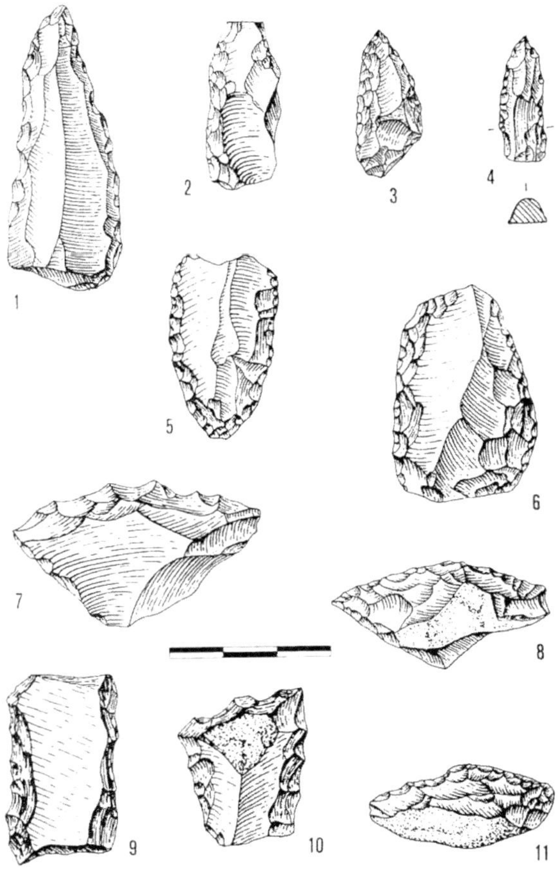

Figure 131 : Outils des couches B-C, Grotta Serra Cicora. (modifié d'après Campetti 1986).

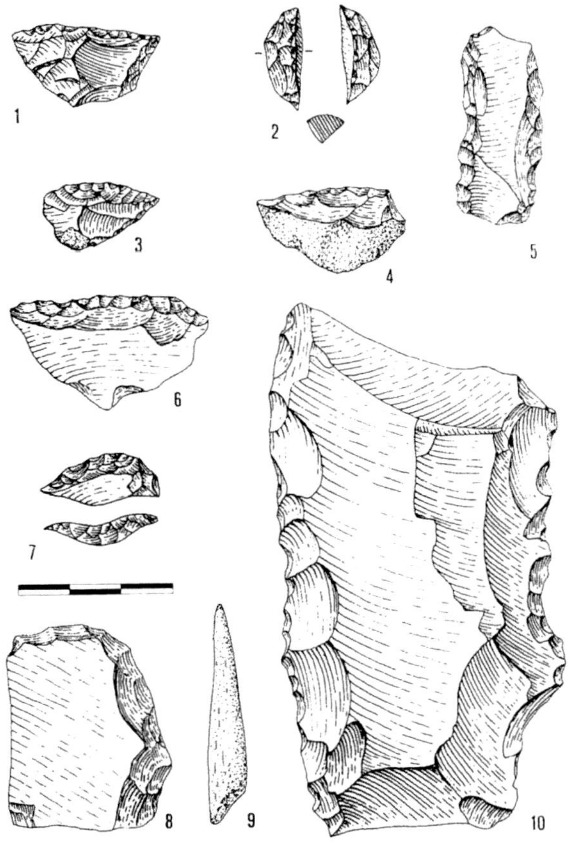

Figure 133 : Outils des couches D-E, Grotta Serra Cicora. (modifié d'après Campetti 1986).

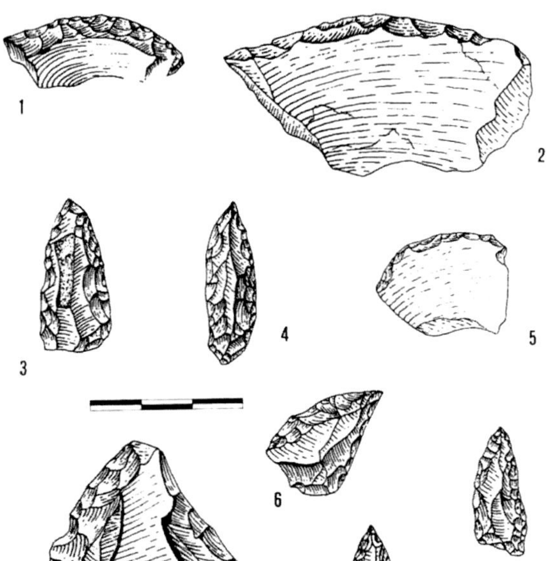

Figure 132 : Outils des couches B-C, Grotta Serra Cicora. (modifié d'après Campetti 1986).

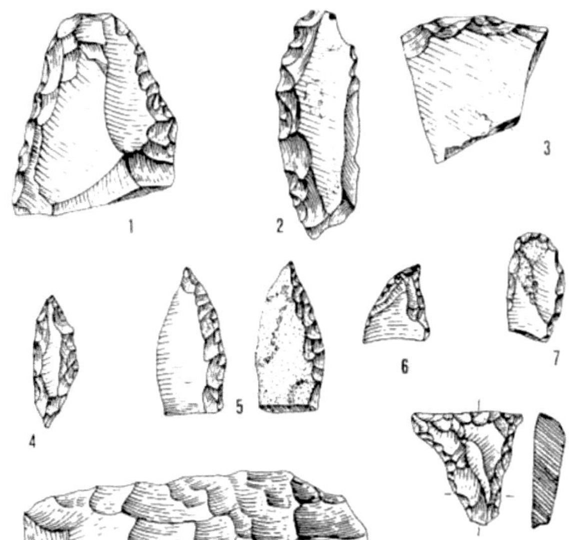

Figure 134 : Outils des couches D-E, Grotta Serra Cicora. (modifié d'après Campetti 1986).

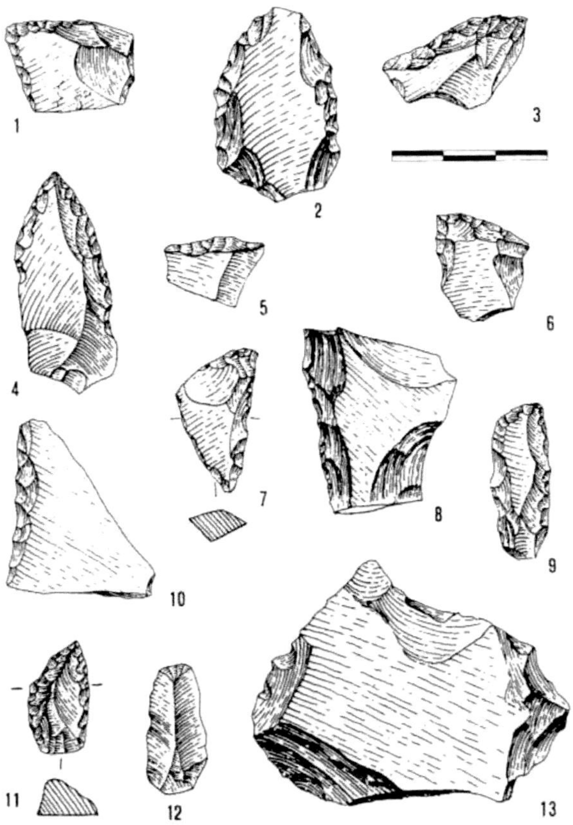

Figure 135 : Outils de la couche F, Grotta Serra Cicora. (modifié d'après Campetti 1986).

IV.VI Les autres sites moustériens

VI.1 Grotta delle Prazziche

La Grotta delle Prazziche se trouve sur le trait de côte rocheuse qui va d'Otrante à Castro et fut découverte en 1963 par E. Borzatti (Borzatti von Lowerstern 1966b).

En 1964, un petit sondage a permis d'y reconnaître la présence d'un dépôt moustérien en place. En 1966 a été ouverte une tranchée qui mesurait 1 X 1,40 m. Le dépôt a une épaisseur de seulement 80 cm au-dessus de la roche de base.

Les couches archéologiques identifiées sont les suivantes (du haut en bas) :

Couche D : niveau à matrice sableuse rouge – brun concrétionné vers le centre de la grotte. Origine probablement éolienne.

Couche E : cailloutis calcaire non arrondi de petites dimensions mélangé à une argile rouge et un sable d'origine éolienne. Concrétionné par endroits.

Couche F : terre brune sableuse avec de rares pierres de dimensions moyennes (10-15 cm) qui devient grise à la base. Les faunes sont au contraire très abondantes et dans un excellent état de conservation. L'espèce la plus commune est *Cervus elaphus*, suivi par *Bos primigenius*. Le cheval (*Equus caballus*) est plus rare. Des restes de *Dicerorhinus mercki* proviennent de la couche F.

Les données relatives aux faunes sont interprétées comme une alternance de périodes humides et sèches.

L'industrie moustérienne sur calcaire et sur calcaire siliceux est très affectée par la dissolution de ce matériel et ainsi très rare (Table 116). L'industrie retrouvée ne compte que 9 pièces calcaires. Quelques éclats ont été débités à partir de galets. Aucune pièce en silex n'a été retrouvée. La rareté de l'industrie empêche une quelconque interprétation du site.

Table 116 : Décompte l'industrie lithique Grotta delle Prazziche (d'après les données de Borzatti 1966).

	F	E	D
Éclats	1	1	2
Racloirs	1		1
Nucléus		1	1
Pointes			1
Total	2	2	5

VI.2 Fondo Cattìe

Fondo Cattìe est une doline qui se situe à quelques kilomètres de la ville de Maglie et c'est donc l'un des rares sites qui ne se trouvent pas sur la côte mais au centre de la plaine salentine. Il a été découvert par G. Cremonesi en 1980 et fouillé en 1982 (Liguori 1982 ; Cremonesi *et al.* 1983). La stratigraphie décrite par Cremonesi est la suivante (du haut vers le bas) :

- A argile rouge, 130-170 cm ;
- B sédiment argileux rougeâtre avec faune abondante (*Equus* sp.), épaisseur 60 cm ;
- C sédiment brun sableux avec *Equus* sp. et *Bos* sp., épaisseur 60 cm ;
- D sédiment argileux rouge brun très compact avec cailloutis, *Cervus* sp., épaisseur 120-130 cm ;
- E argile rouge clair, compacte, avec grains de quartz, reposant sur la roche de base. Épaisseur 20-35 cm.

Le dépôt a été attribué à un âge compris entre le « Würm I-II » et le « Würm II ».

L'industrie lithique est très abondante et est conservée au Musée de Maglie, avec une dent néandertalienne qui y a été découverte (Borgognini Tarli 1983).

IV.2.1 La faune

Les faunes ont été étudiées par C. Corridi (1987). Cette étude complète est plutôt importante, en raison des connaissances bien fragmentaires des assemblages fauniques de la région.

Le macrofaune n'est cependant pas abondant. Les éléments déterminables sont représentés surtout par des dents isolées, étant donné le degré très important de fragmentation des os.

Le cerf (*Cervus elaphus*) est présent avec 4 dents isolées (NMI =4) et le daim avec deux individus.

Les restes d'un seul individu juvénile de *Sus scrofa* ont été retrouvés. La famille des équidés est présente avec au moins 9 individus adultes et jeunes. *Bos primigenius* est aussi présent (NMI non spécifié).

Les carnivores sont présents avec différentes espèces : *Canis lupus, Vulpes vulpes, Crocuta crocuta, Panthera leo* et *Mustela* sp. Les restes ne sont toutefois pas abondants, mais ils cadrent bien avec les restes fauniques d'ongulés.

Le passage d'un climat tempéré à une phase climatique plus continentale est attesté par la présence de cervidés surtout dans les couches inférieures et d'équidés dans les couches supérieures.

IV.2.2 L'industrie lithique

L'industrie (Figure 136) est caractérisée par ses petites dimensions (Cremonesi *et al.* 1983 ; Ingravallo 1997). Les talons sont souvent punctiformes et les plans de frappe préparés sont très rares. La méthode Levallois est, d'après les auteurs, faiblement mise en œuvre. Typologiquement, les racloirs sont l'outil le mieux représenté, surtout les simples droits, suivis par les convergents, les transversaux, les déjetés. Les pointes sont assez nombreuses, sur éclats larges et plats, parfois avec plan de frappe facetté. Des pointes plus grandes sur calcaire sont aussi présentes. Les limaces sont généralement petites, avec les deux extrémités pointues, sur éclats épais.

Figure 136 : Industrie lithique de Fondo Cattìe, Musée de Maglie.

L'hypothèse de chronologie avancée pour cet assemblage le situe dans une période comprise entre le « Würm I – II » (60-55.000 BP) et le « Würm II » (55-40.000 BP). Cette industrie est rapprochée par les différents auteurs de celles de Grotta Montani et de S. Ermete (Cremonesi 1974 ; Leopizzi 1979).

VI.3 Grotta Montani

Grotta Montani fait partie d'un complexe de cavités qui se situe dans la commune de Salve. La grotte se trouve à environ + 80 m a.s.l. sur la pente d'un relief constitué par une série de basses collines, qui côtoie le littoral ionique entre Punta del Pizzo et Punta Ristola (Cremonesi 1974). Le site se trouve à environ 500 m à l'ouest du canal Fano et à environ 1,5 km de la côte. Il s'agit d'une ample dépression circulaire ouverte vers la mer, qui s'est probablement formée à la suite de l'écroulement de la voûte d'une grande grotte, dont les parois délimitent les bords actuels de l'arc de cercle. Les cavités actuelles sont probablement des diverticules de la cavité originelle. Dans ces petites grottes mais aussi dans le secteur en plein air inclus dans la dépression, des restes d'industrie et de faune ont été retrouvés pour la première fois par Antonio et Francesco Piccinno durant les années 1960 et le début des années 1970. En 1973, à la suite de ces découvertes, l'Istituto di Archeologia e Storia Antica de l'Université de Lecce mena une brève campagne de fouille dans la cavité majeure dénommée Montani I. Une tranchée fut fouillée vers la paroi gauche de la grotte et ensuite une fouille plus vaste fut ouverte au milieu de la cavité. Enfin, une dernière zone d'exploration concerna le fond de la cavité, où un troisième sondage fut ouvert.

Une industrie du Paléolithique supérieur est présente en surface, mais la stratigraphie de l'intérieur de la grotte n'a livré que de l'industrie moustérienne.

Le sédiment superficiel, après un mince niveau argileux, est une formation à galets de petites dimensions, stérile, d'une épaisseur de 50 cm environ (Cremonesi 1980b). Ensuite, un sédiment brun rougeâtre, d'épaisseur d'environ 80 cm et concrétionné par endroit, fut mis au jour. Le sédiment a été divisé en cinq couches artificielles.

Les couches 1, 2 et 3 sont constituées par un sédiment brun rougeâtre fortement décalcifié. La couche 4 a une couleur plus rouge et plus de cailloutis. Dans la couche 5, on note une diminution des cailloutis. Les vestiges osseux sont pour la plupart brûlés, bien que dans le dépôt aucun foyer n'ait été identifié. Les espèces identifiées rapprochent ce site, d'après les auteurs, des sites du cap de Leuca. Parmi eux on trouve *Elephas antiquus* et

Dicerorhinus mercki, qui atteignent 14 % de l'assemblage. Sinon, les équidés sont dominants (42 %), suivis par les bovidés (18 %). *Hyaena crocuta spelaea* représente 11 % de l'assemblage osseux. Les cervidés sont plutôt rares (3 %), tout comme le sanglier (3 %) et le lapin (6,7 %). Le faible nombre de matériaux récoltés (Table 117) rend très problématique une quelconque interprétation de l'industrie (Piccinno 1997a). Une certaine homogénéité a pourtant été relevée par les auteurs, qui envisagent une définition de « Micromoustérien » pour cet assemblage. La méthode Levallois est attestée par la présence de deux pointes pseudo Levallois. Trois éclats présentent un talon préparé. Typologiquement (Figure 137), les racloirs latéraux et transversaux sont présents en égale quantité. Les pointes sont larges et plates. Les éléments encochés et les denticulés sont absents.

	Surface	1	2	3	4	5
Éclats	8	1	2	3	1	2
Racloirs	10	3	2	2	1	1
Pointes	4	2	1	0	2	0
Limaces	0	0	0	0	0	1

Table 117 : Fréquences des différentes catégories technologiques par niveaux, Grotta Montani (d'après les données de Cremonesi 1980).

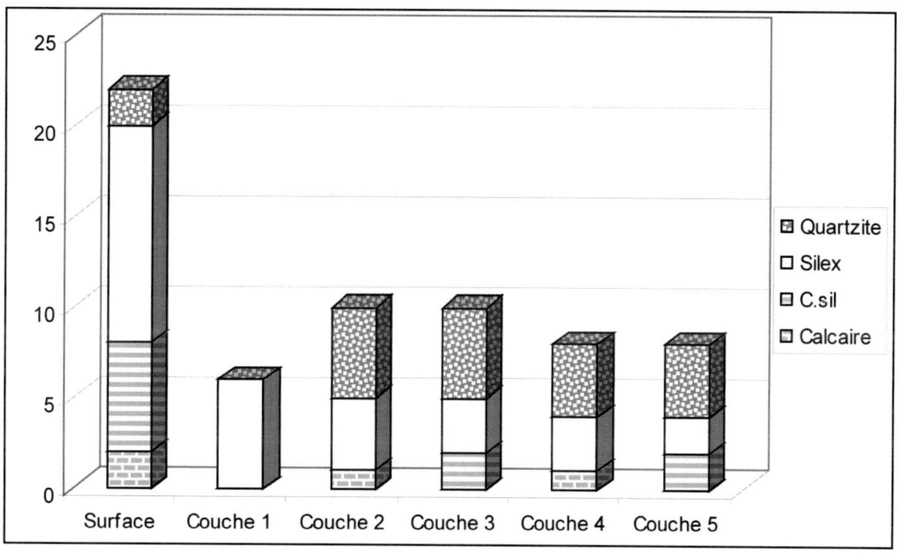

Graphique 76 : Fréquences des diverses matières premières par niveaux, Grotta Montani (d'après les données de Cremonesi 1980).

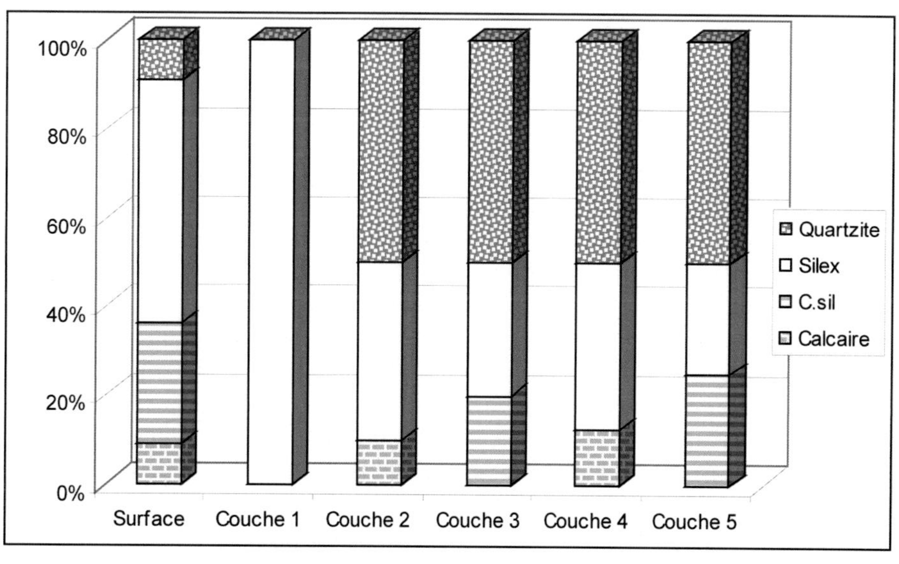

Graphique 77 : Proportions des diverses matières premières par niveaux, Grotta Montani (d'après les données de Cremonesi 1980).

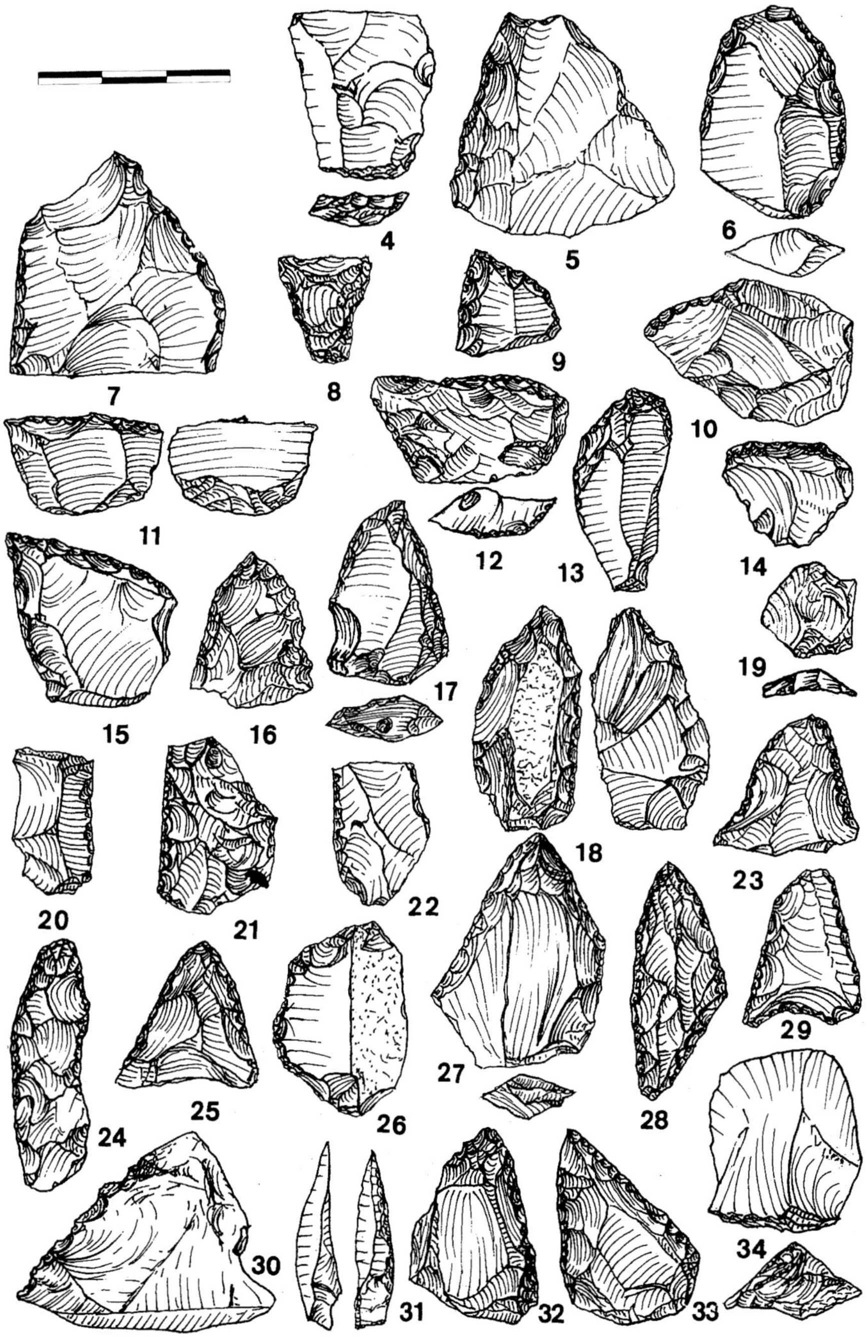

Figure 137 : Industrie lithique de Grotta Montani (modifié d'après Cremonesi 1980b).

VI.4 Grotta S. Ermete

La zone archéologique de S. Ermete (Leopizzi 1979 ; Cremonesi 1980) se trouve dans la banlieue au sud de la commune de Matino. Le territoire, bien qu'objet d'une intense activité de construction, conserve encore quelques intéressantes caractéristiques géomorphologiques. La grotte se trouve proche de la prolongation de la Serre de S. Eleuterio, où sont visibles un demi -cercle de roches calcaires crétacées avec des petites falaises. À la base de cet amphithéâtre rocheux se trouve un abri sous roche, qui est le résidu d'une cavité plus grande. La cavité actuelle n'est que le résidu d'une grotte plus ample, actuellement écroulée (Cremonesi 1980).

Il fut découvert en 1965 par Antonio et Francesco Piccinno et fouillé par G. Cremonesi en 1979-80.

Deux sondages différents furent mis en place.

Le premier a mis en évidence un niveau d'argile rouge compacte, très riche en fragments fauniques et quelques artefacts moustériens.

Le deuxième sondage fut ouvert près de l'entrée de la grotte et révéla une situation stratigraphique plus complexe. La première couche était un terrain remanié avec des faunes fossiles et artefacts du Paléolithique moyen et supérieur. La couche de base de la tranchée montrait des brèches avec des restes de dépôt en place (Cremonesi 1980a). La base du dépôt archéologique n'a pas été atteinte. Les vestiges lithiques et fauniques ne sont pas abondants et sont rares tout au long du dépôt.

IV.4.1 La faune

Les vestiges fauniques des deux sondages n'ont jamais été publiés. Les espèces représentées sont les grands pachydermes, surtout rhinocéros et hippopotame, l'aurochs, le cerf, le cheval (Cremonesi 1980).

IV.4.2 L'industrie lithique

L'industrie du Paléolithique moyen est caractérisée par deux groupes principaux de vestiges, de dimensions différentes. Le premier groupe comprend les supports en calcaire siliceux, de dimensions relativement grandes ; le deuxième groupe comprend les vestiges en silex, de dimensions beaucoup plus réduites (Cremonesi 1980). Un rapprochement de cette industrie en silex avec le faciès du Pontinien est fait par l'auteur.

Les nucléus sont généralement prismatiques ou pyramidaux avec deux directions de débitage (Piccinno 1997b). Les plus petits, sont polyédriques ou sub-sphéroïdaux (Cremonesi 1980), mais aussi discoïdes. Les éclats, souvent sur calcaire, ont des morphologies plutôt irrégulières. Ils sont courts et épais avec plan de frappe lisse et bulbe proéminent. La méthode Levallois n'a été que rarement détectée, souvent sur des éclats à talon préparé. Les éclats en silex ont des dimensions beaucoup plus réduites.

Concernant la typologie (Figure 138), les racloirs simples droits sont le type le plus commun, cependant les pointes sont aussi très nombreuses. Ceux sur calcaires ont de grandes dimensions, alors que ceux sur silex sont très petits. La retouche est le plus souvent envahissante. La fréquence des pointes, bien qu'inférieure à celle des racloirs, est importante. Les pointes en calcaire siliceux sont larges et courtes, parfois à talon préparé, à retouche scalariforme. Celles en silex sont toujours très petites, définies « microlithiques » par Cremonesi (1980), parfois étroites et pointues sur des supports épais. Cremonesi remarque aussi une limace très petite, obtenue à partir d'un éclat très épais en silex.

Ces industries ont été comparées avec celles de Gr. Montani et F. Cattìe, et aussi avec la couche M de Grotta del Cavallo. Le manque de données chronologiques rend toute comparaison cependant difficile.

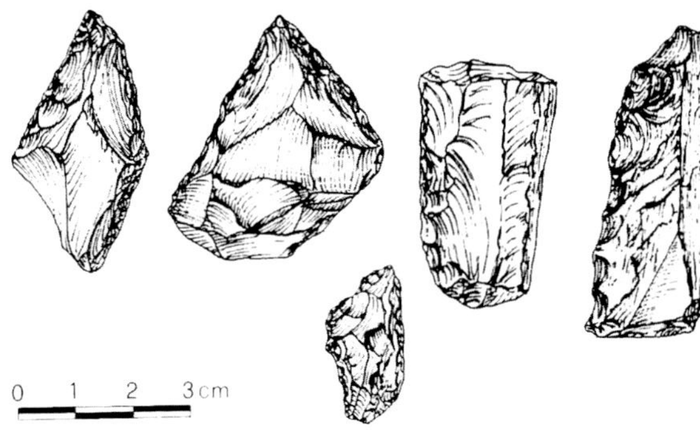

Figure 138 : Industrie lithique de S. Ermete (modifié d'après Piccinno 1997b).

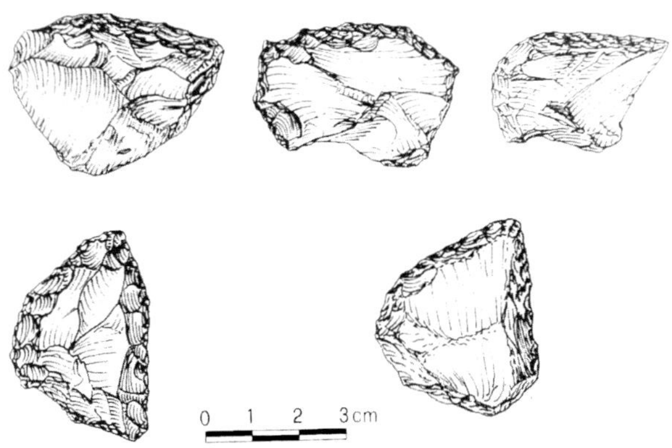

Figure 139 : Industrie lithique de S. Ermete (modifié d'après Piccinno 1997b).

VI.5 Brèches osseuses et « ventarole »

La péninsule salentine est l'une des régions italiennes les plus riches en dépôts de vertébré quaternaires. Les premières fouilles dans la zone des ventarole furent effectuées pendant le XIXe siècle La plupart des sites est attribuée au Pléistocène moyen – supérieur (Bologna *et al.* 1994).

Les **Grotte delle Striare** sont un complexe de cavités qui se trouve sur la côte adriatique entre Grotta Romanelli et Porto Miggiano, difficilement accessible par la terre (Blanc 1955). Il s'agit de cavités ou de simples fissures colmatées de brèches rouges cimentées contenant des restes de gros mammifères. Elles se trouvent à environ + 2-4 m a.s.l. et furent signalées pour la première fois par Stasi en 1879.

La cavité principale a été étudiée par di Stefano *et al.* (1992) et présente la stratigraphie suivante, du bas vers le haut :

- Couche A : sable grossier fortement cimenté, d'une épaisseur de 30 cm environ, s'appuyant sur

le calcaire de base. Cette couche est postérieure à la plage tyrrhénienne indiquée par les marmites d'érosion ;
- Couche B (150 cm) : couche de terre rouge avec rares éléments calcaires non arrondis ;
- Couche C (50 cm) : niveau fortement cimenté constitué par des blocs non arrondis et une matrice rouge ;
- Couche D (40 cm) : terre rouge cimentée ;
- Couche E-F (20 cm) : niveau semblable au précédent ;
- Couche G : niveau analogue aux couches C et E, mais avec une matrice plus abondante ;
- Couche H (40 cm) : analogue aux niveaux F et G, mais avec une présence inférieure des cailloutis ;
- Couche I (20 cm) : stalagmite ;
- Couche L (1 m) : terre rouge non cimentée ;
- Couche M (30 cm) : stalagmite.

La présence d'ossements de mammifères est continue tout au long de la stratigraphie, mais en pourcentages différents selon les couches. Les couches A et B sont assez pauvres, les couches E et F plus riches, les autres couches présentent des fragments en quantité peu abondante.

Les restes fauniques ont été décrits par Orlandi et Cigna (1955, 1956) et par (Maviglia 1955) qui a individualisé les espèces suivantes : *Hippopotamus amphibius, Dicerorhinus mercki, Elephas antiquus, Cervus dama* (couches E, H, L), *Cervus elaphus* (couches D et H), *Oryctolagus cuniculus, Canis lupus, Felis lynx, Vulpes vulpes, Sus scrofa, Bos primigenius* (couche D), *Crocuta sp.* (couche H), *Lepus timidus* (couche H).

La **Grotta del Sarcofago** se trouve au sud de la Baie de Porto Badisco et s'ouvre directement sur la mer dans les Calcaires de Castro. Il s'agit d'une cavité d'origine karstique qui a subi une forte érosion marine qui a causé l'écroulement de sa voûte. Probablement la grotte avait deux entrées, l'une ouverte vers le sud et l'autre vers le nord, qui communiquaient par des couloirs très étroits. La salle principale est partiellement remplie par une série de brèches plongées dans une terre rougeâtre, dont la puissance totale est de 5 m. La séquence stratigraphique a été ainsi décrite par de Stefano *et alii* (1992) :

- Couche A (70 cm) : galets arrondis de dimensions moyennes à grandes, avec restes de vertébrés.
- Couche B (2 m) : galets calcaires non arrondis dans une matrice rouge fortement cimentée. Faune abondante.
- Couche C (40 cm) : stalagmite qui ne présente pas de restes de faune.
- Couche D : brèche rouge fortement cimentée avec nombreux restes osseux.
- Les espèces indentifiables sont les suivantes : *Elephas antiquus* (couches A, B, D), *Bos primigenius* (couche B et D), *Cervus elaphus* (couches B et D), *Cervus dama* (couches A et B), *Sus scrofa* (couche B), *Crocuta* sp. (couche B), *Equus hydruntinus* (couche D), *Dicerorhinus* sp. (couche A), *Hippopotamus amphibius* (couche A).

La gravière de **San Sidero** et **Melpignano** a été découverte vers la fin des années '60 par P. de Lorentiis et ensuite étudiée par son fis Decio. Il s'agit d'une fissure de 15 m qui s'ouvre dans les calcaires crétacés.

La détermination des faunes a été faite par L. Cardini en 1957-58 (Cardini 1958) et ensuite publiées par de Giulii (1983). La cave 3 a donné des restes d'*Elephas antiquus, Equus caballus, Equus hydruntinus, Dicerorhinus* sp. *Dama dama, Cervus elaphus, Bos primigenius, Sus* sp., *Canis lupus, Vulpes vulpes, Panthera leo, Crocuta crocuta, Ursus* sp., *Oryctolagus cuniculus.* Des restes d'amphibiens, reptiles et oiseaux sont également présents. L'éléphant et l'ours sont présents avec un seul fragment, et le rhinocéros est aussi présent mais rare. Ces vestiges ont été attribués initialement au Riss/Würm ou au « Würm I/Würm II », mais, plus récemment à l'OIS 5.

Les vestiges des autres grottes ont été ainsi déterminés : *Bos primigenius, Elephas antiquus, Hippopotamus amphibius, Dicerorhinus mercki, Cervus elaphus, Equus caballus, Equus hydruntinus, Sus scrofa, Hyaena sp., Dicerorhinus sp., Pardus pardus, Canis lupus, Canis aureus, Vulpes vulpes, Lepus europaeus, Oryctolagus cuniculus.*

Les éléments fauniques provenant de San Sidero sont entiers dans 42 % des cas.

Les microfaunes de San Sidero 3 ont été attribués à l'unité microfaunique du Torringian (< 65.000 BP) (Sala et Masini 2007).

La gravière de **Cava Nuzzo** à Melpignano est l'un des sites paléontologiques les plus importants de l'Italie méridionale. Elle a livré un grand nombre de spécimens fossiles depuis sa découverte et la première publication de ses vestiges (Mirigliano 1941, cité par Barbera *et al.* 2006).

Les espèces présentes à Cava Nuzzo comptent *Elephas antiquus, Stephanorhinus kirchbergensis, Equus caballus, Equus hydruntinus, Hippopotamus amphibius, Bos primigenius, Cervus elaphus.* Cette association faunique est rapportée au Pléistocène supérieur initial (100-90.000 BP).

Une autre ventarole qui a livré des faunes abondantes et importantes pour leur intégrité est **Cardamone**, proche de Novoli. Elle fut découverte en 1870 et signalée pour la première fois par U. Botti. Deux couches ont été reconnues, la première constituée par un sédiment argileux de couleur grise, le deuxième par des terres rouges. La plupart des faunes est conservée au Laboratoire de sciences naturelles de l'Université de Lecce. Les faunes suivantes sont représentées (La Corte 1988) : *Bos primigenius, Cervus elaphus, Equus caballus, Caelodonta antiquitatis, Elephas primigenius, Canis lupus, Vulpes vulpes, Hyaena crocuta spelaea, Lepus europaeus, Oryctolagus cuniculus*, mais aussi le *Mammutus primigenius* et *Hippopotamus amphibius.* Le cheval est l'espèce dominante et compte 49 individus, pour la plupart adultes. Cette association faunique indique un complexe de climat froid, associé aux « terres brunes » de Grotta Romanelli.

Cinquième partie
Synthèse, conclusions et perspectives

V.I Le paléoenvironnement quaternaire régional

I.1 Introduction

L'interprétation du passé en termes de disponibilité des ressources implique une reconstitution des environnements et des milieux qui ont caractérisé les occupations humaines. Les changements des niveaux marins du Quaternaire font partie des éléments du paysage qui sont parfois sous-estimés par les archéologues, qui quelquefois n'en évaluent pas entièrement les implications. En effet le changement de la configuration des lignes des côtes est strictement lié aux variations climatiques et peut avoir des profondes implications archéologiques. La dernière glaciation a provoqué un abaissement du niveau de la mer jusqu'à 100 m et au-delà et beaucoup de terres aujourd'hui submergées étaient accessibles, créant des plaines côtières là où maintenant se trouvent des falaises. Dans la région étudiée, les modifications des lignes de côte sont particulièrement importantes car la majorité des sites concernés se trouvent à proximité de la côte actuelle. Sa forme de presqu'île en fait une région particulièrement concernée par ces variations. Pareillement, en absence de datations directes des dépôts archéologiques, les datations sur les plages fossiles ou sur les spéléothèmes sont l'un des moyens pour fournir des repères chronologiques des occupations humaines.

I.2 Modeles de la variation du niveau marin

A l'échelle du Quaternaire, le principal facteur de la variation du niveau marin est la variation du volume des eaux océaniques liée à celle du volume des glaciers continentaux (inlandsis), elle-même contrôlée par l'alternance des cycles Glaciaire – Interglaciaire et de leurs oscillations climatiques (glacioeustatisme).

Les fluctuations du niveau de la mer au cours des temps géologiques récents sont l'une des conséquences majeures des changements climatiques associés aux cycles glaciaires (Lambeck 2004). Les observations révèlent un réseau complexe de changements dans le temps et dans l'espace, qui comprend un enregistrement du calendrier des cycles glaciaires, des localisations et des dimensions des calottes de glace, de la réponse de la terre en fonction de la charge et des événements tectoniques.

Les périodes froides s'accompagnent d'une extension des surfaces continentales englacées. Cette rétention d'eau sous la forme solide entraîne un abaissement du niveau marin (régression). Le calcul des quantités d'eau marine au profit de la calotte de glace peut être effectué à partir de deux méthodes différentes : l'estimation des volumes de la glace et la composition isotopique de l'oxygène de l'eau marine. La première approche est la plus ancienne et a produit une estimation qui va de 100-115 m (Donn *et al.* 1962) à environ 130 m (Flint 1971). Le calcul fait à partir des isotopes des micro-organismes pélagiques, est de 165 m (Shackleton 1977).

Durant des périodes de réchauffement climatique, ces surfaces englacées sont en retrait et l'eau ainsi libérée contribue à l'augmentation du volume des océans (transgression).

De plus, ces fluctuations thermiques entraînent la dilation (période chaude) ou la contraction (période froide) de l'eau (thermoeustatisme), ce qui contribue également à la variation eustatique. Il a été reconnu que toutes ces variations se font à l'échelle mondiale et sont indépendantes de la localisation géographique des carottes analysées (Shackleton et Opdyke 1973 ; Pisias *et al.* 1984). Ces stratigraphies sont à la base de la chronologie climatique dite « isotopique » divisée en stades (épisodes chauds) et interstades (épisodes froids) (Emiliani 1955 ; Shackleton et Opdyke 1973 ; Pisias *et al.* 1984 ; Shackleton 1977).

En Méditerranée orientale, l'évaluation des mouvements eustatiques est rendue particulièrement complexe par la présence de zones tectoniques actives. Les changements le long de la côte italienne sont la somme de facteurs eustatiques, glacio – eustatiques et tectoniques. Le premier facteur est dépendant de conditions globales alors que les deux derniers sont liés plutôt aux conditions locales. Les facteurs glacio-idro-eustatiques sont prévisibles mais ceux tectoniques montrent un modèle moins régulier. L'ensemble de ces composantes forme un modèle spatial et temporel complexe (Lambeck *et al.* 2004).

Le stade 5 coïncide avec le Dernier Interglaciaire. Son age est compris entre 132 ka et 116 ka selon la stratigraphie basée sur les carottes marines à résolution élevée, d'après les données de Shackleton et collaborateurs (2003). Ce moment correspond au Tyrrhénien de Gignoux, caractérisé, d'après son inventeur, par la présence de « faune sénégalaise » : le fossile directeur en est le *Strombus bubonius*. En effet, ce gastéropode est retrouvé en Méditerranée centrale et orientale seulement dans les dépôts, liées au MIS 5,5 (Éemien).

D'autres espèces présentes sont le Conus testudinarius, le Cardyta calyculata senegalensis, le Hyotissa hyotis. En Italie, le Strombus bubonius se trouve seulement sur les côtes tyrrhéniennes et de la mer ionienne, jamais en Adriatique.

Durant ce stade 5, la mer se soulève au-dessus du niveau actuel, mais sa position est différente selon les conditions environnementales : ce niveau en Italie méridionale est supposé être modifié par les phénomènes tectoniques.

Actuellement, l'amplitude de la variation des niveaux marins de la Méditerranéenne orientale est bien connue seulement pour le Dernier Maximum Glaciaire (18 ka). Les données isotopiques de l'oxygène montrent des conditions climatiques relativement fraîches pour l'OIS 4, compris entre 60 et 70 ka. Ces mêmes conditions fraîches (Figure 159) sont présentes deux fois durant l'OIS 5 à 90-100 ka (OIS 5d) et environ à 115 ka (OIS 5b). Dans les périodes susmentionnées, un volume d'eau équivalent à celui stocké au maximum glaciaire (18 ka) a été retiré des océans : cela implique une baisse du niveau marin de 110-120 m. Durant les autres périodes plus tempérées, un niveau plus haut était présent, qui ne dépassait pourtant pas le niveau actuel. En effet, la mer se trouvait à une altitude de -35/-40 m à 50-60 ka et 80-105 ka (Shackleton *et al.* 1984).

Les observations pertinentes sur les changements du niveau marin incluent les rapports entre chronologie et altitude mais aussi bien les dépôts archéologiques. Parfois, les sites archéologiques ont été utilisés pour une calibration des paramètres qui définissent les modèles isostatiques, notamment pour la période holocène (Mastronuzzi et Sansò 2002).

Le niveau marin durant les périodes de transgression peut être évalué par différents éléments, qui comprennent les lignes de rivage, les faciès sédimentaires de lagune, les plages fossiles et les terrasses qui contiennent souvent des faunes « *sénégalaises* », notamment le *Strombus bubonius* (Gignoux 1913).

Dans d'autres publications (Ferranti *et al.* 2006) les catégories utilisées pour l'évaluation de l'altitude du niveau marin à un moment donné sont :

- Biologiques (i.e. présence de vermetides tels que le *Denrdopoma petraeum,* une espèce de gastéropodes constructeurs de récif ou les plus connues sont les lithophages) ;
- Morphologiques : (*tidal notches*), terrasses ;
- Sédimentaires (i.e. les plages fossiles ou les spéléothèmes montrant des signes de colonies d'organismes marins) ;
- Érosives ;
- Archéologiques (voir pour discussion Flemming 1969 ; Pirazzoli 1976 ; Antonioli et Leoni 1998 pour exemple).

I.3 Les changements marins régionaux : transgressions et régressions

La zone côtière des Pouilles est caractérisée par de nombreux signes de transgressions marines résultats de la superposition des changements glacioeustatiques et tectoniques qui se sont produits à partir du Pléistocène moyen (Figure 140). Les différentes transgressions marines convoitent extensivement le secteur médian et occidental du Salento alors que les secteurs oriental et méridional restent probablement émergés. Les unités

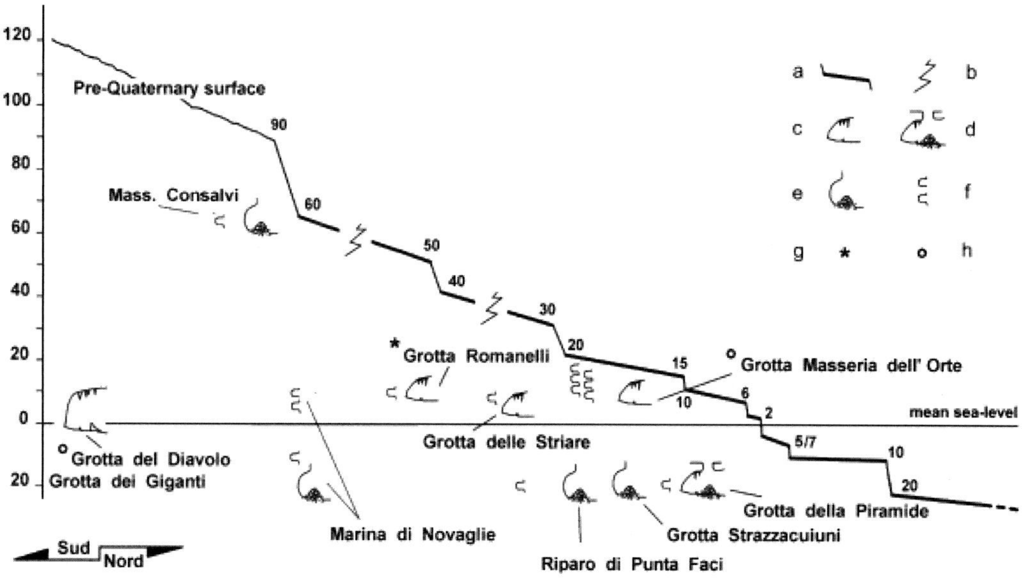

Figure 140 : Reconstitution de la séquence des terrasses marine de la cote orientale du Salento (modifié d'après Mastronuzzi *et al.* 2007).

stratigraphiques qui concernent cette période portent le nom de *depositi marini terrazzati* (Ciaranfi *et al.* 1992).

La zone côtière de la péninsule est marquée par une série de terrasses qui correspondent à des lambeaux plus ou moins amples de surfaces modelées par la mer au cours du Pléistocène moyen et supérieur, à la suite des variations du niveau marin. Des surfaces qui pourraient correspondre à des traits de fonds marins ou à des surfaces d'abrasion marine ont été reconnues aussi dans des secteurs intérieurs (Palmentola 1987).

La corrélation des différents plans régionaux n'est pas simple car la tectonique et les processus d'érosion ont détruit ou effacé partiellement les anciennes surfaces marines qui en sont à l'origine. Toutefois, les données disponibles ont permis à certains auteurs de formuler un cadre chronologique des terrasses plus fréquentes, à travers la présence de dépôts d'age connue ou pour leur continuité spatiale avec d'autres surfaces correspondant à la fermeture de cycles sédimentaires connus (Mastronuzzi *et al.* 2005).

D'après Battista *et al.* (1985), la ligne de côte la plus ancienne présente dans le Salento se trouve entre + 175 et + 80 m au-dessus du niveau de la mer et est datée au Pléistocène inférieur. Vers + 55 m au-dessus du niveau actuel, l'on peut observer une surface d'abrasion modelée probablement durant le Pléistocène moyen. Les mêmes auteurs attribuent une surface qui se trouve à environ + 25-30 m au-dessus du niveau actuel au Tyrrhénien et une surface de peu plus basse à + 15 m a.s.l. à la première partie du Tyrrhénien supérieur. La surface à + 3-4 m serait à attribuer à la fin du Tyrrhénien supérieur.

D'après Palmentola (1987), la surface d'abrasion la plus ancienne est inclinée vers le Nord et dégrade de la partie méridionale à celle septentrionale d'environ +180 m à environ +80 m.

La surface suivante se développe à environ 80 m et a été déchirée par la tectonique en différents lambeaux qui se trouvent à des altitudes différentes.

La troisième surface se trouve à + 50-60 m a.s.l. le long de la côte adriatique. Cette surface s'est formée avant les dépôts à *Strombus* et ainsi pourrait correspondre à une transgression qui s'est vérifiée entre 339 et 200 ka.

La quatrième surface borde tout le périmètre de côtes du Salento et se trouve également dans l'intérieur. Elle se trouve à environ 25-30 m sur le niveau de la mer et a été datée de 125 ka (Palmentola 1987).

La surface suivante monte jusque à + 15 m et est corrélable pour certains traits avec une surface de colmatage de la mer qui a été daté à 100 ka.

La surface la plus basse se trouve à + 3-6 m sur le niveau de la mer et est plutôt fréquente. Elle a été attribuée à un moment de montée de la mer daté à environ 85 ka. D'après Selleri *et al.* (2003) cette dernière surface pourrait être aussi bien d'âge Holocène.

De nombreuses recherches ponctuelles ont été effectuées afin de reconnaître et de dater les phases morphogénétiques qui sont responsables de la formation du paysage actuel. Les études morphologiques et géologiques (Gignoux 1913) ont été intégrées avec des déterminations d'âge absolu et par des datations (i.e. Hearty et Dai Pra 1992) ou bien par des données archéologiques (Mastronuzzi *et al.* 1987). Un grand nombre d'études concernent la côte ionienne des Pouilles (e.g. Mastronuzzi et Sansò 2002).

L'évaluation des degrés d'élévation tectonique des Pouilles a été faite à partir des niveaux des terrasses marines corrélées au niveau maximal du Dernier Interglaciaire (MIS 5.5) (Dai Pra et Hearty 1985 ; Hearty et Dai Pra 1992 ; Bordoni et Valensise 1998 ; Belluomini *et al.* 2002). Lambek *et al.* (2004) suggèrent pour le stade 5 e en Italie un âge de 124 ± 5 ka et une altitude de + 7 ± 3 m dans les zones stables.

Sur la **côte ionienne**, cette terrasse est caractérisée par la présence d'assemblages fauniques particuliers, parmi lesquels on trouve le *Strombus bubonius*. La position de cette terrasse est de seulement quelques mètres au-dessus de la mer actuelle dans les régions tectoniquement stables.

Dans le Salento les sites relatifs au stade 5,5 sont concentrés dans la zone de Tarant (Ferranti *et al.* 2006) et se trouvent sur une vaste terrasse marine, dont les marges internes ont été observées entre + 37 et + 24 m a.s.l. (Hearty et Dai Pra 1992 ; Belluomini *et al.* 2002). Sur la côte ionienne des Pouilles, les données indiquent une baisse progressive de nord-ouest à sud-est des niveaux atteints. En effet, les élévations varient de + 3 m au nord de Tarente (Ponte del Re) à 20 cm près de Torre S. Giovanni (proche de Ugento).

Le site de Torre Castelluccia, situé à + 28 m au-dessus le niveau de la mer a donné un âge de 138 ka par datation U/Th (Hearty et Dai Pra 1992 ; Belluomini *et al.* 2002). Plus au sud sur la côte ionienne, ce même niveau se trouve proche de l'altitude eustatique actuelle.

A Torre Castiglione la marge la plus interne d'une terrasse marine se trouve à environ + 1,5 m a.s.l. De plus, à Gallipoli un dépôt avec *Strombus bubonius* se trouve au niveau de la mer actuelle. D'autres indices existent aussi à la pointe méridionale de la péninsule (Mastronuzzi et Sansò 2003).

Les données relatives à la partie **adriatique** sont plus difficiles à évaluer pour de différentes raisons

(Mastronuzzi *et al.* 2001, 2002). D'abord, cette région n'a probablement pas été colonisée par la « faune sénégalaise » pendant le Dernier Interglaciaire. Sur la côte adriatique les traces des terrasses marines du MIS 5,5 ne sont très pas bien connues. Un élément datant se trouve dans la partie méridionale des Murge, à Torre Santa Sabina où un dépôt côtier qui est situé à + 3 m a.s.l. se superpose à un dépôt colluvial qui contient des vestiges moustériens et qui a été attribué au stade 5,5 (Mastronuzzi et Sansò 2003).

La partie émergée de la pente côtière est caractérisée par des terrasses, dont la plus élevée se trouve à + 50-60 m au-dessus du niveau de la mer actuel. Les terrasses suivantes se trouvent à + 40 m, + 20-15 m et + 6-10 m. La plus baisse se trouve à + 2 m d'altitude (Mastronuzzi *et al.* 2007).

Le paysage entre Otrante et Leuca, le long de la côte orientale du Salento, est dominé par une falaise abrupte qui va de 100 m a.s.l. environ à 50 m sous la surface de l'eau (Figure 141, 142, 143).

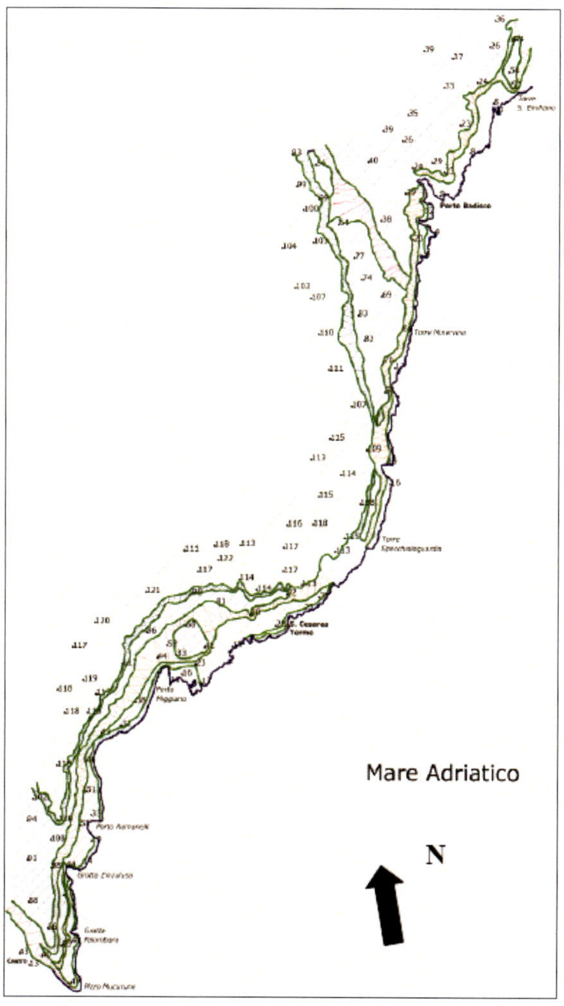

Figure 141 : Géomorphologie de la côte adriatique, modifié d'après Mastronuzzi et Sansò 2003.

Di Stefano *et al.* (1992) attribuent un âge de 80-90 ka BP à une surface qui se trouve entre + 2 et + 8 m, relevable à l'intérieur de nombreuses cavités de la côte entre Otranto et Castro et fossilisée par des brèches ossifères qui contiennent des faunes de la dernière phase interglaciaire. Concernant les cavités qui se trouvent sur la côte, des suggestions sur les changements relatifs au niveau de la mer ont été apportés par différents auteurs (Blanc 1928 ; Anelli 1967 ; Cassoli *et al.* 1978), mais ils n'ont jamais été supportés par des évidences géomorphologiques directes et par des déterminations géochronologiques.

Sur la côte adriatique, correspondante à la Grotte Romanelli, des plateformes rocheuses abruptes marquent les falaises mais se trouvent aussi au-dessous de la mer actuelle : deux lignes y sont reconnaissables, la première à – 5 m et la deuxième entre -7 et -10 m. Ensuite, sous l'eau se trouve une large plane, qui arrive jusqu'à – 20 m (Pannoni et Silenzi 1997 ; Centenaro *et al.* 1998). Dans la reconstitution de Cassoli *et al.* (1979), quand le niveau de la mer se trouvait à – 75-60 m, la mer pénétrait dans la plaine sablonneuse devant les grottes et quelques dunes arrivaient jusqu'à la falaise. Quand le rivage se trouvait à -55 m, il y avait une phase lagunaire : des cordons littoraux recoupaient l'avancée de la mer, renfermant les eaux, qui deviennent ainsi saumâtres avec une faune à cerastodermes. À la suite de la remontée du niveau marin à – 50 m, il y a eu une dernière phase lagunaire et une partielle submersion des cordons littoraux. Les lagunes et parfois la mer ont rejoint le pied de la falaise et de nouveaux barrages de dunes ont réduit la communication entre la mer ouverte.

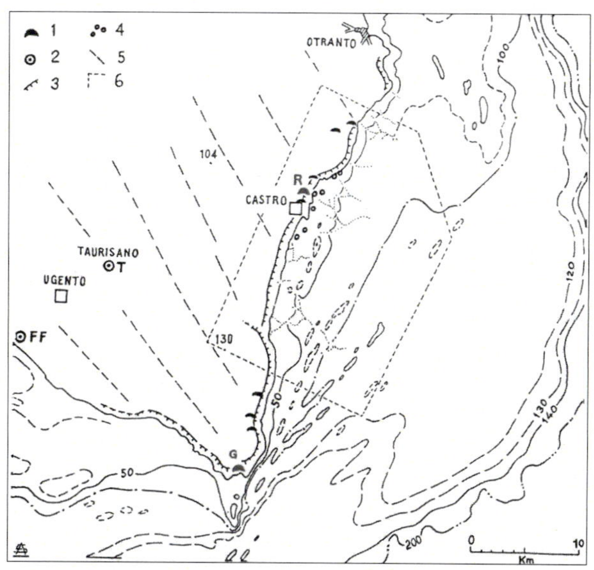

Figure 142 : Morphologie de la cote de Castro, d'après Cassoli *et al.* 1979.

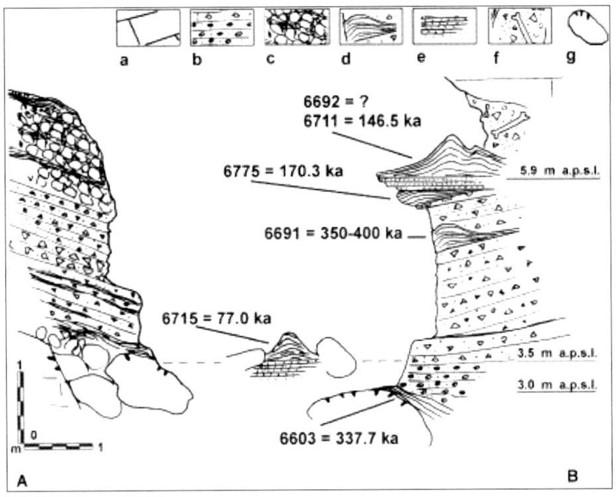

Figure 143 : Topographie et coupe sagittale de Grotta dei Diavolo (modifié d'après Mastronuzzi *et al.* 2007).

I.4 Le modèle proposé

Mastronuzzi *et al.* (2007) ont publié une étude de révision des morphologies côtières du Salento, en illustrant les séquences de quelques grottes et en proposant un modèle des cycles de transgression et régression marines de cette région, basé sur une présumée stabilité tectonique. Nous allons les illustrer ci-contre.

Grotta Romanelli

Grotta Romanelli (cf. III partie) est l'une des mieux connues parmi ces cavités. Elle se trouve dans la partie interne d'une plateforme à environ + 7,4 m a.s.l. Elle est corrélée à une terrasse avec des trous de lithophages, qui se termine à + 9,8 m environ. Ce niveau marin inclut de gros galets et de rares fossiles marins. Un épais dépôt de versant, généralement une brèche, couvre le dépôt marin.

Grotta della Masseria dell'Orte

La grotte se trouve dans la baie Palombara. Il s'agit d'une petite cavité qui s'ouvre sur une plateforme marine à 6,2 m a.s.l. La partie externe est couverte d'une brèche cimentée et la grotte est partiellement colmatée par une arénite jaune et cimentée, datée au Pléistocène moyen et couverte par une stalagmite datée à 185 ka. Le dépôt de la grotte, se superpose à la stalagmite et contient des faunes à vertébrés.

Grotta del Diavolo

La Grotta del Diavolo (Mastronuzzi *et al.* 2002a) s'ouvre sur la partie la plus méridionale du Salento, non loin de la Grotta dei Giganti. Elle a été explorée pour la première fois par U. Botti qui découvrait dans la brèche des faunes fossiles et d'autres vestiges (Botti 1871a). L'étude définit la succession de la grotte à travers une série de détermination U/Th sur les spéléothèmes de différents niveaux. La séquence stratigraphique est formée par trois différents niveaux de plage qui se trouvent respectivement à + 3 m, + 3,5 m et + 5,9 m a.s.l. (Figure 145). Le niveau le plus ancien inclut des galets et des marques de lithophages à la base, qui couvrent la plateforme marine. Cette dernière constitue le pavement de la cavité. Plus haut, on trouve des sables à texture moyenne qui sont couverts par une stalagmite datée au Pléistocène moyen, daté de 340 ka, par la méthode U/Th. Des dépôts stratifiés rougeâtres épais de 2 m environ se superposent à cette stalagmite. Le deuxième niveau de plage est formé d'un sable fin de 30 cm d'épaisseur et se trouve entre deux spéléothèmes qui ont été datés respectivement à 170 ka et 146 ka. Le troisième niveau se trouve à + 3,5 m et est scellé par une stalagmite qui a été datée à 78 ka. Le remplissage de la cavité, dans lequel se trouvent des faunes froides, a été attribué au Dernier Glaciaire.

Les grottes côtières du Salento contiennent des séquences qui comprennent des dépôts de brèche, des sédiments marins et des spéleothèmes.

Genty *et al.* (2001) indiquent que les spéléothèmes se forment pendant les périodes qui sont caractérisées par une couverture continue de végétation et une température en surface plutôt élevée. Dans le cas de Grotta del Diavolo, il a été suggéré que les stalagmites se formaient durant la même phase interglaciaire que celle des plages. De l'autre coté, le dépôt de brèche s'est formé durant des périodes caractérisées par des conditions climatiques arides. Pendant ces périodes, la couverture végétative était discontinue et l'action des eaux de surface produisait une érosion des dépôts.

Le modèle proposé par Mastronuzzi et ses collègues (2007) peut être schématisé ainsi (Figure 144) :

- T1 : pendant un moment de hausse de la mer à un niveau proche de l'actuel, on trouve la formation d'une grotte marine. Des blocs d'écroulement de la voûte sont roulés par la mer et sont ainsi arrondis et affectés par les lithophages ;
- T2 : longue période d'émersion ;
- T3 : conditions d'aridité généralisée, interrompues par des conditions de relative stabilité et la formation de spéleothèmes ;
- T4-5 : nouvelle hausse du niveau de la mer, comportant une nouvelle érosion et le remodelage de la cavité. Formation d'une plage fine et de spéléothème ;
- T6 : nouveau niveau marin élevé avec nouvelle phase d'érosion ;
- T7 : deuxième plage ;
- T8 : nouveau spéléothème ;
- T9 : période de conditions arides et froides qui causent la déposition des brèches qui ont rempli la cavité ;

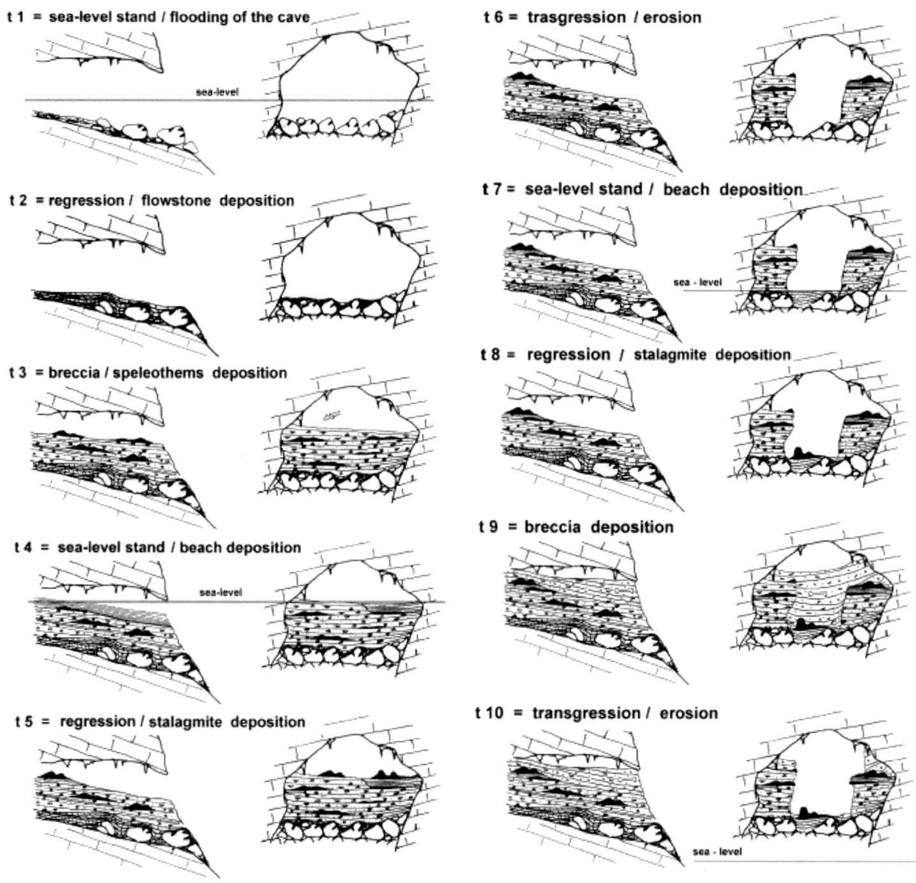

Figure 144 : Modèle géomorphologique par rapport aux changements quaternaires du niveau marin (modifié d'après Mastronuzzi *et al.* 2007).

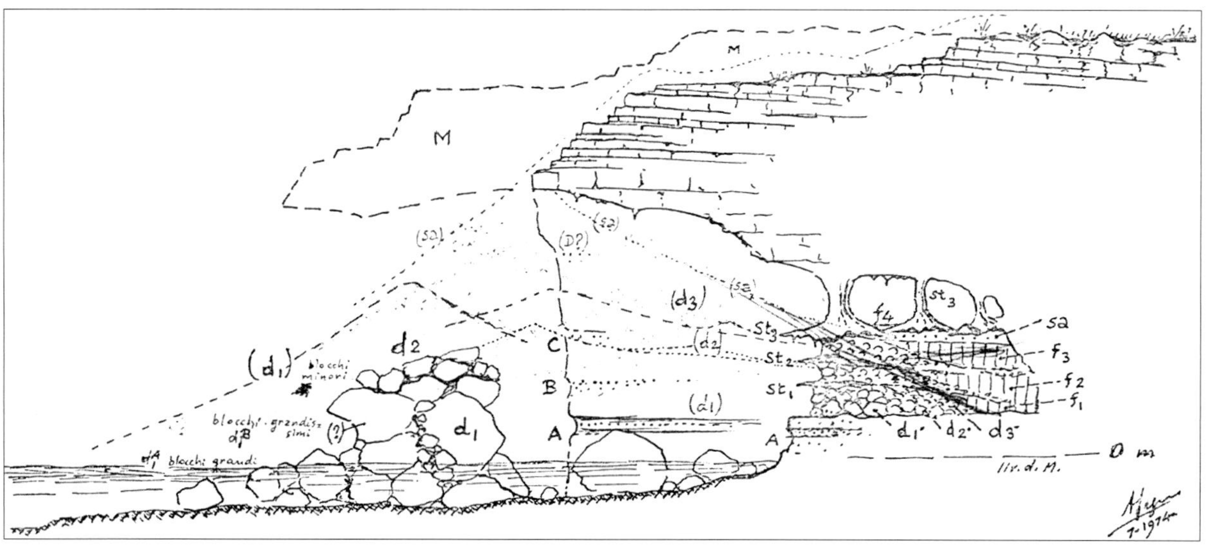

Figure 145 : Coupe sagittale de Grotta dei Giganti. D'après la corrélation avec Grotta del Diavolo, le niveau A correspond au OIS 5,1 (T6/7 du modèle proposé) ; le niveau B et la brèche 1 (Br1) sont associés à l'OIS 9,3 ; le niveau C et la brèche 2 (br2), ainsi que la stalagmite (st) 1 et 2 sont liés au stade 5,5 (T4/T5). Le dépôt archéologique est constitué par les niveaux f1, f2 et f3. Dessin A. Segre, archives IsIPU, Rome.

- T10 : à l'heure actuelle, la mer atteint la cavité à nouveau, comportant une nouvelle érosion du remplissage et la création d'une plage.

Les spéléothèmes ont été datés afin d'obtenir un encadrement chronologique pour le modèle géomorphologique. Malheureusement, les datations de ces derniers ne collent pas avec le modèle géomorphologique, qui est par les auteurs retenu et comparé avec les données de Shackleton (2000). Il est en effet très peu probable que les stalagmites se soient formées durant un moment de baisse de la mer, entre 170 ka et 146 ka. Ainsi, le niveau marin qui se trouve à + 6 m a été attribué au stage isotopique marin (MIS) 5,5 et datés à 125 ka. Le spéléothème qui couvre la plage inférieure a été attribué au stade MIS 9,3 (T1). Le dernier spéléothème, à 3 m a.s.l. a été corrélé au stade MIS 5,1. Les données montrent que la première phase du remplissage de la cavité est arrivée probablement durant le MIS 9,3, confirmant la stabilité de cette région côtière. Durant la housse du niveau marin liée au dernier interglaciaire (T4 et T5) la grotte a été à nouveau érodée et partiellement remodelée.

Le modèle propose que les grottes marine qui se trouvent au long des falaises entre Otrante et Leuca, à une altitude entre + 10 m a.s.l et le niveau présent, sont des « polyciclic landforms » formées durant les stages + 9,3, + 5,5 et + 5,1 sous des conditions de stabilité tectonique. Ce modèle explique aussi la présence de dépôts du Pléistocène moyen et supérieur et peut être également appliqué à la Grotta dei Giganti, qui se trouve à quelques dizaines de mètres de Grotta del Diavolo (Figure 145).

V.II Problèmes chronologiques et contemporanéité des assemblages

L'un des problèmes majeurs lié à l'étude du Moustérien du Salento est l'absence de données chronologiques absolues pour la plupart des sites.

Jusqu'à présent, la chronologie de ces assemblages a été établie sur la base de données typologiques couplées aux données environnementales (voir par exemple Palma di Cesnola 1994). Cela a introduit un biais non négligeable dans les interprétations.

Dans ce chapitre nous nous proposons de présenter un cadre chronologique, non pas sur la base de la typologie, mais des éléments chronologiques connus.

Tout d'abord, l'un des éléments qui peut être utilisé pour fournir une chronologie est la transgression du Tyrrhénien. Des plages tyrrhéniennes se trouvent à la base des séquences archéo-stratigraphiques de plusieurs sites (Cavallo, Uluzzo C, Romanelli, Giganti).

La transgression dite tyrrhénienne est corrélée au stade isotopique 5e, qui a été daté à 124 ± 5 ka BP (Lambeck 2004). Son altitude est supposée être de 7 ± 3 m par rapport à la mer actuelle. En effet, la plage marine fossile de la Grotta del Cavallo se trouve à 5 m, celle de Uluzzo C à 8 m, celle de Grotta Romanelli à 7,5 m et celle de Grotta dei Giganti à 5 m. À Grotta M. Zei, une ligne de traces de lithodomes attribuée au tyrrhénien est visible à 8 m. Une deuxième ligne se trouve à 9,25 m : elle a été attribuée au OIS 7.

Le problème majeur rencontré pour ces attributions est lié à la tectonique, qui est supposée avoir engendré des mouvements majeurs, qui rendent incertaines les attributions basées sur l'altitude. Sur la Mer Adriatique en particulier ces phénomènes tectoniques sont considérés comme importants, surtout en raison de l'absence du fossile guide de cette transgression, *Strombus bubonius* (Gignoux 1913).

Ainsi, la chronologie des couches inférieures de Grotta Romanelli a plusieurs fois été remise en cause. Il s'agit du seul site qui a été daté avec des méthodes radiométriques. Selon ces datations, le niveau G est compris entre 69 et 40 ± 3 Ka BP. Ces dernières ont été jugées trop récentes par différents auteurs, parmi lesquels Sala (1980), qui attribuent le dépôt au « Riss », sur la base de la présence de *Canis mosbachensis* dans la brèche osseuse antérieure à la grotte, qui s'est récemment avérée erronée (Sardella *et al.* 2014).

Un autre élément important de datation dont nous disposons est l'utilisation des niveaux volcaniques comme marqueurs. L'exemple le plus connu est celui de « *l'ignimbrite campana* », datée à environ 40 ka BP, mais de nouveaux marqueurs sont de plus en plus utilisés. Le niveau tephra X 6 (Keller *et al.* 1978 ; Narcisi et Vezzoli 1999) est un niveau volcanique d'origine campane qui a été daté à 108 Ka BP. Ce niveau a été reconnu par Giaccio (communication personnelle, janvier 2008) dans le niveau G de Grotta del Cavallo. Ce niveau de tephra est corrélé à l'OIS 5d, qui correspond à un refroidissement climatique durant le dernier interglaciaire (C24).

Cette nouvelle donnée, encore non publiée, nous donne un *terminus ante quem* pour inclure toutes les séquences comprises entre les OIS 5e et 5d.

Ainsi, la couche de base de Grotta del Cavallo serait ancienne de 125 ka BP environ, la couche G de 108 ka BP et les couches H-M comprises entre cet interval. Des niveaux volcaniques qui sont potentiellement corrélables avec le tephra X6 sont présents dans d'autres grottes, notamment dans le niveau γ de Uluzzo C, qui se trouve à la base de la couche D. Un niveau volcanique semblable se trouve aussi à la base de la couche B de la Grotta Mario Bernardini. Ces corrélations ont déjà été proposées par les fouilleurs du site mais doivent être confirmées par de nouvelles analyses. Si c'est le cas, presque toutes les séries considérées sont relatives au Dernier Interglaciaire et aucune des attributions chronologiques préalables n'est valable.

Les faunes semblent être cohérentes avec ce cadre. Le milieu représenté est le plus souvent tempéré à frais, ce qui est possible pour la période interglaciaire. Les grands pachydermes, souvent associés à l'OIS 5e, sont présents souvent à la base de la séquence. Par exemple, à Grotta Uluzzo C le rhinocéros de Merck se rencontre seulement à la base du niveau G et dans les couches supérieures les données semblent donc cohérentes avec un certain rafraîchissement du milieu.

La Grotte Torre dell' Alto ne présente pas de traces de la transgression tyrrhénienne et, globalement, les faunes semblent indiquer un climat plus frais. Traditionnellement elle a été datée au début de la dernière glaciation, mais cette interprétation est probablement à revoir.

Borzatti attribua la séquence de Torre dell' Alto au « Riss ». Si cette hypothèse est confirmée, cette séquence et celle de Romanelli sont les plus anciennes de la région. Par ailleurs, il s'agit également des sites qui présentent la plus forte composante en matière première locale dans l'industrie. Une certaine évolution des comportements vis-à-vis des approvisionnements en matières premières serait alors envisageable.

Quant aux autres sites, il nous semble probable que les séquences analysées couvrent un espace temporaire compris entre les OIS 5e et 5d. C'est le cas de Uluzzo C, Mario Bernardini et Grotta dei Giganti.

V.III Les restes humains : *Homo néandertalensis* dans le Salento

Plusieurs restes humains nous permettent d'identifier les auteurs des industries moustériennes du Salento comme des Hommes de Néandertal.

Dans la Grotta del Bambino, une molaire permanente d'enfant a été découverte par Blanc (1962), et récemment re- analysé par Benazzi et collègues (Benazzi *et al.* 2013).

Dans la Grotta del Cavallo, trois molaires déciduales humaines ont été mises au jour entre 1963 et 1965 dont deux dans les niveaux uluzziens. Les pièces appartiennent, d'après Palma, à une période comprise entre le « Würm I » et le « Würm II » (Cavallo1) et entre le « Würm II-III » et le « Würm III » (Cavallo 2 et 3). La dent A provient de la couche L et a été trouvée à 5,30 m de profondeur. Il s'agit de la deuxième molaire de lait, une dent dépourvue de racines, à couronne assez grande et dont la face triturante porte des traces de mastication d'aliments très durs. D'après l'époque de la perte de la dent, un âge de 11-12 ans a été estimé (Messeri et Palma 1966 ; Palma et Messeri 1967).

Une autre dent néandertalienne a été découverte à Fondo Cattìe (Borgonini Tarli 1983). Il s'agit d'une molaire mandibulaire permanente. La dent a été repérée accidentellement. Les grandes dimensions de la dent, la morphologie des sillons et des cuspides, la présence de racine prismatique et d'un taurodontisme sont comparables aux molaires néandertaliennes étudiées jusqu'à présent.

V.IV Un regard de synthèse sur la technologie lithique

IV.1 Les modes de débitage

Nous avons analysé un certain nombre d'assemblages afin de décrire les traits technologiques qui sont à la base des choix techniques pratiqués. Une inévitable dichotomie Levallois/non Levallois émerge de notre analyse, car le débitage Levallois est le seul élément qui est constamment présent, bien qu'en proportions différentes, dans toutes les séries analysées. Comme nous l'avons vu, cette constatation est en antithèse avec les interprétations traditionnelles de ces industries, qui sont considérées comme fondamentalement non Levallois dans toute la littérature disponible. Quant à la dichotomie, elle émerge sur la base de la constatation que, si le débitage Levallois est universellement présent dans les assemblages, il n'en est pas de même pour les autres formes de débitage analysé, tel que le débitage discoïde (présent seulement à Grotta Romanelli), le débitage sur enclume (présent dans plusieurs sites, mais toujours sous des formes plus ou moins anecdotiques), le débitage Quina (présent dans les sites de la Baia di Uluzzo). Le débitage que nous avons défini « opportuniste » s'insère aussi dans cette dichotomie et il en est probablement la clé, car notre impression est que, étant donné que le Levallois est porteur de la véritable tradition culturelle, toutes les autres méthodes utilisées pour obtenir des supports relèvent plus des situations rencontrées, que d'une tradition culturelle commune.

Cette dichotomie ne doit pas être interprétée comme une schématisation extrême des choix techniques des Néandertaliens. Au contraire, elle relève d'une très grande souplesse comportementale et probablement d'une complexité inattendue des modes de vie et d'exploitation du territoire.

Le diagramme illustre en pourcentage, la proportion de supports Levallois et non Levallois dans les séries examinées (Graphiques 78 et 79). Chacune des séries étant issue d'un échantillonnage différent, il est plutôt difficile de comparer les données à un niveau quantitatif, en fonction de leurs différentes provenances stratigraphiques.

La raison principale que nous évoquons pour expliquer l'utilisation de ces types de débitages dans les mêmes assemblages est la disponibilité (quantité), qualité et morphologie de la matière première. Ainsi, le débitage sur enclume apparaît idéal pour des supports de morphologie arrondie (galets), alors qu'un débitage sur plans perpendiculaires est bien adapté à des supports tabulaires minces tels que les plaquettes (comme a été décrit à Grotta del Cavallo par Carmignani 2012). Quant au débitage Levallois, il nous semble qu'il soit mis en place pour obtenir des supports fins aux bords

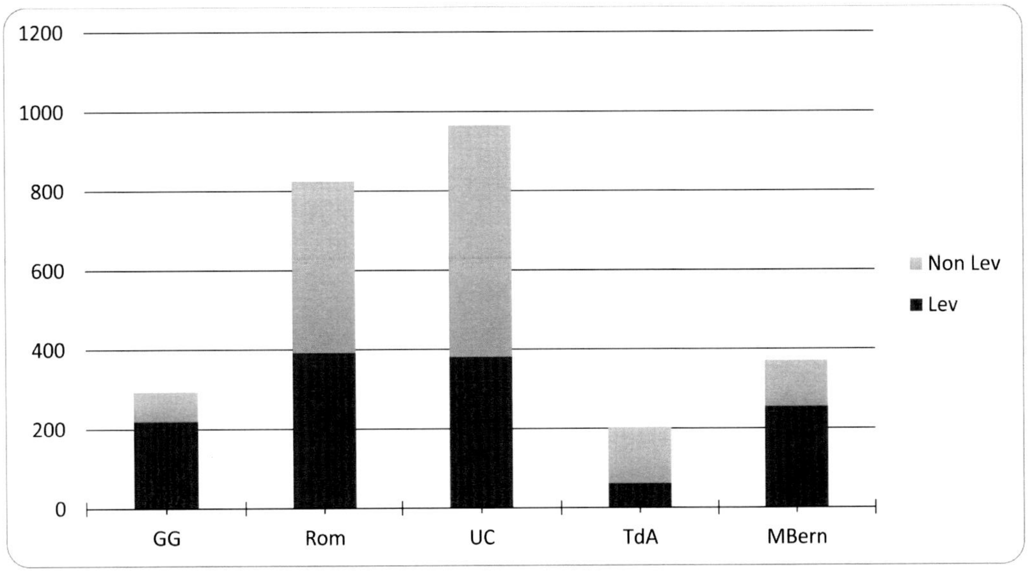

Graphique 78 : Fréquences des supports Levallois et non Levallois par site et matière première.

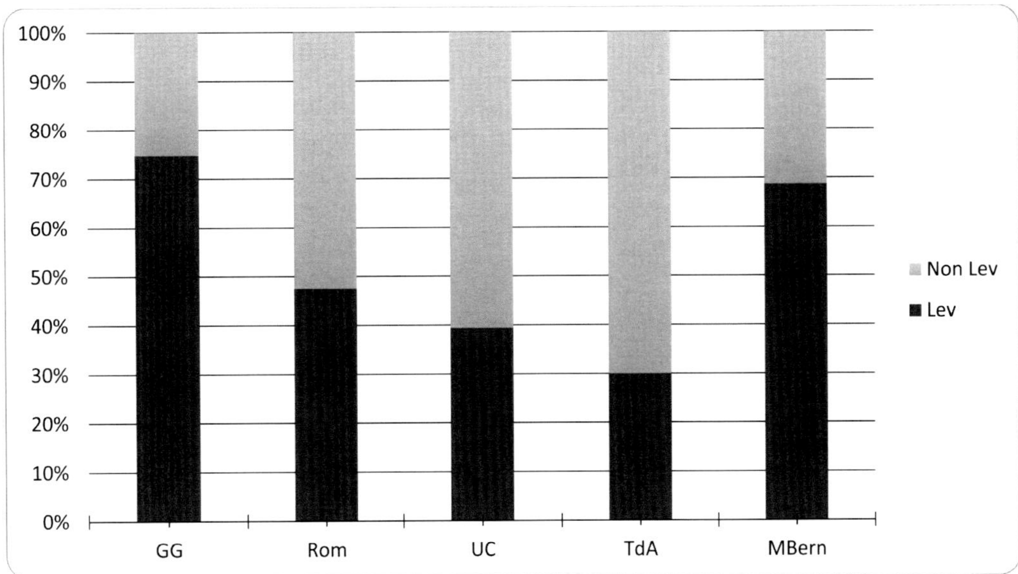

Graphique 79 : Proportions des supports Levallois et non Levallois par site et matière première.

tranchants et pour obtenir le maximum de supports du même bloc de matière première.

IV.2 Racloirs de type Quina. Quel support pour quel outil

La plus grande partie de nos séries salentines pourraient rentrer dans la définition de l'outillage de type Quina. En effet, ce dernier est caractérisé par une prédominance des racloirs sur tous les autres types d'outils. De plus, les outils de type Quina sont définis par une retouche « écailleuse scalariforme », caractérisée par des retouches « *en marches d'escalier* » (Bordes 1961, p. 19). Comme nous avons constaté dans l'analyse des séries lithiques, ces morphologies de retouche sont tout à fait communes dans nos assemblages.

L'obtention de la retouche de type Quina a été étudiée par différents auteurs (Lenoir 1973). Lenoir (1986) est le premier à envisager sur les industries de Combe-Grenal un cycle d'aménagement des racloirs Quina en plusieurs étapes chronologiques, impliquant différents types d'enlèvements. Il envisage une « denticulation » comme passage intermédiaire dans un cycle de raffûtage d'un racloir. Ce processus serait démontré par la présence d'encoches adjacentes. Ces hypothèses ont été testées expérimentalement par Boëda et Vincent (1990). Ces auteurs ont démontré que des tranchants écailleux scalariformes peuvent être obtenus directement à l'aide de percuteurs en os ou en pierre tendre. Bourguignon a repris ces études expérimentales en aboutissant aux mêmes conclusions (1997, p. 52). Nous avons constaté en effet l'utilisation de ces types de percuteurs au sein des séries lithiques examinées. Des études récentes ont montré que les racloirs Quina étaient de préférence utilisé à mains nues quand utilisés pour couper, et probablement emmanchés quand utilisé pour des actions de raclage (Zupancich *et al.* 2016).

Quant aux choix techniques et culturels qui ont mené les artisans préhistoriques à pratiquer ce type de retouche, différentes explications peuvent être apportées.

En effet, et cela est vrai pour certaines de nos séries salentines, dans les assemblages de type Quina, la phase 3 de la chaîne opératoire, celle liée à la retouche, est la plus largement développée.

Mais le choix du support est lié aux modalités de débitage qui, surtout dans la région en étude, est fortement influencé par la disponibilité et par la morphologie des matières premières, comme nous l'avons vu dans l'analyse des différents assemblages examinés (Spinapolice 2018). Nous revenons ainsi à un cercle dans lequel il faut démêler les choix opérés par les hommes préhistoriques.

Les premières remarques concernent les matières premières, car les roches crypto-cristallines sont plus souvent retouchées que les calcaires. Il n'est pas excessif de dire que la retouche Quina et demi-Quina dans ces assemblages concerne principalement le silex, les jaspes et les quartzites, et donc les matières premières d'origine éloignée. Le discours sur les choix des supports concerne alors essentiellement les supports appartenant à cette catégorie. En effet, les calcaires sont le plus souvent exclus de ces cycles de transformation, même si quelques exceptions existent.

Voyons ainsi les principales tendances qui semblent guider les choix du tailleur dans la confection de ses outils. La transformation réalisée est souvent très importante et les caractères originaux du support sont le plus souvent invisibles.

D'abord le choix de supports à retoucher est fait en fonction de la matière première, comme nous venons de le voir. Ensuite, des pièces de dimensions plus grandes sont concernées. L'outil est fabriqué ainsi sur un support à la fois plus long, plus large et/ou plus épais que les autres de la même matière première (*i.e.* le silex), mais aucun de ces paramètres ne semble être l'objet d'une préférence de la part de l'artisan. Il faut remarquer aussi que la sélection du support à retoucher n'est pas forcement liée aux modes de débitages qui l'ont produit. Nous allons revenir sur ce point plus bas.

Ainsi, les supports Levallois, surtout pour leur finesse, sont souvent négligés au profit des non Levallois. En effet, dans les systèmes Quina, plus un support est grand, plus son potentiel de devenir un outil augmente.

Ce constat est en accord avec les observations de Bourguignon (1997, p. 198) « Les supports brut sont en règle générale les produits qui obtiennent les plus petites dimensions. [...] les produits retouchés étant de façon significative plus longs, plus larges et plus épais. » Cette observation s'accompagne, pour Bourguignon, d'une forte normalisation des critères de sélections des supports, qui peut être valable, à notre avis, également pour certaines catégories typologiques des assemblages du Salento.

Ainsi, prêts à nous attendre à une certaine souplesse dans les définitions morphologiques de l'outillage, nous nous trouvons confrontés à une rigidité, issue de choix répétitifs, sinon rigoureux, comme évoqué par Bourguignon (1997).

Comment faut-il interpréter ces choix ? Les morphologies des outils Quina du Salento sont-elles figées ou relèvent-elles d'aménagements successifs ?

En envisageant la deuxième possibilité, nous avons testé différentes hypothèses de réduction sur chaque site analysé, suivant la suggestion de Dibble (1987). En particulier, nous avons comparé les dimensions moyennes des matières premières d'origine lointaine, car ces supports sont supposés être « *curated* » selon les modèles interprétatifs examinés dans la première partie.

Les résultats nous montrent la possibilité de différents degrés d'interprétation. En effet, un *continuum* unique de réduction qui va du racloir simple (latéral ou transversal), vers des formes convergentes (pointues) et ensuite vers les limaces a été rejeté dans toutes les séries présentes.

Les modifications altèrent principalement la largeur et l'épaisseur initiales des supports, alors que la longueur semble rester inaltérée. Cette dernière n'est affectée que dans le cadre de l'obtention des racloirs transversaux. Cependant, les racloirs transversaux sont assimilés aux racloirs simples, car seule l'orientation technologique de l'axe de débitage semble différente. Pour l'utilisateur il s'agit d'un même outil.

En effet, la possibilité de réduction des racloirs simples aux doubles n'est ici pas envisageable. Les longueurs moyennes des racloirs simples sont souvent plus grandes de celles des racloirs doubles.

Leur largueur n'est que très rarement réduit par rapport aux simples. Il est alors improbable qu'ils puissent provenir de la même chaîne de raffûtage.

De plus, les dimensions des racloirs convergents sont toujours en moyenne plus grandes que celles des doubles. Ces derniers ne peuvent ainsi s'insérer dans cette possible chaîne de réduction.

Enfin, les limaces sont les outils qui ont la moyenne des longueurs et les épaisseurs les plus élevées.

Nous allons revenir sur ce point.

Nous avons ainsi envisagé l'existence de deux différentes chaînes de réduction, qui démarrent par des pièces de morphologie différente. La première implique la réduction de racloirs simples, latéraux et transversaux. La deuxième envisage une réduction des supports convergents, qui ont des dimensions moyennes plus grandes que les autres racloirs : un choix des supports bruts plus grands est supposé être à la base de cette séquence de façonnage. Comme dans le cas exposé par Gordon (1993), il nous semble que la nature pointue des formes convergentes de racloirs soit intentionnelle et pas simplement un sous-produit d'une retouche intense des racloirs latéraux.

La retouche intense semble affecter surtout la longueur des supports (Graphiques 80, 81, 82). La longueur des outils de Torre dell' Alto portant une retouche moyenne

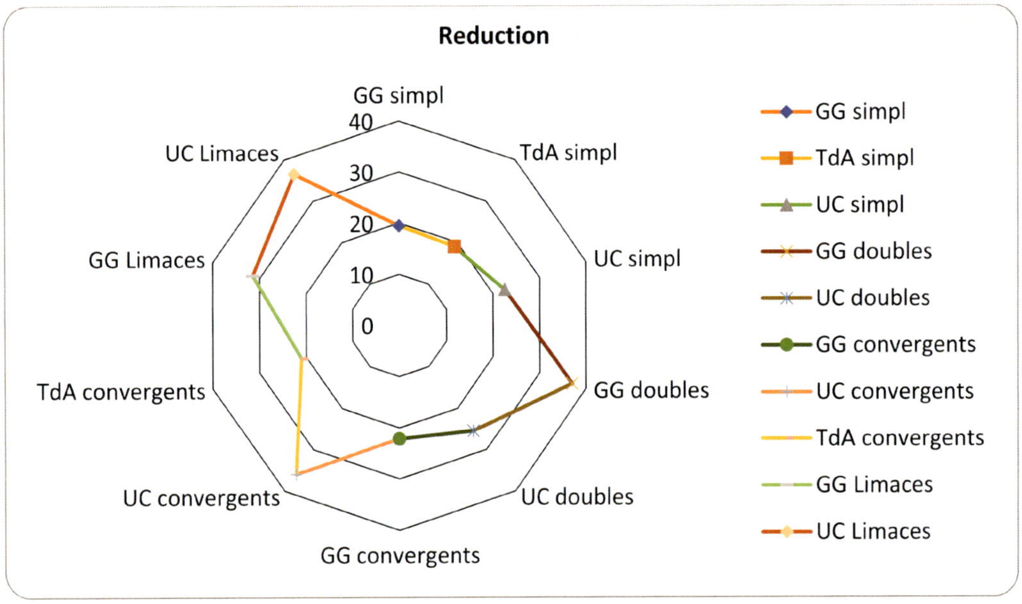

Graphique 80 : Dimensions moyennes en millimètres des outils en silex : GG : Grotta dei Giganti ; Tda : Grotta Torre dell' Alto ; UC : Uluzzo C ; Roma : Romanelli.

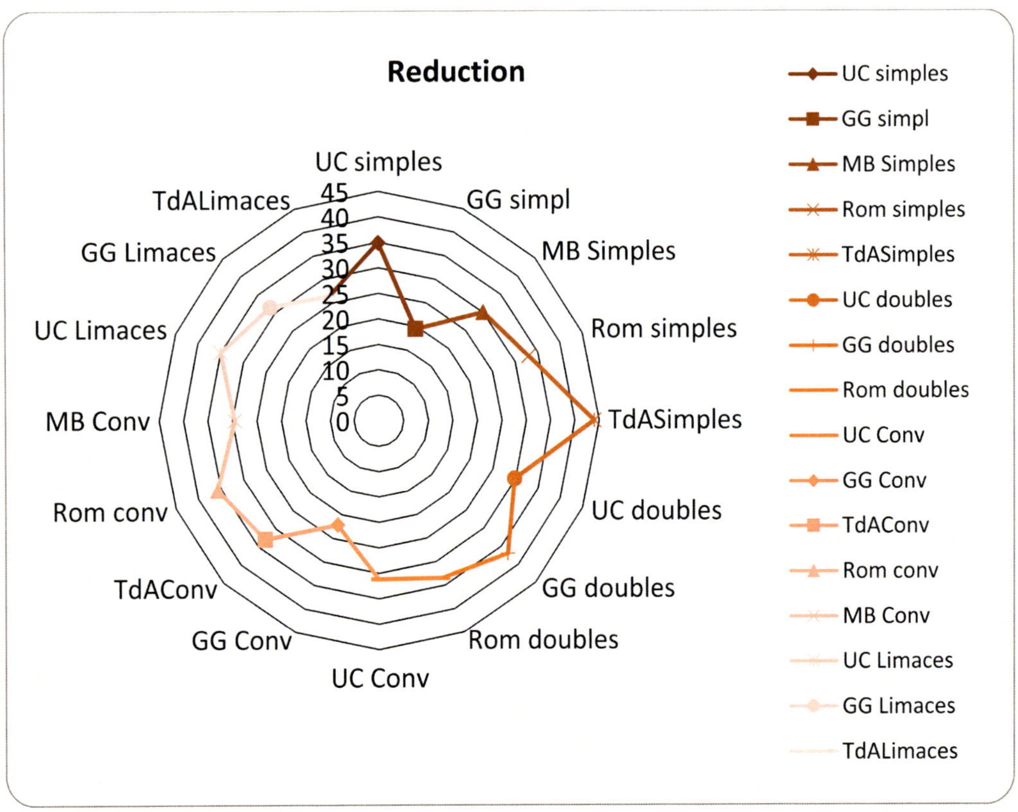

Graphique 81 : Dimensions moyennes en millimètres des outils : GG : Grotta dei Giganti ; TdA : Grotta Torre dell' Alto ; UC : Uluzzo C ; Rom : Romanelli.

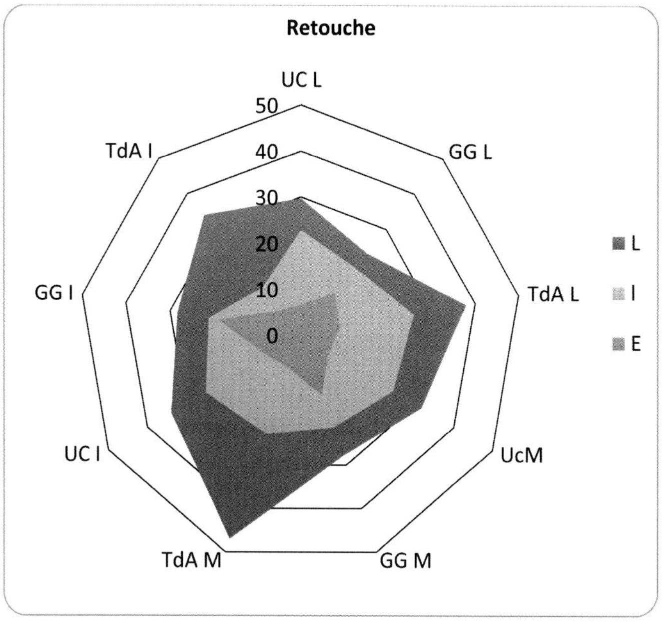

Graphique 82 : Degré de retouche de l'outillage par site : L= légère, M = moyenne ; I = intense.

est à mettre en relation avec la matière première utilisée dans ce site, essentiellement le calcaire siliceux. Une réduction particulièrement forte semble affecter l'ensemble de Grotta dei Giganti, caractérisée par une longueur très courte et une forte épaisseur.

Quant aux différences entre les matières premières locales et celles allochtones, il nous semble qu'une sélection plus importante des supports soit pratiquée au sein des secondes. Les outils en calcaire et calcaire siliceux nous semblent être issus de supports de toutes les tailles, sans aucune sélection dans ce sens. Au contraire, les supports en matières premières allochtones sont transformés en outils sur la base de critères dimensionnels précis et récurrents. Afin d'obtenir les outils à morphologie pointue, les supports plus grands et plus épais étaient choisis.

Cela nous amène à nous poser la question de la place que de tels objets tenaient au sein des assemblages et le rôle qu'ils jouaient dans le cadre de la mobilité néandertalienne (cf. *infra*).

Aucune étude tracéologique n'a été menée sur nos séries lithiques, mais les outils de type Quina ont fait objet de plusieurs études (voire Anderson-Gerfaud 1981 ; Beyries 1987 ; Geneste et Plisson 1996 ; Lemorini 2000). Toutes ces études concordent pour l'attribution aux outils Quina d'une polyvalence d'utilisation et de fonction.

Les racloirs Quina du Salento sont à interpréter comme le résultat d'un comportement technique qui trouve sa place dans un système complexe de modalités territoriales, sociales mais aussi d'une tradition culturelle. Cette dernière, bien que présente sans doute dans les choix quotidiens des artisans néandertaliens, reste pour l'instant dissimulée derrière les contraintes liées à la gestion de la matière première et aux choix. Démêler ces contraintes matérielles et environnementales est une première étape qui nous permettra de discerner les choix culturels appliqués.

IV.3 L'outillage curated

IV.3.1 Les limaces et leurs possibles fonctions

Les dimensions des limaces, leur degré de réduction, les matières premières aux dépens desquelles elles sont fabriquées, les situent à une place particulière au sein des assemblages analysés. La morphologie et la conception volumétrique de ces outils ne permettent pas d'envisager un stade d'exhaustion d'un racloir. Cet outil incarne une dichotomie débitage/façonnage et est issu d'un comportement complexe et « anticipateur ». Voyons pourquoi.

D'abord il faut souligner qu'aucune étude techo-fonctionnelle complète sur les limaces n'a été réalisée à notre connaissance, donc la fonction de ces outils demeure inconnue. Malgré leur diffusion dans les assemblages moustériens d'Europe et du Proche-Orient, elles n'ont jamais fait l'objet d'une étude approfondie. De plus, une revue bibliographique des principales publications traitant de l'outillage lithique des populations subactuelles, ne nous a pas permis de discerner des morphologies semblables qui puissent fournir la base pour une analogie de type « *buckshot* » (*sensu* Yellen 1977).

Nous allons donc essayer de situer cette catégorie typologique dans le cadre que nous avons analysé. Quand les matières premières de bonne qualité sont très difficiles à repérer, les chasseurs-cueilleurs peuvent investir dans des outils qui sont censés combler la distance entre l'approvisionnement en matière première et la localité des activités ou l'outil serait utilisé (Kelly 1988). Pour donner un seul exemple, en Australie, les Ngadadjara transportent sur de longues distances des haches faites en matière première de très bonne qualité (Gould 1980). Dans une pareille condition, ou aucune source de matériel de bonne qualité n'est présente, l'utilisation de certains outils comme nucléus a été envisagée (Kelly 1988). La mobilité impliquée dans une occupation des parties plus méridionales du Salento, ou aucune source de silex de bonne qualité n'est présente dans un rayon de ~150 km, pourrait correspondre à ce modèle.

Est-il envisageable donc de songer aux limaces comme à des nucléus ? Cette hypothèse a été avancée pour les outils bifaciaux, mais les bases théoriques apportées pourraient bien s'adapter à notre cadre d'étude. Cependant, avant de poursuivre cette analyse, il faudrait s'interroger sur la pertinence typologique de la définition de limace. Nous rappelons la définition donnée par Bordes « *Elles ont souvent été décrites comme pointes doubles, bien que, à notre sens, s'agisse bien plus souvent de racloirs convergents doubles. Généralement, les deux bouts sont plus ou moins émoussés, la retouche fait le plus souvent le tour complet de l'outil et, pour qu'il s'agisse d'une vraie limace, il faut que le talon ait été ôté par retouches, ou qu'il n'en reste qu'une trace infime. Les limaces typiques sont épaisses et symétriques, parfois trapues et larges, mais, dans les industries à débitage Levallois typique, elles peuvent être plates, parfois sur éclats Levallois* » (Bordes 1961 p. 40). Nous nous sommes basés sur cette définition pour analyser les limaces des assemblages considérés. Il est vrai, par contre, que ces dernières montrent une certaine pluralité de morphologies. En effet, dans certains sites, on trouve celles qu'on a appelé « proto-limaces », caractérises par des enlèvements plutôt irréguliers. Dans d'autres cas, les limaces du Salento sont plus régulières et présentent parfois des traces de cortex sur le sommet de la partie dorsale. Des limaces caractérisées par des extrémités très aiguës sont également présentes. Ces disparités de morphologies pourraient-elles cacher une disparité de fonction ? Est-t-il envisageable de considérer ces objets comme des nucléus ? Ou bien la fonctionnalité de ces outils est-elle plutôt à rechercher dans leurs multiples fonctions ? Leur degré de réduction est -il lié alors à la nécessité de dégrossir les outils à emporter sur les longues distances ? Les limaces seraient alors le « couteau suisse » de l'époque ? Quels sont les éléments qui peuvent plaider pour une multiplicité de fonctions de cet outil ?

En premier lieu, il faut remarquer que ces outils sont présents mais jamais très fréquents dans les assemblages du Salento, qui sont dominés par les racloirs. Notre *corpus* compte 75 limaces, sur les différents sites analysés : 15 à Grotta dei Giganti (13 % de l'outillage), une à Grotta Romanelli, 5 à Torre dell' Alto (3 %) et 53 à Uluzzo C (7 %) (Figure 146). En ce qui concerne notre revue documentaire, la typologie variable utilisée par les différents auteurs ne nous permet pas d'en faire un décompte précis.

Une limace est mentionnée dans la couche F de Grotta del Cavallo ; 5 proviennent de la couche A de Grotta M. Zei, 4 limaces proviennent de l'assemblage moustérien de Serra Cicora et seulement une de Grotta Montani.

Les matières premières non locales sont dominantes, comme illustré dans le diagramme ci-dessous (Graphique 83). Ensuite, il faut rappeler que nous avons testé une hypothèse de réduction sur les limaces de provenance de tous les sites analysés : en aucun cas ces outils ne peuvent être le résultat d'une réduction. Les dimensions moyennes sont, comme l'on a déjà remarqué, bien supérieures à la moyenne des supports correspondants (Graphiques 84, 85, 86). Par exemple, dans l'assemblage de Uluzzo C, les limaces sont fabriquées à partir de supports en moyenne plus longs et plus épais que les supports bruts présents sur le site. Ils résultent d'un réaffûtage affectant la largeur des supports, obtenu par retouche écailleuse scalariforme.

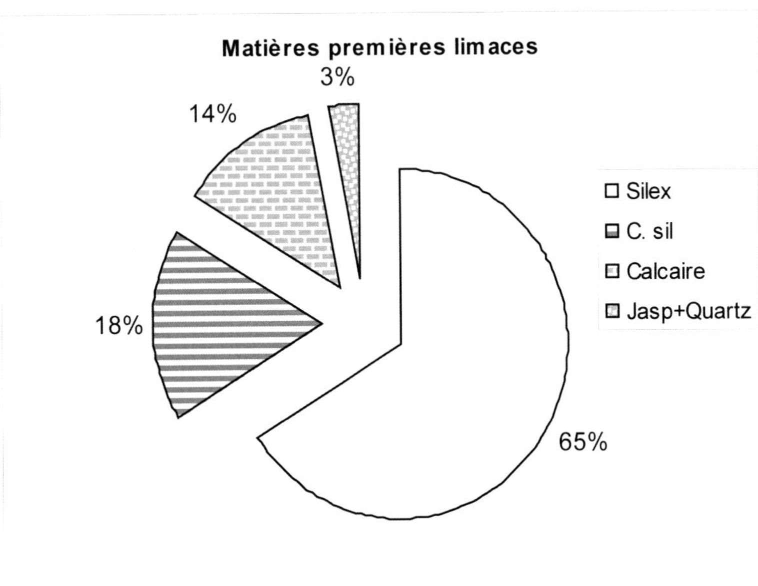

Graphique 83 : Proportions des limaces selon les différentes matières premières.

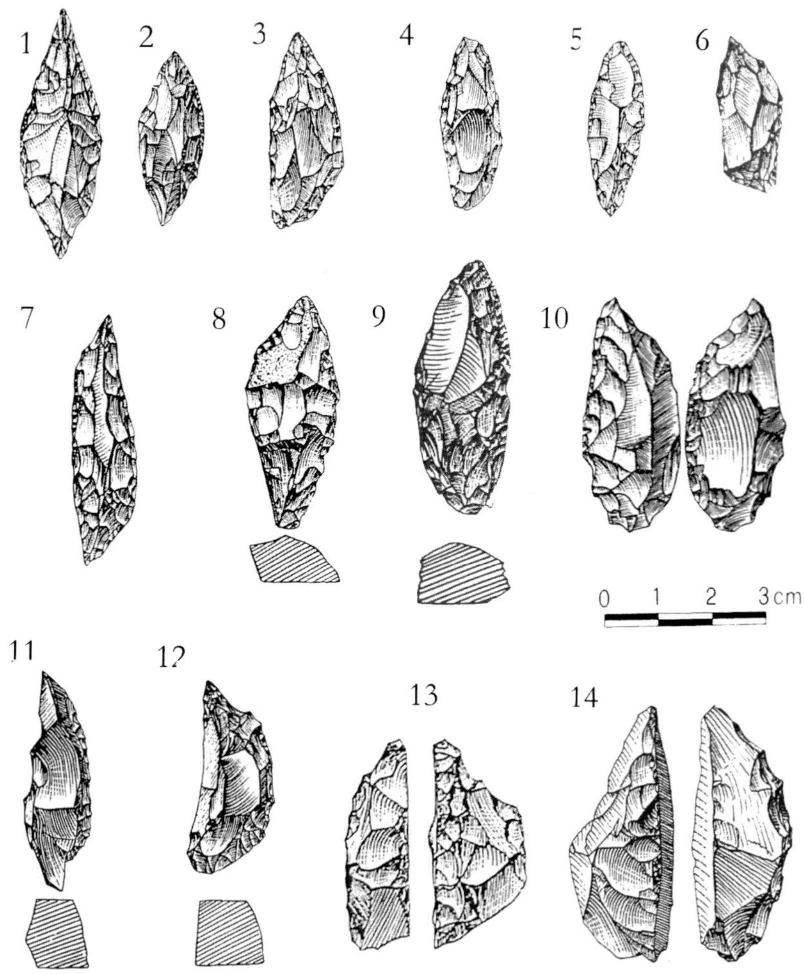

Figure 146 : Limaces de la Grotta Uluzzo C, modifié d'après Borzatti 1966, Borzatti et Magaldi 1967.

Comme déjà remarqué par Slimak (2004), elles sont issues d'un « *comportement intégrant débitage et façonnage, qui s'appuie sur une géométrie de l'objet qui est établie dès son premier façonnage* » (p. 228). Dans le site de Champ Grand, les limaces sont associées, comme dans notre cas, à une circulation sur de longues distances. De plus, leur fonction en tant que nucléus de petits éclats est évoquée : « *Ces objets ont vocation d'outil mais*

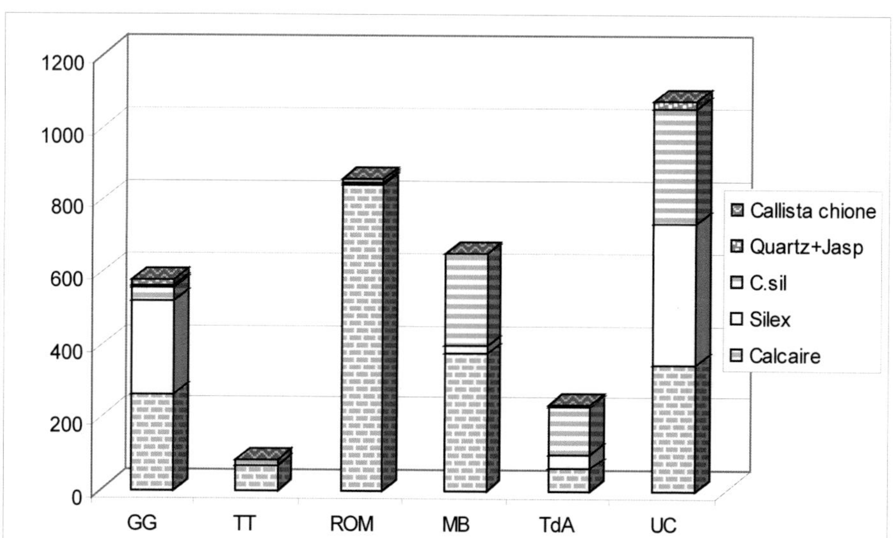

Graphique 84 : Limaces, données métriques (largeur/longueur) en millimètres.

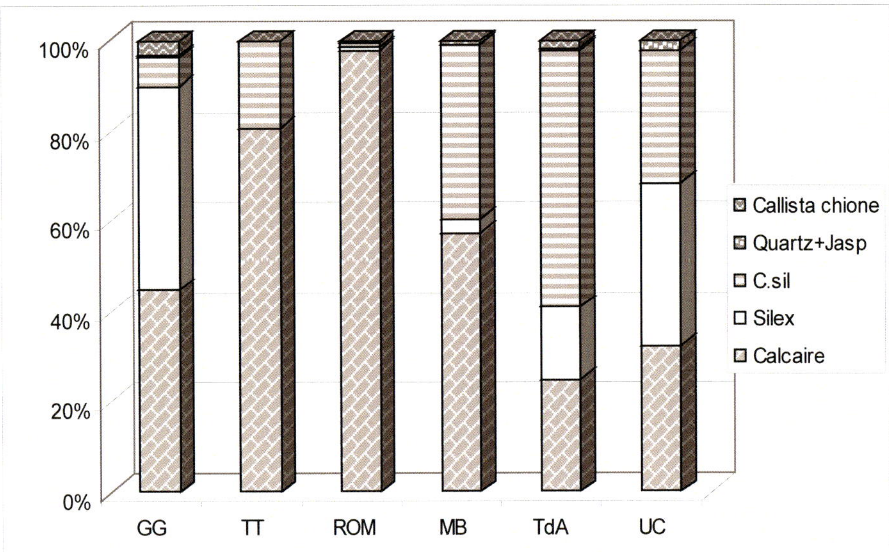

Graphique 85 : Limaces données métriques (largeur/épaisseur) en millimètres.

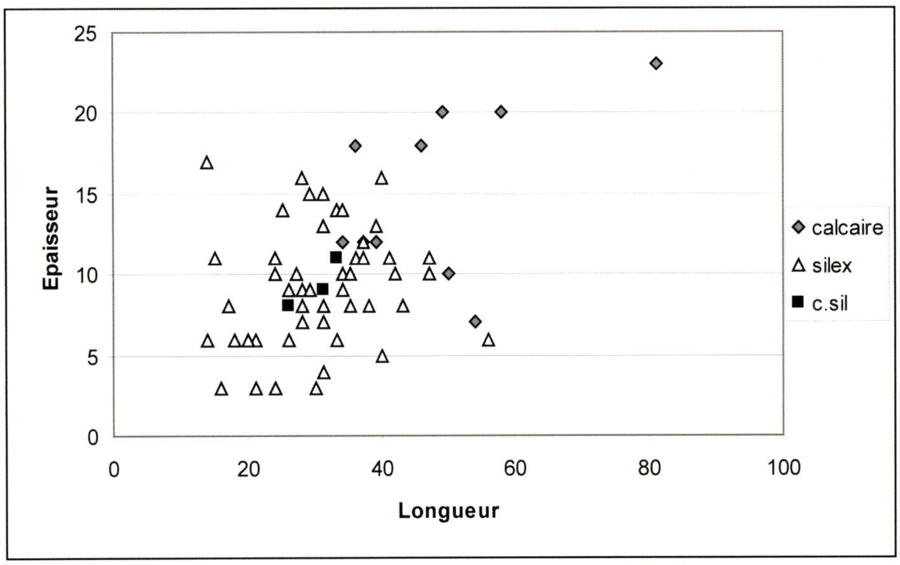

Graphique 86 : Limaces, données métriques (longueur/épaisseur) en millimètres.

fonctionnent conjointement en tant que réserve de matière première en vue de l'obtention de petits éclats, sans cortex et à talon facetté » (ibidem p. 229).

Quels sont les éléments en faveur de l'hypothèse « limace=nucléus » ?

Les limaces :

- font partie de l'outillage de plus grandes dimensions ;
- elles sont le plus souvent fabriquées à partir de matières premières allochtones ;
- la nature des enlèvements envahissants et leur étendue sur toute la pièce pourraient fournir des éclats utilisables ;
- Quels sont les éléments *contre* cette hypothèse ?
- l'absence d'études tracéologiques nous empêche de savoir si elles étaient utilisées pour réaliser des tâches spécifiques. Par contre, si tel est le cas, cela n'implique pas pour autant que les éclats issus du façonnage ne puissent pas être utilisés (en l'absence aussi d'études tracéologiques) ;
- les dimensions extrêmement réduites des supports obtenus (<1 cm) ;
- les morphologies variées et particulièrement pointues de certaines limaces.

L'utilisation des produits issus du façonnage n'est pas improbable et est évoquée également par Slimak (2004). Dans la série de la Grotte de Néron, la présence d'une limace obtenue à partir d'un nucléus exhausté, témoigne de la souplesse et des passages entre les chaînes de débitage et de façonnage (Slimak 2004, p. 358).

Les limaces semblent jouer ainsi le double rôle d'outil et de réservoir de matière première. De plus, elles peuvent résulter de l'ultime recyclage d'un nucléus autrement inutilisable.

Nous pensons aussi que ces outils pourraient avoir des fonctions différentes en relation avec leur morphologie. En effet, si les pièces les plus abruptes et moins soigneusement façonnées (proto-limaces) présentent des enlèvements qui auraient pu fournir des éclats utilisables (bien que de dimensions très réduites), d'autres limaces, d'après la finesse de la retouche et la morphologie très aigüe de la pointe, et parfois la minceur du support, pourraient être rapprochées typologiquement du groupe des pointes et des outils convergents et avoir ainsi une destination fonctionnelle différente.

Bien que l'utilisation des limaces en tant que « réservoir de matière première » soit peut-être claire, il n'en est pas de même pour sa fonctionnalité en tant qu'outil, d'autant plus en raison des différentes morphologies que cet outil peut présenter. Leur rôle est à confirmer par une analyse tracéologiques accompagnée d'une expérimentation systématique.

Quel rôle pour les limaces en matière première locale ?

La présence, bien que moins importante, de limaces en matières premières locales implique un questionnement de cette hypothèse. En effet il est possible que les limaces en calcaire et en calcaire siliceux aient des fonctions différentes, ou bien que leur utilisation en tant que réservoir de matière première soit valable pour la circulation de ces matériaux également. Dans ce cas-là, un lien possible entre ces limaces et les pièces bifaciales, en l'absence quasi-totale de nucléus, peut être envisagé.

IV.3.2 Les pointes de projectile au moustérien : histoire d'une possibilité

La fréquence des formes pointues (pointes retouchées, racloirs convergents, limaces) parmi l'outillage des sites moustériens du Salento, cohérente avec l'hypothèse d'une chaîne de façonnage à part entière, amène des interrogations sur leur fonction et leur place dans l'outillage néandertalien.

Ces outils sont particulièrement fréquents dans les assemblages lithiques du Salento (Graphique 87), notamment en matières premières allochtones, mais aussi bien en matériaux locaux.

Comme nous l'avons vu, ces outils font probablement partie d'une chaîne de réaffûtage indépendante, semblable à celle identifiée par Gordon (1993) dans le site de Ghar. Les dimensions de ces outils peuvent être très réduites, comme c'est le cas pour les pointes en silex de Grotta dei Giganti, mais aussi plus allongées, en calcaire ou calcaire siliceux.

La présence très fréquente d'un tel outillage peut être liée à plusieurs facteurs et à différentes activités.

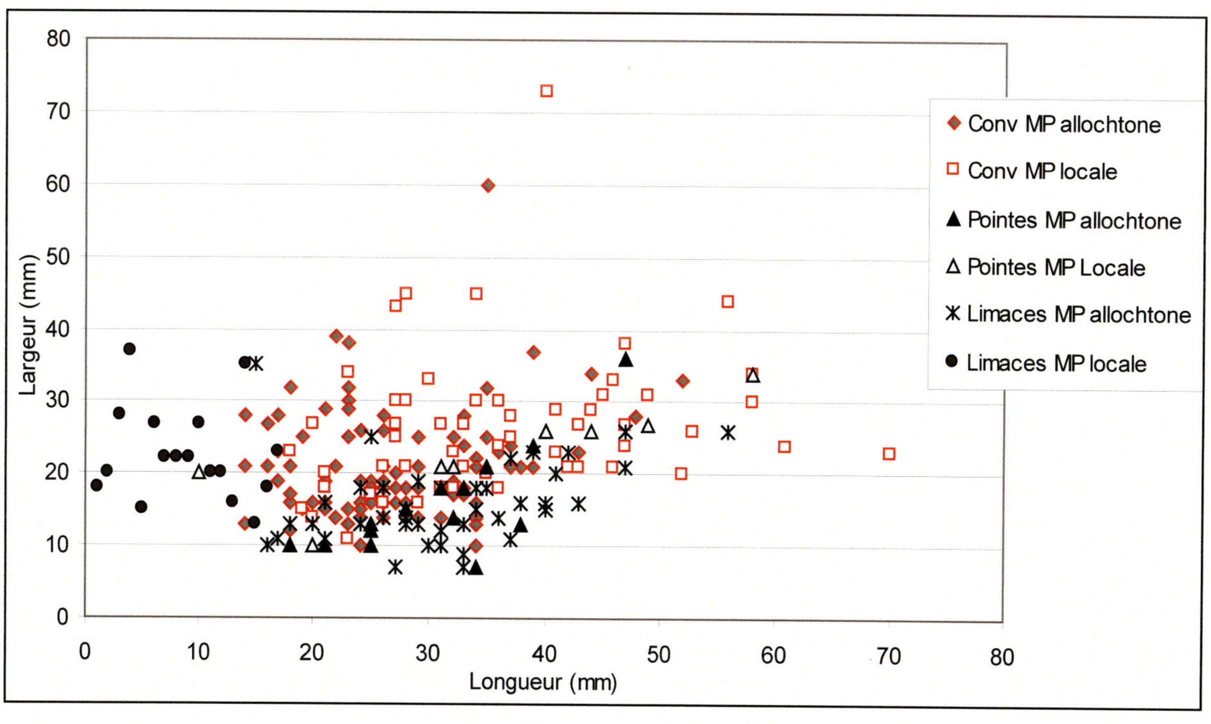

Graphique 87 : Données métriques en millimètres relatives aux morphologies pointues selon la matière première.

Nous croyons qu'une utilisation de certains de ces outils pour des activités d'acquisition (chasse) est à prendre en compte, car les nombreuses morphologies pointues pourraient bien s'adapter à une fonctionnalité de type « armature ».

Comme dans le cas des limaces, qui font partie par ailleurs de ce groupe d'outils, l'absence d'études tracéologiques sur nos séries constitue un handicap certain à la poursuite de l'analyse.

Par contre, ces dernières années, la catégorie des pointes a fait l'objet de nombreuses études technologiques, expérimentales et fonctionnelles (voir par exemple Holdaway 1989 ; Shott 1997 ; Shea 2006) qui se sont posé la question de leur utilisation comme armature de chasse et, tout particulièrement, comme pointes de projectiles.

En abordant ce sujet, nous sommes conscients que l'existence des pointes de projectiles au Moustérien constitue un argument délicat et qu'une certaine résistance à une « modernisation », plus ou moins forcée, des activités de chasse néandertaliennes est soutenue par plusieurs chercheurs. Néanmoins, la concordance de quelques attributs de nos séries avec certaines parmi les études les plus récentes sur ce sujet, nous a poussé à envisager un approfondissement de cet aspect. De plus, les spécificités de certains sites, qui ne semblent pas être liés à une occupation résidentielle, nous amènent à un questionnement plus profond sur la place que la chasse occupait dans la mobilité des groupes qui ont occupé le Salento tout au long du Pléistocène.

En général, la place de la chasse dans la subsistance néandertalienne est encore un sujet de débat. Certains auteurs donnent au charognage une place prépondérante dans la subsistance, (voir par ex. Stiner 1994, 2002) alors que les données de nombreux sites fournissent des preuves de la place principale occupée par la chasse. Les proies favorites des Néandertaliens en Europe semblent être les ongulés de taille de grande à moyenne (voir par exemple Jaubert *et al.* 1990 ; Alhaique et Tagliacozzo 2000). Une certaine réticence à envisager la place centrale de la chasse est peut-être à l'origine de la rareté des vestiges dédiés aux possibles armatures. D'après Villa et Lenoir (2006, 2009), la faible attention portée aux pointes moustériennes en Europe relève de trois facteurs : 1) l'influence de la typologie Bordes, qui diminue l'importance des formes pointues en les noyant dans le groupe des racloirs ; 2) les études de H. Dibble (1987) sur les effets de la réduction ; 3) les études tracéologiques qui montrent que les pointes ont eu des utilisations différentes (voir par exemple Anderson-Gerfaud 1990).

En Italie, deux éclats qui portent les traces d'une substance bitumeuse ont été retrouvés près de Bucine (Mazza *et al.* 2006), non loin de Florence. Il s'agit des plus anciens témoignages d'emmanchement, car leur position stratigraphique et l'association avec les faunes les ont placés à la fin du Pléistocène moyen. Ils étaient associés à la carcasse d'un *Elephas antiquus,* même si aucune trace de découpe n'a été relevée sur les os. Ce témoignage de techniques « modernes » dans une période très ancienne nous fournit une ouverture sur les possibles techniques pratiquées bien avant le début du Paléolithique supérieur. Il ne faut pas oublier que la preuve de l'existence des armatures de chasse avant le début du Paléolithique supérieur a été fournie par un fragment de pointe plantée dans une vertèbre cervicale d'hémione à Umm el Tlel, en Syrie (Boëda *et al.* 1999).

L'un des premiers travaux qui a essayé de donner une signification fonctionnelle aux outils pointus moustériens a été réalisé par Plisson et Beyries en 1998, avec comme but d'examiner la possible utilisation des pointes Levallois retouchées comme pointes de projectiles. Les pointes de Kebara et d'Umm el Tlel ont été étudiées et l'analyse a été associée à un protocole expérimental. La conclusion de l'article porte sur la présence d'une quantité relativement faible de ce type d'outil pour la chasse, les outils archéologiques portant surtout des traces d'utilisation dans des pratiques de boucherie.

Quant aux méthodes pour identifier ces outils, elles sont encore très débattues.

D'abord, les analyses sur les sites d'abattages paléoindiens aux Etats-Unis ont fourni un référentiel de comparaison sur l'efficacité des armes de chasse. Parmi ces attributs on compte surtout la morphologie de la pointe, très aiguë, apte à pénétrer dans la chair et des tranchants coupants (Frison 1968). Ensuite, plusieurs auteurs, généralement anglo-saxons, ont essayé de formuler une méthodologie apte à l'identification de ce type d'outils, souvent à travers une démarche expérimentale (Flenniken et Raymond 1986).

Une méthodologie souvent utilisée comporte d'abord une analyse morphométrique, qui comprend les trois dimensions principales, plus le poids et le TCSA (*tip-cross-sectional-area :* Hughes 1998) et encore l'angle de perforation. La base de données de comparaison est fondée sur des pointes ethnographiques dont on connaît l'utilisation préalable. La présence d'un amincissement du bulbe est considérée comme l'indication d'un possible emmanchement. L'analyse des pointes d'impact et des fracturations proximales ou distales de l'outil est un complément nécessaire à l'analyse morphométrique. Deux principaux types de fractures d'impacts ont été observés : les unes (*step fractures*) en forme d'enlèvements burinants ou de cassures en forme de languette (Geneste et Plisson 1989) sur la partie distale, les autres montrant un écrasement ou une fracturation de la partie proximale (Holdaway 1989).

La présence de parties proximales fracturées sur les sites a été associée à des activités d'emmanchement, où les parties fracturées étaient remplacées par de nouvelles pointes (Holdaway 1989). Sur la base de l'application de cette méthode, un certain nombre de sites a été revisité, et la présence de pointes de projectiles a été évoquée dans des sites de l'Afrique du Sud, du Proche-Orient et d'Europe occidentale. Shea (2006) a effectué une analyse comparative sur beaucoup de sites, comme Tabun, Kebara et Le Moustier, entre autres. Ses conclusions portent sur l'absence de pointes de projectiles en Europe et au Proche-Orient jusqu'au début du Paléolithique supérieur. Ces résultats ne concordent pas avec les nouvelles recherches menées par Villa et Lenoir sur des sites sud-africains et français (Villa et Lenoir 2006, 2009). Une partie des pointes de Bouheben et de La Cotte de St. Brelade a en effet été interprétée comme des pointes de projectiles.

En ce qui concerne les séries examinées au cours de ce travail, nous pensons que des possibles armatures de chasse se trouvent parmi les outils pointus et que des analyses ciblées sont envisageables pour les mettre en évidence.

IV.3.3 En guise de conclusion sur l'outillage curated

Pour conclure cette analyse sur les outillages présents dans les sites, nous allons les examiner à la lumière du concept de *curation* tel qu'il a été défini dans la première partie.

Les éléments qui participent à sa définition, l'entretien, la longueur d'usage et le transport semblent être présents dans les assemblages analysés de façon variée.

La notion de transport est centrale dans l'interprétation que nous pouvons fournir de ces assemblages. Nous avons vu qu'un statut différent est occupé par les pièces en matières crypto-cristallines dans les assemblages. Les typologies/morphologies des outils semblent être conformes à cette division en matières premières de « bonne » qualité et « médiocres ». Le cadre des déplacements de ces matériaux à l'échelle régionale régit toute l'organisation de la technologie que nous essayons d'examiner, comme nous l'avons vu.

Pour le moment, nous allons examiner les autres notions qui participent au concept de *curation*.

En effet, nous avons vu que la présence d'une chaîne de réduction continue qui pouvait comprendre tous les outils *curated* n'est pas avérée. Nous avons plutôt caractérisé plusieurs possibles chaînes de réduction, raffûtage et réutilisation qui semblent mieux représenter les différentes phases de vie des outils examinés. Cela est cohérent avec l'étude de Morales et Vergés (2014), qui montre des différentes modalités de réaffutage liées à des durées de vie différentes, portant à l'exhaustion et/ou à l'abandon et recyclage successif. Ainsi, si les racloirs simples ou transversaux semblent être éventuellement dans la même chaîne opératoire, d'autres types d'outils ont des cycles de vie qui leur sont propres. Les changements de fonction semblent dans ces séries tout à fait anecdotiques et nous ne pouvons pas parler d'outils « *reliables* » (*sensu* Bleed 1986).

Les morphologies bien définies de certains types recherchés semblent différencier l'outillage de ces sites du rôle souvent flou, indéterminé, qui leur est assigné (Slimak 2004). Il en est ainsi surtout pour les catégories d'outils qui sortent des activités d'entretien ou de transformation, pour se pencher vers des activités d'acquisition telles que la chasse.

Les limaces occupent une place encore différente, car elles ont probablement un double statut, d'outil et de nucléus, ce qui les place parmi les objets les plus *curated* au sein de ces assemblages.

IV.4 Sur l'outillage expedient

Avant de décrire l'outillage que nous avons qualifié d'*expedient* nous allons nous interroger sur le rapport qui existe entre les produits prédéterminés et un tel outillage.

Est-t-il possible de parler d'outillage expedient quand la retouche est faite sur un support prédéterminé ? En quoi ces deux définitions sont-t-elles contradictoires ?

Nous pensons que la retouche partielle d'un support prédéterminé peut être incluse dans le domaine de *l'expediency* pour différentes raisons. Avant tout, la sélection du support à retoucher n'est pas forcement liée aux méthodes de production. La modification d'un tranchant par la retouche peut arriver à des moments différents de la vie de l'outil. Nous pensons que dans le cas des outils *expedient* sur supports prédéterminés, cette modification arrive durant l'utilisation de l'outil ou immédiatement avant et non pas tout de suite après sa fabrication. Ainsi, le choix du support à utiliser est préalable à celui de la morphologie à modifier. Cette modification, bien qu'issue d'une contingence et non prévue par avance, donc *expedient*, ne modifie pas le caractère prédéterminé du support utilisé pour accomplir une tâche déterminée. Cela va dans le sens de la définition *d'expediency* sensu Nelson (1991) : des réponses programmées à un but attendu qui comporte une préparation technologique minimale. Au contraire, l'utilisation *expedient* des racloirs sur plaquette pourrait rentrer dans celui défini par Nelson comme un « comportement opportuniste » (cf. *infra*).

Dans notre définition de l'outillage *expedient*, des éléments indispensables concurrent. Tout d'abord, la retouche ne doit pas transformer radicalement la morphologie du support. Ensuite, ces pièces doivent être abandonnées dans le lieu même de leur utilisation. Ainsi, elles ne sont pas susceptibles d'être transportées, ni sur brève ni sur longue distance. La conséquence archéologique de ce comportement est qu'elles doivent être fabriquées à partir de matières premières disponibles localement dans les environs du site.

Suivant ce raisonnement, les racloirs sur plaquette que nous trouvons en grande quantité surtout dans les sites de la baie de Uluzzo, sont les outils *expedient* par excellence.

Les supports ne sont pas débités, mais se trouvent sous forme de plaquettes dans les environs des sites. Souvent ils présentent deux faces corticales. La retouche est parfois abrupte, mais elle ne modifie pas beaucoup la morphologie initiale du support. De plus, aucune plaquette non retouchée n'est présente dans les sites, car les tranchants du support brut ne sont pas fonctionnels.

Quant à la destination fonctionnelle de ces racloirs, qui se retrouvent dans des morphologies très proches dans l'Uluzzien, aucune étude tracéologique ne nous a apporté d'interprétations. Nous supposons que la présence de ces outils est liée à des activités d'entretien et, en général, communes aux sites résidentiels. Nous inscrivons ainsi les racloirs sur plaquette parmi l'outillage indicateur d'une certaine stabilité.

IV.4.1 Les encoches et les denticules

Le groupe typologique des encoches et denticulés est plutôt bien représenté dans les outillages du Salento, bien qu'habituellement peu abondant. Dans les séries analysées, nous avons essayé d'ôter de cette catégorie tout élément qui puisse être considéré comme un outil à posteriori, résultant de processus taphonomiques. Une révision de cette partie de l'outillage sur la base des études de Thiebaut (2005) serait cependant souhaitable, pour démêler les traces des processus taphonomiques et ainsi obtenir ainsi une meilleure typologie des encoches.

L'essentiel de ces pièces encochées est réalisé par des encoches clactoniennes. Cependant, quelques denticulés sont obtenus par enlèvements alternants ou par retouches alternes.

Concernant les choix des matières premières, on assiste à une dichotomie qui oppose les racloirs et les pièces convergentes, plutôt aménagés sur des matériaux exogènes et/ou de bonne qualité, aux pièces à encoches plus fréquemment réalisées aux dépens de matières premières locales et/ou de qualité médiocre. Comme déjà remarqué par Delagnes (1992, p. 320), cette différentiation correspond à un comportement très répandu qui se manifeste très tôt au cours du Pléistocène moyen dans des industries telles que celles de Terra Amata.

On remarque également que les pièces encochées et denticulées sont souvent réalisées à partir de supports Levallois, parfois prédéterminés. Tel est le cas à Grotta Romanelli, où ces outils sont réalisés sur des supports Levallois dans environ 60 % des cas. La matière première n'est pas variée et les denticulés constituent entre 18 % et 13 % de l'outillage.

Les pièces encochées, faites à partir de supports *expedient*, souvent sur plaquette ne manquent pourtant pas. Ces dernières morphologies sont plus communes dans les séries de la Baia di Uluzzo. D'ailleurs, c'est sur la côte ionique qu'on trouve les assemblages à plus fort pourcentage d'outils encochés. À Serra Cicora, les denticulés atteignent en moyenne 46 % de l'assemblage, d'après les données publiées. À Grotta del Cavallo la présence des outils varie de 36 % dans la couche FIIIa à 11 % dans la couche I2a (Sarti *et al.* 2000, 2002). Notre analyse sur les pièces de Uluzzo C nous montre une très faible présence de ces outils, avec une pauvre sélection des supports utilisés, bien que les Levallois soient majoritaires.

Une grande mobilité a été évoquée pour cette classe d'outils (Slimak 2004) dans certaines séries du sud de la France. Nous évoquons, au contraire, une mobilité très réduite de ces types d'outils, sur la base des matières premières utilisées, souvent disponibles sur place et du manque d'indices de raffûtage.

V.V Exploitation des matières premières et circulation des produits

V.1 Matières premières et faciès économiques

Les séries lithiques examinées présentent une certaine variabilité quant à la quantité et les proportions relatives des principales matières premières (Graphiques 88, 89).

Les matières premières locales ou sub-locales ont des fréquences très variées au sein des six ensembles lithiques analysés.

Nous avons rapproché les matières premières qui relèvent de 0-5 km de celles dont la provenance est plus éloignée, car nous n'avons rencontré aucune différence notable d'environnement minéral, ni de paysage, dans un tel rayon.

Il est plutôt difficile d'estimer la provenance exacte des calcaires et des plaquettes, pour leur faible relevance

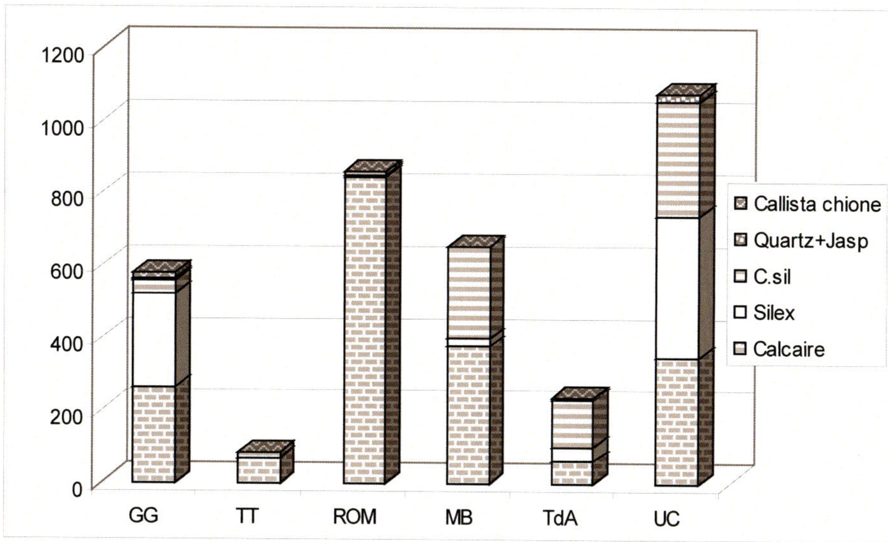

Graphique 88 : Fréquences des différentes matières premières par site.

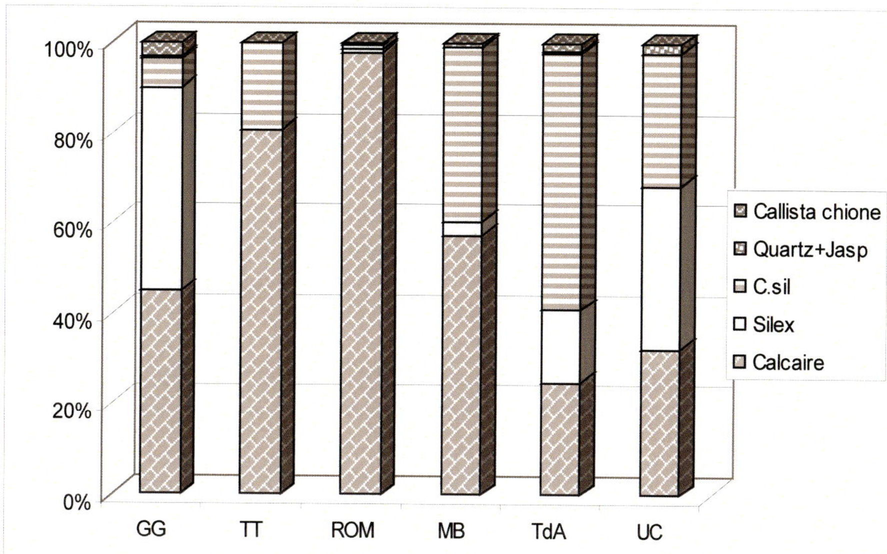

Graphique 89 : Proportion des différentes matières premières par site.

géologique en tant que marqueurs. Concernant ces catégories de roches, nous penchons pour un approvisionnement strictement local (0-5 km). Cependant, cela n'empêche pas un certain degré de circulation des objets lithiques fabriqués à partir de ces matériaux. Ainsi les lithotypes les plus aptes à la taille seraient susceptibles de circuler à l'intérieur de l'espace régional sub-local (0-20 km). Il nous semble que c'est le cas des calcaires dolomitiques de la Formation de Melissano et de Galatina, ainsi que de certains types marneux originaires de la Formation de Castro.

Tous ces matériaux sont exploités dans le cadre immédiat du site, une zone assez fréquemment parcourue par les hommes. Les matériaux qui en proviennent ont été introduits dans les sites sous des formes variées : comme bloc brut, comme bloc dégrossi mais aussi comme support.

Les chailles méritent une mention à part, car, par rapport à leur carence dans les formations régionales, elles constituent une matière première « précieuse », objet d'une forte circulation. Cependant, les utilisations de cette matière première que nous avons pu illustrer ne sont pas suffisantes pour avoir une idée claire de sa circulation.

Les matières premières d'origine allochtone sont présentes dans tous les sites étudiés, mais en proportions relativement variables et, compte tenu de l'ampleur de l'espace régional, leur présence a des significations très différentes de site en site.

Tout d'abord, Grotta Romanelli constitue le site où la présence de tels matériaux importés est la plus faible. Cela trouve sans doute une explication dans la fonction du site. Seules 5 pièces de silex et 2 de quartzite sont présentes. Le site de Grotta Titti présente un même modèle d'exploitation, même si l'échantillon étudié et les connaissances actuelles sur le site ne nous permettent pas une interprétation plus avancée. Un autre site qui présente une très faible présence de matières premières cryptocristallines est Torre dell' Alto, que cela soit dans l'échantillon que nous avons examiné ou dans les publications qui concernent les autres couches.

Dans les sites de la Baie de Uluzzo, mise à part la chaille sur tablettes qui est présumée locale, la présence de silex est remarquablement fréquente et celle de jaspes et de quartzites plus importante que dans les sites plus méridionaux.

Mais le site qui présente un apport allochtone majeur et en même temps la plus grande distance des sources lithiques présumées est Grotta dei Giganti : 48 % des supports proviennent des sources lointaines et la distance d'approvisionnement présumée peut atteindre 150 km, voire plus.

V.2 Faciès économiques

A **Grotta Romanelli**, la proportion de matières premières locales atteint 95 % du total et l'approvisionnement se déroule immédiatement à l'extérieur de la cavité (Graphique 90). Cette modalité d'approvisionnement est en accord avec le faciès économique du site, car les objets lithiques présentent un grand nombre d'éclats corticaux ou indifférenciés et de nucléus. Toutes les phases de la chaîne opératoire y sont représentées, mais les phases d'utilisation et d'abandon sont minoritaires. Pour ce site, nous évoquons un **faciès d'extraction et d'exploitation** de type B *sensu* Geneste (1985).

Un même approvisionnement dans les environs immédiats du site concerne certaines séries lithiques de la Baie de Uluzzo, où les calcaires sont présents sous forme de galets et les plaquettes de calcaire siliceux sont disponibles dans la roche mère. Cependant, des approvisionnements variés ont été observés de site à site et parfois dans des couches différentes du même site.

La couche G de la **Grotte de Uluzzo C** constitue un palimpseste (Bietti 1991) d'occupations répétées, de durées différentes. Les ressources locales jouent un rôle fondamental dans l'approvisionnement, mais les matériaux d'origine lointaine ne sont pas négligeables en quantité et qualité des produits. En effet, elles constituent quasiment un tiers de l'assemblage (Graphique 91). Comme nous l'avons vu dans le chapitre dédié à ce site, des chaînes opératoires différentes gèrent cette diversité de matières premières. De plus, les phases de la chaîne opératoires sont généralement bien représentées. Cependant, les nucléus et les éclats de décorticage sont plutôt rares. Nous interprétons cette couche comme un **faciès mixte d'exploitation et de production**, typique d'un site résidentiel.

La série lithique de Grotte **Mario Bernardini** est caractérisée par une prépondérance des matières premières d'origine locale, dans toutes les couches (Graphique 92). La couche B, qui a été analysée au cours de cette étude, ne constitue pas une exception. La phase de production des supports est largement majoritaire.

L'utilisation de ces matériaux proches, avec une abondance de supports non retouchés, comme

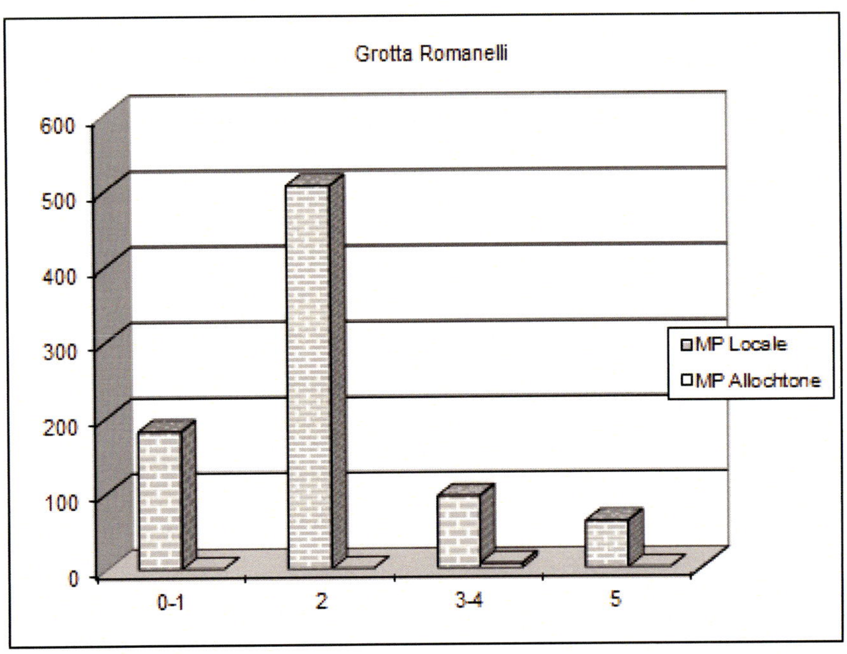

Graphique 90 : Grotta Romanelli, phases économiques selon les matières premières.

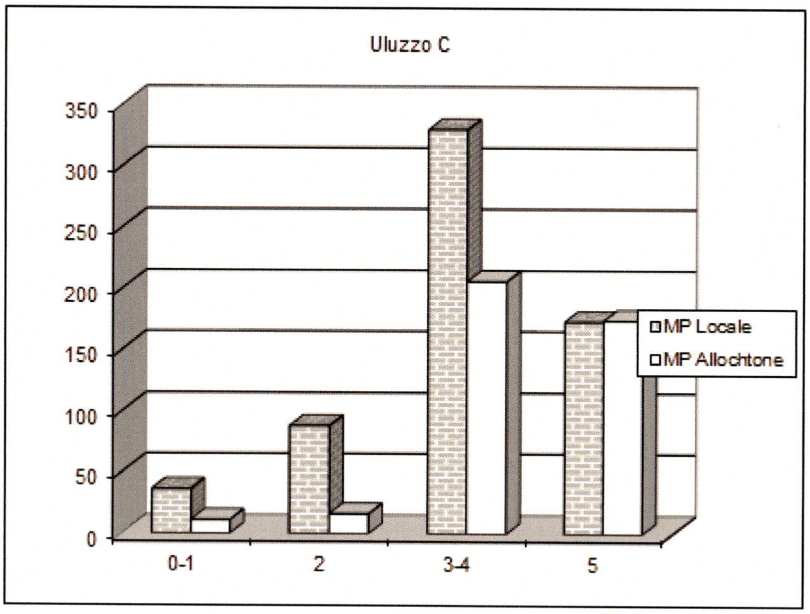

Graphique 91 : Grotta Uluzzo C, phases économiques selon les matières premières.

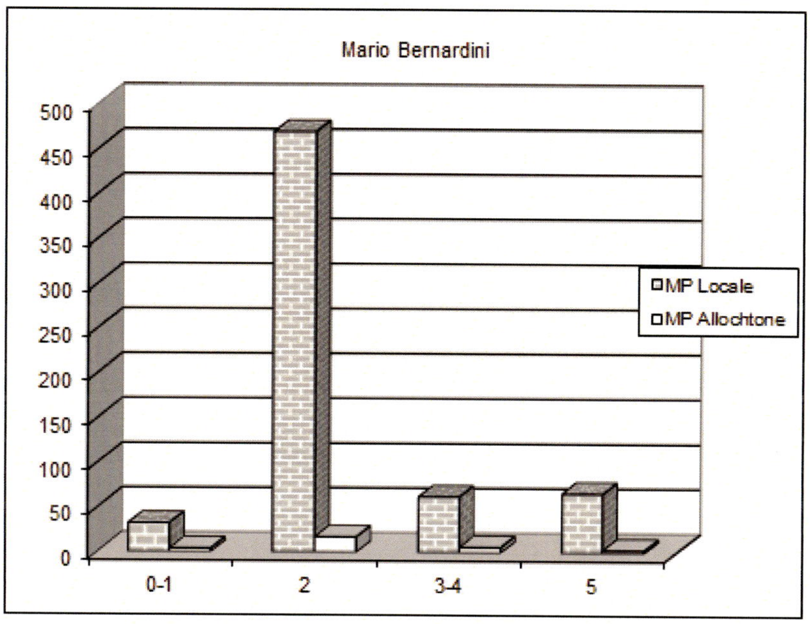

Graphique 92 : Grotta Mario Bernardini, phases économiques selon les matières premières.

illustré aussi dans les articles de Borzatti (1970, 1971), constituent pourtant des éléments typiques d'un **faciès d'extraction et d'exploitation.**

Quant à la Grotte **Torre dell' Alto**, elle présente, dans toutes les couches archéologiques, une prédominance comparable des matériaux les plus proches du site (Graphique 93). Le calcaire est ainsi la roche la plus utilisée. La même interprétation est ainsi évoquée pour ce site.

Grotta Titti, au cap de Leuca, se situe dans le même cas de figure, malgré la taille modeste de l'assemblage considéré.

Une plus forte variété dans le cadre des approvisionnements locaux concerne **Grotta dei Giganti**. Toutes les phases de la chaîne opératoire sont présentes, mais celles d'utilisation et d'abandon sont dominantes (Graphique 94). Un conglomérat de galets calcaires est présent à l'intérieur du site, mais les apports de matières premières d'origine allochtone et la prévalence de supports retouchés fournissent des éléments pour interpréter ce site comme résultant d'**activités épisodiques.** Nous allons revenir sur ce point.

Quant aux sites que nous avons examinés à partir des sources bibliographiques, ils présentent également de multiples faciès économiques.

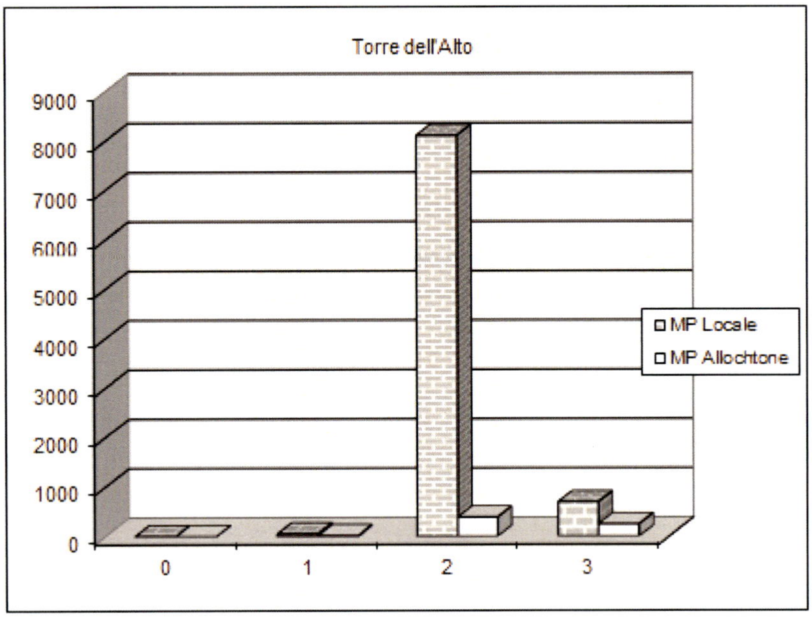

Graphique 93 : Grotta Torre dell'Alto, phases économiques selon les matières premières.

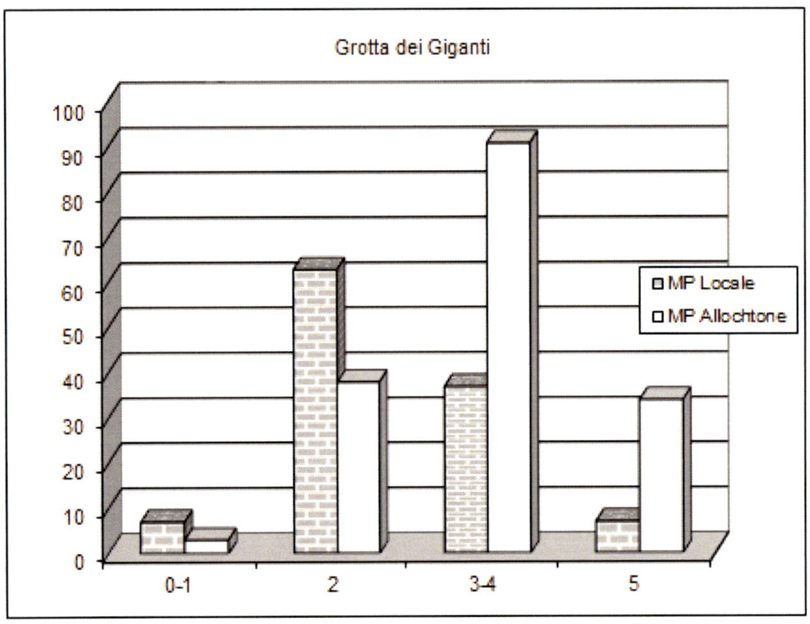

Graphique 94 : Grotta dei Giganti, phases économiques selon les matières premières.

Grotta del Cavallo, nous semble, comme c'est le cas de Uluzzo C, être un **site résidentiel.** Il présente en effet un faciès mixte de production et d'exploitation. Toutes les phases de la chaîne opératoire y sont présentes, les matières premières locales sont prédominantes mais pas exclusives, et la densité de vestiges est très élevée. Cependant, il est fort possible qu'une différence importante existe parmi les différents niveaux d'occupation, qui présentent densités et caractéristiques différenciées.

Les sites de Capelvenere, Marcello Zei et Serra Cicora ont fourni très peu d'informations quant aux fréquences des matières premières. Une prévalence de supports non retouchés et une utilisation des matériaux locaux caractérisent la **Grotte de Capelvenere** : elle pourrait relever d'un faciès d'**extraction et d'exploitation.** Les mêmes caractéristiques peuvent être attribuées à l'occupation de la **Grotte Marcello Zei.**

Le site de **Serra Cicora,** au contraire, nous laisse plus de doutes quant à son interprétation économique. D'abord, les matières premières d'origine allochtone y semblent plus nombreuses que dans les deux sites précédents. Ensuite, l'outillage est plus abondant et en général la densité des vestiges semble plus importante. Aucune

	Romanelli	Zinzulusa	Giganti	Titti	Uluzzo C	Mario Bernardini	Torre dell'Alto
densité des matériels	**	?**	**	?**	****	***	***
structuration de l'espace	*	?*	***	?*	***	**	**
reste fauniques	▲ §	▲▶§	▶▲	▲▶§	▲▶▼§	▲▶▼	▲▶▼
reste humaines	no	no	no	X	no	no	no
chaîne de production	****	**	**	***	****	****	****
chaîne de transformation	**	*	****	**	****	**	**
diversité MP	*	?	****	*	***	**	**
MP locales	****	*	***	***	***	***	****
MP non locales	*	**	***	*	***	**	**
fonction du site	étape MP	?	étape chasse	?	résidentiel	étape/résid.	étape MP

	Cavallo	M. Zei	Capelvenere	Serra Cicora	Fondo Cattìe	Grotta Montani
densité des matériels	****	*	**	***	**	*
structuration de l'espace	***	*	*	*	*	*
reste fauniques	▲ ▶▼§◀	▲▼◀▶§	▼▶▲	▲▶§	▲▶	§▲▶▼
reste humaines	X	no	no	no	X	no
chaîne de production	****	***	***	***	**	*
chaîne de transformation	****	**	*	**	**	*
diversité MP	***	**	**	**	***	*
MP locales	****	***	***	**	**	*
MP non locales	***	*	*	**	**	*
fonction du site	résidentiel	étape MP	étape MP	?	étape (chasse?)	étape (chasse?)

Table 118 : Table des aspects techno-économiques des sites analysés (en haut) et de la revue bibliographique (en bas)
§ pachydermes ; ▲ herbivores ; ▶ carnivores ; ▼ petit gibier ; ◀ mollusques ; **** forte; *** moyenne; ** faible; * très faible.

interprétation économique fiable ne peut être fournie pour le moment.

Les sites de **S. Ermete** et **Grotta Montani** sont caractérisés par une très faible densité de vestiges lithiques et semblent être issus d'occupations très ponctuelles. Les matières premières relèvent aussi bien de l'environnement local que de territoires plus éloignés. Ils ont été ainsi interprétés comme des sites à **activités épisodiques.**

Le site de **Fondo Cattìe** est de définition difficile à cause de l'absence d'une véritable publication de ses séries lithiques. La présence en nombre plutôt élevé d'outils en silex, fortement réduit, permet d'exclure une interprétation comme site d'extraction. Il pourrait s'agir d'un site résidentiel aussi bien que d'un site à activités épisodiques.

V.3 Formes technologiques de circulation des matériaux

Les matières premières ont été transportées sous des formes technologiques différentes selon leur origine.

Les matières premières d'origine locale et sub-locale ont été introduites sous trois formes dans les ensembles lithiques analysés :

- sous forme de blocs bruts si la distance de transport était très courte, voire inexistante ;
- sous forme de blocs partiellement décortiqués ;
- sous forme de nucléus ou de produits technologiquement plus transformés ;
- sous forme de produits débités d'assez bonne qualité, par exemple des produits Levallois bruts ou retouchés.

Les produits les moins fréquents sont les nucléus, les entames et éclats corticaux, témoignant d'une possible première phase de débitage sur le lieu même de l'approvisionnement.

Une autre explication peut être liée à la réduction systématique des nucléus en outils fortement façonnés, où les stigmates du nucléus sont effacés par ce processus.

Les matières premières de type allochtone ont été introduites sous les formes suivantes (en ordre de fréquence) :

- des outils retouchés tels que des racloirs et des limaces ;
- des nucléus ;
- des produits débités bruts.

Tout d'abord, nous allons considérer la question des déplacements des nucléus. Notre argumentation remet en cause, pour notre cas d'étude, le raisonnement de Kuhn (1994) sur la « portabilité » de petits supports bruts comme étant plus efficace que le transport de nucléus.

En effet, dans les séries examinées il nous semble que le transport de nucléus est plus fréquent que celui des supports bruts. Les nucléus en matière première d'origine très éloignée sont rares mais présents. Leur fréquence nous semble diminuer au fur et à mesure que les sources d'approvisionnement s'éloignent, c'est-à-dire du nord vers le sud de la péninsule. Ainsi, des petits nucléus en silex, jaspe et quartzite sont présents dans les assemblages de la côte ionique, mais ils sont absents des assemblages plus méridionaux. Les nucléus de petites dimensions, transportés tout au long des déplacements du groupe, sont utilisés comme des « réservoirs » de nouveaux supports dans des situations de forte carence en matières premières. Cette possibilité a été envisagée également par Kuhn (1994). Ces nucléus peuvent constituer une catégorie de *phantom tools* (Cahen *et al.* 1979).

Le transport de nucléus au lieu d'éclats débités présente en effet un certain nombre d'avantages. Avant tout, il empêche l'endommagement des petits éclats pendant le transport et garantit la disponibilité d'un ou plusieurs supports aux bords coupants quand la nécessité se présente. Ensuite, les nucléus peuvent être utilisés pour accomplir d'autres tâches, comme percuteurs, broyeurs ou enclumes (voir par exemple Thiébaut *et al.* 2007).

Enfin, la présence d'importantes chaînes de façonnage au sein des assemblages analysés est à prendre en compte car les nucléus peuvent être d'excellents supports pour la fabrication d'outils façonnés, tels que les limaces. La limace du site de Champ Grand, obtenue depuis un nucléus (Slimak 2004, planche 133), est un exemple. Un lien étroit entre nucléus et outils façonnés est ainsi envisagé.

Concernant la circulation des outils, elle s'accomplit sous plusieurs formes différentes. Dans certains cas, il nous semble que les supports retouchés, transportés sur de longues distances, peuvent être aussi utilisés en tant que réservoir de matière première, comme c'est le cas des limaces ou des outils à retouche bifaciale. Ils se situent ainsi à un stade intermédiaire entre le nucléus et l'outil.

Ce double statut, d'outil et de nucléus, constitue de ce fait un élément favorable à une circulation plus intense de certaines catégories d'outils.

Naturellement, ce n'est pas le cas pour tous les outils et d'autres types sont probablement objets de circulation sans être accompagnés pour autant par l'utilisation de leurs éclats de façonnage.

Il est possible que dans certains sites, la quasi-totalité des outils sur matière première allochtone soit importée comme des objets finis et éventuellement raffûtés sur place.

Les supports bruts peuvent aussi être inclus dans ce cadre. En effet, la présence d'éclats bruts dans les sites, qui ne sont pas insérés dans une chaîne opératoire complète (par l'absence de toute phase de mise en forme du nucléus ou de préparation des convexités) peut être liée au déplacement, d'un site à l'autre, de petits nucléus/outils exploitables au besoin, aussi bien qu'au déplacement des supports eux-mêmes.

Ainsi, il nous semble que, même si le transport de supports bruts (Levallois ou non) ne peut pas être exclu dans les assemblages analysés, les nucléus constituent un objet plus susceptible d'être déplacé durant les déplacements au sein du Salento.

V.VI Aperçu sur les territoires et les déplacements

VI.1 Sites et territoires

Une pluralité d'occupation des territoires émerge ainsi de l'analyse des sites. Leur articulation se fait autour d'un espace domestique, circonscrit aux environs du site à un espace territorial plus vaste, avec des limites variables, étroitement liées aux modalités de subsistance mises en œuvre.

En effet, pour les chasseurs-cueilleurs, il n'existe pas un, mais des territoires (Mc Donald *et al.* 1999). On peut distinguer le territoire exploité quotidiennement par le groupe pour son approvisionnement en ressources alimentaires, matière première ou combustible, le territoire exploité annuellement au sein duquel vont se dérouler les mouvements logistiques ou résidentiels et enfin le territoire maximal, correspondant au territoire connu (territoire social) (Higgs et Vita Finzi 1972 ; Cashdan 1985 ; Kent 1992).

Parmi les exemples analysés nous pouvons envisager la présence de **sites résidentiels**.

Ces sites, dont un exemple est Grotta Uluzzo C, sont caractérisés par une pluralité d'occupations répétées, plus ou moins espacées dans le temps. Les activités pratiquées sur le site sont caractérisées par une certaine multiplicité de fonctions. Des activités d'acquisition et de consommation y sont pratiquées, indiquées par la variété d'industrie et d'outillage, mais aussi par la présence de foyers.

Cependant, un tel type d'occupation est plutôt l'exception qui confirme la règle. En effet, mises à part les Grottes d'Uluzzo C et des niveaux de Grotta del Cavallo, les autres sites présentent des caractéristiques bien différentes. Fondo Cattìe pourrait être aussi un site résidentiel, car les matériaux issus de la fouille sont très abondants (M.A. Orlando *communication personnelle*) mais les données publiées ne permettent encore aucune interprétation de cette occupation.

Sur la côte ionique, nous avons interprété l'occupation des sites de Mario Bernardini, Serra Cicora, Marcello Zei ou Capelvenere, plutôt comme des **campements temporaires** consacrés à des activités diverses. Il nous semble pouvoir les classer comme des sites d'**acquisition de matière première ou de gibier**, comme nous le verrons plus loin. Le site de Torre dell' Alto, qu'il soit attribué à la même étendue chronologique ou non, peut aussi bien être placé dans ce cadre.

Sur la côte adriatique, et bien plus au sud, aucun site résidentiel n'a été identifié. La Grotta Romanelli relève d'une certaine raréfaction des vestiges, peu abondants et non structurés. Le site est considéré comme une halte d'acquisition, avec un faible taux de consommation sur place.

Pour les zones de l'intérieur, les sites de S. Ermete et Grotta Montani relèvent eux aussi d'occupations courtes et peu denses en vestiges.

Enfin, les sites du Cap de Leuca ne s'éloignent pas de ce modèle, relevant d'occupations aux mêmes caractéristiques.

Ainsi, une ligne de démarcation territoriale se dégage-t-elle de ce tableau. Elle peut être située au niveau de la côte neretine, qui seule témoigne d'occupations de type résidentiel. Au sud de cette zone, aucun site résidentiel n'a été identifié. Au-dessous de cette ligne idéale, une pluralité d'occupations courtes caractérise ainsi des sites peu riches en vestiges.

Quel type de mobilité peut être associé à ces occupations ? Quelle est l'étendue de tels territoires ?

VI.2 Une étendue importante

Comme nous l'avons vu dans la première partie, l'espace investi par un groupe mobile peut être déduit par les éléments d'importation présents dans son équipement. Ainsi, la composante allochtone d'un assemblage est un élément d'appréciation de leur mobilité.

La morphologie de la région examinée, une presqu'île qui s'étend surtout en longueur, est caractérisée par un axe principal nord sud, et une largeur d'environ 40 km maximum. Nous avons décrit au cours de la troisième partie les différentes matières premières qui proviennent d'un territoire d'approvisionnement lointain, probablement non inférieur à 100-150 km des sites considérés. Cet espace lointain intègre ainsi le territoire des groupes néandertaliens.

Ces matériaux allochtones (silex, jaspe et quartzite) sont présents, en quantité variable, dans tous les sites examinés. Les sources probables de ces matières premières se trouvent au nord par rapport à la péninsule, et cela signifie que les sites au nord de la région étudiée (*i.e.* les sites de la côte ionique) sont les plus proches des gîtes d'approvisionnement. Inversement, les sites les plus méridionaux, Grotta dei Giganti et Grotta Titti, sont les plus éloignés de ces sources.

Comme nous l'avons vu dans la première partie, une telle étendue territoriale est plutôt inhabituelle pour ces périodes, bien que les dernières études fournissent des cadres de plus en plus complexes sur les territoires parcourus et exploités par les Hommes de Néandertal (par exemple Bernard Guelle 2005 ; Chalard *et al.* 2006). Récemment, l'organisation territoriale des Néandertaliens a été rapprochée à celle des carnivores tels que les loups, en soulignant l'ampleur des territoires d'approvisionnement (Churchill 2014 ; Walker et Churchill 2014).

Quel est donc l'organisation d'un aussi vaste territoire ?

VI.3 Milieux propices ou milieux marginaux ?

La baie d'Uluzzo et ses environs nous semblent l'endroit idéal du Salento pour une occupation humaine de longue durée, comme nous l'envisageons pour les sites de Grotta Uluzzo C et Grotta del Cavallo. Les cavités et les abris naturels s'y trouvent en abondance avec différentes sources d'eau douce. Le paysage devant les grottes est plutôt abrupt et en temps de régression marine, un escarpement allant de -1 m à -10 m s'ouvrait, au fond duquel se trouvent de très nombreuses cavités, favorables à l'occupation humaine. Des sources d'eau douce jaillissent également sous la mer.

De plus, de nombreux conglomérats de galets calcaires, datant du Pliocène ou du Pléistocène inférieur, se trouvent sur la côte adjacente aux cavités occupées. La disponibilité du calcaire sur galets n'est pas anodine par rapport à l'approvisionnement, car le calcaire massif de la roche mère n'est pas exploitable, pour des raisons évidentes. De plus, la présence dans les calcaires locaux, de plaquettes de calcaire siliceux et de chaille constitue un autre élément favorable à l'installation humaine.

Quant à l'environnement tel qu'il émerge des assemblages fauniques représentés dans les séries archéologiques, il nous semble qu'il relève plutôt d'un milieu ouvert, mais la présence proche de paysages arborés est possible. Les grands herbivores ont des fréquences différentes dans les assemblages et, là où ces données sont présentes, ils n'ont pas été l'objet d'un transport sélectif, car toutes les parties anatomiques y sont représentées (Boscato 2000).

Les hommes ont souvent partagé leurs espaces avec des carnivores, l'hyène, le renard ou plus rarement le loup, le lion ou l'ours. Cependant, leur fréquence n'est jamais très importante.

La présence de dunes côtières est avérée par les analyses sédimentologiques (Borzatti et Magaldi 1966) et nous pouvons imaginer un paysage rétrodunaire partiellement pédogénisé tel qu'il existe aujourd'hui.

Les autres sites de la côte ionique, Mario Bernardini mais aussi Capelvenere, Marcello Zei, Serra Cicora, bien que partageant les mêmes caractéristiques environnementales, nous semblent être issus d'occupations différentes. Une stricte contemporanéité des occupations n'est pas démontrée aujourd'hui, mais nous la considérons comme probable, au moins pour certains d'entre eux.

Il est possible que des sites à activités diverses soient présents non loin des campements résidentiels. Il est aussi possible que ces sites à vestiges plus rares soient le résultat d'occupations différentes, ayant une mobilité plus élevée, qui se déroulait pendant des périodes différentes. Les séquences d'Uluzzo C et Grotta del Cavallo témoignent d'une longue étendue temporelle, qui n'est représentée que partiellement dans les séquences stratigraphiques des autres sites.

Cependant, ces « petits » sites sont fort intéressants à plusieurs titres. La présence de restes de petits animaux en est un. En effet, dans les assemblages de certains d'entre eux, comme la Grotte di Capelvenere, ces petits mammifères constituent l'essentiel de l'assemblage faunique. Le lapin et différentes espèces d'oiseaux y sont présents, ainsi que des restes de tortue. Ils témoignent d'un milieu ouvert, de prairie, mais parmi les oiseaux, des espèces typiques de milieux saumâtres et marins ont été reconnues. La présence de toutes ces espèces, qu'elle soit issue d'une chasse ou d'une accumulation de la part des prédateurs, est très importante car elle signifie l'existence d'un milieu caractérisé par une très grande biodiversité et donc extrêmement favorable à l'occupation humaine. Comme nous l'avons vu dans la deuxième partie, des réserves naturelles présentant une telle variabilité biologique sont encore présentes sur le territoire, et sont souvent caractérisées par la présence d'étangs ou de marécages, densément peuplés par une multitude d'espèces d'oiseaux.

Ce paysage n'était probablement pas limité à la côte ionienne, car, comme cela a été déjà suggéré par Blanc (1928) et Cassoli *et al.* (1979), en temps de régressions marines, une plaine riche en marécages s'ouvrait sur la mer adriatique, devant les Grottes Romanelli et Zinzulusa.

La partie submergée de la côte adriatique a été intensément explorée, montrant la présence d'un double plateau caractérisé par différents étages, arrivant à une profondeur maximale de -50 m. Parmi les sources d'eau douce, la plus connue est celle du « Seno di Acquaviva », à Castro marina, non loin de la Grotta Romanelli. La présence de brèches osseuses submergées a été remarquée. Dans la localité du Ciolo, des dépôts non étudiés du Pléistocène ont également été signalés dans des grottes marines.

Malgré un environnement probablement aussi propice et riche en biodiversité, aucun témoignage d'occupation résidentielle ne relève des sites de la côte adriatique. Il nous semble probable que cette différence d'occupation ne peut être issue que de la pauvreté de cette région en matières premières. Les sources du Bràdano étant très lointaines (environ 130 km au nord) et aucun gîte de matériaux de bonne qualité n'étant disponible, l'exploitation de ce territoire était plus difficile.

Que dire alors des sites qui se trouvent encore plus au sud, et ainsi encore plus éloignés des gîtes ?

Ces sites partagent de nombreuses caractéristiques communes avec les « petits sites » (*sensu* Porraz 2005) qui se trouvent plus au nord.

Le mieux connu est Grotta dei Giganti. Il se trouve à Punta Ristola, là où en période de régression, un promontoire rocheux devait dominer une ample vallée. Le site est caractérisé par un faible taux de vestiges, mais par la présence d'une succession de foyers. Il nous semble raisonnable d'attribuer à ce site la fonction de halte de chasse. L'outillage est fortement transformé et une certaine fréquence d'objets importés a été relevée.

Le site voisin de Grotta Titti nous a fourni une industrie trop pauvre pour suggérer une interprétation quant à sa fonction. Les données disponibles nous montrent quand même de sérieuses différences par rapport à Giganti : elles peuvent être le résultat d'une occupation différente, tournée vers l'exploitation du conglomérat présent devant et à l'intérieur de la cavité.

VI.4 Deux hypothèses autour d'un territoire

Ainsi, nous envisageons deux hypothèses territoriales.

Une possibilité consiste en l'existence de deux territoires. Le premier serait le nord de notre région, les sites de la Baie d'Uluzzo étant sur ses marges méridionales, et ce territoire serait occupé par une mobilité logistique. Le deuxième territoire pourrait comprendre les sites du Salento méridional : ces sites constitueraient des campements issus d'une mobilité résidentielle. Ainsi nous nous trouverons en face de deux territoires indépendants, ayant chacun un rayon d'environ 50 km, l'un caractérisé par une mobilité logistique, l'autre par une mobilité résidentielle.

Nous proposons comme plus probable une autre hypothèse de modalité d'occupation territoriale dans les figures 147 et 148. Cette hypothèse intègre les deux territoires régionaux dans un macro- territoire parcouru par les mêmes groupes de Néandertaliens.

La mobilité envisagée est alors de type logistique. Ainsi, les sites résidentiels se trouvent au nord sur la côte ionique (*i.e.* Cavallo, Uluzzo C). Ensuite, tous les sites qui se trouvent en-dessous de cette ligne seraient des sites logistiques, dédiés à des fonctions spécialisées. La présence de silex allochtones dans

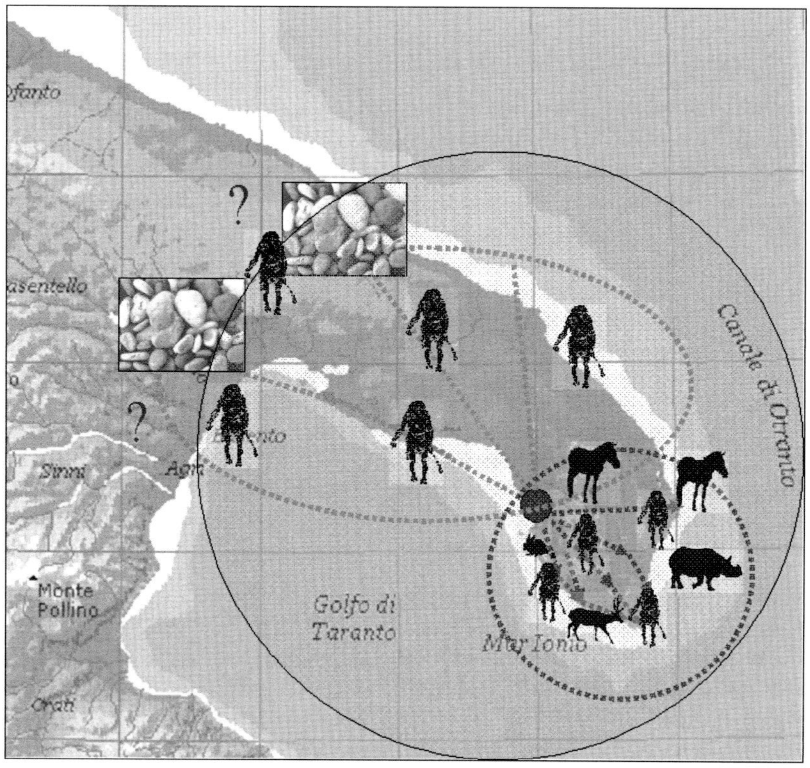

Figure 147 : Hypothèse d'occupation des Pouilles méridionales.

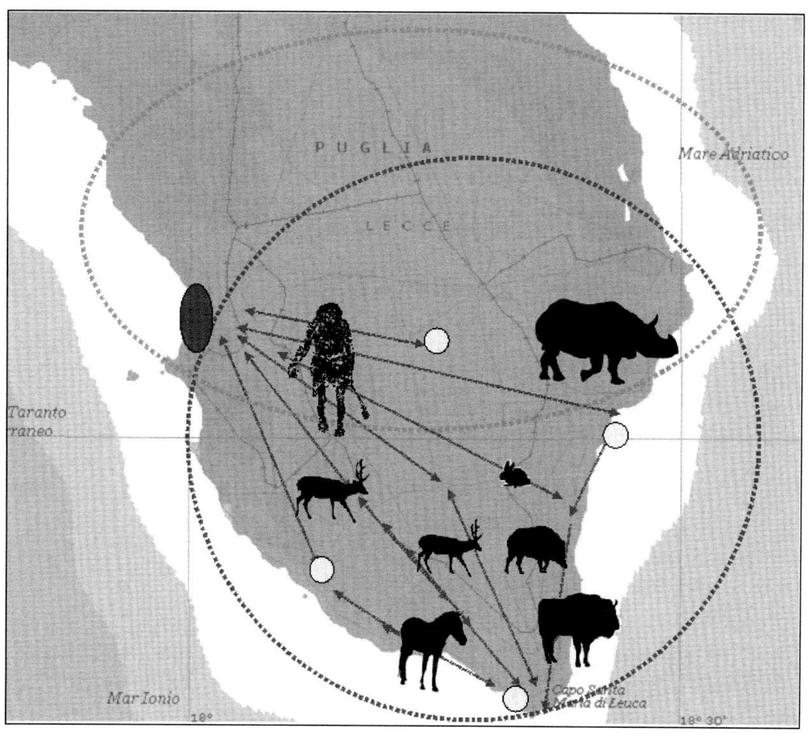

Figure 148 : Hypothèse d'occupation du Salento méridional.

chaque site témoignerait des parcours (saisonniers ?) des Néandertaliens.

En effet, cette hypothèse est étayée par les quantités importantes en matières premières très éloignées, qu'on rencontre dans les assemblages des sites au sud (Giganti, mais aussi S. Ermete ou Grotta Montani). Dans l'hypothèse de deux territoires séparés, il faudrait admettre un passage d'hommes ou d'objets à travers le territoire au nord pour atteindre les sources d'approvisionnement.

Nous pensons que les caractéristiques géographiques de ce milieu ont fortement favorisé les déplacements humains sur de longues distances, car ce paysage ne présente pas d'obstacles majeurs à franchir, mais, au contraire, il est relativement plat et à facile d'accès.

VI.5 Une primauté de la chasse : Neandertal the Hunter ?

Quel est alors la raison ultime de l'occupation humaine dans le bas Salento ? Quel est l'objectif d'un déplacement d'environ 50 km depuis les sites résidentiels ?

La notion de « *embeddness*» des approvisionnements en matières premières lithiques, évoquée par Binford, est remise en cause. En effet, les territoires parcourus du Salento méridional étant dépourvus de ces matériaux, ils relèvent d'un autre modèle d'exploitation territoriale. Les approvisionnements en matières premières et en gibier se poursuivent sur deux « fronts » différents, l'un axé plutôt vers le nord, le deuxième probablement plus axé vers le sud.

L'occupation d'une vaste plaine caractérisée par une importante biodiversité ne peut que relever d'un approvisionnement en gibier. Un approvisionnement en matières premières est envisageable pour le site de Grotta Romanelli, où une exploitation intense du conglomérat qui est avérée a été analysée, comme nous l'avons déjà illustré. Ce n'est pas le cas des autres sites, qui ne présentent pas les faciès techno-économiques de sites d'acquisition de matière première, mais plutôt des faciès de consommation/transformation. De plus, l'outillage présent est souvent rentable pour des activités de chasse, comme nous l'avons vu plus haut : des pointes susceptibles d'être emmanchées sont souvent présentes parmi l'outillage.

Comme c'est souvent le cas dans les dernières études archéozologiques, le paradigme proposé par Binford (1984), qui a été dominant jusqu'à il y a peu de temps, présentant l'Homme de Néandertal comme un charognard et non comme un chasseur, est à revoir. Nous pensons que la dichotomie entre chasse/charognage est dépassée, car ces deux stratégies peuvent être complémentaires et elles n'ont aucune implication cruciale concernant les capacités cognitives des espèces fossiles. Le charognage n'est qu'une des multiples stratégies adaptatives mises en œuvre : la variabilité apparaît comme l'une des caractéristiques majeures du Paléolithique moyen, ici comme ailleurs. L'idée des Neanderthaliens comme chasseur spécialisés, carnivores (Churchill 2014, Churchill *et al.* 2016), est au contraire de plus en plus rentable, bien que l'alimentation à base de viande soit témoignée spécialement pour les hautes latitudes (par exemple Richards *et al.* 2000), et l'alimentation s'avère être plus variée dans les climats tempérés (e.g. Stringer *et al.* 2008 ; Henry *et al.* 2011).

L'exploitation des territoires de façon planifiée et structurée a déjà été mise en évidence (Conard et Prindiville 2000 ; Gaudzinski 2004 ; Patou Mathis 2000, 2006 ; Delpech et Grayson 2007). En outre, les ressemblances entre les données fauniques relatives au Paléolithique moyen et celles du Paléolithique supérieur ont été notées plusieurs fois (voir par exemple Burke 2000, 2004). Nous supposons que les territoires plus méridionaux ont été l'objet d'expéditions ciblées de chasse. La modalité d'un tel comportement ne peut pas être mise en évidence en l'absence des études zooarchéologiques. La présence de grands herbivores y est attestée, bien qu'aucun site d'abattage n'ait été reconnu. A ce propos, une étude taphonomique des brèches osseuses mais surtout des ventarole, pour éclaircir les facteurs qui ont participé à la formation des dépôts, serait souhaitable. Une éventuelle saisonnalité de ces déplacements pourrait être aussi mise en évidence par les études fauniques. Jusqu'à présent, la pratique exclusive de la chasse au petit gibier n'a jamais été mise en évidence à propos des Néandertaliens (Patou Mathis 2006 ; Delpech et Grayson 2007), cependant, cette pratique nous semble accompagner ici les autres activités de chasse, comme c'est le cas en certains autres sites (Harty et Moncel 2011).

Quant aux modalités d'acquisition de la proie, des activités de charognage ont peut-être accompagné celles de chasse : en effet, cette pratique est bien plus difficile à mettre en œuvre qu'on peut le croire. La consommation de la viande de grands pachydermes présents dans ces régions surtout durant le stade 5 e, n'est peut -être pas liée à la chasse quant à cette pratique ou à l'abattage des proies en difficulté, profitant d'un environnement marécageux. À l'heure actuelle, aucune trace de boucherie sur grands pachydermes n'a par contre été identifiée dans le Salento, bien que ces espèces soient présentes en faible quantité dans quasiment tous les sites.

Une autre hypothèse de chasse qui s'insère bien dans l'environnement du Salento peut être le piégeage : les animaux étaient poussés dans des ravins ou des chutes, très fréquents dans le milieu, par une chasse collective. Notamment, beaucoup de sites se trouvaient sur des hauteurs qui dominaient de vastes escarpements, se terminant par une vaste plaine. C'est le cas de Giganti, qui se trouvait au sommet d'un promontoire rocheux.

Là où une analyse taphonomique des faunes a été réalisée (Boscato et Crezzini 2006, Boscato *et al.* 2006), une gestion différente des carcasses a été remarquée entre le Paléolithique moyen et le Paléolithique supérieur des Pouilles, car, bien que présentant la même association faunique, les parties anatomiques représentées sont fort différentes. Boscato *et al.* (2006), à travers l'étude des faunes de Grotta del Cavallo, mettent en évidence un transport sélectif de certaines parties anatomiques des proies sur le site, qui est mis en relation avec l'abattage de la proie à une certaine distance du site résidentiel.

Les stratégies mises en œuvre dans le Salento semblent enfin contredire l'affirmation que les Néandertaliens, tout comme nous, « *shop the food in the nearest supermarket* » (Bar Yosef 2004, p. 338). L'occupation d'une région dépourvue de ressources minérales, mais riche en biodiversité et en eau en est une potentielle démonstration. Ainsi, les données du Salento s'insèrent bien dans le cadre de la subsistance néandertalienne telle qu'elle est connue aujourd'hui.

Intégrer les stratégies de chasse dans une plus vaste approche territoriale nous semble une approche plus productive.

V.VII L'Homme de Neandertal : un chasseur-cueilleur « *comme les autres* » ?

A la fin de cette synthèse des données, nous pouvons esquisser un portrait des principaux comportements mis en œuvre par les Hommes de Néandertal durant les occupations pléistocènes du Salento. Beaucoup de chemin reste encore à faire pour parvenir à une interprétation moins biaisée, mais les résultats présentés ici nous semblent prometteurs pour les études futures.

En effet, la forte diversité des occupations mises en évidence signifie un comportement complexe et structuré, qui nous rappelle par exemple le contexte de l'Europe centrale (Féblot-Augustins 1997).

Les espaces parcourus, occupés, habités sont très vastes et engendrent des occupations fortement diversifiées. Cependant cette diversité est probablement amplifiée par le biais de l'incertitude chronologique et dans une prochaine étude à l'échelle régionale une importante série de datations serait une priorité absolue.

Ce qui a été exposé jusqu'ici nous a permis de mettre en évidence les facultés d'anticipation des Néandertaliens, qui se déplaçaient sur une échelle de centaines de kilomètres, munis d'un équipement adapté aux besoins et dans le but de pratiquer des activités spécifiques. Cela permet de mettre en évidence le transport de quantités relativement importantes de matériaux sur des distances sensiblement plus longues que celles observées dans la plupart des sites moustériens.

Les objets qui circulaient étaient souvent des petits blocs de matière première, sous forme de nucléus ou d'outils, ayant souvent un statut multiforme. Les formes d'introduction des ressources minérales varient principalement en fonction de leur qualité, de la dimension des blocs et des fonctions auxquelles elles seront dévolues. Une certaine flexibilité dans la conception de l'outillage mobile a été ainsi mise en évidence, témoignant d'une souplesse de comportement par rapport à ce dernier. Ainsi, les Néandertaliens du Paléolithique moyen du Salento ont su bien adapter la conception de l'outillage à leur mobilité.

Cette stratégie préfigure celle que l'on observera au Paléolithique supérieur dans des zones dépourvues de matériaux de qualité. Ce comportement, associé à une fragmentation spatiale des chaînes opératoires, suggère une certaine continuité de comportements entre le Paléolithique moyen et le Paléolithique supérieur. Néanmoins, ceci n'est vrai que partiellement dans le Salento. En effet, une certaine continuité peut être mise en évidence par rapport aux approvisionnements des matières premières à l'Uluzzien, mais des gestions différentes des mêmes matières premières ont été également soulignées (Riel-Salvatore 2007, Ranaldo 2017).

Durant le Paléolithique supérieur, l'on assiste à une dépendance presque totale aux ressources lithiques allochtones, accompagnée par un abandon complet de toute autre roche de mauvaise qualité (Bietti 1979, 1990, 2003 ; Bietti et Cancellieri 2007). Ce changement est presque généralisé en Italie (Bietti *et al.* 2004) et est l'indice possible d'une « révolution » (Spinapolice *et al.* 2007).

Références bibliographiques

Alessio, M., Bella, F., Improta, S., Belluomini, G., Cortesi, C. et Turi, B. 1970. 'University of Rome carbon 14 dates VIII'. *Radiocarbon* (12) : 599-616.

Alhaique, F. & Tagliacozzo, A. 2000. 'L'interpretazione dei dati faunistici nella ricostruzione delle strategie di sussitstenza nel Paleolitico Medio : l'esempio del Lazio'. Atti del II convegno Nazionale di Archeozoologia, (Asti 1997).

Ammermann, A.J. & Feldman, M.W., 1974. 'On the making of an assemblage of stone tools'. *American Antiquity*, 39 (4) : 610-616.

Anderson-Gerfaud, P., 1981. 'Contribution méthodologique à l'analyse des micro-traces d'utilisations sur les outils préhistoriques', Thèse de Doctorat, Université de Bordeaux 1.

Anderson-Gerfaud, P., 1990. 'Aspects of behaviour in the Middle Paleolithic : functional analysis of stone tools from southwest France'. In : Mellars, P. (ed.), *The Emergence of Modern Humans*, Cornell University Press, Ithaca, New York :389-418.

Anderson-Gerfaud, P. & Helmer, D., 1987. 'L'emmanchement au Moustérien. In (ed.) *La main et l'outil : manche et emmanchement préhistorique*, Travaux de la maison de l'Orient, 15, Lyon : 37-54.

Andresfky, W.J., 1994a. 'The geological occurrence of lithic material and stone tool production strategies' *Geoarcheology: an international journal*, 9 (5) : 375-391.

Andresfky, W.J., 1994b. 'Raw material availability and the organization of technology', *American Antiquity*, 59 (1) : 21-34.

Anelli, F., 1967. 'Testimonianze di oscillazioni della linea di riva durante il Quaternario in due grotte della Puglia nella grotta S. Angelo di Statte e nella grotta Zinzulusa'. *Le Grotte d'Italia* 1 : 7-14.

Antonioli, F. & Leoni, G., 1998. 'Siti archeologici e loro utilizzazione quali indicatori per lo studio delle variazioni recenti del livello del mare'. *Il Quaternario*, 11 (2) : 122-139.

Bamforth, D., 1986. 'Technological efficiency and tool curation'. *American Antiquity*, 51 : 38-50.

Bamforth, D., 1990. 'Settlement, raw material, and lithic procurement in the central Mojave desert'. *Journal of Anthropological Archaeology*, 9 : 70-104.

Bar Yosef, O., 2004. 'Eat what is there: hunting and gathering in the worls of Neanderthals and their neighbours'. *International Journal of Osteoracheology*, 14 : 333-342.

Barbera, C., Raia, P. & Meloro, C., 2006. 'I mammiferi di Melpignano conservati presso il Museo di Paleontologia di Napoli'. *Thalassia Salentina*, 29 : 237-243.

Battista, C., Boenzi, F., Fiore, S., Novembre, D., Palmentola, G. & Pennetta, L., 1985. 'Lineamenti geografici del Salento leccese'. In *Conv. Ann. Gruppo Naz. Geogr. Fis. E Geomorf*, Lecce, 4-6 giugno 1984.

Beck, C., Taylor, A.K., Jones, G.T., Fadem, C.M., Cook, C.R. & Millaward, S.A., 2002. 'Rocks are heavy : transport coasts and paleoarchaic quarry bahaviour in the great basin'. *Journal of Anthropological Archaeology*, 21 : 481-507.

Belluomini, G., Caldara, M., Casini, M., Cerasoli, M., Manfra, L., Mastronuzzi, G., Palmentola, G., Sansò, P., Tuccimei, P. & Vesica, P.L., 2002. 'The age of late Pleistocene shorelines and tectonic activity of Taranto area, Southern Italy'. *Quaternary Science Review*, 21 : 525-547.

Benazzi, S., Bailey, S.E. & Mallegni, F., 2013. 'Brief communication: A morphometric analysis of the Neandertal upper second molar Leuca I'. *American journal of physical anthropology*, *152*(2) : 300-305.

Bernard-Guelle, S., 2005. 'Territoire et mobilité des groupes moustériens du Vercors : analyse et discussion'. *L'anthropologie*, 109 (4): 799-814.

Beyries, S., 1987. *Variabilité de l'industrie lithique au Moustérien : approche fonctionnelle sur quelques gisements français*. BAR International Series 328, Oxford.

Bietti, A., 1986. 'Problemi di metodologia nello studio antropologico delle società di cacciatori e raccoglitori preistorici'. *Dialoghi Di Archeologia*, 1(III serie) : 9-26.

Bietti, A., 1991a. 'Normal Science and Paradigmatic Biases in Italian Hunter-Gatherer Prehistory'. In : Clark, G.A. (ed.), *Theoretical Biases in Mediterranean Hunter-Gatherer Research* : 258-281.

Bietti, A., 1991b. 'Paleosuperfici antropiche e strati "spessi": alcune considerazioni sul loro contenuto d'informazione'. In : *Atti della XXX Riunione scientifica* – Paleosuperifici del Pleistocene e del primo Olocene in Italia, Processi di formazione e interpretazione, Isernia.

Bietti, A. & Cancellieri, E., 2007. 'New data from the late Upper Palaeolithic site of Fondo Focone (Ugento, Southern Apulia, Italy): the industry of the "B trench"'. In : *UISPP C17 Colloquia: Late Palaeolithic environments and cultural adaptation around the Adriatic, Lisbon*, 2-9 septembre 2006.

Bietti, A., Boschian, G., Mirocle Crisci, G., Danese, E., de Francesco, A., Dini, M., Fontana, F., Giampietri, A., Grifoni, R., Guerreschi, A., Liagre, G., Negrino, F., Radi, G., Tozzi, C. & Tykot, R., 2004. 'Inorganic raw materials economy and provenance of chipped stone industry in some stone age sites of Northern and Central Italy'. *Collegium antropologicum*, 28(1): 41-54.

Bietti, A., Cancellieri, E., Corinaldesi, C., Grimaldi, S. & Spinapolice, E., 2010. La percussion sur enclume en Italie centrale Tyrrhénienne. *PALEO. Revue d'archéologie préhistorique*, (spécial), 143-180.

Binford, L., 1962. 'Archeaology as Anthropology'. *American Antiquity*, 28 : 217-225.

Binford, L., 1973. 'Interassemblage variability – the Mousterian and the functional argument'. In : Renfrew, C. (ed.), *The explanation of culture change*. Duckworth, London : 227-254.

Binford, L., 1977a. *For theory building in archaeology*. Academic Press, New York.

Binford, L., 1977b. 'Forty-seven trips : a case study in the character of archaeological formation Processes'. In : Wright, R.V. (ed.), *Stone tools as cultural markers: change, evolution and complexity*, Australian Institute of aboriginal studies, Canberra: 24-36.

Binford, L., 1978a. 'Dimensional analysis of behaviour and site structure: learning from an Eskimo hunting stand'. *American Antiquity*, 43 : 330-361.

Binford, L., 1978b. *Nunamiut ethnoarchaeology*. Academic Press, NewYork.

Binford, L., 1979. 'Organization and formation processes: looking at curated technologies'. *Journal of Anthropological Research*, 35 (3) : 255-272.

Binford, L., 1980. 'Willow smoke and dog tails: hunter-gatherer settlement systems and archaeological site formation'. *American Antiquity*, 45 : 1-17.

Binford, L., 1981. 'Behavioral Archaeology and the Pompeii Premise'. *Journal of Anthropological Research*, 37 : 195-208.

Binford, L., 1982. 'The Archaeology of place'. *Journal of Anthropological Archaeology*, 1(1): 5-31.

Binford, L., 1984. *Faunal remains from Klasies river mouth*. Academic Press, New York.

Binford, L., 1989. Isolating the transition to cultural adaptations: an organizational approach. In : Trinkaus, E. (ed.), *The emergence of modern humans: biocultural adaptations in the Later Pleistocene*. Cambridge University Press, Cambridge : 18-41.

Binford, L., 1991. 'When the Going Gets Tough, The Tough Get Going: Nunamiut Local Groups, Camping Patterns, and Economic Organization'. In : Boismier, W.A. & Gamble, C. (ed.) *Ethnoarchaeological Approaches to Mobile Campsites: Hunter-Gatherer and Pastoralist Case Studies*,. International Monographs in Prehistory, Ann Arbor : 25-137.

Bisson, M.S., 2000. 'Nineteenth century tools for twenty -first century archaeology? Why the typology of Francois Bordes must be replaced'. *Journal of Archaeological Method and Theory*, 8 : 1-48.

Bisson, M.S., 2001. 'Interview with a Neanderthal' *Cambridge Archaeological Journal*, 11 (2) : 165-184.

Blanc, A.C., 1955. 'Osservazioni compiute nela Grotta delle Striare, scogliera di Castro Marina, presso Santa Cesarea, adiacente alla grotta Romanelli, Terra d'Otranto'. *Quaternaria* II : 304-305.

Blanc, A.C., 1959. 'Giacimenti Musteriani con fauna ad elefante rinoceronte e leone sulla scogliera del capo di Leuca'. *La Zagaglia*, 1 : 5-14.

Blanc, A.C., 1961. 'Industria musteriana su calcare e su valve di *Meretrix chione* associata con fossili di Elefante e Rinoceronte, in nuovi giacimenti costieri del Capo di Leuca'. *Quaternaria* V : 308-313.

Blanc, A.C., 1962a. 'La Grotta dei Giganti'. *Quaternaria* V : 308-310.

Blanc, A.C., 1962b. 'La Grotta del Bambino'. *Quaternaria* V : 310-311.

Blanc, A.C., 1962c. 'La Grotta Titti'. *Quaternaria* V : 311-312.

Blanc, A.C., 1962d. 'La Cala dell' elefante'. *Quaternaria* V : 312-313.

Blanc, A.C., 1962e. 'Leuca I : il primo reperto fossile neandertaliano del Salento, Puglia meridionale, Italia'. *Quaternaria* V : 271-278.

Blanc, A.C., 1962f. 'Relazione sulle osservazioni e ricerche stratigrafiche eseguite nella Grotta Zinzulusa (Castro Marina, Lecce) e sull'esito di alcuni sopralluoghi nel Salento'. *Quaternaria* V : 330-334.

Blanc, A.C., 1962g. 'L'ottavo reperto neandertaliano d'Italia e il primo del Salento: un dente infantile associato con industria musteriana e fauna ad elefante e rinoceronte nella Grotta delle Tre Porte al Capo di Leuca'. *Quaternaria* V : 313-314.

Blanc, A.C., Cardini, L. & Cassoli, P., 1962. 'Campagna di scavo nella Grotta Romanelli (Lecce)'. *Quaternaria* V : 305.

Blanc, A.C., Cardini, L. & de Lorentiis, D., 1962. 'Campagna di scavo nelle grotte del Capo di Leuca'. *Quaternaria* V : 308.

Blanc, G.A., 1920. 'Grotta Romanelli I: stratigrafia dei depositi e natura e origine di essi'. *Archivio per l'antropologia e l'etnologia*, 50 (1-4) : 10.

Blanc, G.A., 1928. 'Grotta Romanelli II : dati ecologici e paletnologici'. *Archivio per l'antropologia e l'etnologia*, 58 : 365-411.

Bleed, P., 1986. 'The optimal design of hunting weapons: maintainability or reliability?' *American Antiquity*, 51 : 737-747.

Boëda, E., 1986. 'Approche technologique du concept Levallois et évaluation de son champ d'application. Étude de trois gisements saaliens et weichséliens de la France septentrionale'. Thèse de doctorat, Université de Paris X Nanterre.

Boëda, E., 1991. 'Approche de la variablitié des systèmes de production lithique des industries du Paléolithique inférieur et moyen : chronique d'une variabilité attendue'. *Techniques & culture*, 17-18 : 37-79.

Boëda, E., 1993. 'Le débitage discoïde et le débitage Levallois récurrent centripète'. *Bulletin de la Société Préhistorique Française*, 90 (6) : 392-403.

Boëda, E., 1994. *Le concept Levallois : variabilité des méthodes*. Monographie du CRA 9, Paris.

Boëda, E., Geneste, J. M. & Griggo, C., 1999. 'A Levallois point embedded in the vertebra of a wild ass (*Equus africanus* : hafting, projectiles and Mousterian hunting weapons'. *Antiquity,* 73 : 394-402.

Boëda, E., Geneste, J.-M. & Meignen, L., 1990. 'Identification des chaînes opératoires lithiques au Paléolithique inférieur et moyen'. *Paléo,* 2 : 43-80.

Boëda, E. & Vincent, A., 1990. *Rôle plausible de l'os de la chaîne opératoire de production lithique à La Quina : données expérimentales. Les Moustériens Charentiens.* Colloque international, Brive, La Chapelle aux Saints.

Bologna, P., di Stefano, G., Manzi, G., Petronio, C., Sardella, R. & Squazzini, E., 1994. 'Late Pleistocene Mammals from the Melpignano (LE) 'ventarole' : preliminary analysis and correlation. *Bollettino della Società Paleontologica Italiana,* 33 : 265-274.

Bordes, F., 1948. 'Les couches moustériennes du gisement du Moustier (Dordogne) – typologie et technique de taille'. *Bulletin de la Société Préhistorique Française,* 45 : 113-126.

Bordes, F., 1950a. 'L'évolution buissonante des industries en Europe occidentale. Considérations théoriques sur le Paléolithique ancien et moyen'. *L'Anthropologie,* 54 : 393-420.

Bordes, F., 1950b. 'Principes d'une méthode d'étude des techniques de débitage et de la typologie du Paléolithique ancien et moyen'. *Bulletin de la Société Préhistorique Française,* 54 : 19-34.

Bordes, F., 1953. 'Notule de typologie paléolithique II: pointes levalloisiennes et pseudo-Levalloisiennes'. *Bulletin de la Société Préhistorique Française,* 50 : 311-313.

Bordes, F., 1961. *Typologie du Paléolithique ancien et moyen.* Presses du CNRS.

Bordes, F., 1965. 'A propos de typologie'. *L'anthropologie,* 69 : 369-377.

Bordes, F., 1980a. 'Le débitage Levallois et ses variantes'. *Bulletin de la Société Préhistorique Française,* 77 (2) : 45-49.

Bordoni, P. & Valensise, G., 1998. 'Deformation of the 125 ka marine terrace in Italy: tectonic implications. In : Stewar, I. et Vita In : Finzi, C. (ed.), *Coastal Tectonics. Geological Society Special Publications,* 146, London : 71-110.

Borgognini Tarli, S.M., 1983. 'Studio di un molare neandertaliano (Maglie 1) proveniente dal Fondo Cattie (Maglie – Lecce)'. *Quaderni Museo di Maglie,* 1: 9-33.

Borzatti von Lowenstern, E., 1961. 'Un saggio nella Grotta di Capelvenere a S. Caterina (Nardò)'. *Rivista di Scienze Preistoriche,* 16 : 207-216.

Borzatti von Lowenstern, E., 1964. 'La grotta di Uluzzo (campagna di scavi 1963)'. *Rivista di Scienze Preistoriche,* 18: 65-89.

Borzatti von Lowenstern, E., 1965. 'La Grotta- riparo di Uluzzo C'. *Rivista di Scienze Preistoriche,* 20 : 1-31.

Borzatti von Lowenstern, E., 1966a. 'Alcuni aspetti del Musteriano del Salento'. *Rivista di Scienze Preistoriche,* 21 (2) : 203-287.

Borzatti von Lowenstern, E., 1966b. 'Industrie romanelliane e neolitiche nella Grotta delle Prazziche (Novaglie – Lecce)'. *Rivista di Scienze Preistoriche,* 21 (2).

Borzatti von Lowenstern, E., 1970. 'Prima campagna scavi nella Grotta Mario Bernardini (Nardò-Lecce)'. *Rivista di Scienze Preistoriche,* 25 : 89-125.

Borzatti von Lowenstern, E., 1971. 'Seconda campagna scavi nella Grotta Mario Bernardini (Nardò-Lecce)'. *Rivista di Scienze Preistoriche,* 26 : 31-62.

Borzatti von Lowenstern, E., 1976. 'Gli strati pleistocenici della Grotta delle Prazziche (Novaglie-Lecce)'. *Bullettino di Paletnologia Italiana,* 17 (75) : 6-12.

Borzatti von Lowenstern, E. & Magaldi, D., 1966. 'Risultati conclusivi dell studio paletnologico e sedimentologico della Grotta di Uluzzo C (Nardò- Lecce)'. *Rivista di Scienze Preistoriche,* 21 : 16-64.

Borzatti von Lowenstern, E. & Magaldi, D., 1967. 'Ultime ricerche nella Grotta dell'Alto (S. Caterina, Lecce)'. *Rivista di Scienze Preistoriche, 22* : 205-250.

Boscato, P. & Crezzini, J., 2006. 'The exploitation of ungulate bones in *Homo neandertalensis* and *Homo sapiens'. Human Evolution,* 21 : 311-320.

Boscato, P., Crezzini, J. & Pellegrini, A., 2006. 'Le parti mancanti: faune del Paleolitico medio nel deposito esterno della Grotta Santa Croce, Bisceglie (Ba)'. In : Tecchiati, U. et Sala, B. (ed.) *Archaeozoological studies in honour of Alfredo Riedel*, Bolzano : 39-50.

Boscato, P., Gambassini, P. & Ronchitelli, A., 2000. 'Riparo de l'Oscurusciuto'. *Taras* XX(1-2) : 27-29.

Boscato, P., Gambassini, P. & Ronchitelli, A., 2004. 'Abri "L'Oscurusciuto" à Ginosa (Taranto – Italie du Sud) : un nouveau site moustérien', *Actes du XIVème Congrès UISPP*, Université de Liege, Belgique, 2-8 sept. 2001, Sect. 5: Le Paléolithique Moyen. BAR International Series, 1239 : 275-282.

Boscato, P., Gambassini, P., Ranaldo, F. & Ronchitelli, A., 2011. 'Management of Paleoenvironmental Resources and Exploitation of Raw Materials at the Middle Paleolithic Site of Oscurusciuto' (Ginosa, Southern Italy): Units 1 and 4. In : Conard N.J. & Richter J. (eds), *Neanderthal Lifeways, Subsistence and Technology Vertebrate Paleobiology and Paleoanthropology Series.* Springer, Dordrecht : 87-96.

Bosellini, A., 1993. 'La scogliera miocenica di Gagliano del Capo (penisola salentina) e il suo inquadramento stratigrafico-sequenziale'. *Atti Tic. Scienze della Terra,* 36 : 33-40.

Bosellini, A., Bosellini, F.R., Colalongo, L., Parente, M., Russo, A. & Vescogni, A., 1999. 'Stratigraphic architecture of the Salento coast from Capo d'Otranto to S. Maria di Leuca (Apulia, Southern Italy)'. *Riv. Ital. Paleon. Strat.,* 105 (3) : 397-416.

Bosellini, A. & Russo, A., 1992. 'Stratigrapy and facies of Peninsula, Southern Italy)'. *Facies* an Oligocene fringing reef (Castro Limestone, Salento) 26 : 145-166.

Bosellini, A. & Russo, A., 1993. 'La scogliera a coralli del Calcare di Castro'. In : Guida alle escursioni. *XII Convegno delle Società Paleontologica Italiana*, Lecce : 29-38.

Bottazzi, F., De Lorentiis, D. & Stasi, G., 1923. 'La Grotta Zinzulusa in terra d'Otranto e il ritrovamento in essa di Thyphlocaris'. *Rivista di Biologia*, 5 (3) : 1-10.

Bottet, B. & Bottet, B., 1951. 'La Baume Bonne, Quinson'. *Bulletin Société Préhistorique Francaise*, 48 (5-6) : 261-282.

Botti, U., 1871. *La Grotta del Diavolo stazione preistorica del Capo di Leuca. Memoria del Cav. Avv. Ulderigo Botti, Consigliere di Prefettura di Lecce, Membro della Società italiana di Scienze Naturali. Con sei tavole in litografia.* Tipografia Fava e Garagnani, Bologna.

Botti, U., 1871. *'Le caverne del Capo di Leuca'. Relazione alla deputazione provinciale di terra d'Otranto.* Tipografia editrice salentina, Lecce.

Botti, U., 1874. *La Zinzolosa. Monografia Geologico - Archeologica.* Deputazione Provinciale di Terra d'Otranto. Tipografia di G. Barbera, Firenze.

Bourdieu, P., 1977. *Outline of a Theory of Practice.* Cambridge University Press, Cambridge.

Bourguignon, L., 1997. 'Le Moustérien de type Quina : nouvelle définition d'une entité technique'. Thèse de Doctorat, Université de Paris X – Nanterre.

Bourguignon, L., Delagnes, A. & Meignen, L., 2006. 'Systèmes de production lithique, gestion des outillages et territoires au Paléolithique moyen : où se trouve la complexité ?'. In : *Normes techniques et pratiques sociales. De la simplicité des outillages pré et protohistoriques.* XXVI rencontres internationales d'archéologie et d'histoire d'Antibes, Antibes 2005.

Bourguignon, L., Faivre, J. & Turq, A., 2004. 'Ramification des chaînes opératoires : une spécificité du Moustérien ?'. *Paléo*, 16 : 37-48.

Bourguignon, L., Sellami, F., Deloze, V., Sellier-Ségard, N., Beyries, S. et Emery-Barbier, A., 2002. 'L'habitat moustérien de "la Folie" (Poitiers, Vienne) : synthèse des premiers résultats'. *Paléo*, 14 : 29-48.

Bousman, C.B., 1993. 'Hunter-gatherer adaptations, economic risk and tool design'. *Lithic technology*, 18 : 59-86.

Bouzouggar, M.A., 1997. 'Matières premières, processus de fabrication et de gestion des supports d'outils dans la séquence atérienne de la Grotte d'El Mnasra I (ancienne grotte des Contrebandiers) à Témara (Maroc)'. Thèse de Doctorat, Université de Bordeaux 1.

Brantingham, J., 2003. 'A neutral model of stone raw material procurement'. *American Antiquity*, 68 (3) : 487-509.

Brantingham, J., 2006. 'Measuring forager mobility'. *Current Anthropology*, 47 (3) : 435-459.

Breuil, H., 1932. 'Le feu et l'industrie de pierre et d'os dans le gisement du 'Sinanthropus' à Chou-Kou-Tien'. *L'Anthropologie*, 42 : 1-17.

Breuil, H. & Lantier, R., 1951. Les *Hommes de la pierre ancienne - Paléolithique et Mésolithique*. Payot, Paris.

Bricker, H.M., 1975. 'Provenience of flint used for the manufacture of tools in the Abri Pataud'. In : Movius, H.L. (ed.) *Excavation of Abri Pataud, Les Ezyes (Dordogne). Bulletin of the American School of Prehistoric Research, 30* : 194-197.

Britz, I., Clemente Conte, I., Pijoan, J., Terradas, X. & Vila, A., 2005. 'Stone tools in ethnoarcheological context'. In : Terradas, X. (ed.) *L'outillage lithique en contextes ethnoarchéologiques*, BAR International series, Oxford. : 1-8.

Brugal, J.-P. & Mourre, V., 2005. 'Utilisation opportuniste d'outils en pierre chez les Turkana (Nord Kenya)'. In : Terradas, X. (ed.), *L'outillage lithique en contextes ethnoarchéologiques, Colloque 1.4.* XIVème Congrès de l'UISPP, Liège, 2-8 sept. 2001. BAR International Series vol. 1370, Oxford.

Burke, A., 2000. 'Hunting in the Middle Palaeolithic'. *International Journal of Osteoracheology*, 10 : 281-285.

Burke, A., 2004. 'The ecology of Neanderthals'. *International Journal of Osteoracheology*, 14 : 155-161.

Burroni, D., Donahuue, R., Mussi, M. & Pollard, M., 2002. 'The surface alteration features of flint artefacts as a record of environmental processes'. *Journal of Archaeological Science*, 29 : 1277-1287.

Cahen, D., Karlin, C., Keeley, L.H. & Van Noten, F., 1980. 'Méthodes d'analyse technique, spatiale et fonctionelle d'ensembles lithiques. *Helinium*, 200 : 209-259.

Cahen, D., Keeley, L.H. & Van Noten, V., 1979. 'Stone tools, toolkits, and human behaviour in prehistory'. *Current Anthropology* 20 : 461-483.

Campetti, S., 1986. 'Il musteriano della Grotta di Serra Cicora A nell'ambito dell'evoluzione del Paleolitico nel Salento'. *Studi per l'Ecologia del Quaternario*, 8 : 85-115.

Cardini, L., 1948. 'Grotta dei Ladroni alla Ripagnola (Bari)'. *Rivista di Scienze Preistoriche*, 3 : 3-4.

Cardini, L., 1958. 'Prime determinazioni delle faune dei nuovi giacimenti costieri musteriani del Capo di Leuca'. *Quaternaria*, V : 314-315.

Cardini, L., 1961. 'Le faune dei nuovi orizzonti della Grotta Zinzulusa'. *Quaternaria*, V : 334-335.

Cardini, L., 1964. Presentazione di industria musteriana su calcare rinvenuta nelle terre rosse di Grotta Romanelli. *VIII e IX Riunione scientifica Istituto Italiano di Preistoria e Protostoria, Firenze.*

Cardini, L., 1965. 'Sui giacimenti paleolitici di recente scoperti nella penisola salentina'. *VI Congresso internazionale di Scienze preistoriche e protostoriche, Roma*, 1962 : 144-148.

Cardini, L. & Biddittu, I., 1967. 'Attività scientifica dell'Istituto Italiano di Paleontologia Umana dalla sua fondazione; Liguria-Puglia'. *Quaternaria* IX : 398.

Carmignani, L., 2010. 'L'industria litica del livello FIIIe di Grotta del Cavallo (Nardo, Lecce)'. *Osservazioni*

su una produzione lamino-lamellare in un contesto del Musteriano finale. Origini XXXII, 726.
Cashdan, E., 1985. 'Coping with the risk: reciprocity among the Basarwa of northern Botswana'. *Man*, 20 : 222-242.
Cassoli, P., Segre, A.G. & Segre, E., 1979. 'Evolution morphologique et écologique de la côte de Castro (Pouilles) dans le Pleistocéne final'. In : De Sonneville-Bordes, D., (Eds.) *La fin des temps glaciaires en Europe*. Paris, CNRS : 325-332.
Cayeux, L., 1929. *Les roches sédimentaires en France, les roches siliceuses*. Mémoires pour servir à l'explication de la carte géologique détaillée de la France.
Cayeux, L., 1930. 'Patine des silex et de la craie'. *Bull. Soc. Fr. Minéral*, 53 : 60-73.
Centenaro, E., Gianfreda, F., Mastronuzzi, G., Sansò, P. & Selleri, G., 2002. 'Pleistocene relative sea level changes and morphological evolution of Otranto-Castro coastal area (Puglia, Italy)'. In : Mastronuzzi, G. & Sansò, P. (ed.), *Late Quaternary sea level changes and coastal zone evolution. Atti Workshop MACRiVaLiMa*, vol. 1. GI2S Coast, Research Publication, Ostuni, 30-31 maggio 2002 : 59-62.
Centenaro, E., Mastronuzzi, G. & Sanso', P., 1998. 'Morfologia della fascia Costiera fra Otranto e Castro (Puglia, Italia)'. *79° Congresso Società Geologica Italiana*, Palermo, Italia, 21-24/9/1998.
Cep, B. & Waiblinger, J., 2001. 'The use of cave and open air sites in Southern Germany'. In : Conard, N.J. (ed.), *Settlements dynamics of the Middle Palaeolithic and Middle Stone Age*. Kerns Verlag, Tubingen : 251-266.
Chalard, P., Faivre, J., Jarry, M., Jaubert, J., Mourre, V. & Turq, A., 2007. 'Espaces du Paléolithique moyen. Témoins d'utilisation de silex allochtones en Quercy (France)'. *XXVIe congrès préhistorique de France*, Avignon, 21-25 septembre 2004 : 217-235.
Church, T., 1994. *Lithic resource studies: a sourcebook for archaeologists*. Lithic technology Special Publication n.3, Lithic technology. Department of Anthropology, University of Tulsa, Oklahoma.
Churchill, S.E., 2014. *Thin on the ground: Neanderthal biology, archeology and ecology*. John Wiley & Sons.
Churchill, S.E., Walker, C.S. & Schwartz, A.M., 2016. 'Home-range size in large-bodied carnivores as a model for predicting neandertal territory size'. *Evolutionary Anthropology: Issues, News, and Reviews*, *25* (3) : 117-123.
Claud, É., Mourre, V., Thiébaut, C. & Brenet, M., 2010. 'Le recyclage au Paléolithique moyen'. *Des bifaces et des nucléus utilisés comme percuteurs. Archéopages*, *29* (6) : 6-15.
Ciaranfi, N., Pieri, P. & Ricchetti, G., 1992. 'Note alla carta geologica delle Murge e del Salento (Puglia centromeridionale)'. *Mem. Soc.GeoL It,*. 41 : 449-460.
Cigna, A. & Orlandi, G., 1954. 'La grotta delle Striare, caverna ossifera della costa jonica (Lecce)'. *VI Congresso nazionale di Speleologia*, Trieste : 287-291.
Clarkson, C., 2002. 'An Index of Invasivness for the measurement of unifacial and bifacial retouch: a theoretical, experimental and archaeological verification'. *Journal of Archaeological Science*, 29 : 65-75.
Clarkson, C. & Lamb, L. eds., 2005. *Lithics 'Down under': Australian Perspectives on lithics reduction, use and classification*. BAR archaeological Series 1408, Archeopress, Oxford.
Clastres, P., 1972. 'The guayaki'. In : Bicchieri, M. (ed.), *Hunters and Gatherers today*, Rinehart and Winston, New York: 138-174.
Cliquet, D. & Monnier, J., 1993. 'Signification et évolution du Paléolithique moyen récent armoricain'. *Bulletin de la Société Préhistorique Française*, 90 (4) : 275-282.
Conard, N.J., 1994. 'On the prospects of an ethnography of extinct hominids'. *Current Anthropology*, 35 : 281-282.
Conard, N.J., 2001. *Settlements dynamics of the Middle Palaeolithic and Middle Stone Age*. Kerns Verlag, Tubingen.
Conard, N.J. & Adler, D.S., 1997. 'Lithic reduction and hominid behavior in the Middle Paleolithic of the Rhineland'. *Journal of Anthropological Research*, 53 : 147-175.
Conard, N.J. & Prindiville, T., 2000. 'Middle Palaeolithic Hunting economies in the Rhineland'. *International Journal of Osteoarchaeology*, 10 : 286-309.
Corridi, C., 1987. 'Faune pleistoceniche del Salento – 2. La fauna di Fondo Cattie, Maglie, Lecce'. *I Quaderni – Edizioni scientifiche del Museo Comunale di Paleontologia di MAglie*, 3 : 5-74.
Cotterel, B. & Kamminga, J., 1978. 'The formation of flakes'. *American Antiquity*, 52 (4) : 675-708.
Crabtree, D.E., 1967. 'Tools used for making flaked stone artefacts: notes on experiments in Flintknapping'. *Tebiwa*, 4 (1) : 60-73.
Crabtree, D.E., 1972. *An introduction to flintworking*, Idaho State University Museum, Pocatello.
Cremonesi, G., 1974. 'Grotta Montani (Salve)'. *Rivista di Scienze Preistoriche*, 29 : 236.
Cremonesi, G., 1980a. 'Nota preliminare sulla Grotta S. Ermete'. *Rass.Trim.Banca Agr.Pop.Matino e Lecce*, VI (3-4) : 71-75.
Cremonesi, G., 1980b. 'Saggio di scavo a Grotta Montani (Salve)'. *Studi d'Antichità*, 2 : 45-57.
Cremonesi, G., de Lorentiis, D. & Ingravallo, E., 1983. 'Nota preliminare sull'industria musteriana proveniente dal deposito di Cattie (Maglie)'. *I Quaderni – Edizioni scientifiche del Museo Comunale di Paleontologia di Maglie*, 2 : 7-26.
Cristiani, E. & Spinapolice, E.E., 2009. 'Approccio tecno-sperimentale all'industria su Callista chione. Nuovi risultati da Grotta dei Giganti (Lecce)'. In : *5 Convegno nazionale di zooarcheologia* Rovereto 10-12 Novembre 2006. Atti della SocietaItaliana di Archeozoologia (Aiaz) : 85-88.

Dai Pra, G. & Hearty, P., 1988. 'I livelli marini pleistocenici del Golfo di Taranto. Sintesi Geocronostratigrafica e tettonica'. *Memorie Società Geologica Italiana,* 41 : 637-644.

Dantoni, G., 1980. 'I livelli musteriani con strumenti sul valve di Callista (Callista) Chione (L.) nel Salento'. *Studi per l'Ecologia del Quaternario,* 2 : 67-76.

Dantoni, G. & Nardi, N., 1980. 'La Grotta riparo "Marcello Zei" (Santa Caterina, Nardò)'. *Studi per l'Ecologia del Quaternario,* 2 : 97-119.

Dauvois, M., 1976. *Précis de dessin dynamique et structural des industries lithiques préhistoriques,* Périgueux P., Fanlac.

De Giorgi, C., 1882. *Bozzetti di Viaggio.* 2 vols. Spacciante.

De Giorgi, C., 1884. *Cenni di Geografia fisica della Provincia di Lecce.* Tipo-Litografia Ed. Salentina, Lecce.

De Giorgi, C., 1922. *Descrizione geologica e idrografica della Provincia di Lecce.* R. Tipografia Ed. Salentina, Lecce.

De Giuli, C., 1983. 'Le faune pelistoceniche del Salento. 1. La fauna di San Sidero 3'. *I Quaderni - Edizioni scientifiche del Museo Comunale di Paleontologia di Maglie,* 1 : 45-84.

Del Lucchese, A., Martini, S., Negrino, F. & Ottomano, C., 2000-2001. 'I "Ciotti" (Mortola Superiore, Ventimiglia, Imperia). Una località di approvvigionamento della materia prima per la scheggiatura durante il Paleolitico'. *Bulletino di Paletnologia Italiana,* 91-92 : 1-26.

Delagnes, A., 1990. 'Analyse technologique à l'abri Suard (La Chaise de Vouthon, Charente)'. *Paléo,* 2 : 81-88.

Delagnes, A., 1992. 'L'organisation de la production lithique au Paléolithique Moyen. Approche technologique à partir de l'étude des industries de la Chaise-de-Vouthon (Charente)'. Thèse de Doctorat, Université Paris X Nanterre.

Delpech, F. & Grayson, D.K., 2007. 'Chasse et subsistance aux temps de Neandertal'. In : Vandermeersch, B. (ed.), *Les Nèandertaliens. Biologie et cultures,* Editions du CTHS, Paris : 181-198.

Del Lucchese, A., Martini, S., Negrino, F. & Ottomano, C., 2003. '"I Ciotti" (Mortola Superiore, Ventimiglia, Imperia). Una località di approvvigionamento della materia prima per la scheggiatura durante il Paleolitico'. *Bullettino di Paletnologia Italiana* : 91-92.

Demars, P.Y., 1980. 'Les matières premières siliceuses utilisées au Paléolithique supérieur dans le bassin de Brive', Thèse de Doctorat, Université de Bordeaux I.

Demars, P.Y., 1982. 'L'utilisation du silex au Paléolithique supérieur : choix, approvisionnement, circulation. L'exemple du bassin de Brives'. *Cahier du Quaternaire* 5. CNRS, Paris.

Dennell, R., 1983. *European economic prehistory: a new approach.* Academic Press, London.

Di Stefano, G., Petronio, C., Sardella, R., Savelloni, V. & Squazzini, E., 1992. 'Nuove segnalazioni di brecce ossifere nella costa fra Castro marina e Otranto'. *Il Quaternario,* 5(1) : 3-10.

Dibble, H., 1984. 'Interpreting typological variationof Middle Paleolithic scrapers: function, style or sequence of reduction?'. *Journal of Field Archaeology,* 11(4) : 431-436.

Dibble, H., 1987. 'An interpretation of Middle Palaeolithic scraper morphology'. *American Antiquity,* 52(1) : 109-117.

Dibble, H., 1995. 'Middle Palaeolithic scraper reduction : background, clarification and review of evidence to date'. *Journal of Archaeological Method and Theory,* 2 : 299-368.

Dibble, H., 1995. 'Raw material avaibility, intensity of utilisation, and Middle Palaeolithic assemblage variability'. In : Dibble, H. & Lenoir, M. (eds.) *The Middle Palaeolithic site of Combe Capelle Bas (France).* University of Pennsylvania, Philadelphia : 289-315.

Dobres, M.A., 2000. *Technology and Social Agency.* Blackwell, Oxford.

Douka, K. & Spinapolice, E.E., 2012. 'Neanderthal shell tool production: evidence from Middle Palaeolithic Italy and Greece'. *Journal of World Prehistory, 25*(2) : 45-79.

Dyson-Hudson, R. & Smith, E.A., 1978. Human Territoriality: an ecological reassessment. *American Anthropologist,* 80 : 21-41.

Earle, T.K. & Ericson, J., 1977. 'Exchange system in archaeological perspective'. In: Earle, T.K. & Ericson, J. (eds.). *Exchange system in prehistory,* Academic Press, New York.

Ebert, J., 1979. 'An ethnographical approach to reassessing the meaning of variability in stone tools assemblages'. In : Kramer, C. (ed.), *Ethnoarchaeology,* Columbia University Press, New York : 59-74.

Emiliani, C., 1955. 'Pleistocene temperatures'. *Journal of Geology,* 63 (6) : 538-578.

Faivre, J.P., 2006. 'L'industrie moustérienne du niveau Ks (locus 1) des Fieux (Miers, Lot) : mobilité humaine et diversité des compétences techniques'. *Bullettin de la Société préhistorique francaise,* 103 (1) : 17-32.

Féblot-Augustins, J., 1993. 'Mobility strategies in the late Middle Palaeolithic of Central Europe and Western Europe : elements of stability and variability'. *Journal of Anthropological Archaeology,* 12 (3) : 211-265.

Féblot-Augustins, J., 1997. *La circulation des matières premières au Paléolithique : synthèse des données et perspectives comportementales.* ERAUL 75. 2 vol, Liège.

Féblot-Augustins, J. & Perlès, C., 1992. 'Perspectives ethnoarchéologiques sur les échanges à longue distance'. *XIIèmes rencontres internationales d'Archéologie et d'Histoire d'Antibes,* Juan les Pins.

Fedele, F., 2003. 'The Campanian Ignimbrite Eruption, Heinrich Event 4, and Palaeolithic Change in Europe: a high resolution investigation'. In : Robock, A. & Oppenheimer, C. (eds.) *Volcanism and the Earth's athmosphere,* American Geophysical Union, Washington : 301-325.

Fernandez, P., 2006. 'Pétroarchéologie des matériaux silicieux utilisés au Paléolithique moyen dans le sud du massif central : méthodologie et résultats préliminaires'. Mémoire de diplôme de l'EHESS, 183 pp.

Ferranti, L., Antonioli, F., Mauz, B., Amorosi, A., Dai Pra, G., Mastronuzzi, G., Monaco, C., Orru, P., Pappalardo, M., Radtke, U., Renda, P., Romano, P., Sansò, P. & Verrubbi, V., 2006. 'Markers of the last interglacial sea-level high stand along the coast of Italy: tectonic implications'. *Quaternary International*, 145-146 : 30-54.

Fiorini, A., Curci, A., Benazzi, S. & Spinapolice, E.E. 2017. 'Il sistema di documentazione digitale dello scavo archeologico nel sito di Uluzzo C (Nardò, LE),' In : "Annali dell'Università di Ferrara. Sezione : Museologia Scientifica e Naturalistica", XIII, pp. 68-70.

Flenniken, J.J., 1985. 'Stone tool reduction techniques as cultural markers'. In : Plew, M.G., Woods, J.C. & Pavesic, M.G. (eds.) *Stone tool analysis : essays in honor of Don Crabtree*, University of New Mexico Press, Albuquerque : 256-276.

Flenniker, J.J. et Raymond, A., 1986. 'Morphological projectile point typology: replication experimentation and technological analysis. *American Antiquity*, 51(3) : 603-614.

Foley, R., 1996. 'Measuring cognition in extinct hominids'. In : Mellars, P. & Gibson, K. (eds.), *Modelling the early human mind*, McDonald Institute for archaeological research, Cambridge: 57-65.

Forestier, H., 1993. 'Le Clactonien : mise en application d'une nouvelle méthode de débitage s'inscrivant dans la variabilité des systèmes de production lithique du Paléolithique ancien'. *Paléo*, 5 : 53-82.

Fornaca-Rinaldi, G. & Radmilli, A.M., 1968. 'Datazione con il metodo Th/U di stalagmiti contenute in depositi musteriani'. *Atti Soc. Toscana di Scienze Natural*, 75(2) : 639.

Frison, G.C., 1968. 'A functional analysis of certain chipped stone tools'. *American Antiquity*, 33 (2) : 149-155.

Galiberti, A. (ed.), 2005. *Defensola. Una miniera di selce di 7000 anni fa*. Protagon editori, Siena.

Gallagher, J., 1977. 'Contemporary stone tools in Ethiopia: implications for archaeology'. *Journal of Field Archaeology*, 4 : 407-414.

Gallay, A., 1992. 'L'ethnoarchéologie en question ? Ethnoarchéologie : justification, problèmes, limites'. *XIIe rencontres Internationales d'Archéologie et d'Histoire d'Antibes*, Juan les Pins.

Gambassini, P. (ed.), 1997. *Il paleolitico di Castelcivita, cultura e ambiente*. Electa, Napoli.

Gamble, C., 1986. 'Exchange, foraging and local hominid networks'. In : Scarre, C. & Healy, F. (eds.) *Trade and excange in prehistoric Europe*, Oxbow books, Oxford : 35-44.

Gamble, C. & Boismier, W.A. (eds.), 1991. *Ethnoarchaeological approaches to mobile campsites.* International Monographs in Prehistory, Ann Arbour.

Gaudzinski, S., 2004. 'A matter of high resolution? The Eemian interglacial (OIS 5e) in North-central Europe and Middle Palaeolithic subsistence'. *International Journal of Osteoarchaeology*, 14 : 201-211.

Geneste, J.M., 1985. 'Analyse lithique d'industrie moustériennes du Périgord : une approche technologique du comportement des groupes humains du Paléolithique moyen'. Thèse de Doctorat, Université de Bordeaux 1.

Geneste, J.M., 1991. 'Systèmes techniques de production lithique : variations techno – économiques dans les processus de réalisation des outillages paléolithiques'. *Techniques & culture*, 17-18 : 3-35.

Geneste, J.M. & Plisson, H., 1989. 'Analyse technologique des pointes à cran solutréennes du Placard (Charente), du Fourneau du Diable, du Pech de la Boissière et de Combe Saunière (Dordogne)'. *Paléo*, 1: 65-106.

Geneste, J.M. & Plisson, H., 1996. 'Production et utilisation de l'outillage lithique dans le Moustérien du Sud-Ouest de la France : les Tares à Sourzac, Vallée de l'Isle, Dordogne'. In : Bietti, A. & Grimaldi, S. (ed.), *Proceedings of the International Round Table: Reduction processes ("chaînes opératoires") for the European Mousterian*, Rome, Quaternaria Nova VI: 343-367.

Genty, D., Baker, A. & Vokal, B., 2001. 'Intra and inter annual grow in rate of modern stalagmites'. *Chemical Geology*, 176 : 191-192.

Gifford, D.P., 1978. 'Ethnoarchaeological observations of natural processes affecting cultural materials'. In : Gould, R.A. (ed.), *Explications in Ethnoarchaeology*, University of Mexico Press, Albuquerque : 77-107.

Gignoux, M., 1913. *Les formations marines pliocenes et quaternaires de l'Italie du sud et de la Sicile.* Annales de l'université de Lyon, 36.

Giovene, G.M., 1810. 'Notizie geologiche e meteorologiche sulla Japigia, ossie della provincia di Terra d'Otranto, nel Regno di Napoli'. *Mem. Mat. Fis. Soc. It. Sc.*, 15 : 274-290.

Giusti, M., 1979. 'La Grotta di Capelvenere a S. Caterina – Nardò (Campagna di scavo 1974)'. *Studi per l'Ecologia del Quaternario*, 1 : 19-40.

Giusti, M., 1980. 'La Grotta di Capelvenere a S. Caterina – Nardò (Campagna di scavo 1975)'. *Studi per l'Ecologia del Quaternario*, 2 : 77-85.

Goldberg, P., Nash, D.T. & Petraglia, M.D. (eds.), 1993. *Formation processes in archaeological context.* Prehistory Press, Monographs in World Archaeology No. 17, Madison, Wisconsin.

Goodyear, A.C., 1982. 'Tool kit enthropy and bipolar reduction: a study of interassemblage lithic variability'. *North American Archaeologist*, 14(1) : 1-23.

Gordon, D., 1993. 'Mousterian tool selection, reduction and discard at Ghar, Israel'. *Journal of Field Archaeology*, 20 : 205-218.

Gould, R.A., 1968. 'Chipping stone in the outback'. *Natural History,* 77(2) : 42-48.

Gould, R.A., 1968. 'Living archaeology: the Ngatajara of Western Australia'. *Southwestern Journal of Anthropology,* 24 : 101-122.

Gould, R.A., 1978. 'Beyond analogy in ethnoarchaeology. In : Gould, R.A. (ed.), *Explorations in ethnoarchaeology*, University of New Mexico Press, Albuquerque : 249-293.

Gould, R.A., 1978. *Explorations in ethnoarchaeology.* University of New Mexico Press, Albuquerque.

Gould, R.A., 1980. *Living archaeology.* Cambridge University Press, Cambridge.

Gould, R.A. & Saggers, S., 1985. 'Lithic procurement in central Australia: a closer look at Binford's idea of embeddness in archaeology'. *American Antiquity,* 50(1) : 117-136.

Gramly, R.M., 1980. 'Raw material source, areas and curated tools assemblage'. *American Antiquity*, 45(4) : 823-833.

Grégoire, S., 2001. 'Apports et limites des nouvelles techniques de la pétroarchéologie préhistorique. *C.R. Acad. Sc. Paris, Sciences de la Terre et des planètes* : 479-482.

Grégoire, S., 2002. Pétroarchéologie des roches silicieuses. In : Miskowsky, J.C. (ed.), *Géologie de la préhistoire*, Géopré, Paris : 921-942.

Grimaldi, S., Spinapolice, E., E., Cancellieri, E. & Corinaldesi, C., 2007. 'Osservazioni sperimentali sulla percussione su incudine'. In : *Atti della XL Riunione Scientifica dell'Istituto Italiano di Preistoria e Protostoria: "Strategie di insediamento fra Lazio e Campania in età Preistorica e Protostorica.* vol. 2, Istituto Italiano di Preistoria e Protostoria, Roma, Napoli, Pompei, 30/11/2005-3/12/2005, Firenze : 297-306.

Guerrini, S., 2001-2002. *Il Musteriano dello strato L di Grotta del Cavallo (Nardò - Lecce).* Tesi di Laurea non pubblicata, Università degli studi di Firenze, A.A. 2001-2002.

Halstead, P. & O'Shea, J. (eds.), 1989. *Bad Year Economics: Cultural Responses to Risk and Uncertainty.* Cambridge University Press, Cambridge.

Hardy, B.L. & Moncel, M.H., 2011. 'Neanderthal use of fish, mammals, birds, starchy plants and wood 125-250,000 years ago'. *PloS one, 6* (8), e23768.

Hayden, B., 1976. 'Curation: old and new'. In : Raymond, J.S., Loveseth, B., Arnold, C. & Reardon, G. (eds.), *Primitive art and technology,* University of Calgary, Calgary : 47-58.

Hayden, B., 1979. *Palaeolithic reflections.* Australian Institute of Aboriginal Studies, Canberra.

Hayden, B., 1984. 'Are Emic Types Relevant to Archaeology?'. *Ethnohistory,* 31 (2) : 79-92.

Hayden, B., 1993. 'The cultural capacities Neanderthals: a review and re-evaluation'. *Journal of Human Evolution,* 24 : 113-146.

Hayden, B. & Hutchings, W.K., 1989. 'Whiter the billet flake?'. In : Amick, D.S. & Mauldin, R.P. (ed.), *Experiments in lithic technology*, British Archaeological Report, 528. International Series, Oxford : 235-257.

Hearty, P.J. & Dai Pra, G., 1985. 'Aminostratigraphy on Th230/U234 dating of Quaternary shorelines in the Puglia region of Southeast Italy'. *Fifth International coral Reef Congress*, Tahiti.

Hearty, P.J. & Dai Pra, G., 1992. 'The age and stratigraphy of middle Pleistocene and younger deposits along the Gulf of Taranto (Southeast Italy)'. *Journal of Coastal Research,* 8 (4) : 82-105.

Henry, A.G., Brooks, A.S. & Piperno, D.R., 2011. 'Microfossils in calculus demonstrate consumption of plants and cooked foods in Neanderthal diets (Shanidar III, Iraq; Spy I and II, Belgium)'. *Proceedings of the National Academy of Sciences, 108* (2) : 486-491.

Hieke Merlin, O., La Volpe, L., Nappi, G., Piccaretta, G., Redini, R. & Santagati, G., 1971. *Note illustrative della Carta Geologica d'Italia. Fogli 186 e 187 : S. Angelo dei Lombardi e Melfi.* Nuova Tecnica Grafica, Roma.

Higgs, E.S. & Vita-Finzi, C., 1972. 'Prehistoric economies: a territorial approach'. In : Higgs, E.S. (ed.), *Papers in economic prehistory.* Cambrdge University Press, Cambridge.

Hiscock, P., 1985. 'The need for a taphonomic perspective in stone artefact analysis'. *Queensland Archaeological research,* 2 : 82-95.

Hiscock, P., 1994. 'Technological responses to risk in Holocene Australia'. *Journal of World Prehistory,* 8 (3) : 267-292.

Hiscock, P. & Attembrow, V., 2003. 'Early australian implement variation: a reduction model'. *Journal of Archaeological Science,* 30 : 239-249.

Hiscock, P. & Clarkson, C., 2005. 'Experimental evaluation of Kuhn's geometric index of reduction and the flat-flake problem'. *Journal of Archaeological Science, 32* : 1015-1022.

Holdaway, S.J., 1989. 'Were there hafted projectile points in the Mousterian?'. *Journal of Field Archaeology,* 16 (1) : 79-85.

Huet, B., 2006. 'De l'influence des matières premières lithiques sur les comportements techno-économiques au Paléolithique moyen : l'exemple du Massif armoricain (France)'. Thèse de Doctorat, Université de Rennes 1.

Hughes, S.S., 1998. 'Getting to the point: evolutionary change in prehistoric weaponry'. *Journal of Archaeological Method and Theory,* 5 : 345-408.

Hurst, V.J. & Kelly, A.R., 1961. 'Flint artifacts can be dated by cortical changes in mineralogy and texture'. *Science*, 134 : 251-256.

Ingravallo, E., 1997. 'Cattìe (Maglie)'. In : Ingravallo, E. (ed.), *La passione dell'origine - Giuliano Cremonesi e la ricerca archeologica nel Salento*, Conte Editore, Lecce: 41-43.

Inizan, M.L., Reduron-Ballinger, M., Roche, H. & Tixier, J., 1995. *Préhistoire de la Pierre Taillée - t. 4 : Technologie de la pierre taillée.* CREP, Meudon.

Isaac, G.L., 1967. 'Toward the interpretation of occupation debris: some experiments and observations. *Kroeber Anthropological Society Papers*, 37: 31-51.

Isaac, G.L., 1978. The first geologists: the archaeology of the original rock breakers. In : Bishop, W.W. (ed.), *Geological background to fossil man*, Scottish Academic Press : 139-147.

Jarman, M.R., 1972. 'A territorial model for archaeology: a behavioural and geographical approach'. In : Clarke, D. (ed.), *Models in Archaeology*, Methuen & Co., London : 705-733.

Jarman, M.R., Vita-Finzi, C. & Higgs, E.S., 1973. 'Site catchment analysis in archaeology'. In : Ucko, P.J., Dimbleby, G.W. & Tringham, R. (eds.), *Settlement patterns and urbanisation.* Duckworth, London.

Jaubert, J., 2001. 'Un site moustérien de type Quina dans la vallée du Célé (Pailhes à Espagnac-Saint-Eulalie, Lot)'. *Gallia Préhistoire,* 43 : 1-99.

Jaubert, J., Lorblanchet, M., Laville, H., Slott-Moller, R., Turq, A. & Brugal, J.-P., 1990. *Les chasseurs d'aurochs de La Borde - un site du Paléolithique moyen (Livernon, Lot).* Documents d'Archéologie Francaise. Ed. de la Maison de Science de l'Homme, Paris.

Jaubert, J. & Mourre, V., 1996. 'Coudoulous, Le Rescoundudou, Mauran - diversité des matières premières et variabilité des schémas de production'. In : A. Bietti et S. Grimaldi (eds.), *Proceedings of the International Round Table: Reduction processes ('chaînes opératoires') for the European Mousterian*, Rome, *Quaternaria Nova* VI: 313-341.

Jelinek, A., 1976. 'Form, function and style in lithic analysis'. In : Cleland, C.E. (ed.) *Cultural change and continuity. Essays in honor of James Bennet Griffin.* Academic Press, New York : 19-33.

Jochnim, M.A., 1980. 'Archaeology as long-term ethnography'. *American Anthropologist,* 93 : 308-321.

Johansen, L., 2000. 'The late Palaeolithic in Denmark'. In : Valentin B., Bodu, P. & Christensen, M. (eds.) *L'Europe Centrale et Septentrionale au Tardiglaciaire. Confrontation des modèles régionaux.* Mémoires du Musée de Préhistoire d'Ile-de-France, vol. 7, Nemours : 197-216.

Keeley, L., 1982. 'Hafting and retooling: effects on the archaeological record'. *American Antiquity*, 47 (4) : 798-809.

Keeley, L., 1988. 'Hunter gatherer economic complexity and "population pressure": a cross cultural analysis'. *Journal of Anthropological Archaeology*, 7 (4) : 373-411.

Keller, J., Ryan, W.B.F., Ninkovich, D. & Altherr, R., 1978. 'Explosive volcanic activity in the Mediterranean over the past 200.000 years as recorded in deep-sea sediments'. *Geological Society of America Bullettin,* 89 : 591-604.

Kelley, H., 1954. 'Contribution à l'étude de la technique de taille levalloisienne'. *Bulletin de la Société Préhistorique Française,* 51(4) : 149-169.

Kelly, R., 1983. 'Hunter-gatherer mobility strategies'. *Journal of Anthropological Research,* 39 (3) : 277-306.

Kelly, R., 1988. 'The three sides of a biface'. *American Antiquity,* 53 (4) : 717-734.

Kelly, R., 1992. 'Mobility/sedentism: concepts, archaeological measures, and effects'. *Annual review of Anthropology,* 21 : 43-66.

Kent, S., 1983. *Analysing activity areas: an etnoarchaeology study of the use of space.* University of New Mexico Press, Albuquerqe.

Kent, S., 1992. 'Studying variability in the archaeological record: an ethnoarcheological model for distinguishing mobility patterns'. *American Antiquity,* 57 (4) : 635-60.

Klaric, L., 2004. 'L'unité technique des industries à burins du Raysse dans leur contexte diachronique. Réflexions sur la diversité culturelle au Gravettien à partir des données de La Picardie, d'Arcy sur Cure, de Brassempouy et du cirque de la Patrie'. Thèse de Doctorat, Université Panthéon-Sorbonne - Paris I.

Kuhn, S.L., 1989. 'Hunter Gatherer foraging radius and strategies of artifact replacement and discard'. In : Amick, D.S. & Mauldin, R.P. (eds.), *Experiments in lithic technology,.* vol. 528. British Archaeological Reports, Oxford : 33-47.

Kuhn, S.L., 1990. 'A geometric index of reduction for unifacial stone tools'. *Journal of Archaeological Science,* 17 : 583-593.

Kuhn, S.L., 1992a. 'Blank form and reduction as determinants of mousterian scraper morphology'. *American Antiquity,* 57 (1) : 115-128.

Kuhn, S.L., 1992b. 'On planning curated technologies in the Middle Palaeolithic'. *Journal of Anthropological Research,* 48 : 798-809.

Kuhn, S.L., 1994. 'A formal approach to the design and assembly of mobile toolkits'. *American Antiquity,* 59 (3) : 426-442.

Kuhn, S.L., 1995. *Mousterian lithic technology and raw material economy: a cave study.* Princeton University Press, Princeton.

Kuhn, S.L., 1996. 'The trouble with ham steaks: a Reply to Morrow'. *American Antiquity,* 61 (3) : 591-595.

Laj Pannocchia, F., 1950. 'L'industria Pontiniana della Grotta di S. Agostino'. *Rivista di Scienze Preistoriche,* 5 : 67-86.

Lambek, K. 2004. 'Sea level change through the last glacial cycle: geophysical, glaciological and paleogeografic consequences'. *Comptes Rendus Geoscience,* 336 : 677-689.

Lambek, K., Antonioli, F., Purcell, A. & Silenzi, S., 2004. 'Sea level change along the Italian coast for the past 10.000 yr'. *Quaternary Science Review,* 23 : 1567-1598.

Laplace, G., 1957. 'Typologie analytique. Application d'une nouvelle méthode d'étude des formes et d es structures aux industries à lames et lamelles'. *Quaternaria,* 4 : 133-164.

Laplace, G., 1964. 'Les subdivisions du leptolithique italien. Etude de typologie analithique'. *Bullettino di Paletnologie Italiana* XV(73).

Laplace, G., 1966. *Recherches sur l'origine et l'evolution des complexes leptolithiques.* Mélanges d'Archéologie et Préhistoire 4. De Boccard, Paris.

Lazzari, A., 1958. 'La Grotta Zinzulusa nella fantasiosa interpretazione di Monsignor Fr. Antonio del Duca, ultimo vescovo di Castro'. Preprint pubblicato in occasione del *II Congresso Internazionale di Speleologia.* Tip. Di Blasio, Napoli.

Le Brun-Ricalens, F., 1989. 'Contribution à l'étude des pièces esquillées : la présence de percuteurs à "cupules"'. *Bulletin de la Société Préhistorique Française* t., 86 (7) : 196-200.

Lee, R., 1979. *The !Kung San: Men, Women and Work in a Foraging Society.* Cambridge University Press, Cambridge and New York.

Lemonnier, P., 1992. *Elements for an anthropology of technology.* Antropological Papers 88. Museum of Anthropology: University of Michigan, Ann Arbor.

Lemorini, C., 2000. *Reconnaître des tactiques d'exploitation du milieu au Paléolitique Moyen.* BAR International Series 858, Oxford.

Lenoir, M., 1973. 'Obtention expérimentale de la retouche de type Quina'. *Bulletin de la Société Préhistorique Française,* 70 : 10-11.

Lenoir, M., 1986. 'Un mode d'obtention de la retouche "Quina" dans la Moustérian de Combe Grenal (Domme, Dordogne)'. *Bulletin de la Société Anthropologique de la Sud Ouest,* 21 (3) : 153-160.

Leopizzi, T., 1979. *Matino: storia e cultura popolare.* Industria Grafica, Matino.

Leroi-Gourhan, A., 1945. *Milieu et technique.* Editions Albin Michel, Paris.

Leroi-Gourhan, A., 1964. *Le geste et la parole I, Technique et langage.* Bibliothèque Albin Michel Sciences ed. Sciences d'aujourd'hui, Paris.

Leroi-Gourhan, A., 1988. *Dictionnaire de la préhistoire.* Presses universitaires de France, Paris.

Liguori, P.F., 1982. 'Prime ipotesi e osservazioni preliminari sul giacimento paleolitico di Fondo Cattìe a Maglie (Lecce)'. *Contributi,* 1 : 5-15.

Locht, J.-L. & Swinnen, C., 1994. 'Le débitage discoïde du gisement de Beauvais (Oise) : aspects de la chaîne opératoire au travers de quelques remontages'. *Paléo,* 6 : 89-104.

Loodts, I., 1998. 'Une approche comportamentale de l'homme de Neanderthal'. In : Otte, M., Pathou-Mathis, M. & Bonjean, D. (eds.), *Recherches sur la Grotte de Sclayn vol.2,* vol. 79. ERAUL, Liège : 69-101.

Luperto Sinni, E. & Ricchetti, G., 1978. 'Studio micropaleontologico stratigrafico di una successione carbonatica del cretaceo superiore rilevata nel sottosuolo delle Murge sud-orientali'. *Riv. Ital.Paleon. Strat.,* 84 (3) : 561-666.

MacDonald, D.H., Hewlett, B., Alvard, M., Cavalli-Sforza, L.L., Hames, R., Harpending, H., Ichikawa, M., Kelly, A.R., Mandryk, C.A. & Meltzer, D.J., 1999. 'Reproductive Interests and Forager Mobility'. *Current Anthropology,* 40 (4) : 501-523.

Madsen, B., 1983. 'New evidence of late Paleolithic settlement in East Jutland'. *Journal of Danish Archeology,* 2 : 12-31.

Malatesta, A., Perno, U. & Stampanoni, G., 1967. *Note illustrative della Carta Geologica d'Italia. Foglio 175 : Cerignola.* La Litografica, Roma.

Masson, A., 1979. 'Recherches sur la provenance des silex préhistoriques : méthode d'étude'. *Etudes Préhistoriques,* 15 : 29-40.

Masson, A., 1981. 'Pétroarchéologie des roches silicieuses. Intérêt en préhistoire'. Thèse de Doctorat, Université Claude Bernard Lyon 1.

Mastronuzzi, G., Palmentola, G. & Sansò, P., 2001. Evoluzione morfologica della fascia costiera di Torre Canne (Puglia adriatica). *Studi Costieri,* 4 : 19-31.

Mastronuzzi, G., Palmentola, G. & Sansò, P., 2002. 'Lineamenti e dinamica della costa pugliese'. *Studi Costieri,* 5 : 9-22.

Mastronuzzi, G., Quinif, Y., Sansò, P. & Selleri, G., 2002. 'The marine/continental sequences at Grotta del Diavolo (Leuca, Apulia, Italy) a key for the reconstruction of coastal environmental changes during the Middle-Upper Pleistocene. Late Quaternary sea level changes and coastal zone evolution'. *Proceedings Workshop MACRiVaLiMa,* Ostuni 30-31 maggio 2002.

Mastronuzzi, G., Quinif, Y., Sansò, P. & Selleri, G., 2007. 'Middle-Late Pleistocene polycyclic evolution of a stable coastal area (southern Apulia, Italy)'. *Geomorphology,* 86 : 393-408.

Mastronuzzi, G. & Sanso', P., 2003. 'Project IGCP 437 Coastal Environmental Change During Sea-Level Highstands: A Global Synthesis with implications for management of future coastal change'. *Puglia 2003 - Final Conference: Quaternary coastal morphology and sea level changes,* Otranto / Taranto - Puglia (Italy), 22-28 September 2003.

Mastronuzzi, G. & Sansò, P., 2002a. 'Holocene coastal dune development and environmental changes in Apulia (southern Italy)'. *Sedimentary Geology,* 150 : 139-152.

Mastronuzzi, G. & Sansò, P., 2002b. 'Pleistocene sea level changes, sapping processes and development of valleys network in Apulia region (southern Italy)'. *Geomorphology,* 46 : 19-34.

Mastronuzzi, G., Sansò, P., Munay-Wallace, C.V. & Shennan, I., 2005. 'Quaternary coastal morphology and sea-level changes - an introduction'. *Quaternary Science Review,* 24 : 1963-1968.

Mauger, M., 1984. 'L'apport des microfossiles dans l'identification des silex. Exemple du Magdalenien de l'ile de France'. *Bulletin Société Préhistorique Francaise,* 81 : 216-220.

Mauss, M., 1967. *Manuel d'ethnographie.* La petite bibliothèque Payot.

Maviglia, C., 1955. 'Ossami fossili rinvenuti nella Grotta delle Striare (Otranto)'. *Natura,* 46 (2) : 92-95.

Mazza, P.P.A., Martini, F., Sala, B., Magia, M., Colombini, M.P., Giachie, G., Landuccia, F., Lemorini, C., Modugno, F. & Ribechini, E., 2006. 'A new Palaeolithic discovery: tar-hafted stone tools in a European Mid-Pleistocene bone-bearing bed'. *Journal of Archaeological Science,* 33 (9) : 1310-1318.

Meignen, L., 1988. 'Un exemple de comportement technologique différentiel selon les matiéres premières : Marillac couches 9 et 10'. In : Otte, M. (ed.), *L'Homme de Néandertal: la technique*, ERAUL, Lièg e: 71-79.

Meignen, L., 1993. *L'abri des Canalettes - Un habitat moustérien sur les grands Causses (Nant, Aveyron).* Paris, CNRS Éditions, Monographie du CRA, 10.

Meltzer, D.J., 1985. 'On stone procurement and settlement mobility in eastern Fluted Point groups'. *North American Archaeologist,* 6 : 1-24.

Meltzer, D.J., 1988. 'Late Pleistocene human adaptations in eastern North America'. *Journal of World Prehistory,* 2 (1) : 1-52.

Messeri, P. & Palma di Cesnola, A., 1967. 'Contemporaneità di Paleantropi e Fanerantropi sulle coste dell'Italia Meridionale'. *Zephyrus,* 26-27 : 7-30.

Milliken, S., 1998. 'Hunter gatherer land use in late glacial south-east Italy'. *Oxford Journal of Archaeology,* 17(3) : 269-276.

Moncel, M.H., 2004. 'Raw material collectioning in the european Middle Palaeolithic. Stones from distant areas and local raw material: were there large and small territories? Was there an exchange of stones between Neandertal groups?'. In : Smyntyna, O.V. (ed.), *The use of living spaces in Prehistory*, BAR International series, vol. 1224, Oxford: 13-23.

Morales, J.I. & Verges, J.M., 2014). 'Technological behaviors in Paleolithic foragers. Testing the role of resharpening in the assemblage organization'. *Journal of Archaeological Science, 49* : 302-316.

Morrow, T.A., 1996. 'Bigger is better: comments on Khun's formal approach to mobile toolkits'. *American Antiquity,* 61 (3) : 581-590.

Mourre, V., 1994. *Les industries en quartz au Paléolithique moyen. Approche technologique de séries du Sud-Ouest de la France.* Mémoire de Maîtrise, Université de Paris X - Nanterre.

Mourre, V., 1996. *Le débitage sur enclume au Paléolithique inférieur et moyen. Techniques, méthodes et schémas conceptuels.* Mémoire de DEA, Université de Paris X - Nanterre.

Mourre, V., 2003. 'Discoïde ou pas Discoïde ? Réflexions sur la pertinence des critères techniques définissant le débitage Discoïde'. In : Peresani, M. (ed.), *Discoid lithic technology - Advances and implications*, vol. 1120. BAR International Series, Oxford.

Mourre, V., 2004. 'Le débitage sur enclume au Paléolithique moyen dans le Sud-Ouest de la France'. In : Van Peer, P., Bonjean, D. & Semal, P. (eds.), *Session 5: Paléolithique moyen*, vol. 1239. BAR International series, Oxford : 29-38.

Mourre, V. & Jarry, M., 2009. 'Entre le marteau et l'enclume...', *Table-Ronde sur la percussion directe au percuteur dur et la diversité de ses modalités d'application*, Université de Toulouse - le Mirail, 15-17 mars 2004.

Murdock, G.P., 1967. 'The ethnographic atlas: a summary'. *Ethnology,* 6 (2) : 109-236.

Murray, P., 1980. 'Discard and location: the ethnographic data'. *American Antiquity,* 45 : 490-502.

Narcisi, B. & Vezzoli, L., 1999. 'Quaternary stratigraphy of distal tephra layers in the Mediterranean - an overview'. *Global and Planetary change,* 21 : 31-50.

Negrino, F., Martini, S., Ottomano, C. & Del Lucchese, A., 2005. 'Palaeolithic evidence for quarrying activity at "I Ciotti" (Mortola Superiore, Ventimiglia, Imperia, Italy)'. *Stone Age - Mining Age - Der Anschnitt, Beiheft,* 19 : 1-10.

Nelson, M.C., 1991. 'The study of technological organization'. *Archaeological Method and Theory,* 3 : 57-100.

Newman, J.R., 1994. 'The effects of distance on lithic material reduction technology. *Journal of Field Archaeology,* 21 (4): 491-501.

O'Connell, J.F., 1977. 'Aspects of variation in central Australia lithic assemblages'. In : Wright, R.V. (ed.), *Stone tools as cultural markers ; changes, evolution and complexity*. Australian Institute of Aboriginal Studies, Camberra : 269-281.

Odell, G.H., 2000. 'Stone tool reasarch at the end of the Millennium: procurement and technology'. *Journal of Archaeological research,* 8 : 269-331.

Olberg, K., 1973. *The social economy of the Tlingit indians.* American Ethnological Society Monographs 55, Washington.

Onhuma, K. & Bergman, C., 1982. 'Experimental studies in the determination of flaking mode'. *Bulletin of the institute of archaeology,* 19 : 161-170.

Orlandi, G. & Cigna, A., 1955. 'Sul rinvenimento di un deposito ossifero nella Grotta delle Striare presso Otranto (Lecce)'. *Natura,* 46 (2) : 90-92.

Orlandi, G. & Cigna, A., 1956. 'Ancora sui reperti fossili della Grotta delle Striare presso Otranto (Lecce)'. *Natura.* 47 (4) : 161-166.

Owen, W.E., 1938. 'The Kombewa Culture, Kenya Colony'. *Man,* 38 : 203-205.

Palma di Cesnola, A., 1963. 'Prima campagna scavi a Grotta del Cavallo presso Santa Caterina (Lecce)'. *Rivista di Scienze Preistoriche,* 18 : 41-74.

Palma di Cesnola, A., 1964. 'Seconda campagna di scavo nella grotta del Cavallo presso Santa Caterina (Lecce)'. *Rivista di Scienze Preistoriche,* 19 : 23-39.

Palma di Cesnola, A., 1965. 'Notizie preliminari sula terza campagna scavi nella Grotta del Cavallo (Lecce)'. *Rivista di Scienze Preistoriche,* 20 (2) : 291-302.

Palma di Cesnola, A., 1966. 'Gli scavi nella Grotta del Cavallo (Lecce) durante il 1966'. *Rivista di Scienze Preistoriche,* 21 (2) : 289-302.

Palma di Cesnola, A., 1967. 'Il Paleolitico della Puglia'. *Memorie del Museo Civico di Storia Naturale di Verona,* 15 : 1-84.

Palma di Cesnola, A., 1993. *Il Paleolitico Superiore in Italia: introduzione allo Studio.* Garlatti e Razzai Editori, Firenze.

Palma di Cesnola, A., 1996. *Le Paléolitique inférieur et moyen en Italie.* Collection l'Homme des origines. J. Millon, Grenoble.

Palma di Cesnola, A. & Borzatti von Lowerstern, E., 1964. 'Gli scavi dell'Istituto Italiano di Preistoria e Protostoria nel Salento durante l'ultimo triennio'. *VIII e IX Riunione Scientifica dell'Istituto Italiano di Preistoria e Protostoria, Trieste,* 19-20 Ottobre 1963.

Palma di Cesnola, A. & Messeri, P., 1967. 'Quatre dents humaines paléolithiques trouvées dans des cavernes de l'Italie méridionale'. *L'Anthropologie,* 71 : 249-262.

Palmentola, G., 1987. 'Geological and geomorphological outlines of the Salento leccese region (Southern Italy)'. *Convegno sulle conoscenze geologiche del territorio salentino.* Quaderni di Ricerche del Centro Studi Geotecnici e di Ingegneria Lecce 11, Lecce 12 dicembre 1987.

Pandolfi, L. & Tagliacozzo, A., 2013. 'Earliest occurrence of woolly rhino (*Coelodonta antiquitatis*) in Italy (Late Pleistocene, Grotta Romanelli site)'. *Rivista Italiana di Paleontologia e Stratigrafia (Research In Paleontology and Stratigraphy),* 119 (1) : 125-129.

Park, S., 2007. 'Systèmes de production lithique et circulation des matières premières au Paléolithique moyen récent et final. Une approche techno-économique à partir de l'étude des industries lithiques de La Quina (Charente)', Thèse de Doctorat, Université de Paris X Nanterre.

Parroni, F. & Silenzi, S., 1997. 'Paleoeustatismo e geomorfologia nel setore costiero emerso e sommerso di Marina di Novaglie (LE)'. *Bollettino Società Geologica Italiana,* 116 : 421-433.

Pasty, J.F., 2000. 'Le gisement Paléolithique Moyen de Meillers (Allier) : un exemple de la variabilité du débitage discoïde'. *Bulletin de la Société Préhistorique Française,* 97 (2) : 165-90.

Patou-Mathis, M., 2000. 'Neanderthal subsistence behaviours in Europe'. *International Journal of Osteoracheology,* 10 : 379-395.

Patou-Mathis, M., 2006. 'Comportements de subsistance des Néandertaliens d'Europe'. Proceedings of the *International Conference held in the Gallo-Romain Museum in Tongeren,* 17-19 septembre 2004. ERAUL 117 : 67-76.

Patriarchi, G., 1980. 'Studio sedimentologico e geochimico del paleosuolo dela Grotta di Capelvenere (Nardò - Lecce)'. *Studi per l'ecologia del Quaternario,* 2 : 87-96.

Pei, W.C., 1936. 'Le rôle des phénomènes naturels dans l'éclatement et le façonnement des roches dures utilisées par l'homme préhistorique'. *Revue de Géographie phyisique et de Géologie dynamique,* 9 (4) : 1-78.

Pelegrin, J., 1985. 'Réflexion sur le comportement technique'. In : Otte, M. (ed.), *La signification culturelle des industries lithiques.* BAR International Series, vol. 239. Archeopress, Oxford : 72-91.

Pelegrin, J., 1986. 'Technologie lithique : une méthode appliquée à l'étude de deux séries du Périgordien ancien', Thèse de Doctorat, Université de Paris X Nanterre.

Pelegrin, J., 1988. 'Sur une recherche technique expérimentale des techniques de débitage laminaire'. In : *Archéologie Expérimentale. Tome 2- LA TERRE.* Errance, Archéologie : 118-128. Aujourd'hui, Paris.

Pelegrin, J., 1995. *Technologie lithique : le Chatelperronien de Roc de Combe (Lot) et de la Cote (Dordogne).* Cahiers du Quaternaire 20. CNRS, Bordeaux.

Pelegrin, J., 2000. 'Les techniques de débitage laminaire au Tardiglaciaire : critères de diagnose et quelques réflexions'. In : Valentin, B., Bodu, P. & Christensen, M. (eds.), *L'Europe centrale et septentrionale au Tardiglaciaire. Confrontation des modèles régionaux,* vol. 7. Mémoires du Musée de Préhistoire d'Île de France, Nemours : 73-86.

Pelegrin, J., Karlin, C. & Bodu, P., 1988. '"Chaînes opératoires" : un outil pour le préhistorien'. In *Technologie Préhistorique. Notes et monographies techniques n°25,* CNRS, Paris : 55-62.

Peresani, M., 1998. 'La variabilité du débitage discoïde dans la grotte de Fumane (Italie du Nord)'. *Paléo,* 10 : 123-146.

Peresani, M., 2003. *Discoid lithic technology.* BAR International Series, 1120. Archaeopress, Oxford.

Perlès, C., 1987. 'Les industries lithiques taillées de Franchthi (Argolide, Grèce), tome 1. Présentation générale et industries Paléolithique'. In : Jacobsen, T.W. (ed.), *Excavations at Franchthi Cave, Greece.*

Perlès, C., 1991. 'Économie des matières premières et économie du débitage : deux conceptions opposées ?'. In : *25 ans d'études technologiques en préhistoire. Bilan et perspectives.* Antibes. *Actes de XIe Rencontres Internationales d'Archéologie et d'Histoire d'Antibes.* Juan-Les.Pins: Editions APDCA : 35-46.

Pétrequin, P. & Pétrequin, A.M., 1993. *Ecologie d'outil : la hâche de pierre en Iran Jaya (Indonesie).* Monographie du C.R.A., Paris.

Pétrequin, P. & Pétrequin, A.M., 2006. 'Ethnoarchéologie appliquée : le point de vue de deux chercheurs préssés'. *Treballs d'etnoarqueologia. Ethnoarqueologie de la Prehistoria : mais allà de la analogia,* 6 : 123-140.

Piccinno, A., 1997. 'Grotta Montani (Salve)'. In : Ingravallo, E. (ed.), *La passione dell'origine - Giuliano Cremonesi e la ricerca archeologica nel Salento,* Conte Editore, Lecce : 44-47.

Piccinno, A., 1997. 'Sant'Ermete (Matino)'. In : Ingravallo, E. (ed.) *La passione dell'origine - Giuliano Cremonesi e la ricerca archeologica nel Salento,* Conte Editore, Lecce : 48-52.

Piperno, M., 1974. 'L'industria musteriana su calcare di Grotta Romanelli (Otranto)'. *Memoire dell'Istituto Italiano di Paleontologia Umana*, 2 : 69-90.

Piperno, M., 1994. 'Il Paleolitico inferiore'. In : Guidi, A. & Piperno, M. (eds.), *Italia Preistorica*, Laterza, Bari : 139-169.

Pisias, N.G., Martinson, D.G., Moore, T.C., Shackleton, N.J., Prell, W., Hays, J. & Boden, G., 1984. 'High resolution of benthic oxygen isotopic records spanning the last 300,000 years'. *Marine Geology*, 56 : 119-136.

Plisson, H. & Beyries, S., 1998. 'Pointes ou outils triangulaires ? Données fonctionnelles dans le Moustérien levantin'. *Paléorient*, 24 : 5-24.

Porraz, G., 2005. 'En marge du milieu Alpin : dynamiques de formation des ensembles lithiques et modes d'occupation des territoires au Paléolithique Moyen'. Thèse de Doctorat, Université de Provence.

Porraz, G. & Negrino, F., 2008.' Espaces économiques et approvisionnement minéral au Paléolithique moyen dans l'aire liguro-provençale'. *Archéologies transfrontalière s*: 29-39.

Porraz, G. & Peresani, M., 2006. 'Occupation du territoire et exploitation des matières premières lithiques et discussion sur la mobilité des groups humains au Paléolithique moyen dans le Nordest d'Italie'. In : Bressy, C., Burke, A., Chalard, P. et Martin, H. (eds.), *Notions de territoire et de mobilité. Exemples de l'Europe et des premières nations en Amérique du Nord avant le contact européen*, vol. 116. ERAUL, Liège : 11-22.

Primault, J., 2003. 'Exploitation et diffusion des silex de la région du Grand-Pressigny au Paléolithique'. Thèse de Doctorat, Université de Paris X – Nanterre.

Ranaldo, F., 2017. 'L'arco ionico pugliese tra la fine del Paleolitico medio e gli esordi del Paleolitico superiore: problemi e prospettive di ricerca per la ricostruzione dei sistemi antropici'. In : F. Radina (Ed.), *Preistoria e Protostoria della Puglia* (Vol. 4). Istituto Italiano di Preistoria e Protostoria, Firenze : 53-59.

Ranaldo, F., Arrighi, S., Freguglia, M., Boscato, P. & Ronchitelli, A.M., 2017. 'La variabilità tecnica del Musteriano della Grotta Santa Croce (Bisceglie – BT)'. In : F. Radina (Ed.), *Preistoria e Protostoria della Puglia* (Vol. 4). Istituto Italiano di Preistoria e Protostoria, Firenze : 153-158.

Rabmann, T., Le Brun, F. & Stead-Biver, V., 2001. 'L'exploitation des matières premières par l'Homme de Neandertal'. *L'Archéologue, (53)* : 43-45.

Regalia, E., 1904. 'Sulla fauna della Grotta Romanelli (Castro, Lecce)'. *Archivio per l'Antropologia e l'Etnologia*, 34 : 17-82.

Renfrew, C., 1977. 'Alternative Models for Exchange and Spatial Distributions'. In : Earle, T.K. & Ericson, J. (eds.), *Exchange Systems in Prehistory*, Academic Press, New York : 71-90.

Renfrew, C., 1984. 'Trade as action at distance'. In : Renfrew, C. (ed.), *Approaches to social archaeology*, Harvard University Press, Cambridge : 86-134.

Révillion, S., 1995. 'Technologie du débitage laminaire au Paléolithique moyen en Europe septentrionale : état de la question'. *Bulletin de la Société Préhistorique Française*, 92 (4) : 425-439.

Ricchetti, G. & Pieri, P. (eds.), 1999. *Puglia e Monte Vulture*. 9. BE-MA editrice, Roma.

Richards, M.P., Pettitt, P.B., Trinkaus, E., Smith, F.H., Paunović, M. & Karavanić, I., 2000. 'Neanderthal diet at Vindija and Neanderthal predation: the evidence from stable isotopes'. *Proceedings of the National Academy of Sciences*, 97 (13): 7663-7666.

Richter, J., 2001. 'For lack of a wise old man? Late neanderthal land use pattern in the Altmuhl river valley, Bavaria'. In : Conard, N. (ed.), *Settlement dynamics of the Middle Palaeolithic and Middle Stone Age*. Kerns Verlag, Tubingen : 205-219.

Riel-Salvatore, J., 2007. The Uluzzian and the Middle-Upper Palaeolithic Transition in southern Italy. PhD, Arizona State University.

Rigaud, J.P., 1985. 'Réflexions sur la signification de la variabilité des industries lithiques paléolithiques'. In : Otte, M. (ed.), *La signification culturelle des industries lithiques*, vol. 239. BAR International Series : 374-390.

Rio, M., 1982. *Les accidents siliceux dans le crétacé du bassin vocontien (sud-est de la France). Contribution à l'étude de la silicification des formations calcaires*. Docum. Lab. Géol 84, Lyon.

Roche, H. & Tixier, P.J., 1982. 'Les accidents de taille'. In : Cahen, D. (ed.), *Tailler! Pour qua faire : recent progress in microwear studies*, Studia Praestorica Belgica. vol. 2. Musée Royale de l'Afrique Centrale, Tervuren : 65-76.

Roebroeks, W., Kolen, J. & Rensink, E., 1988. 'Planning depth, anticipation and the organization of Middle Palaeolithic technology: the "archaic natives" meet Eve's descendants'. *Helinium*, 28 (1) : 17-34.

Romagnoli, F., Baena, J., Naranjo, A.I.P. & Sarti, L., 2015. 'Evaluating the performance of the cutting edge of Neanderthal shell tools: A new experimental approach. Use, mode of operation, and strength of Callista chione from a behavioural, Quina perspective'. *Quaternary International*, 427 : 216-228.

Rots, V., 2010. *Prehension and hafting traces on flint tools: a methodology*. Universitaire Pers Leuven.

Rottlander, R., 1975. 'The formation of patina on flint'. *Archaeometry*, 17 (1) : 106-110.

Roussel, M., 2005. L'usage de la percussion à la pierre tendre au Paléolithique moyen : approche expérimentale et reconnaissance des stigmates de taille appliquées au Moustérien de type Quina de «Chez Pinaud» à Jonzac (Charente Maritime), Mémoire de DEA, Université de Bordeaux 1.

Roussel, M., Bourguignon, L. & Soressi, M., 2009. 'Des blocs de calcaire utilisés comme percuteurs dès le Moustérien ? L'exemple de Jonzac (Charente-Maritime)'. In : Dumas C., Roussel B., Texier, J.P. (Eds.),

Langage de pierre. La restitution du geste en archéologie préhistorique. Les Baux de Provence, Musée des Baux de Provence : 11-13.

Roussel M., Bourguignon L. & Soressi M., 2009. 'Identification par l'expérimentation de la percussion au percuteur de calcaire au Paléolithique moyen : le cas du façonnage des racloirs bifaciaux Quina de Chez-Pinaud (Jonzac, Charente-Maritime)'. *Bulletin de la Société préhistorique française,* 106 (2) : 219-238.

Roux, V., 2007. 'Ethnoarchaeology: a non historical science of reference necessary for interpreting the past'. *Journal of Archaeological Method and Theory,* 14 (2) : 153-178.

Sackett, J.R., 1973. 'Style, function and artifact variability in palaeolithic assemblages'. In : Renfrew, C. (ed.), *The explanation of culture change,* University of Pittsburgh Press, Pittsburgh: 317-325.

Sackett, J.R., 1977. 'The meaning of style in Archaeology: a general model'. *American Antiquity,* 42 (3) : 369-380.

Sahlins, M., 1972. *Stone age economics.* Tavistock publications, London.

Sahnouni, M., 1997. 'An experimental investigation into the nature of faceted limestone "spheroids" in the Early Palaeolithic'. *Journal of Archaeological Science,* 24 : 701-713.

Sala, B., 1980. 'Faune a grossi mammiferi nel Pleistocene superiore'. In : *I vertebrari fossili italiani.* Catalogo della mostra, Verona : 235-238.

Sala, B. & Masini, F., 2007. 'Late Pliocene and Pleistocene small mammal chronology in the Italian peninsula'. *Quaternary international,* 160 : 4-16.

Sardella, R., Bertè, D., Iurino, D.A., Cherin, M. & Tagliacozzo, A., 2014. 'The wolf from Grotta Romanelli (Apulia, Italy) and its implications in the evolutionary history of Canis lupus in the Late Pleistocene of Southern Italy'. *Quaternary International, 328* : 179-195.

Sarti, L., 1987-88. 'Grotta del Cavallo (prov. di Lecce)'. *Rivista di Scienze Preistoriche,* 41 (1) : 385-386.

Sarti, L., 1993. 'Grotta del Cavallo (Nardò)'. *Rivista di Scienze Preistoriche,* 45 : 271-272.

Sarti, L., 1994. 'Grotta del Cavallo (Nardò)'. *Rivista di Scienze Preistoriche,* 46 : 223.

Sarti, L., Boscato, P. & Lo Monaco, M., 1998-2000. 'Il musteriano finale della Grotta del Cavallo nel Salento: studio preliminare'. *Origini* XXII : 45-109.

Sarti, L., Boscato, P., Martini, F. & Spagnoletti, A.P., 2002. Il Musteriano di Grotta del Cavallo – strati H e I : studio preliminare. *Rivista di Scienze Preistoriche,* LII : 21-110.

Sarti, L., Romagnoli, F., Carmignani, L., Martini, F., Chinassi, M., Sala, B., 2017. 'Grotta del Cavallo (scavi L. Sarti): tradizione e innovazione nella sequenza musteriana sulla base dell'indicatore litico'. *Atti XLVII Riunione Scientifica Istituto Italiano di Preistoria e Protostoria,* Studi di Preistoria e Protostoria – 4 – Preistoria e Protostoria della Puglia, Ostuni, 2012 : 131-138.

Schiffer, M.B., 1976. *Behavioural archaeology.* Academic Press, New York.

Schiffer, M.B., 1987. *Formation processes of archaeological record.* University of New Mexico Press, Albuquerque.

Selleri, G., Mastronuzzi, G. & Sansò, P., 2003. 'Morphological evidences of recent tectonic activity along the eastern coast of Salento peninsula (southern Italy)'. *Il contributo dello studio delle antiche linee di riva alla comprensione della dinamica recente.* Escursioni nello Stretto di Messina., Messina 5-8 maggio.

Semenov, S.A., 1964. *Prehistoric technology.* Cory, Adams & Mackay, London.

Séronie-Vivien, M.R. & Lenoir, M. (eds.), 1990. *Le silex de sa genèse à l'outil.* 17. 2 vols. CNRS, Paris.

Séronie-Vivien, M.R. & Séronie-Vivien, M., 1987. 'Les silex du Mésozoïque nord-aquitain. Approche géologique de l'étude des silex pour servir à la recherche préhistorique'. Supplément au tome *Bulletin de la Société Linnéenne de Bordeaux XV.*

Shackleton, J.C., Van Andel, T.H. & Runnels, C., 1984. 'Coastal paleogeography of the Central and Western Mediterranean during the last 125,000 years and its archaeological implications'. *Journal of Field Archaeology,* 11 (3) : 307-314.

Shackleton, N.J., 1977. 'The oxygen isotopic stratigraphic record of the late Pleistocene'. *Philosophical Transactions of the Royal Society,* 280 : 169-179.

Shackleton, N.J., Chapman, M., Sanchez-Goni, M.F., Pailler, D. & Lancelot, Y., 2003. 'The Classic Marine Isotope Substage 5^{e}'. *Quaternary Research,* 58 : 14-16.

Shackleton, N.J. & Opdyke, N.D., 1973. 'Oxygen osotope and paleomagnetic stratigraphy of equatorial Pacific core V28-238 : oxygen isotope temparature and ice volume in a 10,000 and 100,000 time scale'. *Quaternary Research,* 3 : 39-55.

Shea, J.J., 2006. 'The origins of lithic projectile point technology: evidence from Africa, the Levant and Europe'. *Journal of Archaeological Science,* 33 : 823-846.

Shea, J.J., 2014. 'Sink the Mousterian? Named stone tool industries (NASTIES) as obstacles to investigating hominin evolutionary relationships in the Later Middle Paleolithic Levant'. *Quaternary International,* 350 : 169-179.

Shiner, J., Holdaway, S., Allen, H. & Fanning, P., 2005. 'Stone artefact assemblage variability in Late Holocene context in Western New South Wales: Burkes Cave, Stud Creek and Fowlers Gap'. In : Clarkson, C. & Lamb, C. (eds.), *Lithics 'Down under' : Australian Perspectives on lithics reduction, use and classification,* vol. 1408. Archaeopress, Oxford : 67-80.

Shott, M., 1986. 'Technological organization and settlement mobility: an ethnographic Examination'. *Journal of Anthropological Research,* 42 : 15-51.

Shott, M., 1989. 'Diversity, Organization and Behaviour in the Material Record'. *Current Anthropology*, 30 (3) : 283-318.

Shott, M., 1989. 'On tool class use lives and the formation of archaeological assemblages'. *American Antiquity*, 50 : 9-30.

Shott, M., 1996. 'An exgesis of the curation concept'. *Journal of Anthropological Research*, 52 : 259-280.

Shott, M., 1997. 'Stones and shafts redux: the metric disctimination of chipped stone dart and arrow points'. *American Antiquity*, 62 (1) : 86-101.

Shott, M., 2000. 'Flake size from platform attributes: predictive and empirical approaches'. *Journal of Archaeological Science*, 27 : 877-894.

Shott, M., 2005. 'The reduction thesis and his discontents: overwiew of the volume'. In : Clarkson, C. & Lamb, C. (eds.) *Lithics down-under : australian perspectives on lithic reduction, use and classification*, vol. 1408. BAR International Series, Oxford : 109-126.

Shott, M.J. & Sillitoe, P., 2005. 'Use life and curation in New Guinea experimental used flakes'. *Journal of Archaeological Science*, 32 : 653-663.

Shott, M.J. & Weedman, K.J., 2006. 'Measuring reduction in stone tools: an ethnoarchaeological study of Gamo hidescrapers from Ethiopia'. *Journal of Archaeological Science*, 20 (1) : 1-20.

Slimak, L., 1998-1999. 'La variabilité des débitages Discoïdes au Paléolithique moyen: diversité des méthodes et unité d'un concept. L'exemple des gisements de la Baume Néron (Soyons, Ardèche) et du Champ Grand (Saint-Maurice-sur-Loire, Loire)'. *Préhistoire Anthropologie Méditerranéennes*, 7-8 : 75-88.

Slimak, L., 1999. 'Mise en évidence d'une composante laminaire et lamellaire dans un complexe moustérien du Sud de la France'. *Paléo*, 11 : 89-109.

Slimak, L., 2003. Les débitages Discoïdes moustériens : évaluation d'un concept technologique. In : Peresani, M. (ed.), *Discoid lithic technology - Advances and implications*, vol. 1120. B.A.R. International Series, Oxford : 33-65.

Slimak, L., 2004. 'Les dernières expressions du Moustérien entre Loire et Rhône', Thèse de Doctorat, Université de Provence.

Soressi, M., 2002. 'Le Moustérien de tradition acheuléenne du Sud-Ouest de la France. Discussion sur la signification du faciès à partir de l'étude comparée de quatre sites : Pech-de-l'Azé I, Le Moustier, La Rochette et La Grotte XVI', Thèse de Doctorat, Université de Bordeaux 1.

Spagnolo, V., Marciani, G., Aureli, D., Berna, F., Boscato, P., Ranaldo, F. & Ronchitelli, A., 2016. 'Between hearths and volcanic ash: The SU 13 palimpsest of the Oscurusciuto rock shelter (Ginosa - Southern Italy): analytical and interpretative questions'. *Quaternary International*, *417* : 105-121.

Spagnoletti, A.P., 1997-1998. *Grotta del Cavallo (Nardò - Lecce) : il musteriano degli strati H ed I.* Tesi di Laurea non pubblicata, Università della Tuscia di Viterbo.

Spaulding, A., 1953. 'Statistical techniques for the discovery of artifact types'. *American Antiquity* 18 : 305-313.

Spencer, B. & Gillen, F., 1927. *The Arunta: study of a stone age people.* Macmillian, London.

Spennato, A.G., 1981. 'I livelli protoaurignaziani della Grotta di Serra Cicora'. *Studi per l'Ecologia del Quaternario*, 61 (3) : 52-76.

Speth, J., 1974. 'Experimental investigation of hard hammer percussion flaking'. *Tebiwa*, 17 (1) : 7-36.

Spinapolice, E.E., 2004. 'Taille sur enclume et matières premières : le cas de l'Italie centrale tyrrenienne'. In : *Mémoire de DEA 70. IPGQ.* Université de Bordeaux 1, Bordeaux.

Spinapolice, E.E. 2008. 'Technologie lithique et circulation des matières premières au Paléolithique moyen dans le Salento (Pouilles, Italie méridionale) : perspectives comportementales'. Thèse de doctorat, Université de Bordeaux 1 & Université Roma Sapienza, 480 pp.

Spinapolice, E.E., 2009. 'Lithic industries and raw material in southern Italy Mousterian: An example from Grotta dei Giganti (Salento, Apulia)'. In : *Non-flint raw material use in prehistory/L'utilisation préhistorique de matieres premieres lithiques alternatives.* Proceedings of the C77 colloquium, UISPP Lisbon, Septembre 2006. Bar International Series, Oxford, pp. 177-186.

Spinapolice, E.E., 2012. 'Raw material economy in Salento (Apulia, Italy) : new perspectives on Neanderthal mobility patterns'. *Journal of Archaeological Science*, *39*(3) : 680-689.

Spinapolice, E.E., 2018. 'Neanderthal mobility pattern and technological organization in the Salento (Apulia, Italy)'. In : Borgia, V. & Cristiani, E. (eds), *Palaeolithic Italy. Advanced studies on early human adaptations in the Apennine Peninsula*, Sidestone Press ed., Leiden.

Spinapolice, E., Riel-Salvatore, J., & Cancellieri, E. 2007. 'Continuity and discontinuity in raw material exploitation and procurement from Middle to Final Upper Palaeolithic in the Salento (Apulia, Southern Italy)'. In : Integrated methodological approaches to the study of lithic technology, Istituto Italiano di Preistoria e Protostoria : 8-9.

Stasi, P. & Regalia, E., 1904. 'Grotta Romanelli (Castro, Terra d'Otranto). Stazione con faune interglaciali calda e di steppa. Nota preventiva'. *Archivio per l'antropologia e l'etnologia*, 1 : 17-81.

Stein, J., Deo, J.N. & Phillips, L., 2003. 'Bog sites - short time: accumulation rates in archeological sites'. *Journal of archaeological sciences*, 30 : 297-313.

Sternke, F., 2005. *The quartzite palaeolithic of Germany: new approaches to the study of Late Middle Pleistocene lithic technology*, University of Southampton.

Steyn, H., 1971. 'Aspects of economic life among some nomadic Nharo Bushman groups'. *Annals of the South African Museum*, 56 : 273-322.

Stiner, M., 2002. 'On in situ attrition and vertebrate body part profiles'. *Journal of Archaeological Science*, 29 : 979-991.

Stiner, M.C., 1994. *Honour among thieves: a zooarchaeological study of Neanderthal ecology*. Princeton University Press, Princeton N.J.

Stringer, C.B., Finlayson, J.C., Barton, R.N.E., Fernández-Jalvo, Y., Cáceres, I., Sabin, R.C. & Riquelme-Cantal, J.A., 2008. 'Neanderthal exploitation of marine mammals in Gibraltar'. *Proceedings of the National Academy of Sciences, 105*(38) : 14319-14324.

Svoboda, J., 1988. 'Early Upper Palaeolithic industries in Moravia. A review of recent evidence'. In : Kozlowski, K. (ed.), *L'homme de Neandertal, vol. 8*,. vol. 35. ERAUL, Liège : 169-192.

Svoboda, J., Ložek, V. & Vlček, E. (eds.), 1996. '*Hunters Between East and West : The Paleolithic of Moravia*. Springer.

Thiébaut, C., 2005. 'Le Moustérien à denticulés : Variabilité ou diversité techno-économique ?' Thèse de Doctorat, Université d'Aix-Marseille I - Université de Provence, 870 pp.

Thiébaut, C., 2013. 'Le débitage Discoïde *stricto sensu:* une méthode adaptée à la grande mobilité des groupes humains du Paléolithique moyen?'. *Palethnologie*, Varia.

Thiébaut, C., Claud, E., Coudenneau, A., Coumont, M.P., Asselin, A., Beauval, C., Chacón, M., Costamagno, S., Daulny, L., Gerbe, M., Mallye, J.B., Maury, S., Mourre, V., Plisson, H., Provenzano, N. & Streit, L., 2007. *Des traces et des hommes*. Rapport 2007. Projet Collectif de Recherche (Programme 3).

Tindale, N.B., 1965. 'Stone implement making among the Nakako, Ngadadjara, and Pitjandjara of the Great Western Desert'. *Records of the South Australian Museum*, 15 (1) : 131-164.

Tixier, J., 1963. *Typologie de l'Epipaléolithique du Maghreb. Mémoires du centre de recherches anthropologiques, préhistoriques et ethnographiques*. A.M.G., Alger, Paris.

Tixier, J., 1967. 'Procédés d'analyse et questions de terminologie dans l'étude des ensembles industriels du Paléolithique récent et de l'Épipaléolithique en Afrique du Nord-Ouest'. In : Bishop, W.W. & Clark, J.D. (eds.), *Background to evolution in Africa*, Chicago : 771-820.

Tixier, J., 1978. 'Méthode pour l'étude des outillages lithiques : notice sur les travaux scientifiques de J. Tixier', Thèse de Doctorat, Université de Paris X - Nanterre.

Tixier, J., 1982. 'Techniques de débitage : osons ne plus affirmer'. In : Cahen, D. (ed.), *Tailler ! Pour quoi faire : préhistoire et technologie lithique II*, vol. 2, Centrale, M.r.d.A., general editor. Studia Praestorica Belgica, Tervuren : 13-22.

Tixier, J., Inizan, M.L. & Roche, H., 1980. *Préhistoire de la pierre taillée, terminologie et technologie*. Cercle de recherches et d'études préhistoriques, Paris.

Torrence, R., 1989a. 'Retooling: towards a behavioural theory of stone tools'. In : Torrence, R. (ed.), *Time, energy and stone tools*, Cambridge University Press, Cambridge: 57-66.

Torrence, R., 1989b. *Time, energy and stone tools*. Cambridge University Press, Cambridge.

Torti-Zannoli, C., 1983. 'Contribution à l'étude paléo-géographique du Massif Central au Paléolithique moyen et supérieur'. *Bulletin Société Préhistorique Française*, 80 (10-12) : 44-45.

Trigger, B., 1996. *A history of archaeological thought*. Cambridge University Press, Cambridge, 730 pp.

Turq, A., 1989. 'Approche technologique et économique du faciès de type Quina : étude préliminaire'. *Bulletin Société Préhistorique Française*, 86 (8) : 244-256.

Turq, A., 1990. 'Exploitation des matières premières lithques dans le moustérien entre Dordogne et Lot'. In : Séronie-Vivien, M.R. & Lenoir, M. (eds.), *Le silex de sa genèse à l'outil*, vol. 415-420.

Turq, A., 1990. 'Observations sur l'organisation spatiale au sein des habitats mousteriens entre Dordogne et Lot'. *Bulletin de la Société Préhistorique Française*, 87 : 10-12.

Turq, A., 1992. 'Le paléolithique inférieur et moyen entre les vallées de la Dordogne et du Lot', Thèse de doctorat, Université de Bordeaux 1.

Turq, A., 2005. 'Réflexion méthodologique sur les études des matières premières lithiques'. *Paléo*, 17 : 111-132.

Turq, A., Roebroeks, W., Bourguignon, L. & Faivre, J.P., 2013. 'The fragmented character of Middle Palaeolithic stone tool technology'. *Journal of Human Evolution*, 65 (5) : 641-655.

Valensi, L., 1960. 'De l'origine des silex protomagdaléniens de l'abri Pataud, les Eyzies'. *Bulletin de la Société Préhistorique Française*, 56 : 80-84.

Villa, P. & Lenoir, M., 2006. 'Hunting weapons of the Middle Stone Age and the Middle Palaeolithic: spear points from Sibudu, Rose Cottage and Bouheben'. *Southern African Humanities*, 18 (1) : 89-122.

Villa, P. & Lenoir, M., 2009. 'Hunting and hunting weapons of the Lower and Middle Paleolithic of Europe'. In : Richards, M. & Hublin, J.J. (eds.), *The Evolution of Hominid diet*, Richards, Springer, Leipzig : 59-85.

Vitagliano, S., 1984. 'Il pontiniano della grotta dei Moscerini (Gaeta, Latina)'. Atti della *XXIV Riunione Scientifica dell'Istituto Italiano di Preistoria e Protostoria*, Roma 1982 : 155-164.

Walker, C.S. & Churchill, S.E., 2014. 'Territory size in Canis lupus: implications for Neandertal mobility'. In : Carlson, K.J. & Marchi, D. (eds.), *Reconstructing Mobility*. Springer, US : 209-226

Wenban-Smith, F.F., 1989. 'The use of canonical variates for determination of biface manifacturing technology at Boxgrove Lower Palaeolithic site and the behavioural implications of this technology'. *Journal of Archaeological Science*, 16 : 17-26.

Wenban-Smith, F.F., 1999. 'Knapping technology'. In : Robert, M.B. & Parfitt, S.A. (eds.), *Boxgrove. A Middle Pleistocene hominid site in Eartham Quarry, Boxgrove, West Sussex*, vol. 17. English Heritage Archaeological Report, London : 384-395.

Wiessner, P., 1982a. 'Beyond willow smoke and dogs' tails: a comment on Binford's analysis of hunter-gatherers mobility'. *American Antiquity*, 47 (1) : 171-178.

Wiessner, P., 1982b. 'Risk, reciprocity and social influences on !Kung San economies'. In : Leacock, E. et Lee, R.B. (eds.), *Politics and history in band societies*, Cambridge University Press, Cambridge: 61-84.

Winterhalder, B. & Smith, E.A. (eds.), 1981. *Hunter-Gatherer Foraging Strategies: Ethnographic and Archaeological Analyses.* University of Chicago Press., Chicago.

Wobst, H.M., 1976. 'Locational relationships in palaeolithic society'. *Journal of human evolution*, 5: 49-58.

Yellen, J.E., 1977. *Archaeological approaches to the present: models for reconstructing the past.* Academic Press, New York.

Zupancich, A., Lemorini, C., Gopher, A. & Barkai, R., 2016. 'On Quina and demi-Quina scraper handling: Preliminary results from the late Lower Paleolithic site of Qesem Cave Israel'. *Quaternary International*, *398* : 94-102.